国家级物理实验教学示范中心系列教材

现代研究性物理实验教程

主编 马 杰 李保春 周海涛

科学出版社
北 京

内 容 简 介

本书是在凝练和总结山西大学二十多年来现代研究性物理实验教学成果的基础上编写而成. 全书精选了具有代表性的 34 个实验项目，在选材上注重实验项目与科研前沿相结合，科研与教学相互转化、相互促进，具有鲜明的学科特色.

全书共分 4 章，其中实验 1～10 以原子物理与量子物理为主，实验 11～20 以激光调控与光谱技术为主，实验 21～27 以凝聚态物理与核物理为主，实验 28～34 以生物物理与信息检测处理为主. 全书在强化自主性、研究性的教学理念的基础上，注重理论知识与实验内容相结合，有利于教师开展多层次实验教学.

本书可作为高等院校理工科专业物理实验教学用书或教学参考书，也可供从事实验研究的科技人员参考.

图书在版编目（CIP）数据

现代研究性物理实验教程 / 马杰，李保春，周海涛主编. —北京：科学出版社，2022.3

国家级物理实验教学示范中心系列教材

ISBN 978-7-03-071971-3

Ⅰ. ①现…　Ⅱ. ①马…　②李…　③周…　Ⅲ. ①物理学-实验-高等学校-教材　Ⅳ. ①O4-33

中国版本图书馆 CIP 数据核字（2022）第 047220 号

责任编辑：龙嫚嫚　杨　探 / 责任校对：杨聪敏

责任印制：张　伟 / 封面设计：无极书装

科学出版社 出版

北京东黄城根北街 16 号

邮政编码：100717

http://www.sciencep.com

北京九州迅驰传媒文化有限公司印刷

科学出版社发行　各地新华书店经销

*

2022 年 3 月第 一 版　开本：720×1000　1/16

2025 年 2 月第三次印刷　印张：19 1/4

字数：388 000

定价：79.00 元

（如有印装质量问题，我社负责调换）

前　言

山西大学是国内较早开展现代研究性物理实验教学的高校之一，多年来依托于我校光学国家重点学科、量子光学与光量子器件国家重点实验室，通过教学改革和科研成果转化，新建和完善了大量具有学科特色的研究性实验项目，构建了面向学科前沿的课程体系. 经过不懈坚持和持续的教学改革，目前我校的研究性实验教学已形成了特色鲜明、多层次的、先进成熟的教学模式. 本书正是这些教学改革成果的凝练与总结.

在保证经典物理实验内容不削弱的前提下，我们在教材编写过程中，对现代科学技术方面的内容进行了调整优化，从历年的研究性实验项目中，选编了具有代表性的 34 个实验项目，内容主要涉及原子分子物理、现代光学、激光技术、光谱学、凝聚态物理、核物理、生物物理、现代测试测量技术等. 本书实验内容广泛且具有综合性，有助于学生开阔视野，激发学习兴趣，培养学生的物理思维和科学作风，提升他们的实践能力和创新能力.

全书分工如下. 马杰负责组织教材编写，李保春负责全书统稿，周海涛负责校对. 参加编写的人员为：杨保东(实验 1)，赵延霆(实验 2)，张临杰(实验 3、8)，周海涛(实验 4～6)，李保春(实验 26～32，附录)，马杰(实验 7、12、13)，张国峰(实验 9、18)，朱海龙(实验 10)，元晋鹏(实验 11)，李玉清(实验 14)，刘建丽(实验 15)，秦成兵(实验 16)，武红鹏(实验 17)，武寄洲(实验 19)，孙丹丹(实验 20)，王海鹏(实验 21)，付永明(实验 22)，师玉军(实验 23)，韩瑞林(实验 24)，李倩(实验 25、32)，乔晓艳(实验 28)，陈宝明(实验 29、30)，杨丽(实验 29、31)，张丽红(实验 33)，李莉(实验 34).

实验教学是一项长期且复杂的系统性工程，是一项集体性工作. 从实验室建设到教学实践，再到总结经验、编写教材，众多师生付出了艰辛的劳动，虽历经艰辛，但也收获颇丰，特别是 2006 年物理实验教学中心被评为国家级实验教学示范中心，是对我们最大的支持与鼓励. 本书的成稿汇聚了山西大学各方面的力量，包括物理电子工程学院、国家重点实验室等单位多年以来的大力支持，更凝聚了物理实验教学中心全体教师以及实验技术人员二十多年以来的教学积淀和成果总结，在此表示衷心感谢. 由于作者水平有限，书中难免存在不足之处，欢迎读者提出宝贵意见.

编　者

2022 年 2 月 21 日

目　　录

前言
第 1 章　原子物理与量子物理 …… 1
实验 1　原子激发态超精细分裂能级结构的测量 …… 1
实验 2　基于纳米光纤的级联电磁诱导透明 …… 7
实验 3　里德伯原子电磁诱导透明效应噪声转移特性 …… 15
实验 4　原子-腔耦合系统非线性效应 …… 22
实验 5　驻波诱导原子产生反射四波混频 …… 32
实验 6　相干原子的极化特性分析虚拟仿真实验 …… 43
实验 7　基于磁光阱的超冷原子碰撞 …… 56
实验 8　超冷里德伯原子的荧光光谱损耗测量 …… 64
实验 9　基于时间分辨的单量子点激子动力学研究 …… 75
实验 10　气体辉光放电条纹 …… 85
第 2 章　激光调控与光谱技术 …… 92
实验 11　基于液晶空间光调制器实现飞秒脉冲整形的研究 …… 92
实验 12　基于声光调制技术的自由空间激光通信 …… 103
实验 13　多功能光电探测器的设计与制作 …… 109
实验 14　激光稳频中锁相放大器的设计与制作 …… 116
实验 15　比例积分控制器的仿真设计 …… 123
实验 16　双原子分子激光诱导荧光光谱 …… 133
实验 17　基于石英增强光声光谱技术的痕量气体检测技术 …… 144
实验 18　单分子散焦宽场荧光显微成像技术及应用 …… 155
实验 19　新型光学材料光致吸附与解吸附 …… 162
实验 20　微纳光纤传感研究 …… 167
第 3 章　凝聚态物理与核物理 …… 171
实验 21　基于 X 射线 CT 成像的材料三维结构表征 …… 171
实验 22　表面等离激元-激子相互作用的光学研究 …… 180
实验 23　化学气相沉积制备薄膜 …… 193
实验 24　单层 CrOX(X=Cl/Br)模型搭建及相关性能 …… 199
实验 25　基于 Solar Cell Scan100 系统的太阳能电池量子效率测量 …… 204

实验 26　核衰变与放射性计数统计规律的研究 ………………………… 209
实验 27　高能核碰撞中末态粒子实验数据的研究 ……………………… 221
第 4 章　生物物理与信息检测处理 …………………………………… 232
实验 28　诱发脑电信号测量与分析 ……………………………………… 232
实验 29　基于健康物联网的心电信号检测 ……………………………… 240
实验 30　基于健康物联网的呼吸波检测 ………………………………… 253
实验 31　弱磁场对大鼠海马神经元钾通道电流的影响 ………………… 264
实验 32　基于膜片钳技术的小鼠海马神经元钠离子通道的电特性 ……… 270
实验 33　基于 Retinex 算法的夜视图像增强 …………………………… 278
实验 34　偶极子天线定向性辐射 ………………………………………… 286
附录 ……………………………………………………………………… 294

第 1 章　原子物理与量子物理

实验 1　原子激发态超精细分裂能级结构的测量

原子能级结构的研究是原子物理学的基础，价电子的轨道角动量与其自旋的耦合产生了原子能级的精细结构. 同样，由于原子核具有一定的自旋角动量，其与电子的总角动量相互作用，致使原子的能级进一步分裂. 由于核自旋比电子自旋对原子能级的影响小得多，所以其引起的原子能级的分裂比电子自旋引起的分裂小得多，这种现象称为超精细结构. 原子超精细能级分裂的大小常由原子的磁偶极超精细结构常数和电四极超精细结构常数表征. 原子 S 态价电子的电子云呈球对称分布，理论计算模型比较简单，其计算的 S 态磁偶极超精细结构常数与已报道的实验值很接近. 然而，对于原子的 D 态，由于其复杂的电子云分布，以及电子关联效应、相对论效应、弛豫效应和原子中内层电子的屏蔽效应等的影响，导致理论计算模型复杂，且不同模型给出的计算结果相差较大. 因此，发展一种精密测量原子超精细能级结构的实验方法就显得尤为重要，可以对各种超精细能级结构计算的理论方法作出严格检验，并在量子电动力学理论的检验、原子频标、激光分离同位素等方面具有重要的意义.

一、实验原理

电子自旋与轨道运动的相互作用产生了原子能级的精细结构，原子核自旋与电子总角动量的耦合产生了原子能级的超精细结构. 原子核中的质子和中子是具有自旋为 1/2 的粒子，以及它们在核内复杂的相对运动，使得原子核具有自旋角动量(核自旋)I，它与核外价电子产生的磁场相互作用，导致原子能级的位移

$$\Delta E_{\mathrm{m}} = \frac{1}{2} A_{\mathrm{hfs}} K \tag{1.1}$$

式中，$K = F(F+1) - I(I+1) - J(J+1)$，$A_{\mathrm{hfs}}$ 为磁偶极超精细结构常数，J 为价电子的总角动量，F 为原子的总角动量.

又由于大多数原子核内的电荷分布是偏离球形的分布，理论和实验已证明其电偶极矩为 0，但存在电四极矩，其与核外价电子产生的电场相互作用，也会导致原子能级的位移

$$\Delta E_{\mathrm{e}}=\frac{B_{\mathrm{hfs}}}{4}\frac{\frac{3}{2}K(K+1)-2I(I+1)J(J+1)}{I(2I-1)J(2J-1)} \tag{1.2}$$

式中，B_{hfs}为电四极超精细结构常数. 对于价电子处于 S 态的原子，由于其电子云呈球对称分布，式中的电四极超精细结构常数B_{hfs}为零.

一般情况下,原子核与核外价电子同时存在磁偶极与电四极超精细相互作用，所以对于某一个超精细能级，其总的原子能级位移

$$\Delta E_{\mathrm{hfs}}=\frac{1}{2}A_{\mathrm{hfs}}K+\frac{B_{\mathrm{hfs}}}{4}\frac{\frac{3}{2}K(K+1)-2I(I+1)J(J+1)}{I(2I-1)J(2J-1)} \tag{1.3}$$

故相邻超精细能级间隔为

$$\Delta E_{\mathrm{hfs}}(F\to F-1)=A_{\mathrm{hfs}}F+B_{\mathrm{hfs}}\frac{\frac{3}{2}F\left[F^2-I(I+1)-J(J+1)+\frac{1}{2}\right]}{I(2I-1)J(2J-1)} \tag{1.4}$$

由上述理论可知，对原子态的磁偶极超精细结构常数A_{hfs}和电四极超精细结构常数B_{hfs}的测量，实验上主要是对该态的超精细能级分裂频率间隔的精密测量.

二、实验装置及测量方法

对原子激发态超精细能级结构的测量，一般包括两个方面：①原子激发态超精细分裂光谱的获得，即被测量的对象；②频率标尺的建立，即测量工具. 不同的原子激发态超精细光谱与频率标尺的组合，可以延伸出多种超精细能级结构的测量方案. 下文以铯原子 $6S_{1/2}$-$6P_{3/2}$-$6D_{5/2}$能级系统为例，说明 $6D_{5/2}$态超精细能级结构测量方法.

图 1.1 为铯原子 $6S_{1/2}$-$6P_{3/2}$-$6D_{5/2}$超精细分裂能级图：铯原子最外层只有 1 个价电子，其自旋角动量为 1/2，对于基态 6S，其轨道角动量为 0，考虑价电子自旋角动量与轨道角动量的耦合，产生精细分裂，即基态为 $6S_{1/2}$；对于激发态 6P，其轨道角动量为 1，产生的精细分裂能级为 $6P_{3/2}$和 $6P_{1/2}$(图中未画出)；对于激发态 6D，其轨道角动量为 2，其精细分裂能级为 $6D_{5/2}$和 $6D_{3/2}$(图中未画出). 当考虑铯原子核的自旋 I=7/2 与价电子总角动量 J 的耦合时，产生超精细分裂：基态 $6S_{1/2}$分裂为两个超精细子能级 F=4 和 F=3，之间的频率间隔为 9192.631MHz，即钟跃迁线；中间激发态 $6P_{3/2}$分裂为四个超精细子能级，F'=2，3，4，5 之间的频率间隔依次为 151.225MHz，201.287MHz，251.092MHz；激发态 $6D_{5/2}$分裂为六个超精细能级，F''= 6，5，4，3，2，1 之间的频率间隔的测量是本实验的主要内容.

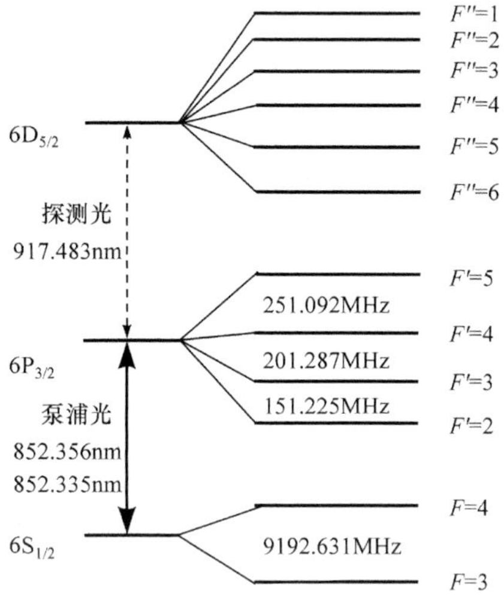

图 1.1　铯原子 $6S_{1/2}$-$6P_{3/2}$-$6D_{5/2}$ 超精细分裂能级

室温下气室中的原子样品，服从麦克斯韦-玻尔兹曼分布，原子常处于基态，要想获得原子激发态之间跃迁的超精细光谱，通常需要一泵浦激光将原子由基态布居到中间激发态，然后探测激光在中间激发态和更高激发态之间频率扫描，便可获得相应的超精细跃迁谱线. 图 1.2 为测量铯原子激发态 $6D_{5/2}$ 超精细能级结构的实验装置示意图. 光栅外腔反馈半导体激光器 DL_1 作为泵浦光(pump laser)，其波长调谐为 852.335nm 或 852.356nm，分别对应于铯原子 $6S_{1/2}\ F=3 \to 6P_{3/2}\ F'=2$，3，4 和 $6S_{1/2}\ F=4 \to 6P_{3/2}\ F'=3$，4，5 的超精细跃迁线，其频率可通过饱和吸收光谱 (SAS) 锁定，将铯原子由基态 $6S_{1/2}$ 布居到中间激发态 $6P_{3/2}$ 的超精细能级上. 半导体激光器 DL_2 作为探测光(probe laser)，其波长调谐为 917.483nm，在铯原子 $6P_{3/2}$ -$6D_{5/2}$ 之间频率扫描，便可获得 $6D_{5/2}$ 激发态超精细分裂的光谱信息，即光学双共振(OODR)吸收光谱. 917.483nm 的探测光通过半波片 (HWP) 和立方偏振分光棱镜 (PBS) 分为两束，其中一束通过声光调制器 (AOM) 产生+1 级衍射光，它与另一束(与 AOM 的 0 级光频率相同)激光通过分束镜 (BS) 共线重合(二者之间的频率差为加载到 AOM 上驱动信号源的频率)，然后与泵浦光共线反向穿过在室温下的铯原子气室：直径 2.5cm，长度 10.0cm；为了减小地球磁场因塞曼(Zeeman)效应对原子能级频移的影响，在铯原子泡外包裹了 3 层坡莫合金材料，通过双色镜 (DM) 重合与分离，最后到达光电探测器 PD_2 处. 因此，在激发态 $6P_{3/2}$ -$6D_{5/2}$ 之间扫描探测光的频率，在 PD_2 探测器上先后获得+1 级衍射光和 0 级光对应的两套 OODR 吸收光谱，同一激发态超精细跃迁线之间的频率间隔为加载到 AOM 上驱动信号源的频率，以此作为“标尺”测量与+1 级衍射光和 0 级光对应的 OODR 谱线之间的频率间隔，即可知 $6D_{5/2}$ 激发态超精细分裂的频率间隔.

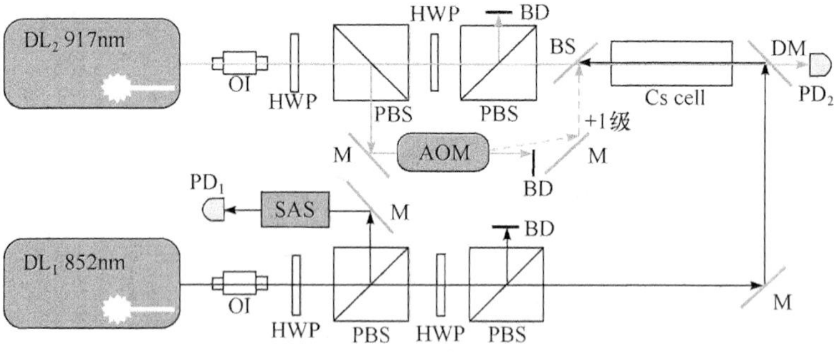

图 1.2　测量铯原子激发态 $6D_{5/2}$ 超精细能级结构的实验装置示意图

OI：光学隔离器；HWP：半波片；PBS：立方偏振分束棱镜；M：平面反射镜；Cs cell：铯原子气室；DM：双色镜；BS：分束镜；BD：光束收集器；PD：光电探测器；AOM：声光调制器；SAS：饱和吸收光谱

具体测量 $6D_{5/2}$ 超精细能级分裂的频率间隔方法如下：因 917.483nm 激光经声光调制器(AOM)后，将其+1 级衍射光和 0 级光通过 50/50 分束器(BS)合为一束作为探测光，得到两套光谱分布完全相同的 OODR 谱线，如图 1.3 所示(泵浦光 852.3nm 频率锁于 $6S_{1/2}$，F=3-$6P_{3/2}$，F'=3 超精细跃迁线). 同一超精细能级跃迁的两 OODR 谱线之间的频率间隔为加载在 AOM 上驱动信号源的频率，经谱仪测量其数值为 122.700MHz (谱仪的测量精度达 0.001MHz)，即可作为测量“标尺”，据此将数字示波器上记录的 OODR 吸收光谱的“时间轴”线性地转化为“频率轴”. 为了准确地确定每个 OODR 谱线的中心位置，基于 Origin 软件对实验数据进行多峰洛伦兹(Lorentz)拟合，如图 1.3 中细灰线所示，整体拟合曲线轮廓效果如粗灰线所示，与黑色的实验 OODR 吸收光谱数据曲线符合得较好. 将多峰洛伦兹拟合得到的 OODR 谱线中心位置的数值相互作差，便可得到 $6D_{5/2}$ 超精细能级分裂的频率间隔. 为了减小 917.483nm 探测光频率扫描时，驱动光栅转动的压电陶瓷非

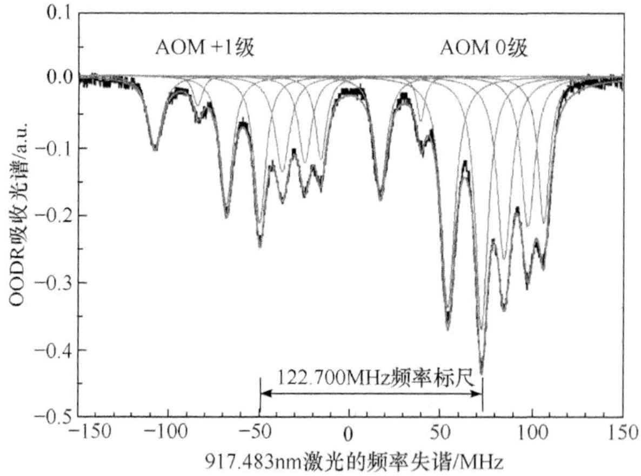

图 1.3　铯原子激发态 $6D_{5/2}$ 超精细能级分裂的测量示例

线性效应对测量的影响，要尽可能减小探测光频率扫描的范围，故加载到 AOM 上驱动信号源的频率刚好把+1 级衍射光和 0 级光对应的两套 OODR 光谱分离；在数据处理方面，将从+1 级衍射光和 0 级光的 OODR 吸收光谱得到的 $6D_{5/2}$ 超精细能级分裂的频率间隔取平均. 然后根据公式(1.4)，计算出该原子态的磁偶极超精细结构常数 A_{hfs} 和电四极超精细结构常数 B_{hfs}，参考结果见表 1.1.

表 1.1　铯原子 $6D_{5/2}$ 激发态的磁耦极(A_{hfs})和电四极(B_{hfs})超精细结构常数

原子能态	相关文献	A_{hfs}/MHz	B_{hfs}/MHz
^{133}Cs $6D_{5/2}$	王志宏等，2020	-4.59 ± 0.06	-0.78 ± 0.66
	Georgiades et al.，1994	-4.66 ± 0.04	0.90 ± 0.80
	Kortyna et al.，2006	-4.59 ± 0.09	-0.35 ± 1.83
	Ohtsuka et al.，2005	-4.69 ± 0.04	0.18 ± 0.73
	Tai et al.，1975	-3.6 ± 1.0	—

以上仅是利用 OODR 吸收光谱技术和通过 AOM 建立的频率标尺来完成原子激发态能级结构的测量. 事实上获得原子激发态超精细光谱的技术还有：双共振光抽运光谱、电磁诱导透明光谱、激发态的偏振光谱、双光子光谱等；在建立频率标尺方面，也可通过电光调制器(EOM)、频率梳技术、光学法布里-珀罗(F-P)腔等建立. 两方面结合，可以有多种测量方案，同学可根据自身实验室条件，选择合适的方案完成原子激发态能级结构的测量和探究.

三、实验内容

(1) 自学原子饱和吸收光谱原理，搭建实验光路，调节泵浦激光对准原子跃迁线，获得基态-中间激发态跃迁的饱和吸收光谱(SAS)，并将泵浦光频率锁定；

(2) 调节探测激光频率，获得原子激发态超精细能级跃迁谱线，完成超精细跃迁谱线的识别，总结谱线的分布规律；

(3) 通过 AOM 建立的频率标尺测量超精细分裂频率间隔；

(4) 计算磁偶极超精细结构常数 A_{hfs} 和电四极超精细结构常数 B_{hfs}；

(5) 探究获得原子激发态能级超精细分裂的其他光谱技术及其频率间隔的测量方案.

四、注意事项

(1) 戴激光防护眼镜，避免激光直射或反射进入眼睛后对眼睛造成永久的伤害；

(2) 操作半导体激光器，注意防静电处理，避免损坏激光管；

(3) 半导体激光器的温度必须控制稳定之后，才可施加工作电流输出激光，否则可能损坏激光器；

(4) 所有光学元件均须轻拿轻放，避免损坏.

五、思考与讨论

(1) 原子激发态超精细能级跃迁谱线如何识别，及其光谱分布有哪些特点？

(2) 原子激发态超精细能级跃迁的光谱线宽与哪些因素有关？如何获得窄线宽、高信噪比的光谱信号？

(3) 在原子激发态能级超精细分裂测量中，存在哪些误差，如何减小这些误差来提高能级分裂频率间隔的测量精度？

参 考 文 献

王志宏, 张锦芳, 曾昭卿, 等, 2020. 铯原子激发态 $6D_{5/2}$ 超精细能级结构测量[J]. 激光与光电子学进展, 57(3): 73-79.

Georgiades N P, Polzik E S, Kimble H J, 1994. Two-photon spectroscopy of the $6S_{1/2}$-$6D_{5/2}$ transition of trapped atomic cesium[J]. Opt Lett, 19(18): 1474-1476.

Kortyna A, Masluk N A, Bragdon T, 2006. Measurement of the $6d^2D_J$ hyperfine structure of cesium using resonant two-photon sub-Doppler spectroscopy[J]. Phys Rev A, 74(2): 022503.

Ohtsuka T, Nishimiya N, Fukuda T, et al., 2005. Doppler-free two-photon spectroscopy of $6S_{1/2}$-$6D_{3/2,5/2}$ transition in cesium[J]. J Phys Soc Jpn, 74(9): 2487-2491.

Tai C, Happer W, Gupta R, 1975. Hyperfine structure and lifetime measurements of the second-excited D states of rubidium and cesium by cascade fluorescence spectroscopy[J]. Phys Rev A, 12(3): 736-747.

实验 2　基于纳米光纤的级联电磁诱导透明

光与原子相互作用一直是量子光学和原子物理学领域的主要研究方向，光和原子的相互作用不仅是基础研究的课题，而且在新兴的量子技术中也得到了广泛的关注. 光与原子相互作用构成的系统可用于量子光学研究领域和实际应用领域. 这些应用的实现要求系统具备以下几大特性：光与原子的大耦合效率、原子系综的俘获与操控以及电磁场的本征化与操控三方面. 光波导的发展为实现这些系统特性提供了一个良好的平台，而光学纳米光纤由于具备对电磁场的高强度束缚的特性，增强了光与原子之间的强耦合，同时可以俘获靠近它的原子，成为光波导方案中一个极佳的选择.

光纤在科学领域、通信领域以及医疗领域都有广泛的应用. 在标准的光纤中，光在纤芯内部传播，通过光纤包层与外界环境隔离，从而实现长距离下的低损耗和低干扰传输. 相比之下，纳米光纤的直径要小于光波长，激光模式会受到强烈的径向束缚，同时在光纤周围形成显著的消逝光场. 这些特性使得纳米光纤成为一种独特的工具，可以有效地控制光与表面附近原子在长的距离上的强耦合. 利用纳米光纤实现的光与原子相互作用方案不仅为量子信息处理的实现提供了关键技术，也为长距离的量子通信的实现提供了可能. 纳米光纤被广泛应用于光学传感、光频测量、脉冲压缩以及各类光谱学等领域，同时可以以非常低的损耗很容易地连接到现有的光纤网络中，这使得人们可以设想建立一个完全基于光纤的量子网络. 另外，纳米光纤改变了传统的大功率非线性光学条件，可以实现低功率场下的强非线性效应. 2016 年，Kastler Brossel 等将冷原子团作为操控和存储光量子态的工具，在单光子水平利用电磁诱导透明将光场减速并储存在围绕纳米纤维的原子团中. 他们将纳米光纤置于高真空系统中，其周围充满了被磁光阱俘获的铯原子，由此观察到了电磁诱导透明(EIT)现象，并在单光子水平上实现了被纳米纤维紧密束缚的光的信息存储.

电磁诱导透明现象是指当一束可被介质吸收的某频率的高功率激光入射到介质中时，另一频率原本能被这一介质吸收的光就不再被吸收，即表现出“相对透明”现象，其本质是由于本征态能级间的量子干涉. 干涉效应最先在经典光学中被提出，随着量子光学的发展，我们发现干涉现象也同样存在于光与原子相互作用中. 这里的干涉是指概率波相干叠加，也就是在光场中原子能级间形成了叠加态，EIT 就是原子态间量子干涉的结果. EIT 效应的研究近年来备受关注，具有极为广泛的应用领域，涉及非线性光学以及原子分子物理等学科.

一、实验原理

1. 纳米光纤的结构和特性

本次实验所使用的纳米光纤是标准单模光纤(SM800)通过火焰刷技术拉制的. 通过氢氧火焰加热光纤表面后从两端拉伸光纤，由于光纤总体积守恒，纤维直径会逐渐减小，最后拉制出所需的锥形光纤. 采用氢氧火焰加热可以避免产生不洁净的燃烧产物，在拉制过程中，氢氧气体以 2 : 1 的比例燃烧，通过计算机程序精确控制气体流量，保障氢气能迅速完全燃烧，以避免氢气过量而产生潜在的危害. 图 2.1 是光纤拉制过程的简化示意图. 光纤被固定在两个电动位移滑台上，滑台上有可精确对齐的 V 形槽座. 在这两个滑台之间是由计算机控制的火焰喷嘴，火焰距离光纤约 1mm，通过不断改变滑台的位置将纤维在火焰下方来回移动，同时改变两滑台之间的距离以拉长光纤. 激光器提供监测光纤透射率的光源，利用光电探测器可实时监测光纤输出端的光强变化.

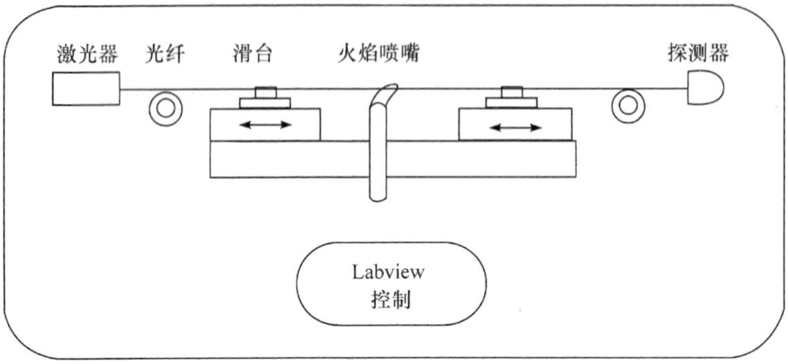

图 2.1　火焰刷拉制光纤示意图

将光纤外部的聚合物涂层剥掉大约 5cm 后，用酒精将剥掉表层的部分清洁干净，并将裸露的光纤用光纤夹固定在拉伸平台上. 利用 Labview 程序控制光纤拉制过程中的气体流量、滑台移动参数，以及拉制过程中的光纤透射率测量等. 打开氢气阀门，在火焰喷嘴处进行预点燃，保障燃烧充分. 然后启动光纤拉制控制程序，使喷嘴靠近裸露的光纤，流量调节到略高于软化点的温度(熔融石英为 1585℃). 光纤透射率在拉制过程中会变化. 在直径为 500nm，亚波长直径范围大约有 5mm 时，最佳锥度参数为 2mrad. 从开始拉制到 400s 这段时间内光纤几乎是全透过，在 400～450s 这段时间内，透射率有一个明显的抖动，这是在拉制过程中产生的激光多个模式干涉造成的. 激光多模式的产生是因为当光在某一特定直径的时候，不再是单模光纤，因此导致多个模式的产生，多个模式也会互相干涉，使激光的透射率不再稳定. 整个拉制过程持续大约 500s，拉制完成后的透射率可以高达 98%，这个高透射率能保证其在真空条件下承受超过 30mW 光功率而不致损坏.

对于标准光纤来说，光在纤芯包层边界处通过全反射使其在纤芯内部被引导，然而随着波导光到达锥形纳米光纤的锥形区域，引导光场面积将随着纤芯直径的减小而减小，导致光场的压缩. 当光纤纤芯直径与光波长尺度相近时，引导光进入光纤包层. 在这种情况下，光纤包层成为新的光纤“纤芯”，而周围的介质成为新的“包层”. 进一步减小光纤直径，光场受到越来越大的径向束缚，并且在光纤束腰处形成了高强度的消逝场. 在该过程中，随着直径不断减小，不同模式的引导光依次到达其截止直径，最后光纤中的引导光将只有基模 HE_{11} 模式. 我们所设计拉制的锥形纳米光纤可保证 780nm 以上波长的波导光单模传播.

内外基模 HE_{11} 模式光场的分布可以通过理论计算得到. 光纤上不同位置和不同方位角上光强分布不一样. 纤芯上光强分布最强，往外依次逐渐减弱. 包层与真空边界处折射率差异较大导致了光场的跳跃分布. 在 x 轴方向(激光的线偏振方向)即方位角为 $\phi=0$ 时，光强先减弱，然后在位置 $r=a$(光纤表面)处光强有一个明显的上升，再往外逐渐减弱为零. 而在 y 轴方向(垂直于激光的线偏振方向)即方位角为 $\phi=\pi/2$ 时，光强呈现逐渐减弱直至为零. 这就是光纤上消逝场的分布.

2. 级联电磁诱导透明效应

我们引入强的耦合场和弱的探测场，每个光场都对应不同的原子跃迁，这将会改变原子对弱场的吸收，使介质表现出高透明度，这便是 EIT 现象. 本实验涉及的是铯原子级联三能级系统中的电磁诱导透明效应. 首先我们将讨论三能级系统与两个光场之间的相互作用，使用了半经典理论；然后引入了系统弛豫的影响作用；最后在弱探测光场条件下获得了密度矩阵的稳态解，并根据该稳态解得知了探测光场的特性. 级联三能级 EIT 系统结构简图如图 2.2 所示.

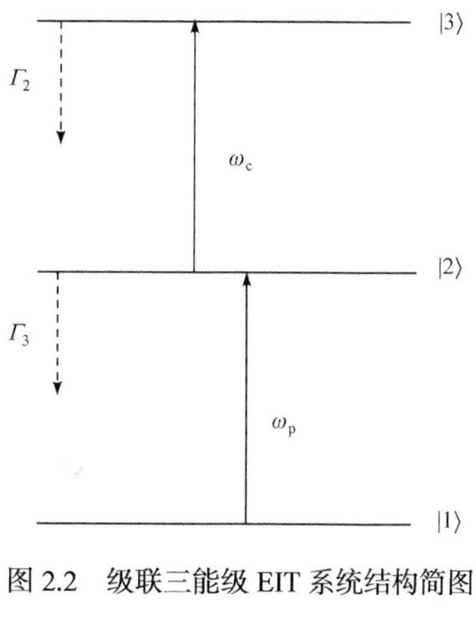

图 2.2　级联三能级 EIT 系统结构简图

基态 $|1\rangle$，中间态 $|2\rangle$ 和激发态 $|3\rangle$ 能级分别为 $\hbar\omega_1$，$\hbar\omega_2$，$\hbar\omega_3$. 耦合光频率为 ω_c，对应于 $|2\rangle$ $|3\rangle$ 间的跃迁频率，其拉比(Rabi)频率为 Ω_c，同理，探测光频率为 ω_p，对应于 $|1\rangle$ $|2\rangle$ 间的跃迁频率，其拉比频率为 Ω_p. 中间态上粒子衰减到基态上的粒子数衰减速率为 Γ_2，

激发态上的粒子衰减到中间态上的粒子数衰减速率为Γ_3. 在这个系统中，总的系统哈密顿量可写为

$$H = H_0 + H_{\rm I}(t) \tag{2.1}$$

其中，$H_{\rm I}(t)$为光与原子相互作用的哈密顿量，H_0为原子系统在未受扰动时的哈密顿量

$$H_0 = \hbar\omega_1|1\rangle\langle 1| + \hbar\omega_2|2\rangle\langle 2| + \hbar\omega_3|3\rangle\langle 3| \tag{2.2}$$

在这里假设原子核质量远大于电子，故质心位置对应于原子核中心位置. 经过旋波近似以后可写作

$$H' = -\hbar\Delta_{\rm p}|2\rangle\langle 2| - \hbar\Delta_{\rm R}|3\rangle\left\langle 3\right| + \frac{\hbar\Omega_{\rm p}}{2}|2\rangle\left\langle 1\right| + \frac{\hbar\Omega_{\rm c}}{2}|2\rangle\langle 1| + {\rm h.c.} \tag{2.3}$$

经过旋波近似处理，消除了快速振荡项，h.c.为后两项的厄米共轭，式中失谐量为$\Delta_{\rm p} = \omega_{\rm p} - (\omega_2 - \omega_1)$，$\Delta_{\rm c} = \omega_{\rm c} - (\omega_3 - \omega_2)$，$\Delta_{\rm R} = \Delta_{\rm p} + \Delta_{\rm c}$. 系统的薛定谔方程为

$${\rm i}\hbar\frac{\rm d}{{\rm d}t}\begin{pmatrix} u_1 \\ u_2 \\ u_3 \end{pmatrix} = \frac{\hbar}{2}\begin{pmatrix} 0 & \Omega_{\rm p}^* & 0 \\ \Omega_{\rm p} & -2\Delta_{\rm p} & \Omega_{\rm c}^* \\ 0 & \Omega_{\rm c} & -2\Delta_{\rm R} \end{pmatrix}\begin{pmatrix} u_1 \\ u_2 \\ u_3 \end{pmatrix} \tag{2.4}$$

其中，$|u_n|^2$为在$|n\rangle$上发现原子的概率.

目前为止我们还没有考虑系统的弛豫对其产生的影响. 由于弛豫的存在，实际系统的拉比振荡会被抑制，粒子数的布居最终会达到一个稳定值. 为将弛豫纳入到对系统的描述中来，需要使用密度矩阵，可以计算得到如下三能级系统光学布洛赫方程组：

$$\begin{aligned}
\dot\rho'_{11} &= \Gamma_2\rho'_{22} + \frac{\rm i}{2}(\Omega_{\rm p}\rho'_{12} - \Omega_{\rm p}^*\rho'_{21}) \\
\dot\rho'_{22} &= -\Gamma_2\rho'_{22} + \Gamma_3\rho'_{33} - \frac{\rm i}{2}(\Omega_{\rm p}\rho'_{12} - \Omega_{\rm p}^*\rho'_{21}) + \frac{\rm i}{2}(\Omega_{\rm c}\rho'_{23} - \Omega_{\rm c}^*\rho'_{32}) \\
\dot\rho'_{33} &= -\Gamma_3\rho'_{33} - \frac{\rm i}{2}(\Omega_{\rm c}\rho'_{23} - \Omega_{\rm c}^*\rho'_{32}) \\
\dot\rho'_{13} &= -\left({\rm i}\Delta_{\rm R} + \frac{\Gamma_3}{2} + \gamma_{\rm c} + \gamma_{\rm p}\right)\rho'_{13} + \frac{{\rm i}\Omega_{\rm c}^*}{2}\rho'_{12} - \frac{{\rm i}\Omega_{\rm p}^*}{2}\rho'_{23} \\
\dot\rho'_{12} &= -\left({\rm i}\Delta_{\rm p} + \frac{\Gamma_2}{2} + \gamma_{\rm p}\right)\rho'_{12} - \frac{{\rm i}\Omega_{\rm p}^*}{2}(\rho'_{22} - \rho'_{11}) + \frac{{\rm i}\Omega_{\rm p}}{2}\rho'_{13} \\
\dot\rho'_{23} &= -\left({\rm i}\Delta_{\rm c} + \frac{\Gamma_2 + \Gamma_3}{2} + \gamma_{\rm c}\right)\rho'_{23} - \frac{{\rm i}\Omega_{\rm c}^*}{2}(\rho'_{33} - \rho'_{22}) - \frac{{\rm i}\Omega_{\rm p}}{2}\rho'_{13}
\end{aligned} \tag{2.5}$$

考虑到一约束条件，在此系统中粒子数总数不变，也就是满足关系式 $\rho'_{11}+\rho'_{22}+\rho'_{33}=1$. 另外由于接下来需求解该系统的稳态解 ρ_{ij}^{s}，故在这里将密度矩阵导数设为 0. 弱探测光条件，即探测光光强足够小以至于不能引起基态到中间态的跃迁，这个近似条件下即有 $\rho_{11}^{\mathrm{s}}\approx 1$，$\rho_{22}^{\mathrm{s}}=0$，$\rho_{33}^{\mathrm{s}}=0$，在该近似下经计算得

$$\rho_{12}^{\mathrm{s}}=\frac{\mathrm{i}\Omega_{\mathrm{p}}^{*}}{2}\left[\mathrm{i}\Delta_{\mathrm{p}}+\frac{\Gamma_2}{2}+\gamma_{\mathrm{p}}+\frac{|\Omega_{\mathrm{c}}|^2/4}{\mathrm{i}\Delta_{\mathrm{R}}+\Gamma_3/2+\gamma_{\mathrm{p}}+\gamma_{\mathrm{c}}}\right]^{-1} \tag{2.6}$$

其中的虚部 $\mathrm{Im}[\rho_{12}^{\mathrm{s}}]$ 显示了原子对探测光场的吸收能力，实部 $\mathrm{Re}[\rho_{12}^{\mathrm{s}}]$ 则与该 EIT 系统中的探测光场的色散特性相关.

在本次实验中涉及的铯原子跃迁能级共振为 $6\mathrm{S}_{1/2}\rightarrow 6\mathrm{P}_{3/2}\rightarrow 8\mathrm{S}_{1/2}$，852nm 的弱探测激光频率对应了 $|6\mathrm{S}_{1/2},F=4\rangle\rightarrow|6\mathrm{P}_{3/2},F'=5\rangle$ 能级跃迁，794nm 的强耦合激光频率对应了 $|6\mathrm{P}_{3/2},F'=5\rangle\rightarrow|8\mathrm{S}_{1/2},F''=4\rangle$ 能级跃迁.

二、实验装置

1. 真空系统

真空装置，如图 2.3 所示，包括以下几个部分：光纤加热装置、玻璃泡、源释放器(dispenser)、CF 三通、阀门. 真空装置连接处采用法兰和无氧铜金属垫圈的方式进行的密封，同时使用了光纤馈入(optical fiber feedthrough)法兰使真空腔内纳米光纤可连接到真空腔外，并利用焊接技术使其连接到真空腔外部的标准纤维上.

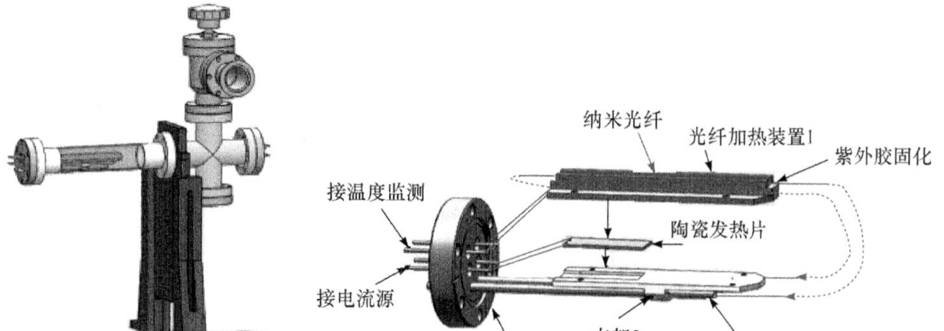

图 2.3　真空装置与光纤加热装置示意图

实验前，需要先对整个真空装置进行加热，同时加热陶瓷片维持光纤温度使其略高于真空腔室温度. 当真空腔室温度加热到 85℃左右时，用分子泵对其抽真

空约 1h，以便于减少腔室内壁上吸附的气体分子. 此时真空腔的气压一般可达 5×10^{-4}Pa. 然后关闭真空腔室阀门，打开源释放器的电流，将铯蒸气引入真空腔内. 需要注意的是，当铯蒸气引入真空腔室时，铯原子将会在几分钟之内积聚到纳米光纤上，随着原子蒸气密度的增加光纤透射率会逐渐减小. 在光纤锥形区上，长期的累积会附着大量的铯，这将引起光纤传输的损耗. 而这一现象通常是由于纳米光纤温度较于真空腔更低或铯原子密度过大引起的吸附效应. 为了避免这种情况，我们需将纳米光纤的温度加热到比真空室温度更高. 在实验过程中，真空腔温度保持在 100℃左右，我们用陶瓷加热器对纳米光纤进行加热并使其维持在真空腔温度以上. 光纤加热装置调节方法如图 2.3 所示. 先将拉制完成的纳米光纤用紫外胶黏附在支架 1 上，将光纤两端按照图中所示通过光纤引导孔连接到装置外部与标准光纤进行熔接，并将通过导孔的光纤穿过特氟龙塞子用螺母固紧来保障装置的气密性. 陶瓷发热片固定在支架 2 的凹槽中，将支架 1、支架 2 和法兰支架用螺丝固定，并调整光纤弯折弧度，使弧度不可太大，避免损耗. 陶瓷片通过法兰支架的两个电极与外部电流源连接. 陶瓷片可用于加热光纤的温度，加热过程中要注意温度不能过高，防止紫外胶水熔开(熔点 125℃)而导致的光纤断裂，所以我们要在光纤支架上设置热电偶对光纤温度进行监测，热偶两极将被连接到法兰支架上的另外两个电极上，与外部相适配的温度显示表连接.

2. 光路系统

我们使用了两台光栅反馈半导体激光器，其中一台输出波长为 852nm 的激光用作探测光，另一台输出波长为 795nm 的激光用作耦合光.

实验的光路系统示意简图如图 2.4 所示，波长为 852nm 的激光由激光器出射后先通过一个光隔离器，避免了激光器中出射的激光经过后续的光学器件后反射回来对激光器的输出造成扰动；然后通过两个分束棱镜(PBS)，激光被分为三束，一束用于产生饱和吸收光谱并对 852nm 激光器进行稳频；一束用于产生 EIT 信号，并对 794nm 激光器进行稳频；最后一部分激光作为探测光经由光纤耦合头耦合到标准光纤中. 因为我们要研究低功率条件下的 EIT 现象，因此最后一部分激光接入分束器前，要用衰减光纤(attenuation fiber)将激光强度衰减到纳瓦量级. EIT 效应是强控制激光场存在时，原子对探测光吸收的减弱，所以不论是在空间铯原子腔室还是在纳米光纤真空装置都需要通过监测 852nm 探测激光的吸收情况来观察是否有 EIT 现象产生. 通过比例为 50/50 的光纤分束器后这路光被分成两束，一束由光电探测器(PD_1)监测，可间接测量输入光功率，相同功率的另一束激光接入真空腔中的锥形纳米光纤，经由光纤分束器后由灵敏度较高的光电倍增管(PMT)监测. 探测时在光电探测器(PD_2)和 PMT 之前放置 852nm 滤波片，以防止杂散光对吸收光谱的影响.

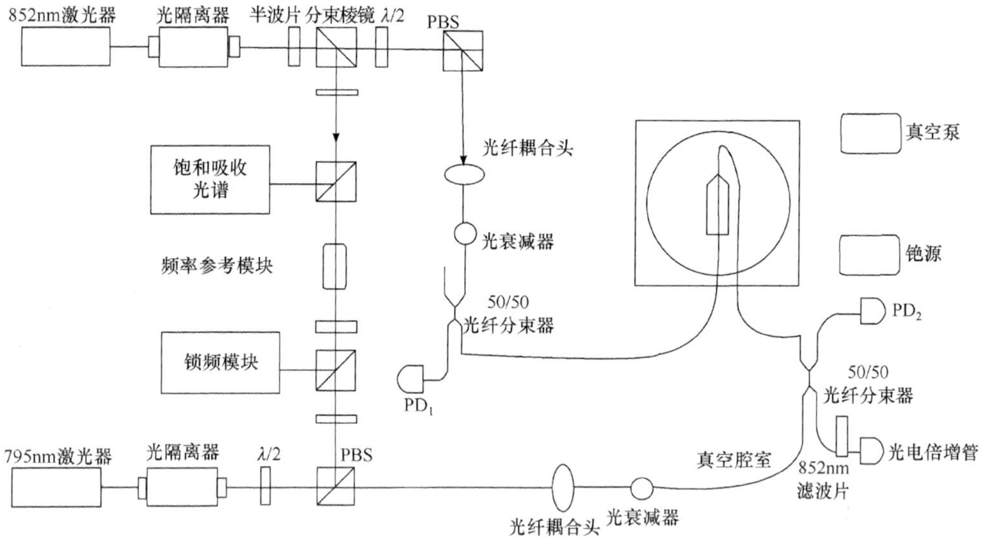

图 2.4　光路系统示意图

波长为 795nm 的激光的光路与 852nm 的激光的光路基本相同，只是 795nm 的激光器将利用 EIT 锁频模块进行锁频，其输入到真空腔室中纳米光纤的激光功率由 PD_2 进行间接监测.

3. 其他主要仪器及光学器件

除了以上提到的实验装置外，实验中还会用到的实验仪器包括：加热带，用于加热真空腔室；热电偶，用于监测腔室与光纤支架的温度；直流电源，用于给源释放器热电偶以及加热带供电；通道数字存储示波器，用于显示探测器的探测信号.

三、实验内容

(1) 扫描探测光(852nm)得到对应于 $6^2S_{1/2}(F=4)\to 6^2P_{3/2}$ 跃迁的吸收谱线.

将三角波扫描加到波长为 852nm 的激光器上，扫描探测场获得随探测场失谐频率变化的谱线. 调试激光器参数得到对应于 $6^2S_{1/2}(F=4)\to 6^2P_{3/2}$ 跃迁的吸收谱线.

(2) 通入耦合光并改变耦合光功率，研究其对 EIT 电磁诱导透明的透射率及其线宽的影响. 采集数据，并对其进行分析.

在光纤两端分别通入耦合光与探测光，当加入高功率耦合光时，由于电磁诱导透明机制，耦合光将使对应于 $62S_{1/2}(F=4)\to 62P_{3/2}(F'=5)$ 跃迁频率的探测场透射率增加. 对该 EIT 信号进行拟合计算，并在此基础上，测量相对于关断耦合光时该频率处所增加的透射率以及半高全宽. 改变耦合光功率，并测得其与 EIT 信号透射率之间的关系，以及其与 EIT 信号半高全宽的关系.

(3) 整理数据与分析结果.

绘制数据曲线，分析并解释实验结果.

四、注意事项

(1) 光纤长时间处于充有铯原子的真空腔室内时，由于光纤温度低于腔室温度，可能会使铯原子镀在光纤上，光纤透射率将急剧下降. 此时需要在光纤支架上利用陶瓷片进行加热，维持光纤本身的温度高于真空腔内的温度，并在实验结束后关闭源释放器电源，打开机械泵阀门将铯蒸汽及时抽离真空腔室.

(2) 探测器的入射光功率不可过高，尤其输入光电倍增管的光功率，通常不高于 5nW，不得使其在饱和状态下长时间工作.

(3) 实验中用到大功率的电器设备，电源要良好接地，需注意实验室用电安全.

五、思考与讨论

(1) 在自由空间铯原子腔室中获得的吸收信号和纳米光纤获得的吸收信号有什么不同？为什么会产生这种不同？

(2) 随着耦合光功率的增加，我们注意到饱和吸收谱线展宽也增加，这主要是由哪些原因所导致的？如何减小该展宽？

参 考 文 献

Harris S E, Field J E, Imamoglu A, 1990. Nonlinear optical processes using electromagnetically induced transparency[J]. Phys Rev Lett, 64(10): 1107-1110.

实验 3　里德伯原子电磁诱导透明效应噪声转移特性

电磁诱导透明(EIT)是一种量子干涉效应. 产生 EIT 效应的方法是通过探测光及耦合光与三能级原子相互耦合，将原子制备在低能级与里德伯能级的相干叠加态上，相干叠加态之间发生破坏性量子干涉，导致原子对共振频率处的探测光吸收减少，同时伴随着剧烈的色散特性，即原子介质的折射率变化显著. 基于 EIT 效应，通过调节激光场来控制原子介质的吸收和色散，这一特性广泛应用在光速减慢、光量子存储等. 近年来，基于里德伯原子的 EIT 效应对微波电场的测量取得了重大进展. 里德伯原子具有很大的电偶极矩和丰富的能级结构，能够响应微弱和宽频域的微波电场，通过光与原子的强耦合作用，可以将微波场的场强、频率和相位等信息映射到原子介质的量子态上，实现对微波场的精密测量. 因此基于里德伯原子的 EIT 效应，为制成不同于传统测量原理的微波电场传感器提供了理论支持.

基于里德伯原子对微弱微波电场测量的灵敏度受限于系统中的噪声. 当激光与共振介质相互作用时，不可避免地引入了额外的噪声，使得输出场的噪声特性发生改变，原因在于光场的相位起伏导致了原子相干性的起伏从而转移到输出光场中. 这种噪声转移现象会严重降低信号测量的信噪比. 因此分析研究 EIT 效应中的噪声转移特性，找出相位噪声向探测光场强度噪声转移最小的位置，对提升微波电场测量信噪比、灵敏度有重要意义.

一、实验原理

研究基于里德伯原子 EIT 效应噪声转移特性，首先对里德伯 EIT 的产生原理进行简要介绍，其次描述马赫-曾德尔(Mach-Zehnder，M-Z)干涉仪对输出光场进行相位噪声研究的原理.

1. 里德伯原子电磁诱导透明效应

里德伯原子的电磁诱导透明(EIT)效应发生在如图 3.1 所示的三能级 Λ 型原子系统中. 该系统包含一个主量子数很高的里德伯激发态 $|c\rangle$、一个中间激发态 $|b\rangle$ 和一个基态 $|a\rangle$. 852nm 的探测光作用于 $|a\rangle$ 到 $|b\rangle$ 跃迁能级上，同时引入另一束 510nm 的强耦合光作用于 $|b\rangle$ 到 $|c\rangle$ 跃迁能级上，则原子的激发态 $|c\rangle$ 将被缀饰分裂为能级 $|c^{+}\rangle$ 和 $|c^{-}\rangle$. 适当调节两激光场强度，使得 852nm 探测场在跃迁通道

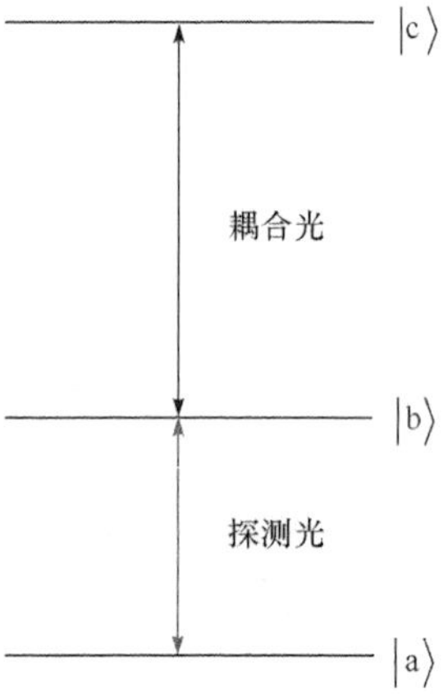

图 3.1　里德伯原子阶梯型三能级 EIT 系统模型

$|c^+\rangle \leftrightarrow |a\rangle$ 和 $|c^-\rangle \leftrightarrow |a\rangle$ 之间相互干涉，在 ω_{ab} 处形成暗叠加态，原子不再向中间激发态跃迁，从而导致原子介质对探测场不再吸收甚至完全透明. 伴随着吸收减小的同时，EIT 效应在共振中心附近也呈现出强烈的色散特性. 其吸收曲线和色散曲线如图 3.2 所示. 下面使用半经典理论来描述相干光场与原子的相互作用.

系统的哈密顿量可以表述为

$$H = H_0 + H_\text{I} \tag{3.1}$$

其中，H_0 是原子内部的哈密顿量，H_I 代表光场与原子相互作用的哈密顿量. 根据光学布洛赫方程

$$\frac{\mathrm{d}\rho}{\mathrm{d}t} = \frac{1}{\mathrm{i}\hbar}[H, \rho] + \mathcal{L} \tag{3.2}$$

求解密度矩阵元

$$\rho_\text{ab} = \frac{-\mathrm{i}\Omega_\text{p}/2}{\gamma_\text{ba} - \mathrm{i}\Delta_1 + \dfrac{\Omega_\text{c}^2/4}{\gamma_\text{ac} - \mathrm{i}(\Delta_1 + \Delta_2)}} \tag{3.3}$$

其中，ρ_ab 代表了系统中相干衰减的密度矩阵元，$\Omega_\text{p}=\mu_\text{ab}E_\text{p}/(2\hbar)$，$\Omega_\text{c}=\mu_\text{bc}E_\text{c}/(2\hbar)$ 分别代表探测光和耦合光的拉比频率，E_p，E_c 分别是探测光和耦合光的振幅，μ_ab，μ_ab 分别是探测光和耦合光对应跃迁能级的偶极矩元，γ_ba 是能级 $|b\rangle$ 到 $|a\rangle$ 的相干衰减率，Δ_1 是探测光频率相对于 $|a\rangle$ 到 $|b\rangle$ 能级间隔的失谐，Δ_2 是耦合光频率相对于 $|b\rangle$ 到 $|c\rangle$ 能级间隔的失谐. 根据极化强度公式可以得到介质的复极化率表达为 $\chi = \dfrac{N\mu_\text{ab}\rho_\text{ab}}{\varepsilon_0 E_0}$，模拟阶梯型三能级 EIT 系统的吸收和色散曲线，如图 3.2 所示.

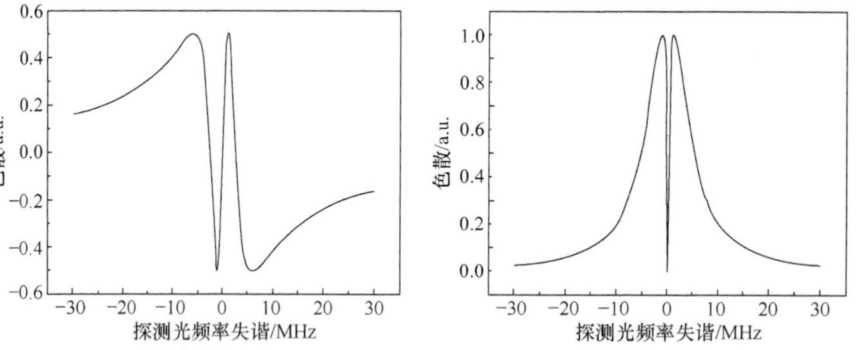

图 3.2　阶梯型三能级 EIT 系统的吸收和色散曲线

2. M-Z 干涉仪零拍探测原理

噪声转移特性的研究是在M-Z干涉仪中实现的. 图3.3是M-Z干涉仪的装置示意图，这里假设所有的BS分束比为50/50，干涉仪的信号臂和本振臂几何长度相等. 信号场经过原子气室后有相移ϕ，经过反射镜 M_1 后有相移π，所以到达BS_2前的信号光场为$|E_s|e^{-i(\phi_s+\phi+\pi)}$，$\phi_s$是信号光传输时被扰动带来的相移. 同理本振臂经过 M_1 后有相移π，所以到达BS_2前的本振光场为$|E_L|e^{-i(\phi_L+\pi)}$，ϕ_L是本振光传输时被扰动和调节压电陶瓷促动器(PZT)调整光的几何路程带来的相移. 进入探测器1的光场是$\frac{1}{\sqrt{2}}|E_s|e^{-i(\phi_s+\phi+\pi+\pi)}$和$\frac{1}{\sqrt{2}}|E_L|e^{-i(\phi_L+\pi)}$的相干叠加. 光强为

$$\begin{aligned}
I_1 &= \left(\frac{1}{\sqrt{2}}|E_s|e^{-i(\phi_s+\phi+\pi+\pi)}+\frac{1}{\sqrt{2}}|E_L|e^{-i(\phi_L+\pi)}\right)\left(\frac{1}{\sqrt{2}}|E_s|e^{-i(\phi_s+\phi+\pi+\pi)}+\frac{1}{\sqrt{2}}|E_L|e^{-i(\phi_L+\pi)}\right)^* \\
&= \frac{|E_s|^2}{2}+\frac{|E_L|^2}{2}+\frac{|E_s||E_L|}{2}\left(e^{i(\phi_L-\phi_s-\phi-\pi)}+e^{-i(\phi_L-\phi_s-\phi-\pi)}\right) \\
&= \frac{|E_s|^2}{2}+\frac{|E_L|^2}{2}+\frac{|E_s||E_L|}{2}\left(2\cos(\phi_L-\phi_s-\phi-\pi)\right)
\end{aligned} \tag{3.4}$$

而进入探测器2的光场是$\frac{1}{\sqrt{2}}|E_s|e^{-i(\phi_s+\phi+\pi)}$和$\frac{1}{\sqrt{2}}|E_L|e^{-i(\phi_L+\pi)}$的相干叠加. 光强为

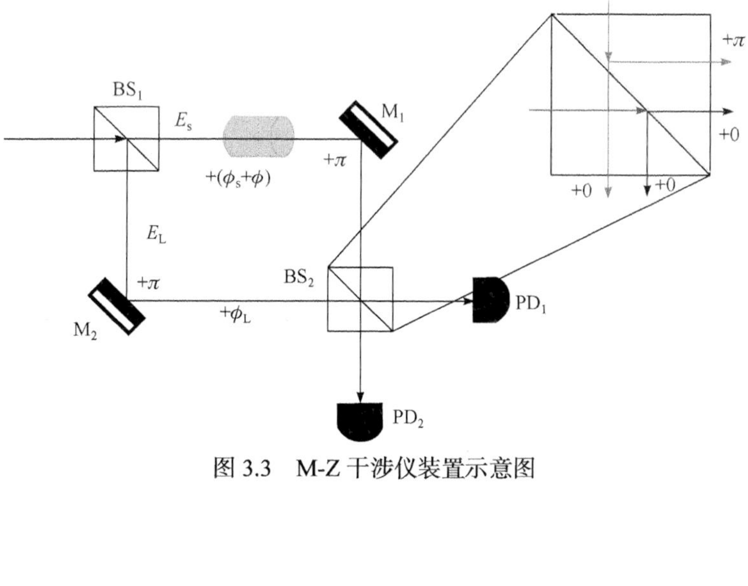

图 3.3　M-Z 干涉仪装置示意图

$$I_2 = \left(\frac{1}{\sqrt{2}} |E_s| e^{-i(\phi_s+\phi+\pi)} + \frac{1}{\sqrt{2}} |E_L| e^{-i(\phi_L+\pi)} \right) \left(\frac{1}{\sqrt{2}} |E_s| e^{-i(\phi_s+\phi+\pi)} + \frac{1}{\sqrt{2}} |E_L| e^{-i(\phi_L+\pi)} \right)^*$$

$$= \frac{|E_s|^2}{2} + \frac{|E_L|^2}{2} + \frac{|E_s||E_L|}{2} \left(e^{i(\phi_L-\phi_s-\phi)} + e^{-i(\phi_L-\phi_s-\phi)} \right)$$

$$= \frac{|E_s|^2}{2} + \frac{|E_L|^2}{2} + \frac{|E_s||E_L|}{2} \left(2\cos(\phi_L - \phi_s - \phi) \right) \tag{3.5}$$

则二者的差值为

$$\Delta I = I_1 - I_2 = c\epsilon_0 2|E_s||E_L|\cos(\phi_L - \phi_s - \phi) \tag{3.6}$$

可以通过调节 PZT 来使 $\phi_L - \phi_s$ 的值为 $\frac{\pi}{2}$，又有

$$\phi = \beta(\omega)L = \frac{2\pi}{\lambda}\frac{\operatorname{Re}(\chi)}{2}L \tag{3.7}$$

其中，$\beta(\omega)$ 为色散系数，L 是原子气室的长度. 将强度差 ΔI 通过光电转换转换成电学信号引入频谱分析，进行噪声分析，可以研究探测光场的相位噪声转移特性.

二、实验装置及技术说明

1. 实验仪器及器件简介

(1) 型号为 DL pro、输出波长为 852nm 的外腔半导体激光器，波长可调谐范围 840～875nm，无跳模调谐范围大于 20GHz，最大输出功率 93mW，激光器线宽 300kHz，用于铯原子的 D2 线激发.

(2) 型号为 TA-SHG PRO_14147，种子源为半导体激光输出，波长 1020nm，最大输出功率 50mW，无跳模扫描范围 17GHz，锥形放大器最大输出功率 2.4W，倍频输出波长 510nm，功率 500mW，通过超稳腔 PDH(Pound-Drever-Hall)稳频技术，输出 510nm 激光的线宽在赫兹量级，用于将铯原子从第一激发态激发至里德伯态.

(3) 型号为 RTO2044，数字示波器，4 通道数据采集，最高带宽 4GHz，每通道最高采样率 20Gsa/s，每通道存储深度 50Msa(最大可达 200Msa 每通道)，用于显示光谱信号.

(4) 型号为 SMA 100B，工作频率 8kHz～40GHz，单边带相位噪声在 10GHz 处(偏离 20kHz)小于 120dB，在 6GHz 频率处最大输出噪声功率 36dBm，配有模拟调制中的频率调制模块、相位调制模块以及脉冲调制模块，频率调制深度最大 5MHz，相位调制深度最大 20rad，脉冲调制宽度小于 20ns，用于产生特定频率的微波信号，信号可调谐可调制.

(5) 型号为 PSt150/7/7 VS12 的压电陶瓷促动器(PZT)，开环标准行程 9μm±10%，谐振频率 40kHz，闭环行程 1μm，频率 3kHz. PZT 对 852nm 激光的相位控制精度达 1.5×10^{-3}rad/V. PZT 用于精确改变干涉仪两臂的相位差.

(6) 型号为 TM110 声光调制器，用于搭建二级衍射光路，可以通过 AOM 来对光束进行精确的频率调制和强度调制，相比于单通 AOM 光路，双通 AOM 光路可以避免由于光束偏转对实验造成的影响.

(7) 其他实验器件包括：光隔离器，用于隔离光路中可能反射进入激光器的光束，防止激光器频率和模式扰动；反射镜、半波片、透反比为 50/50 的分束棱镜、偏振分光棱镜、原子气池、平衡光电探测器、增益可调光电探测器、功率计.

2. 频率和功率稳定系统简介

(1) 功率稳定. 由于激光器本身和环境等因素会引起激光功率波动，为了避免功率波动对噪声转移特性的研究产生干扰，使用光电探测器，比例-积分-微分(PID)反馈控制模块和电控光纤衰减器构成功率伺服系统，稳定功率. 功率监视端口的信号波动被光电探测器接收到送入 PID 模块，反馈信号送入电控衰减器进行功率调节，保持功率稳定.

(2) 超稳腔系统. 包含超高精细度的法布里-珀罗(F-P)腔，精细度为 200000，线宽约为 7.5kHz，腔长为 10cm，自由光谱区为 1.5GHz. F-P 腔腔体由超低膨胀系数的材料制成；支持高真空环境的铝腔，真空度可达 10^{-6}Pa，型号为 PDH_1000-5E 的探测器，用于探测 F-P 腔的反射信号，并且对其进行放大和解调，进而产生误差信号用于激光稳频，调制信号的相位可调，幅度可调；型号为 D2-125 的低噪声高反馈带宽的伺服模块，用于激光电流及 PZT 反馈控制. 整个 PDH 电路的总带宽约 1MHz. PID 模块的带宽约为 10MHz. 反馈信号同时注入到了激光器的电流调节端口以及压电陶瓷端口. 最终频率伺服系统可以做到 300kHz 的反馈带宽，频率噪声抑制后，激光系统的线宽小于 100Hz. 基于 PDH 稳频的方法，是一种应用广泛和有效的方法. 许多激光器都是可调谐的，即通过控制输入激光器的电信号来实现对激光器输出激光频率的调谐. 常用方法为：利用实验手段精确测量出激光的频率，并把该测量信号转化为鉴频信号，通过适当的放大和滤波后，再输入到激光器的频率调谐端口，实现对激光器频率的精确控制. 基于 PDH 方法的稳频是把激光送入 F-P 腔，然后观察透射或反射. 光只有在腔长度的两倍等于光波长的整数倍时才能通过 F-P 腔，即光的频率必须是空腔自由光谱范围$\Delta\mathrm{FSR}\equiv c/(2L)$的整数倍，其中 L 为空腔的长度，c 为光速. 利用腔反射信号稳频时，由于直接探测的反射信号是对称的，不能通过增加或者减小频率来区分信号的变化. 然而，反射信号的导数是反对称的. 这个导数，可以作为误差信号用来锁定激光. 这并不难做到：通过稍微改变一下频率，就可以看到反射光束的反应. 在共振的右面，反射强度相对于激光频率的导数为正. 如果在一个小范围内使激光的频率呈正弦变化，那么反射强度也会随频率的变化而呈正弦变化. 在共振的左面，这个导数是负的. 在这里，反射的光强与频率相差 180°. 在共振时，反射强度是最小的，一个小的频率变化不会引起反射强度的变化. 通过比较反射强度的变化和频率的变化，可以知道信号处于共振的哪一边. 从而通过测量反射强度对激光频率的导数，将测量结果反馈给激光器，最终实现了激光器频率的锁定.

三、 实验内容及步骤

1. 实验前的准备

参考说明书，理解功率稳定系统和频率稳定系统的工作原理及操作方法；掌握声光调制器对激光进行调制的原理和方法；理解频谱仪对信号进行噪声分析的原理.

2. 光路系统搭建

在掌握实验原理的基础上，开始搭建光路系统，包括马赫-曾德尔干涉仪、EIT 光路、PDH 稳频系统和功率稳定系统，学习和使用频谱分析仪，掌握半导体激光光束的整形、调节空间光进入光纤耦合器、调节 AOM 双通光路；掌握利用马赫-曾德尔干涉仪对输出光场进行任意相位的锁定；通过 AOM 双通光路对光场进行频率调制和强度调制.

3. 里德伯 EIT 介质对探测场输出噪声转移的实验测量

(1) 利用马赫-曾德尔干涉仪将信号光和本振光的相位差锁定在 $\dfrac{\pi}{2}$ 处，得到 EIT 光谱的色散型曲线，这时候干涉仪输出光场强度变化取决于探测光的相位变化. 可以研究 EIT 介质中探测光场的噪声转移特性.

(2) 耦合光噪声向探测光相位噪声的转移特性研究. 耦合光的频率噪声向探测光相位噪声的转移特性研究：通过向 AOM 的 Fre in 端口输入调制信号对耦合光进行频率调制，利用频谱分析仪对光电探测器接收到的光电信号进行噪声分析. 耦合光的强度噪声向探测光相位噪声的转移特性研究：通过向 AOM 的 Mod in 端口输入调制信号对耦合光进行强度调制，噪声分析方法同上. 不同频率失谐时耦合光功率与探测光相位噪声功率的关系：将耦合光的频率分别锁定在原子共振跃迁线的左右位置，噪声分析同上.

(3) 探测光噪声向相位噪声的转移特性研究. 探测光的频率噪声向相位噪声的转移特性研究：频率噪声调制和噪声分析同上. 探测光的强度噪声向相位噪声

的转移特性研究：强度噪声调制和噪声分析同上.

四、注意事项

(1) 输出的 510nm 激光具有较大功率，一方面要使用高功率光纤对空间光进行高效率的耦合，否则容易损伤光纤，减少光纤使用寿命；另一方面虽然实验中的 510nm 激光相对较弱，但是也不可以用眼睛直视，另外 510nm 光散射也会造成眼睛疲劳，操作中需要佩戴防护眼镜.

(2) 反射镜和棱镜等光学元件表面需要保持干净清洁，以免光束通过后光斑发生变化影响实验测量结果.

(3) 严格按照用户手册开关机顺序对大型仪器进行操作，以免误操作损害仪器性能.

(4) 空间光路中的反射镜架等机械光学元件随着时间会发生微小位移，需要定期进行检查并恢复光路.

(5) 保证实验室温度和湿度在激光器的正常工作参数范围内，以免影响激光器正常工作.

(6) 空气流动和环境振动对马赫-曾德尔干涉仪的输出信号影响较大，实验中需要避免人员来回走动.

五、思考与讨论

(1) 探测光和耦合光的线宽会对马赫-曾德尔干涉仪输出光场的信号噪声造成什么样的影响？

(2) 干涉仪两臂相位差锁定在最大输出点时，对噪声的测量结果有什么影响？

(3) 保持双光子共振，将探测光场频率调节在大失谐位置，输出噪声如何变化？

(4) 干涉仪两臂的相对延迟时间(或者两臂光程差)对输出光场噪声有什么影响？

参考文献

Black E D, 2001. An introduction to Pound-Drever-Hall laser frequency stabilization[J]. American Journal of Physics, 69(1): 79-87.

Camparo J C,1998. Conversion of laser phase noise to amplitude noise in an optically thick vapor[J]. Journal of the Optical Society of America B, 15(3): 1177-1182.

Gea-Banacloche J, Li Y, Jin S, et al., 1995. Electromagnetically induced transparency in ladder-type inhomogeneously broadened media[J]. Theory and Experiment, 51(1): 576-581.

Kumar S, Fan H, Kubler H, et al., 2017. Atom-based sensing of weak radio frequency electric fields using homodyne readout[J]. Sci Rep, 79(2): 42981-42988.

实验 4　原子-腔耦合系统非线性效应

腔量子电动力学(cavity-QED)主要研究束缚在如光学谐振腔、高 Q 微腔、微型量子器件等特定空间中的粒子(原子、分子或离子)与光场相互作用的量子行为. 在原子-腔耦合系统中，原子与腔模在强耦合作用条件下，会产生许多复杂的物理特性，如真空拉比分裂、光学双稳态以及内腔电磁诱导透明等，再结合对作用光场的有效操控，可获得一些新奇的物理现象，比如原子自发辐射反转、光场空间模式变换、全光控制开关、量子纠缠、非经典光场等. 利用上述特性，腔-QED 系统可作为光量子器件，在组成量子逻辑门组、产生量子干涉和制备量子纠缠态等量子信息领域中得到广泛应用，已成为未来高效率量子信息处理的重要工具之一. 本工作首先理论分析二能级原子-腔耦合系统的强耦合特征，即正交劈裂模效应(真空拉比分裂)，并在此基础上理论分析了三能级原子-腔耦合系统下的非线性效应，重点实验研究热原子介质分别耦合在驻波腔和环形腔系统下腔透射谱的特点，并可进一步拓展到内腔四波混频效应的实验研究中.

一、实验原理

1. 二能级原子对探针光的极化特性分析

如图 4.1 所示，一束频率为 ω_p 的探针光与一个理想二能级系统作用，其相对原子跃迁中心的频率失谐为 $\Delta_p=\omega_p-\omega_{ab}$. 通过整个系统总的哈密顿量及原子密度算符的布洛赫运动主方程，在偶极近似和旋波近似条件下解得密度矩阵元算符的稳态解为

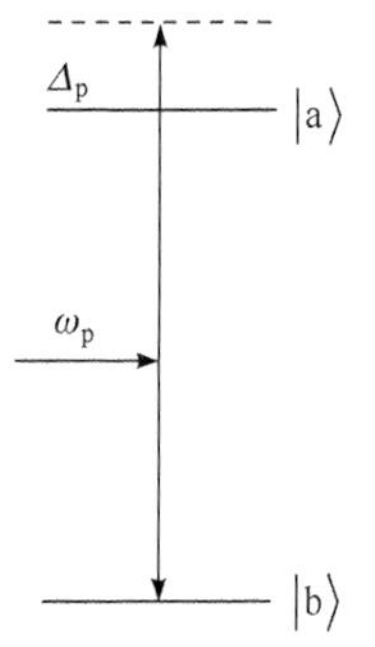

图 4.1　二能级结构图

$$\rho_{ab}=\mathrm{i}\frac{\Omega_p}{\gamma_{ab}/2}\frac{(\rho_{aa}-\rho_{bb})}{\Delta_p/(\gamma_{ab}/2+i)}\mathrm{e}^{-\mathrm{i}\omega_p t} \tag{4.1}$$

$$\rho_{aa}-\rho_{bb}=\frac{(\rho_{aa}-\rho_{bb})^{eq}\left(1+\Delta_p^2/\left(\gamma_{ab}^2/4\right)\right)}{1+\Delta_p^2/\left(\gamma_{ab}^2/4\right)+2\Omega_p^2/\left(\gamma_{ab}^2/4\right)} \tag{4.2}$$

其中，$\Omega_p=\mu_{ab}E_p/(2\hbar)$ 代表探针光的拉比频率，反映光场强度，μ_{ab} 代表能级 $|a\rangle\leftrightarrow|b\rangle$ 的跃迁矩阵元；γ_{ab} 为原子衰减率. 极化强度的定义为

$$P = N_0 \mu_{ab} \rho_{ab} = \frac{1}{2} \varepsilon_0 \chi E e^{-i\omega_p t} + c.c. \tag{4.3}$$

从而推知介质对探针光的极化率为

$$\chi = a_0 \frac{\left[1 + i\varDelta_p / (\gamma_{ab}/2)\right]}{1 + \varDelta_p^2 / (\gamma_{ab}^2/4) + 2\Omega_p^2 / (\gamma_{ab}^2/4)} \tag{4.4}$$

其中，N_0 代表原子数密度，$a_0 = \frac{N_0 |\mu_{ab}|^2 (\rho_{aa} - \rho_{bb})^{eq}}{\hbar \varepsilon_0 (\gamma_{ab}/2)}$ 代表在原子共振中心的吸收系数，可看出介质对探针光的极化率是复数，分为实部和虚部两部分：$\chi = \chi' + i\chi''$. 原子介质对探针光的折射率为

$$n = n_0 \sqrt{1+\chi} \approx n_0 \left(1 + \frac{1}{2}\chi\right) = n_0 + \frac{n_0}{2}(\chi' + i\chi'') \tag{4.5}$$

而探针光的波矢量 $\boldsymbol{k}$ 的大小为

$$|\boldsymbol{k}| = \frac{\omega_p n}{c} = \frac{\omega_p n_0}{c}\left(1 + \frac{1}{2}\chi' + \frac{i}{2}\chi''\right) \tag{4.6}$$

根据探针光振幅表达式可得

$$\begin{aligned} E &= E_0 e^{-i(\omega t - |\boldsymbol{k}| l)} \\ &= E_0 e^{-i\omega t} e^{i n_0 \left(1 + \frac{1}{2}\chi'\right)\frac{\omega}{c} l} e^{-n_0 \frac{1}{2}\frac{\omega}{c} l \chi''} \\ &= E_0 e^{-i\omega t} e^{inl} = E_0 e^{-i\omega t} e^{i(1+\beta)l} e^{-\alpha l} \end{aligned} \tag{4.7}$$

定义介质对探针光的色散系数为 $\beta = \frac{1}{2}\frac{n_0 \omega}{c}\chi'$ (正比于极化率的实部)，反映介质对探针光的折射率；吸收系数为 $\alpha = \frac{1}{2}\frac{n_0 \omega}{c}\chi''$ (正比于极化率的虚部)，反映介质的吸收特性. n_0 代表背景环境的折射率(一般取 1). 由此可得

$$\alpha = \frac{\omega_p a_0}{2c} \frac{\varDelta_p / (\gamma_{ab}/2)}{1 + \varDelta_p^2 / (\gamma_{ab}^2/4) + 2\Omega_p^2 / (\gamma_{ab}^2/4)} \tag{4.8a}$$

$$\beta = \frac{\omega_p a_0}{2c} \frac{1}{1 + \varDelta_p^2 / (\gamma_{ab}^2/4) + 2\Omega_p^2 / (\gamma_{ab}^2/4)} \tag{4.8b}$$

上述推导是不考虑原子运动速度情况下进行的. 对于热原子介质，不同速度的原子感应到探针光的频率不同. 假设某一原子以速率 v 沿探针光传播的方向运动，则该原子感应到的光频率应为 $\varDelta_p \to \varDelta_p - v\omega_p/c$，因此原子密度算符写为

$$\rho_{\text{ab}}(v)=\frac{2\text{i}\Omega_{\text{p}}}{\gamma_{\text{ab}}}\frac{(\rho_{\text{aa}}-\rho_{\text{bb}})^{\text{eq}}[2(\Delta_{\text{p}}-v\omega_{\text{p}}/c)/\gamma_{\text{ab}}-\text{i}]}{1+4(\Delta_{\text{p}}-v\omega_{\text{p}}/c)^2/\gamma_{\text{ab}}^2+8\Omega_{\text{p}}^2/\gamma_{\text{ab}}^2}\text{e}^{-\text{i}\omega_{\text{p}}t} \tag{4.9}$$

考虑所有速度原子的影响，因此具有多普勒展宽的原子介质的极化强度为

$$\begin{aligned}P&=\frac{1}{2}\varepsilon_0\chi E\text{e}^{-\text{i}\omega_{\text{p}}t}+\text{c.c}\\&=N_0\mu_{\text{ab}}\int_{-\infty}^{\infty}\rho_{\text{ab}}(v)\sqrt{\frac{m}{2\pi k_{\text{B}}T}}\exp\left(-\frac{mv^2}{2k_{\text{B}}T}\right)\text{d}v\text{e}^{-\text{i}\omega_{\text{p}}t}\end{aligned} \tag{4.10}$$

其中，m 是原子质量，k_{B} 为玻尔兹曼常量，T 为原子介质的绝对温度. 设 $\Delta_{\text{d}}=v\omega_{\text{p}}/c$ 为运动原子的多普勒频移项，同时定义原子多普勒展宽的半高宽为

$$\Delta\omega_{\text{D}}=\frac{2\sqrt{\ln 2}\sqrt{\dfrac{2\pi k_{\text{B}}T}{m}}\omega_{\text{p}}}{c} \tag{4.11}$$

可得多普勒原子介质的极化率为

$$\chi=\frac{N_0|\mu_{\text{ab}}|^2}{\hbar\varepsilon_0\Omega_{\text{p}}}\frac{2\sqrt{\ln 2}}{\sqrt{\pi}\Delta\omega_{\text{D}}}\int_{-\infty}^{\infty}\rho_{\text{ab}}(v)\exp[-(2\sqrt{\ln 2})^2(\Delta_{\text{d}}^2/\Delta\omega_{\text{D}}^2)]\text{d}\Delta_{\text{d}}\text{e}^{-\text{i}\omega_{\text{p}}t} \tag{4.12}$$

令 $(\rho_{\text{aa}}-\rho_{\text{bb}})^{\text{eq}}=1$，分别得到极化率的实部和虚部. 设 $I/I_0=2\Omega_{\text{p}}^2/(\gamma_{\text{ab}}^2/4)$，其反映探针光被介质吸收的强度，也称为饱和项，当探针光强度很弱时，即 $\Omega_{\text{p}}\ll\gamma_{\text{ab}}$ 时，$I/I_0\approx 0$. 多普勒展宽介质的吸收系数和色散系数分别为

$$\alpha=\frac{\omega_{\text{p}}a_{\text{d}}}{2c}\text{Im}\{\text{e}^{z^2}[1-\text{erf}(z)]\} \tag{4.13a}$$

$$\beta=\frac{\gamma_{\text{ab}}}{2}\frac{\omega_{\text{p}}a_{\text{d}}}{2c}\text{Re}\{\text{e}^{z^2}[1-\text{erf}(z)]\} \tag{4.13b}$$

2. 原子-腔系统腔透射函数

将一个二能级原子系统置于一驻波腔中，如图 4.2 所示，由两块曲率半径相同的平凹腔镜组成的一长为 L 的近共心 F-P 腔，其入射镜和出射镜的强度反射系

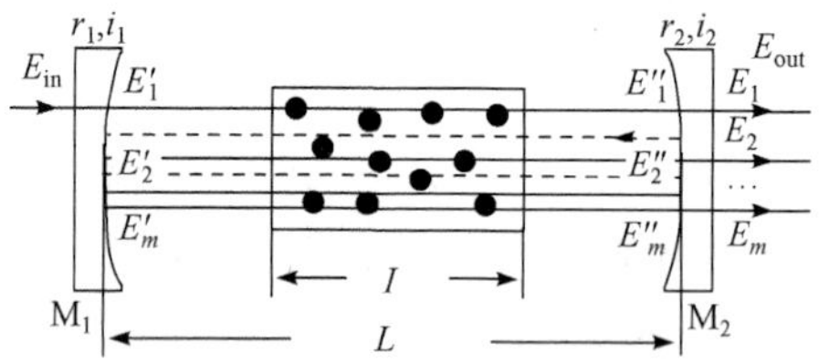

图 4.2 二能级原子-腔系统光路图

数分别为 r_1，r_2，透射系数分别为 t_1，t_2. 则该腔在空腔时的自由光谱区为 $\varDelta_{\mathrm{FSR}}=c/(2L)$. 在腔内放入一长为 l 的介质，该介质的折射率为 n，强度吸收系数为 α，其他空间的折射率为 n_0.

一束频率为 ω、复振幅为 E_{in} 的光注入原子腔系统，初始振幅大小为 E_0，初相位为 0. 则穿过前腔镜 M_1、内腔介质、经后腔镜 M_2 透射的光的电场复振幅为

$$E_1 = E_0 t_1 t_2 \mathrm{e}^{-\alpha l} \mathrm{e}^{-\mathrm{i}\frac{\omega}{c}[L+(n-1)l]} \tag{4.14}$$

而经 M_2 反射的光反向第二次穿过内腔介质后，又经 M_1 反射，第三次穿过介质，并经 M_2 透射的光场复振幅为

$$E_2 = E_0 t_1 t_2 r_1 r_2 \mathrm{e}^{-3\alpha l} \mathrm{e}^{-3\mathrm{i}\frac{\omega}{c}[L+(n-1)l]} \tag{4.15}$$

以此类推，可得 m 次反射后的光场复振幅. 经原子腔系统透射的光场复振幅为所有次透射的叠加

$$\begin{aligned} E_{\mathrm{out}} &= E_1 + E_2 + \cdots + E_m + \cdots \\ &= E_0 t_1 t_2 \mathrm{e}^{-\alpha l} \mathrm{e}^{-\mathrm{i}\frac{\omega}{c}[L+(n-1)l]} \left(1 + (r_1 r_2) \mathrm{e}^{-2\alpha l} \mathrm{e}^{-2\mathrm{i}\frac{\omega}{c}[L+(n-1)l]} + \cdots \right. \\ &\quad \left. + (r_1 r_2)^{m-1} \mathrm{e}^{-(2m-1)\alpha l} \mathrm{e}^{-(2m-1)\mathrm{i}\frac{\omega}{c}[L+(n-1)l]} + \cdots \right) \\ &= \frac{E_0 t_1 t_2 \mathrm{e}^{-\alpha l} \mathrm{e}^{-\mathrm{i}\frac{\omega}{c}[L+(n-1)l]}}{1 - (r_1 r_2) \mathrm{e}^{-2\alpha l} \mathrm{e}^{-2\mathrm{i}\frac{\omega}{c}[L+(n-1)l]}} \end{aligned} \tag{4.16}$$

于是可得光穿过原子-腔系统后的透射率为

$$S = \frac{I_{\mathrm{out}}}{I_{\mathrm{in}}} = \left| \frac{E_{\mathrm{out}}}{E_{\mathrm{in}}} \right|^2 = \frac{t_1 t_2 \mathrm{e}^{-2\alpha l}}{1 - (r_1 r_2)^2 \mathrm{e}^{-4\alpha l} + 2 r_1 r_2 \cos 2\frac{\omega}{c}[L + (n-1)l]} \tag{4.17}$$

定义腔镜的透射率和反射率分别为 $T=t_1t_2$，$R=r_1r_2$. 忽略内腔的线性损耗，考虑探针光的失谐 $\varDelta_{\mathrm{p}}$ 及腔模与原子跃迁频率间的失谐 δ_{k}，可得普适的腔透射率随探针光频率变化的函数关系

$$S = \frac{T^2 \mathrm{e}^{-\alpha l}}{(1 - R\mathrm{e}^{-\alpha l})^2 + 4R\mathrm{e}^{-\alpha l} \sin^2[\varPhi / 2]} \tag{4.18}$$

其中相移函数 $\varPhi = \varphi + \phi = 2\pi(\varDelta_{\mathrm{p}} - \delta_{\mathrm{k}}) / \varDelta_{\mathrm{FSR}} + \omega_{\mathrm{p}} \beta l / c$ 表示光在腔内循环一周的总相移，主要由两部分组成：φ 表示腔模在腔内循环一周后的相位改变量，ϕ 表示

内腔原子介质对探针光的色散产生的相移. 在一个原子-腔耦合的系统中，原子介质的吸收特性α和色散特性β决定了腔模和腔内原子之间是否能产生强耦合(正交模劈裂). 而α和β的大小取决于探针场的频率失谐Δ_p、饱和光强大小I/I_0以及原子共振中心的吸收系数α_d，而α_d又取决于原子介质的粒子数密度N_0. 因此，在探针场频率扫描的条件下，通过改变介质的粒子数密度或探针场的强度，来观察腔透射谱的变化.

由理论分析可知，正交模劈裂现象就是由于在多粒子数体系中，介质色散特性的增强，使原子-腔系统的相移曲线发生显著改变，同时由粒子数增多而产生较大的吸收引起的. 当然，粒子数密度增加，原子与腔之间的耦合强度也随之增强. 定义单原子与单腔模的耦合强度为$g=[\mu_{ab}^2\omega_{ab}/(2\hbar\varepsilon_0 V_c)]^{1/2}$，其中 V_c代表腔模体积. 对于多粒子体系，原子与腔的相互作用强度可以增强至$g\sqrt{N}$倍，N为腔模内粒子总数. 而数值$\pm g\sqrt{N}$正好代表腔透射谱中两个正交劈裂模的频率位置. 在近共振中心区域，在极低强度(极低粒子数密度)的条件下，该劈裂现象被称作真空拉比分裂，这种能明显观察到的劈裂峰正是腔量子电动力学中强耦合的特征表现.

实验上，人们通常利用“零相移”条件来对其进行描述，即正交劈裂峰的频率位置正好是腔模在腔内循环一周后，腔失谐和介质色散引起的总相移为零时的两个解. 然而在低粒子数密度区域，当适当增强探针光强度时，即使腔模循环一周的相移不为零，也同样有透射峰出现，一般称之为“虚峰”，它反映了真空拉比分裂非谐振特性，从而呈现出了光学双稳态. 这主要是腔内介质的吸收和色散相互作用的结果，本质上取决于共振吸收的大小. 当探针光强达到甚至超过原子介质的吸收饱和强度时，两个劈裂峰则合成为一个透射峰. 此时若想观察到劈裂峰，则需要提高原子-腔系统的耦合强度，实验上一般通过提高粒子数密度来实现. 而增加g因子的方法则是通过提高腔的品质和减小腔长来实现的，然而在实际操作中困难较大，当然其优势也非常显著.

3. 三能级 EIT 原子-腔系统腔透射谱

由于在较大的粒子数密度条件下，原子介质对探针场吸收增强的同时，色散特性也明显增强，因此，适当地增强探针场强度，同样能观察到明显的正交劈裂峰. 此时，若在腔内加入一束单次穿过内腔介质的强耦合场，使腔内介质形成一个Λ型三能级结构，则在双光子共振条件下，介质的色散特性发生急剧变化，原子对探针场的吸收减弱，产生了电磁诱导透明(EIT)效应，导致腔透射谱中对应原子共振中心出现一个线宽很窄的透射峰，我们称之为内腔 EIT 峰(暗态极子峰)，同时两个正交边带峰的频率位置移至$\pm\sqrt{g^2N+\Omega_c^2/4}$，其中$\Omega_c$代表耦合场的拉比频率. 下面我们以三镜环形腔为例来介绍其腔透射谱的主要特征.

如图 4.3 所示，两块平面镜 M_1、M_2 和一平凹腔镜 M_3 组成环形腔，腔的总反射率为 R，整体腔长为 L；一长度为 l 的原子泡置于腔的腰斑中心，探针光以水平偏振通过 M_1 注入环形腔中，耦合光通过两块偏振棱镜(PBS)以垂直偏振单次穿过内腔原子泡. 实验选取的原子介质为铯(Cs)原子，并选择 ^{133}Cs 原子的 D1 线超精细结构为研究对象，其中包含两个下能态 $|b\rangle$ ($6^2S_{1/2}$，F=3)和 $|c\rangle$ ($6^2S_{1/2}$，F=4)以及一个上能态 $|a\rangle$ ($6^2P_{1/2}$，F'=4)，探针光以频率 ω_p 作用于能级 $|b\rangle$ 到 $|a\rangle$ 的跃迁，耦合光以频率 ω_c 作用于能级 $|c\rangle$ 到 $|a\rangle$ 的跃迁，因此构成图中虚方框的Λ型三能级 EIT 系统. 腔透射率谱为

$$S=\frac{(1-R)^2\mathrm{e}^{-\alpha l}}{(1-R\mathrm{e}^{-\alpha l})^2+4R\mathrm{e}^{-\alpha l}\sin^2[\Phi/2]} \tag{4.19}$$

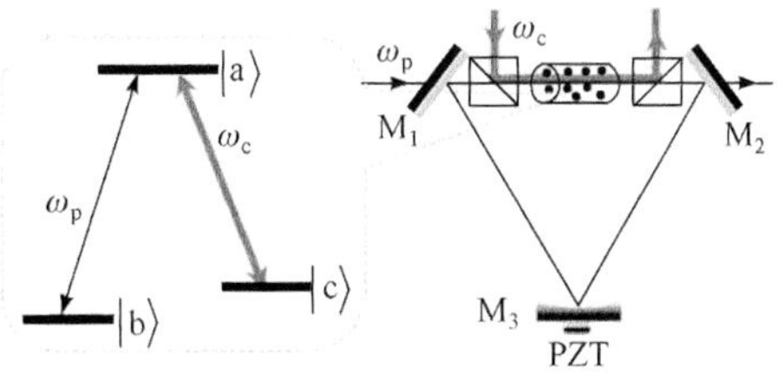

图 4.3　三能级原子能级及原子-腔系统光路图

腔透射率谱同样取决于内腔介质的极化特性. 而对于多普勒三能级 EIT 介质来说，其极化率为

$$\chi=\frac{N_0|\mu_{ab}|^2}{\hbar\varepsilon_0\Omega_p}\frac{2\sqrt{\ln 2}}{\sqrt{\pi}\Delta\omega_D}\int_{-\infty}^{\infty}\rho_{ab}(\Delta_d)\exp[-(2\sqrt{\ln 2})^2(\Delta_d^2/\Delta\omega_D^2)]\mathrm{d}\Delta_d \tag{4.20}$$

其中

$$\rho_{ab}(\Delta_d)=\frac{\mathrm{i}\Omega_p[\mathrm{i}(\Delta_c-\Delta_p)+\gamma_{bc}]}{[\mathrm{i}(\Delta_c-\Delta_p)+\gamma_{bc}][\mathrm{i}(\Delta_p-\Delta_d)+\gamma_{ab}]+\Omega_c^2} \tag{4.21}$$

式中，γ_{ab} 代表上能态 $|a\rangle$ 与基态 $|b\rangle$ 间的退相干率，γ_{bc} 代表两个基态 $|b\rangle$ 和 $|c\rangle$ 之间的衰减率，$\Delta_c=\omega_c-\omega_{ac}$ 代表耦合光的频率失谐，$\Delta_d=v\omega_p/c$ 代表多普勒原子的频移项. 实验中耦合光与探针光同向传播，所以它们之间是消多普勒的. 其他参数与上述讨论的相同. 多普勒三能级 EIT 介质的复极化率还可表述为

$$\chi=\frac{4\mathrm{i}N_0|\mu_{ab}|^2\sqrt{\pi}}{\hbar\varepsilon_0}\frac{2\sqrt{\ln 2}}{\Delta\omega_D}\mathrm{e}^{z_1^2}(1-\mathrm{erf}(z_1)) \tag{4.22}$$

其中

$$z_1 = \frac{2\sqrt{\ln 2}}{\Delta\omega_{\mathrm{D}}}\left[\gamma_{\mathrm{ab}} - \mathrm{i}\varDelta_{\mathrm{p}} + \frac{\varOmega_{\mathrm{c}}^2/4}{\gamma_{\mathrm{bc}} - \mathrm{i}(\varDelta_{\mathrm{p}} - \varDelta_{\mathrm{c}})}\right] \tag{4.23}$$

定义 $b_{\mathrm{d}} = \frac{4N_0\left|\mu_{\mathrm{ab}}\right|^2\sqrt{\pi}}{\hbar\varepsilon_0}\frac{2\sqrt{\ln 2}}{\Delta\omega_{\mathrm{D}}}$，则其吸收和色散系数分别为

$$\alpha = \frac{\omega_{\mathrm{p}}b_{\mathrm{d}}}{2c}\mathrm{Im}\{\mathrm{i}e^{z_1^2}[1-\mathrm{erf}(z_1)]\} \tag{4.24a}$$

$$\beta = \frac{\omega_{\mathrm{p}}b_{\mathrm{d}}}{2c}\mathrm{Re}\{\mathrm{i}e^{z_1^2}[1-\mathrm{erf}(z_1)]\} \tag{4.24b}$$

将式(4.24)代入式(4.19)，便可模拟在三能级原子-腔系统下的腔透射率谱，在双光子共振条件下，介质对探针光的吸收明显减弱，产生透明效应．在共振中心附近，介质产生剧烈的正常色散效应，同时腔的透射谱呈现典型的三峰结构，除了两个对称的正交劈裂模之外，在原子共振中心还出现了线宽极窄的透射峰，即暗态极子峰．

二、实验装置及技术说明

1. 主要实验仪器及器件简介

(1) 半导体激光器(DL)．本实验采用两台型号为 DL100 的外腔光栅反馈半导体激光器，其输出功率为 40mW，中心波长在 894.5nm 附近，对应铯原子的 D1 线跃迁 $6^2\mathrm{S}_{1/2} \leftrightarrow 6^2\mathrm{P}_{1/2}$．其工作原理从略．实验中调节作为探针光光源的激光器的频率在超精细能级 $6^2\mathrm{S}_{1/2}$，F=3 至 $6^2\mathrm{P}_{1/2}$，F=4 跃迁中心扫描，扫描范围约 1.2GHz；调节耦合光光源的频率锁定在 $6^2\mathrm{S}_{1/2}$，F=4 至 $6^2\mathrm{P}_{1/2}$，F=4 的跃迁中心，根据实验要求还可进行频率调谐．

(2) 其他主要实验仪器及光学器件．实验中还会用到的实验仪器包括：光隔离器(OI)，用于保护激光器及光放大器；4 通道数字存储示波器(DSO)，用于采集饱和吸收谱、EIT 光谱及腔透射谱等；功率计(PM)，用于测量各个光场的功率大小；红外观察器(IFO)，搭建和准直光路中，用于观察各个光场的光斑，特别是在匹配腔过程中，利用红外观察器可以协助观察各个腔镜上多次反射的光斑，从而实现快速的闭合腔模；控温仪(TEC)，用于控制铯原子泡的温度；信号源和高压放大器，用于扫描和改变腔长，等等．主要光学器件包括：不同长度的铯原子泡、45°反射镜(mirror)、半波片($\lambda/2$)、平凹腔镜(M)、偏振分光棱镜(PBS)、压电陶瓷(PZT)、各种焦距的平凸透镜(F)、PIN 型光电探测器(PD)．

2. 主要辅助光路系统简介

(1) 饱和吸收光谱(SAS)系统．本实验中主要用于监视探测光频率在扫描状

态下作用原子的跃迁能级及探针光频率扫描范围. 具体介绍详见实验 5 的实验研究.

(2) 电磁诱导透明(EIT)系统. 本实验中需要另外搭建一套自由空间下的 EIT 探测系统，用于监视耦合光的频率失谐，其光路设计及判断依据自行完成.

(3) 光纤耦合(FC)系统. 半导体激光器本身的发光机制决定了其激发输出的激光光斑是楔形状. 为了定量测量和描述光场与原子作用的有效体积及原子数，同时能很好地将注入探针光匹配耦合到谐振腔中，实验上用两套光纤耦合系统分别对探针光耦合光进行空间整形，整形后输出的光斑模式就是比较理想的圆形高斯模(TEM_{00} 模). FC 系统主要由一对光纤输入输出耦合头及一条单模光纤构成. 光纤的耦合效率主要取决于注入光的光斑大小及平行度，调节方法需在实验过程中体会理解.

三、实验内容

参考说明书，熟练掌握半导体激光器的工作原理及操作方法；参考各类文献，了解掌握有关谐振腔的工作原理和调节方法，了解其他主要实验仪器及各光学器件的工作特性及使用方法.

1. 光路系统搭建

(1) 在掌握实验原理和做好实验前准备的基础上，首先搭建饱和吸收谱光路系统和电磁诱导透明监视系统；学习和掌握利用数字示波器观测信号和存储数据，掌握如何利用 SAS 信号和 EIT 信号判断光场的频率及频率失谐；利用光纤耦合系统分别对探测光和耦合光进行空间整形.

(2) 光学腔的设计及调试. 光学腔可以分为驻波腔和行波腔. 在驻波腔中，光束来回往复传播，往返一周形成自再现的称为共心腔，往复两周自再现的称为共焦腔. 而环形腔中的光束是沿一个方向单次传播的，环绕一周自再现. 内腔 EIT 实验一般在环形腔中进行，这是因为环形腔中探针光和耦合光是同向的，避免了多普勒频移效应的影响. 该实验研究中，需要搭建两套独立的光学腔，一套两镜近共心驻波腔，另一套三镜环形腔. 原子-光学腔调节的一般步骤为(具体方法可参考文献(Gea-Banacloche et al., 2008; Scully and Zubairy, 1991))：

(a) 根据腔镜的曲率半径及实验需确定空腔腔长，然后根据谐振腔工作的稳定性条件计算出该腔的理想腰斑大小 W_c 及位置 Z_c；

(b) 利用刀片法和高斯光束在自由空间的传输方程测量经光纤整形后的探针光的腰斑大小 W_0 及位置 Z_0；

(c) 利用模式匹配公式，计算出将 W_0 匹配至 W_c 大小所需透镜(透镜组)的焦距大小及距两个腰斑的距离；

(d) 调节谐振腔的闭合. 根据计算结果将注入光匹配至谐振腔中，通过微调腔镜、调节匹配透镜的位置、微调腔长等方法，最终实现光学腔在空腔状态下的单模运转. 测量腔的相关参数，如自由光谱区、腔精细度、匹配度及线宽等；

(e) 将 PBS、原子泡等器件放置于内腔介质中，注意每插入一个器件，都需要微调腔，使其保证单模输出，同时记录腔线宽的变化. 注意当插入原子泡后，调节并测量腔参量时，必须调节探针光频率要远失谐于原子频率共振中心.

2. 基于原子-腔系统透射谱的测量

(1) 测量二能级原子分别在驻波和环形腔下的腔透射谱，观察正交劈裂峰随原子数密度的变化.

(2) 测量三能级原子-环形腔下的腔透射谱，观察内腔 EIT 峰及正交劈裂峰随耦合光功率、频率失谐、原子数密度的变化规律.

(3) 测量分析三能级原子-驻波腔的腔透射谱，分析比较与环形腔的区别.

(4) (选做)开展基于原子-腔系统下的内腔四波混频效应的研究. 在研究内容(2)的基础上，再反向输入一束同频耦合光形成驻波，实验研究内腔相干反射信号的输出特性.

四、注意事项

(1) 掌握半导体激光器的开关机顺序和光学腔的工作方式；

(2) 搭建光路时，禁止用手触摸光学元件的表面，切忌人眼在与光路水平的位置上观察调试光路，以免激光射入人眼致盲；

(3) 在给谐振腔加三角波扫描电压和增益时，注意观察三角波信号的线性度，避免电压过大而损坏固定在光学腔腔镜上的压电陶瓷.

五、思考与讨论

(1) 以驻波腔为例，理论推导三能级 EIT 原子-腔系统下腔透射率谱的表达式？

(2) 实验比较驻波腔中，近共焦腔和近共心腔的区别，分析二者对正交劈裂峰的产生有何影响？

(3) 在三能级原子-腔耦合系统中，腔模的频率失谐对腔透射谱有何影响？对内腔 EIT 峰和正交劈裂峰分别考虑分析.

参 考 文 献

周炳琨，高以智，陈倜嵘，2009. 激光原理[M]. 6 版. 北京：国防工业出版社.

Gea-Banacloche J, Wu H, Xiao M, 2008. Transmission spectrum of Doppler-broadened two-level atoms in a cavity in the strong-coupling regime[J]. Phys Rev A, 78(2): 023828.

Scully M O, Zubairy M S ,1991. Quantum Optics[M]. Cambridge: Cambridge University Press.

Wu H, Gea-Banacloche J, Xiao M, 2008. Observation of intracavity electromagnetically induced transparency and polariton resonances in a Doppler-broadened medium[J]. Phys Rev Lett, 100(17): 173602.

Zhu Y, Gauthier D J , Morin S E, et al., 1990. Vacuum Rabi splitting as a feature of linear-dispersion theory: analysis and experimental observations[J]. Phys Rev Lett, 64(21): 2499-2502.

实验 5　驻波诱导原子产生反射四波混频

光与原子相互作用，作为量子光学中一个非常重要的研究内容，在近几十年得到了蓬勃的发展，而基于相干光场与原子介质相互作用的产物，原子相干效应更是受到人们的广泛关注. 基于原子相干，产生了许多有趣的物理现象，如电磁诱导透明(EIT)、无粒子数反转放大激光(LWI)、光速减慢及光存储(LSS)、电磁诱导吸收光栅(EIG)、四波混频(FWM)、受激拉曼散射(SRS)、全光光学开关及路由(OSR)等. 这些现象对推动量子信息处理和量子计算机等量子通信领域向实用化发展提供了重要的支撑. FWM 指四个相互作用的电磁场参与的非线性过程，在弱相互作用下它是由介质的三阶非线性极化率决定的.

理论和实验研究表明，基于原子相干效应的 FWM，可以使相干介质对弱探测光的折射率产生周期性调制，从而可以对探测光的透射及反射特性进行有效操控，实现量子信息在相干介质中的存储及提取等功能. 本实验主要以 ^{133}Cs 原子 D1 线的超精细结构为研究对象，通过一对驻波耦合光驱动的 Λ 型三能级原子系统，实验研究耦合光频率 ω_c 和探测光频率 ω_p 分别满足 $\omega_c>\omega_p$ 和 $\omega_c<\omega_p$ 两种条件下的反射四波混频过程，探索在该过程中相干介质的反常色散特性补偿相位失配的物理机制，实验分析原子数密度、作用光场之间的夹角、耦合光功率及频率失谐等参量对反射信号效率的影响；进一步拓展探索基于原子相干的全光量子器件及其特性的应用研究.

一、实验原理

实验中涉及的 FWM 过程是基于 EIT 相干介质实现的. 因此，我们在简要介绍 EIT 效应的基础上，理论分析双色耦合光作用 Λ 型三能级 EIT 系统的非线性过程，重点讨论基于驻波耦合光作用于 EIT 介质下的极化特性(即吸收和色散)，并根据 FWM 过程中的能量守恒和动量守恒定律，分析反常色散对光场相位失配的补偿机制，进一步实验研究不同频率条件下产生反射四波混频信号的条件和特点.

1. 电磁诱导透明效应

经典的电磁诱导透明(EIT)效应发生在如图 5.1 所示的 Λ 型三能级原子系统中. 该系统包含一个激发态 $|a\rangle$ 和两个基态 $|b\rangle$ 和 $|c\rangle$，且两基态之间的退相干速率 γ_{bc} 非常小. 一束弱的探测光作用于 $|c\rangle$ 到 $|a\rangle$ 跃迁能级上，而另一束较强的耦合光

作用于$|b\rangle$到$|a\rangle$跃迁能级上，适当调节两光场强度，使得组成介质的所有原子均稳定地布居在较低能级$|b\rangle$与$|c\rangle$的相干叠加态上，叠加系数由两束耦合光的耦合拉比频率决定，这种叠加态被称为暗态(dark state)，它是系统相互作用哈密顿的一个本征态，里面不包含高激发态$|a\rangle$. 这样，当两束光场频率满足双光子共振时，便保证了介质对探测光的无吸收色散特征. 另外，EIT 要求耦合光的强度远远强于探测光，这将使得介质对探测光的色散特性完全由耦合光的强度来决定(所以耦合光又称作“控制光”或“泵浦光”). 因此，诱导透明的本质含义包含两个方面，其一是无吸收色散，二是色散性质可以由耦合光来调控(诱导). 对于三能级模型，EIT 效应是建立在两个原子态之间的跃迁率被破坏的基础上产生的，即三个能态中，其中包含两个原子态之间跃迁是“偶极允许”的，第三个跃迁是被“偶极禁止”的，如图 5.1 所示，$|c\rangle$到$|a\rangle$和$|b\rangle$到$|a\rangle$可以分别通过探测光和耦合光作用而“偶极允许”跃迁，而$|c\rangle$到$|b\rangle$之间就是被“偶极禁止”跃迁的. 当 EIT 效应发生时，介质能够在近共振处极大地增强 Kerr 非线性效应，而且线性吸收会极大地降低. 在近 EIT 共振处，色散特性变得非常锐利，介质对探测光的折射率发生急剧变化，这种色散增强效应会导致探测光群速度减慢. 因此，EIT 效应是研究其他原子相干效应、高效非线性过程及实现全光控制等内容的重要基础和媒介.

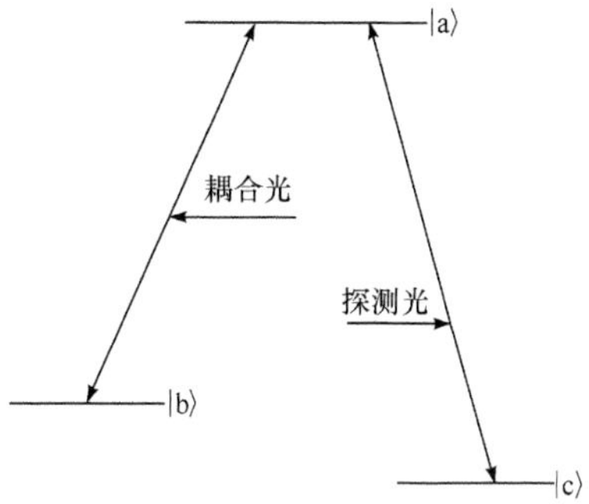

图 5.1　Λ 型三能级 EIT 系统模型

2. 驻波耦合光作用于 EIT 介质的动力学过程

如图 5.2 所示，考虑一个以任意速率 v 运动的 Λ 型三能级原子系统，两束较强的耦合光(频率为 ω_{c1} 和 ω_{c2})分别作用于能级$|b\rangle$到$|a\rangle$的跃迁，且二者传播的方向共线相反，其频率失谐分别为 $\Delta_{c1}=\omega_{c1}-\omega_{ab}$ 和 $\Delta_{c2}=\omega_{c2}-\omega_{ab}$，$\omega_{ab}$，为能级$|b\rangle$和$|a\rangle$之间的共振跃迁频率；一束较弱的探测光 ω_p 沿着 ω_{c1} 的方向以微小的夹角 θ 作

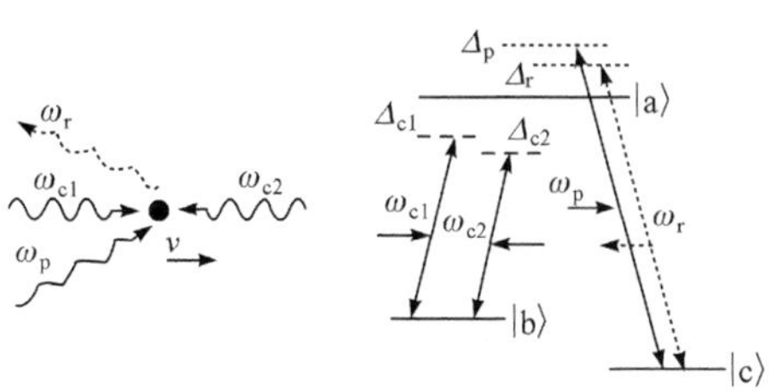

图 5.2　光场作用原子及能级示意图

用于能级$|c\rangle$到$|a\rangle$的跃迁，其频率失谐为$\Delta_p = \omega_p - \omega_{ac}$，$\omega_{ac}$为能级$|c\rangle$和$|a\rangle$之间的共振跃迁频率.

在驻波耦合光条件下，$\omega_{c2} = \omega_{c1} = \omega_c$，但考虑一个任意速度$v$的原子，其感应到向前、向后传播的耦合光的频率是不同的. 假设某一原子以速率v沿x方向运动，则利用系统的哈密顿及薛定谔方程(详见参考文献(Brown and Xiao，2005))，可得反映原子与探测光相互作用的密度矩阵元的迭代表达式为

$$\tilde{\rho}_{ac}^{[m]} = P_m^{-1}\left(-\mathrm{i}\Omega_p\delta_{m,0} + \frac{\Omega_{c1}^*\Omega_{c2}}{(\Delta_p' - \Delta_{c2}') + \mathrm{i}\gamma_{bc} + n\delta}\tilde{\rho}_{ac}^{[m-1]} + \frac{\Omega_{c1}\Omega_{c2}^*}{(\Delta_p' - \Delta_{c1}') + \mathrm{i}\gamma_{bc} + n\delta}\tilde{\rho}_{ac}^{[m+1]}\right) \tag{5.1}$$

其中，$P_m = (\Delta_p' + \mathrm{i}\gamma_{ac} + n\delta) - \{|\Omega_{c1}|^2 / [(\Delta_p' - \Delta_{c1}') + \mathrm{i}\gamma_{bc} + n\delta] + |\Omega_{c2}|^2 / [(\Delta_p' - \Delta_{c2}') + \mathrm{i}\gamma_{bc} + n\delta]\}$. 定义$\delta = 2k_c v$为运动原子感应到前后两束耦合光的频差，即多普勒频移项. 由于探测光功率远小于耦合光功率，所以绝大多数原子被俘获到基态$|c\rangle$上. 在m阶项中，只保留探测光拉比频率Ω_p的一阶项，而保留耦合光拉比频率Ω_{c1}、Ω_{c2}的所有阶项.

不同m阶次的密度算符，代表的物理意义不同，$\tilde{\rho}_{ac}^{[0]}$代表探测光与原子作用的同频相干性，正比于一阶线性极化率$\chi^{(1)}$，反映了探测光的线性吸收和色散特性；$\tilde{\rho}_{ac}^{m}$ $(m \geqslant 1)$反映由于不同速率原子感应到前后耦合光频率不同而产生频差δ的相干性，由它会引起高阶非线性过程，其平方的绝对值正比于新产生的信号场的强度，而且与原子基态相干项$\tilde{\rho}_{bc}^{[m]}$有很大的关联. 而从公式(5.1)中发现，基态相干性直接由耦合光的拉比频率Ω_{c1}和Ω_{c2}的大小决定，且当探测光与前向耦合光频率满足双光子共振条件时，即$\Delta_p' = \Delta_{c1}'$，基态相干性$\tilde{\rho}_{bc}^{[m]}$存在极大值.

3. 原子系综对探针场的吸收色散特性

当m=0时，利用公式(5.1)，很容易计算得到一个速度为v的原子对探测光的作用密度算符为

$$\tilde{\rho}_{ac}^{[0]}(v) = \frac{-\Omega_p}{P_0 - \dfrac{\Omega_{c1}\Omega_{c2}^* Z_1}{(\Delta_p' - \Delta_{c1}') + \mathrm{i}\gamma_{bc}} - \dfrac{\Omega_{c1}^*\Omega_{c2} X_1}{(\Delta_p' - \Delta_{c2}') + \mathrm{i}\gamma_{bc}}} \tag{5.2}$$

其中，P_0、Z_1和X_1是理论计算过程中的循环因子迭代项，详细表达式及计算过程参见文献(Brown and Xiao，2005). 而在一个粒子数密度为n的原子泡内，各个原子的运动速率不同，运动方向也不同，因此由于多普勒效应，其感应到的两束耦

合光的频率差也不同，所以单单研究一个原子对探针场的影响没有实际意义，需要考虑所有参与作用的原子的影响.

在室温条件下，理想气体的原子速率遵从麦克斯韦速率分布统计

$$f(v)\mathrm{d}v=\sqrt{\frac{m_{\mathrm{a}}}{2\pi k_{\mathrm{B}}T}}\exp\left(-\frac{m_{\mathrm{a}}v^{2}}{2k_{\mathrm{B}}T}\right)\mathrm{d}v \tag{5.3}$$

其中，m_{a} 是原子质量，k_{B} 为玻尔兹曼常量，$\left(m_{\mathrm{a}}/(2\pi k_{\mathrm{B}}T)\right)^{1/2}$ 代表在给定温度 T 条件下原子的最概然速率. 而 N 个参与作用的原子与探测光相互作用的密度算符就是对所有速率原子作用的统计叠加

$$\rho_{\mathrm{ac}}^{[0]}=\int_{-\infty}^{\infty}\rho_{\mathrm{ac}}^{[0]}f(v)\mathrm{d}v \tag{5.4}$$

根据电动力学及非线性光学的知识可知，极化介质对电磁场的极化强度表示为

$$\begin{aligned}P(t)&=\chi^{(1)}E(t)+\chi^{(2)}E^{2}(t)+\chi^{(3)}E^{3}(t)+\cdots\\&\equiv P^{(1)}(t)+P^{(2)}(t)+P^{(3)}(t)+\cdots\end{aligned} \tag{5.5}$$

其中，$\chi^{(1)}$ 代表线性极化率，而 $\chi^{(2)},\chi^{(3)}$ 分别称作二阶和三阶非线性极化率. 根据上述分析可知，在双色耦合光作用下，原子系统会产生奇数倍的高阶非线性过程. 我们现在着重讨论一阶线性过程，分析相干原子对探测光的极化特性. 为了讨论方便，极化强度和电场矢量都用标量表示. 根据极化强度的定义

$$P^{(1)}(t)=\varepsilon_{0}\chi^{(1)}E(t)=N\mu_{\mathrm{ac}}\rho_{\mathrm{ac}}^{[0]}+\mathrm{c.c.} \tag{5.6}$$

可推知探测光的极化率和密度算符之间的关系为

$$\begin{aligned}&\varepsilon_{0}\chi^{(1)}\frac{1}{2}E_{\mathrm{p}}\left(\mathrm{e}^{\mathrm{i}\omega_{\mathrm{p}}'t}+\mathrm{e}^{-\mathrm{i}\omega_{\mathrm{p}}'t}\right)=N\mu_{\mathrm{ac}}\rho_{\mathrm{ac}}^{[0]}+\mathrm{c.c.}\\&\Rightarrow\chi^{(1)}=\frac{2N\mu_{\mathrm{ac}}\rho_{\mathrm{ac}}^{[0]}\mathrm{e}^{\mathrm{i}\omega_{\mathrm{p}}'t}}{\varepsilon_{0}E_{\mathrm{p}}}=\frac{2N\mu_{\mathrm{ac}}\tilde{\rho}_{\mathrm{ac}}^{[0]}}{\varepsilon_{0}E_{\mathrm{p}}}\end{aligned} \tag{5.7}$$

结合式(5.4)可得一阶线性复极化率的表达式为

$$\chi^{(1)}=\frac{2N\mu_{\mathrm{ac}}}{\varepsilon_{0}E_{\mathrm{p}}}\rho_{\mathrm{ac}}^{[0]}=\frac{2N\mu_{\mathrm{ac}}}{\varepsilon_{0}E_{\mathrm{p}}}\int_{-\infty}^{\infty}\rho_{\mathrm{ac}}^{[0]}f(v)\mathrm{d}v \tag{5.8}$$

其中极化率的虚部 $\mathrm{Im}[\chi^{(1)}]$ 和实部 $\mathrm{Re}[\chi^{(1)}]$ 分别代表了原子对探测光的吸收和色散.

利用公式(5.8)，我们从理论上模拟了在不同向后耦合光功率条件下，极化率

的实部和虚部，如图 5.3 所示. 当 $\Omega_{c2}=0$ 时，即在没有向后耦合光时，原子对探针场吸收减弱，色散呈正常色散，也就是典型的 EIT 效应；当 $\Omega_{c2}=\Omega_{c1}$ 时，即在驻波条件下，原子对探针场的吸收增强，色散由正常色散变为反常色散，EIT 变为电磁诱导吸收. 由此，我们可以推断，由于原子对探针场产生吸收，原子态被激发，当其向较低稳定态衰减时，必定向外辐射(散射)新的光子，即产生多波混频效应.

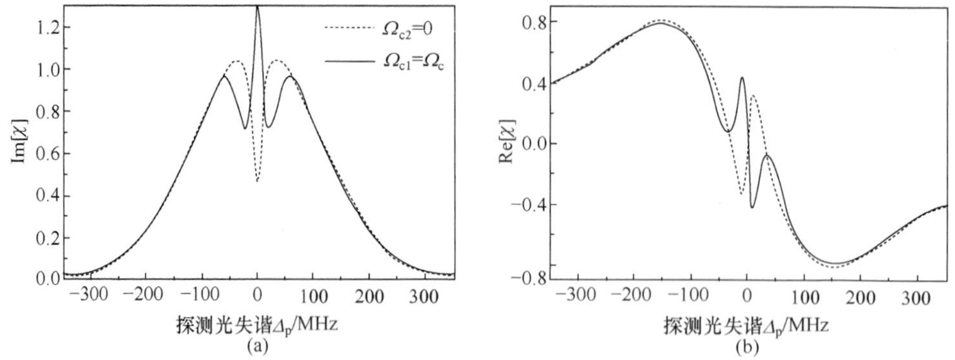

图 5.3　在不同向后耦合光功率条件下，理论计算探针场的吸收(a)和色散(b)随探测光频率失谐的变化

4. 四波混频过程及色散补偿相位失配分析

根据上述分析及能量守恒定律可知，新产生的信号场频率可表示为

$$\omega_r^{[m]}=\omega_p-(\boldsymbol{k}_p-\boldsymbol{k}_r-2m\boldsymbol{k}_c)\cdot\boldsymbol{v} \tag{5.9}$$

所以在我们观察到的反射信号中，反射频率 ω_r 中可能包含很多成分

$$\omega_r=\omega_r^{[0]}+\omega_r^{[1]}+\cdots+\omega_r^{[m]} \tag{5.10}$$

不同成分代表不同的物理过程和意义，下面我们逐项分析.

(1) 当 $m=0$ 时，$\omega_r^{[0]}=\omega_p-(\boldsymbol{k}_p-\boldsymbol{k}_r)\cdot\boldsymbol{v}$ 代表原子吸收探测光能量而被跃迁到激发态后，在没有耦合光的作用下而自发衰减时向外辐射光子的频率，即自发辐射频率. 在本实验系统中，由于强耦合光的作用，使得两个基态之间建立了很强的相干性，原子被强烈地束缚在两个基态上，严重抑制原子在激发态的自发辐射，所以 $\omega_r^{[0]}\approx 0$.

(2) 当 $m=1$ 时，根据式(5.1)可以看出，密度算符 $\tilde{\rho}_{ac}^{[1]}\propto\left(\Omega_p\Omega_{c1}^*\Omega_{c2}\right)$，即与光场振幅的三次方成正比，根据非线性光学知识，与探测光的三阶非线性极化率 $\chi^{(3)}$ 成正比，这正说明此过程是一个四波混频过程，而产生的新的光场就是四波混频信

号场，其频率为

$$\omega_{\mathrm{r}}^{[1]}=\omega_{\mathrm{p}}-(\boldsymbol{k}_{\mathrm{p}}-\boldsymbol{k}_{\mathrm{r}}-2\boldsymbol{k}_{\mathrm{c}})\cdot\boldsymbol{v} \tag{5.11}$$

(3) 当 $m>1$ 时，其产生的是更高阶的非线性过程(多波混频)，例如 $m=2$ 时，$\tilde{\rho}_{\mathrm{ac}}^{[2]}\propto\Omega_{\mathrm{p}}\left(\Omega_{\mathrm{c1}}^{*}\Omega_{\mathrm{c2}}\right)^{2}$，即正比于五阶非线性极化率 $\chi^{(5)}$. 然而在高阶的多波混频过程中，$\tilde{\rho}_{\mathrm{ac}}^{[m]}\propto\Omega_{\mathrm{p}}\left(\Omega_{\mathrm{c1}}^{*}\Omega_{\mathrm{c2}}\right)^{m}$ 的相位失配量 $\Delta\boldsymbol{k}_{m}=\boldsymbol{k}_{\mathrm{p}}-\boldsymbol{k}_{\mathrm{r}}-2m\boldsymbol{k}_{\mathrm{c}}$ 远小于 0，相位严重失配，所以频率成分 $\omega_{\mathrm{r}}^{[m]}$ $(m>1)$ 也可以忽略.

因此，产生的反射信号主要来自探测光和驻波耦合光在原子介质中相互作用的四波混频过程. 根据式(5.11)可知，在四波混频过程中，其相位失配量为

$$\Delta\boldsymbol{k}=\boldsymbol{k}_{\mathrm{p}}-\boldsymbol{k}_{\mathrm{r}}-2\boldsymbol{k}_{\mathrm{c}} \tag{5.12}$$

当 $\Delta\boldsymbol{k}=0$ 时，也就是四束光的波矢量完全满足相位匹配条件时，$\omega_{\mathrm{r}}=\omega_{\mathrm{r}}^{[1]}=\omega_{\mathrm{p}}$，即反射场频率与入射的探针场频率相同. 在本实验中，由于耦合光功率很强，致使在 Cs 原子泡中原子对耦合光的吸收已超过饱和，因此即使改变耦合光的频率，介质对耦合光也无色散影响，即对耦合光的折射率近似为 $n_{\mathrm{c}}\approx1$，而探针场相对很弱，且产生的反射场也很弱，介质对探测光和反射四波混频信号光的折射率近似相等，表示为

$$n_{\mathrm{r}}\simeq n_{\mathrm{p}}=1+\frac{1}{2}\mathrm{Re}[\chi^{(1)}] \tag{5.13}$$

因此，根据式(5.12)可推得四波混频过程中的相位失配量标量为

$$\begin{aligned}\Delta k=\left|\Delta\boldsymbol{k}\right|=2\boldsymbol{k}_{\mathrm{p}}-2\boldsymbol{k}_{\mathrm{c}}&=\frac{2n_{\mathrm{p}}\omega_{\mathrm{p}}\cos\theta-2\omega_{\mathrm{c}}}{c}\\&=\frac{2\omega_{\mathrm{p}}\cos\theta-2\omega_{\mathrm{c}}}{c}+\frac{\omega_{\mathrm{p}}\cos\theta\,\mathrm{Re}[\chi^{(1)}]}{c}\end{aligned} \tag{5.14}$$

由图 5.3(b)可以看出，在原子共振跃迁中心(单、双光子共振中心，即 $\Delta_{\mathrm{p}}=\Delta_{\mathrm{c}}=0$)，$\mathrm{Re}[\chi^{(1)}]=0$，相位失配量的大小与作用光场的频率及夹角有关，下面就耦合光和探测光之间的频率关系，结合实验中具体作用的原子能级进行分析.

1) $\omega_{\mathrm{p}}>\omega_{\mathrm{c}}$

实验选取 Cs 原子 D1 线的两个超精细能级 $6^{2}\mathrm{S}_{1/2},F=3$ 和 $F=4$ 分别作为图 5.2 中的两个低能态 $|\mathrm{c}\rangle$ 态和 $|\mathrm{b}\rangle$ 态，选取 $6^{2}\mathrm{P}_{1/2},F'=4$ 作为高能态 $|\mathrm{a}\rangle$. 当驻波耦合光频率 ω_{c} 锁定在 $F=4\leftrightarrow F'=4$ 的跃迁中心时，跃迁频率为 ω_{44}，而探测光频率 ω_{p} 在跃迁能级 $F=3\to F'=4$ 的共振中心(跃迁频率为 ω_{34})附近扫描，由于 $\omega_{34}=\omega_{44}+$

$2\pi\times 9.2\text{GHz}$，显然 $\omega_p > \omega_c$，且在原子共振中心，满足 $\omega_p = \omega_{34} > \omega_c = \omega_{44}$. 所以根据公式(5.14)可求得最佳相位匹配条件下($\Delta k = 0$)探测光和耦合光的夹角 θ_0 满足 $\cos\theta_0 = \omega_c / \omega_p = \omega_{44} / \omega_{34}$. 当探针场和耦合光夹角等于 θ_0 时，四波混频效率最高，获得的相干反射信号也最强. 当 $\theta = \theta_0$ 时，$\Delta k = 0$，相位完全匹配，而当 $\theta = \theta_1 < \theta_0$ 时，$\Delta k > 0$，当 $\theta = \theta_2 > \theta_0$ 时，$\Delta k < 0$，相位都是失配的.

下面重点分析在相位失配条件下的反常色散补偿相位失配量以及提高非线性四波混频效率的物理机制. 考虑最佳相位匹配角 θ_0 的情况，在原子共振中心($\varDelta_p$=$\varDelta_c$=0)，相位完全匹配，$\Delta k = 0$，此时四波混频的效率最高，获得的反射信号最强；当探测光频率稍微红失谐时，$\varDelta_p < 0$，则式(5.14)中的第一项小于零，相位失配，而 $\text{Re}[\chi^{(1)}] > 0$，见图 5.4 中的 A 区域，这在一定程度上弥补了相位失配，使 $\Delta k \to 0$，此时也能获得反射信号；同理当 $\varDelta_p > 0$ 时，$2\omega_p\cos\theta - 2\omega_c > 0$，而 $\text{Re}[\chi^{(1)}] < 0$，也能弥补相位失配，见图 5.4 中的 B 区域. 当然，探测光的频率失谐不能过大，因为双光子失谐过大，就破坏了原子基态的干涉通道，原子的相干效应减弱，四波混频效率降低. 在热原子系统中，探测光的有效失谐范围取决于原子能级的线宽(线宽取决于热原子的运动速度). 所以当探测光频率在原子共振处中心附近扫描时，反射的四波混频谱应该以原子共振中心对称且呈洛伦兹线形分布. 其次，当 $\theta < \theta_0$ 时，$(2\omega_p\cos\theta - 2\omega_c) > 0$，在单、双光子共振中心 $\varDelta_p = \varDelta_c = 0$，$\Delta k > 0$，相位失配，所以此时在原子共振中心，四波混频效率很低，然而当探测光频率稍有蓝失谐时，即 $\varDelta_p > 0$ 的位置，$\text{Re}[\chi^{(1)}] < 0$，如图 5.4 的 B 区域. 这在一定程度上补偿了相位失配，使 $\Delta k \to 0$. 所以在 $\theta < \theta_0$ 时，反射峰应该出现在探针场频率蓝失谐的 B 区域，具体位置由探针场频率失谐满足 $|\Delta k|$ 为极小值来确定. 同理，当 $\theta > \theta_0$ 时，反射峰应出现在探针场频率红失谐的位置，即图 5.4 中 A 区域.

2) $\omega_p < \omega_c$

当交换耦合光和探测光作用的原子能级跃迁时，即驻波耦合光频率 ω_c 锁定在 $F = 3 \leftrightarrow F' = 4$ 的跃迁中心，而探测光频率 ω_p 在跃迁能级 $F = 4 \to F' = 4$ 的共振中心附近扫描时，显然 $\omega_p < \omega_c$，在原子共振中心，$\Delta k < 0$，不存在最佳相位匹配角. 但和 $\omega_p > \omega_c$ 时 $\theta > \theta_0$ 的情况类似，当 $\varDelta_p > 0$ 时，$\text{Re}[\chi^{(1)}] > 0$，从而在一定程度上补偿了相位失配，提高了非线性效率，因此推断反射信号的峰值也应出现在探测光频率红失谐的位置，即图 5.4 中 A 区域. 上述反射信号场产生的物理过程可以描述为：原子先吸收一个向前传播的频率为 ω_p 的探测光子，从基态 $|c\rangle$ 跃迁到激发态 $|a\rangle$，受激辐射出一个向前传播的耦合光子 ω_{c1}，落到基态 $|b\rangle$ 上，接着又受激

吸收一个向后传播的耦合光子 ω_{c2}，跃迁到激发态 $|a\rangle$ 上，最后受激辐射出一个向后传播的新光子 ω_r，从激发态 $|a\rangle$ 态落到基态 $|c\rangle$ 态上，构成一次完整的四光子相互作用过程，而这样的过程就循环往复. 这里特别注意，产生的反射场和被吸收的向后耦合光构成消多普勒(Doppler-free)的三能级系统，而被吸收的探测光和被放大的向前耦合光也构成消多普勒的三能级系统，因为这两对三能级系统相对基态 $|b\rangle$ 和 $|c\rangle$ 都是双光子共振的. 在相位匹配的方向上，对于不同速率的原子产生的反射场信号的频率都是相同的，与原子本身的速率无关，而且在此方向上所有原子产生的反射信号干涉相长，称为消多普勒的相干反射信号.

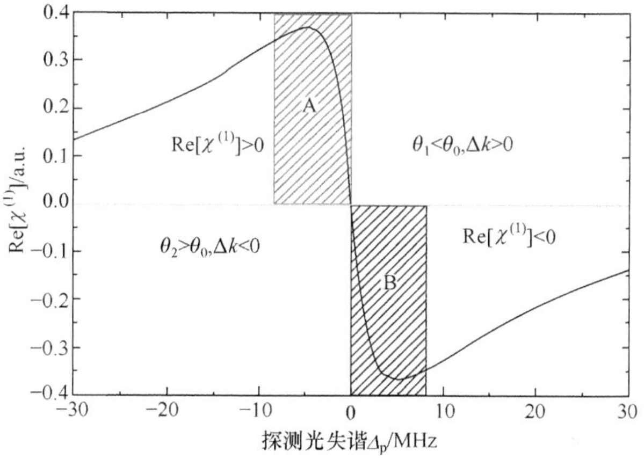

图 5.4　反常色散补偿相位失配示意图

二、实验装置及技术说明

1. 主要实验仪器及器件简介

(1) 半导体激光器(DL). 本实验采用两台型号为 DL100 的外腔光栅反馈半导体激光器，其输出功率为 40mW，中心波长在 894.5nm 附近，对应铯原子的 D1 线跃迁 $6^2S_{1/2} \leftrightarrow 6^2P_{1/2}$. 工作原理如图 5.5 所示，其主要由激光二极管(LD)、准直透镜(F)和闪耀光栅(FG)组成. 激光二极管输出的光波波长范围很大，但当其中波长成分满足 $2d\sin\theta_0 = \lambda_0$ 时，就会产生一级闪耀(光栅衍射)，适当调节光栅位置，使一级衍射光直接同入射光路重合，而当腔长 L 满足 $L=(q/2)\lambda_0$ 时，原路返回的一级衍射光与出射的同频光起振，对于零级光，其光程差 $\Delta L = d\sin\theta_0 - d\sin\theta_0 = 0$，即对于所有不同频率成分的零级光都能从同一方向出射，而只有原路返回的一级衍射光被谐振放大，把其他频率成分的光相对抑制下去，所以零级出射的光中，一级衍射光占主导地位. 激光的一级衍射光因频率的不同会形成一定的空间角分布，因此可以通过控制光栅的角度来改变反馈到二极管中的激光的频率，从而实现激光器连续调谐. 实验中通过控制加在紧贴于光栅背面的压电陶瓷(PZT)的直流偏压和三角波扫描增益，来实现对激光器的频率锁定及扫描.

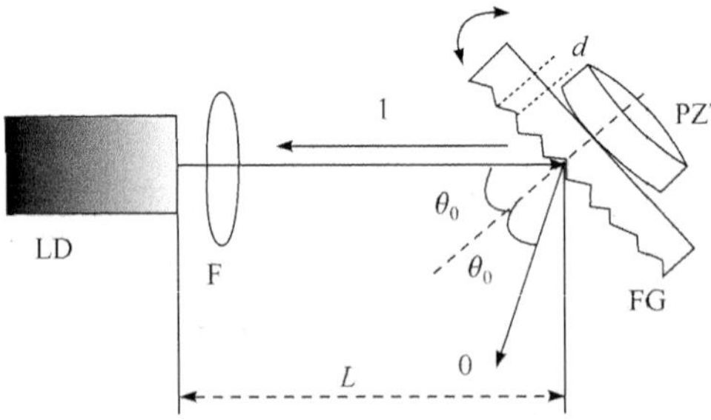

图 5.5　半导体激光器工作原理图

(2) 其他主要实验仪器及光学器件. 实验中还会用到的实验仪器包括：光隔离器(OI)，用于保护激光器及光放大器；4 通道数字存储示波器(DSO)，用于采集饱和吸收谱、探测光的透射谱及四波混频信号的强度谱等；功率计(PM)，用于测量各个光场的功率大小；红外观察器(IFO)，用于观察各个光场的光斑大小；控温仪(TEC)，用于控制铯原子泡的温度；等等. 主要光学器件包括：不同长度的铯原子泡；45°反射镜(mirror)；半波片($\lambda/2$)；偏振分光棱镜(PBS)；各种焦距的平凸透镜(F)；PIN 型光电探测器(PD)，探测光场的信号.

2. 主要辅助光路系统简介

(1) 饱和吸收谱(SAS)系统. 饱和吸收谱是一种测量原子吸收光谱的技术，其最大特点是：吸收光谱信号的半高宽度没有多普勒效应展宽，即消多普勒背景的，其仅仅由所作用的原子能级跃迁的线宽和激光强度来决定. 饱和吸收谱的光路示意图如图 5.6 所示，一束激光分成较强的泵浦光和两束较弱的光，强的泵浦光通过空间烧孔效应在气体原子的速度分布上把某一类速度的原子(该速度对应于多普勒效应下泵浦光的吸收谱)激发；然后，观测另外两束较弱信号光的吸收光谱. 其中，一束弱信号光与泵浦光光路重合，但传播方向相反，另外一束弱光称作参考光，尽量保证其与信号光光路相同但避免被泵浦光影响，最后通过探测信号光(PD_1)就可得到饱和吸收谱，如果将探测的信号光和参考光相减，便得到了无多普勒吸收背景的饱和吸收光谱信号. 本实验主要用于监视探测光频率在扫描状态下作用原子的跃迁能级及频率扫描范围.

(2) 电磁诱导透明(EIT)系统. EIT 的工作原理已在一、实验原理中介绍. 本实验的主要研究内容也是基于在 EIT 条件下进行的. 但在具体实施过程中，需要另外再搭建一套 EIT 系统，用于监视耦合光的频率失谐，其光路设计及判断依据自行完成.

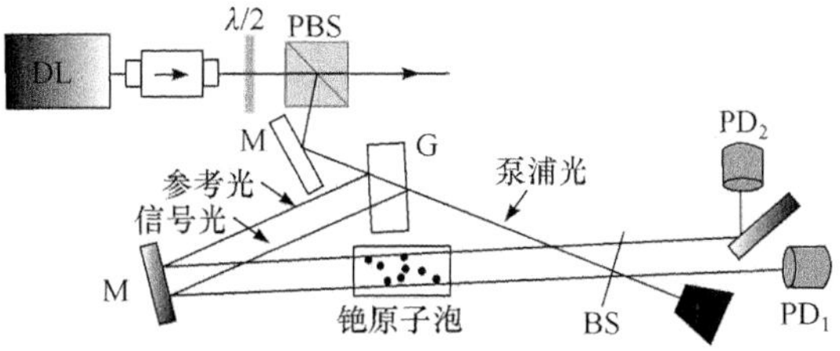

图 5.6　饱和吸收谱的光路示意图

(3) 光纤耦合(FC)系统. 由于半导体激光器本身的发光机制，决定其激发输出的激光光斑是楔形状. 为了能定量测量和描述光场与原子作用的有效体积及原子数，实验中用两套光纤耦合系统分别对探测光和放大的耦合光进行空间整形. FC 系统主要有一对光纤输入输出耦合头及一条单模光纤构成. 光纤的耦合效率主要取决于注入光的光斑大小及平行度，调节方法需在具体实验过程中体会理解.

三、实验内容及步骤

1. 实验前的准备

参考说明书，熟练掌握半导体激光器及光放大器的工作原理和操作方法；熟悉实验环境，了解其他主要实验仪器及各光学器件的工作特性和使用方法.

2. 光路系统搭建

在掌握实验原理和做好实验前准备的基础上，开始搭建饱和吸收谱光路系统和电磁诱导透明监视系统；学习和掌握利用数字示波器观测信号和存储数据，掌握如何利用 SAS 信号和 EIT 信号判断光场的频率及频率失谐；利用光纤耦合系统分别对探测光和耦合光进行空间整形；根据实验原理，自行设计并搭建测量反射四波混频信号的实验光路，设计如何精确测量探测光和耦合光之间的夹角的方法.

3. 基于反射四波混频信号的实验测量

(1) 利用色散补偿理论，实验测量在 $\omega_c<\omega_p$ 条件下，相干反射四波混频信号强度随探测光和耦合光夹角的变化规律. 实验测量并分析反射信号随耦合光功率、铯原子泡温度等实验参量的变化趋势.

(2) 更换光场作用能级，进一步实验研究在 $\omega_c>\omega_p$ 条件下反射四波混频信号随各个参量的变化规律.

(3) 自行设计光路和测量方式，在最佳相位匹配条件下，实验验证四光子相互作用过程.

(4) 上述实验均是在 Λ 型三能级 EIT 原子系统下进行的. 理论分析在简并能

级系统下($\omega_c = \omega_p$)，产生反射四波混频信号的可行性能级方案并进一步做实验研究.

四、注意事项

(1) 掌握激光器及放大器的开关机顺序，禁止用眼直接观察激光器发出的光；

(2) 搭建光路时，禁止用手触摸光学元件的表面，禁止用眼在与光路水平的位置上观察调试光路，以免激光射入人眼致盲；

(3) 适时观察实验室的温度和湿度，保证温度在 18～22℃，湿度在 20%～50%，以免影响激光器正常工作.

五、思考与讨论

(1) 在不同耦合光频率条件下，反射谱峰值随耦合光频率失谐($\Delta c \neq 0$)的变化规律如何变化？

(2) 在该四波混频过程中，前后两束耦合光的功率是如何变化的，实验上如何测量？当对向入射的耦合光频率不同时($\omega_{c1} \neq \omega_{c2}$)，反射的四波混频信号如何变化？

(3) 如图 5.7 所示，在 $\omega_{c1} \neq \omega_{c2}$ 条件下，如果对向入射两束同频的探测光，则二者的透射谱、反射信号谱之间有什么关系？是否能设计成全光控制的光学二极管装置？

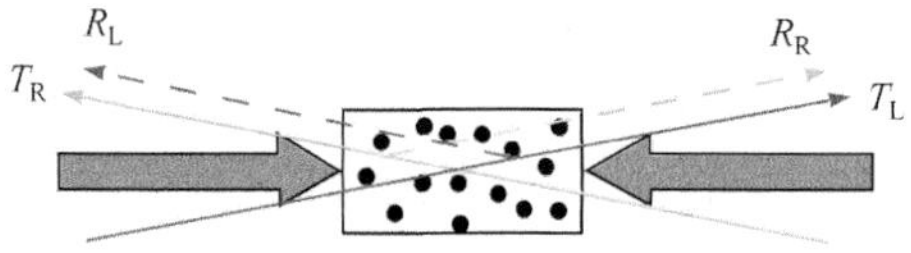

图 5.7　对向入射两束探测光的光路示意图

参考文献

蓝信钜, 2000. 激光技术[M]. 北京：科学出版社.

Brown A W, Xiao M, 2005. All-optical switching and routing based on an electromagnetically induced absorption grating[J]. Opt Lett, 30(7): 699-701.

Scully M O, Zubairy M S, 1991. Quantum Optics[M]. Cambridge: Cambridge University Press.

Zhang J X, Zhou H T, Wang D W, et al., 2011. Enhanced reflection via phase compensation from anomalous dispersion in atomic vapor[J]. Phys Rev A, 83(5): 053841.

Zhou H T, Wang D W, Wang D, et al., 2011. Efficient reflection via four-wave mixing in a Doppler-free electromagnetically-induced-transparency gas[J]. Phys Rev A, 84(5): 053835.

实验 6　相干原子的极化特性分析虚拟仿真实验

相干原子的极化特性分析实验，主要研究在相干光场驱动下原子对弱探针光的极化特性，具体表现为相干原子对弱探针光的色散特性和吸收特性. 原子相干效应是光与原子相互作用中非常重要的物理效应之一，然而对于本科生来说，如果没有亲自搭建光路，亲自实地测量和观察物理现象，单纯靠理论学习，很难理解和掌握相关专业知识. 而该虚拟仿真实验项目就是通过虚拟实验环境，在学习和了解饱和吸收光谱(SAS)、马赫-曾德尔(M-Z)干涉仪工作原理、电磁诱导透明(EIT)等原理的基础上，掌握并能自主模拟搭建光路；自行测量在 EIT 条件下原子对探针光的色散和吸收曲线，从而了解并掌握原子的光学非线性效应及各实验参量对其的影响；为学生下一步开展光与原子相互作用及腔量子电动力学方面的科学研究奠定基础.

一、实验原理

基于 EIT 条件下的相干原子的极化特性分析实验，主要测量和分析在强耦合场作用下的原子介质对弱探针光的极化特性，包括吸收特性和色散特性. 实验中的激光光源主要使用性价比较高的半导体激光器，以及使用饱和吸收光谱技术来监测激光作用的原子能级；原子介质的吸收特性通过测量探针光穿过介质后的透射曲线来反映，而色散特性则需要利用 M-Z 干涉法来进行测量. 本实验主要涵盖 4 个方面的实验内容.

1. 半导体激光器的工作原理

外腔光栅反馈半导体激光器(ECDL)具有线宽窄、连续调谐、频率稳定性高、体积小等特点，已广泛应用于高分辨率激光光谱、原子频标、原子的冷却与俘获、光的非线性效应等量子光学实验中.

光栅反馈的方式通常有两种：Littrow 方式和 Littman 方式，如图 6.1 所示. Littrow 方式的工作原理为：ECDL 主要有激光二极管(LD)、准直透镜(F)和闪耀光栅(FG)组成. 激光二极管输出的光波波长范围很大，但当其中波长成分满足 $2d\sin\theta_0=\lambda_0$ 时，就会产生一级闪耀(光栅衍射). 适当调节光栅位置，使一级衍射光直接同入射光路重合，而当腔长 L 满足 $L=(q/2)\lambda_0$ 时，原路返回的一级衍射光与出射的同频光起振，对于零级光，其光程差 $\Delta L=0$，即对于所有不同频率成分的零级光都能从同一方向出射，而只有原路返回的一级衍射光被谐振放大，把其他频率成分的光相对抑制下去，所以零级出射的光中，一级衍射光占主导地位. 激光的一级衍射光因频率的不同会形成一定的空间角分布，因此可以通过控制光栅的角度来改变反馈到激光二极管中的激光的频率，从而实现激光器连续调谐. 实验中通过控制加在紧贴于光栅背面的压电陶瓷(PZT)的直流偏压和三角波扫描增益，来实现对激光器的频率扫描及锁定.

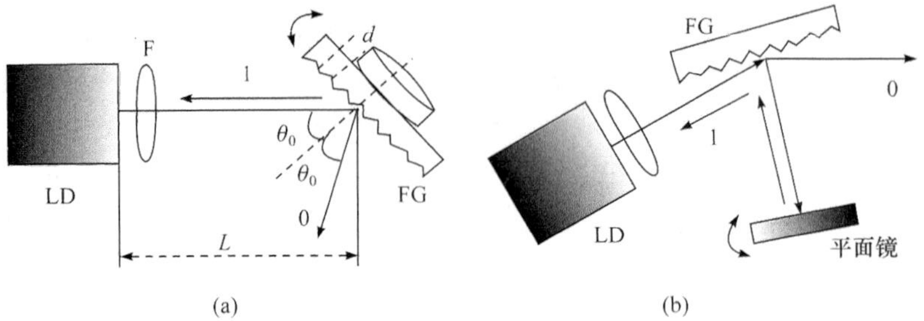

图 6.1　两种外腔光栅反馈方式：(a) Littrow 方式；(b) Littman 方式

Littman 方式与 Littrow 方式原理相同，同样以零级光做主输出，只是又加入一个用于调节反馈的平面镜. 当 LD 以大入射角掠入射到光栅上时，一级衍射光被射到平面镜上并原路返回，经过光栅再次衍射后反馈回激光器增益介质. 调谐过程中只需改变反馈平面镜的角度，输出光的方向不受影响. 由于反馈的激光连续经过两次光栅衍射，提高了反馈到 LD 中时对频率的角分辨率. 相对于 Littrow 而言，Littman 方式至少产生了两倍的频率分辨率，因此进一步压窄了激光器线宽，但由于采用掠入式入射，激光输出效率较低、结构也相对复杂，对于声波振动及热起伏变化更为敏感，不易锁频，所以实际应用较少.

2. 饱和吸收光谱(SAS)

饱和吸收光谱是一种测量原子吸收光谱的技术，其本质是一种速率选择探测的光谱技术，通过该实验可以了解原子的超精细能级结构及一些相关物理常数的测量. 其最大特点是：吸收光谱信号的半高宽没有被多普勒效应展宽，即是消多普勒的，其仅仅由所作用的原子能级跃迁的线宽和激光强度来决定. 基本光路如图 6.2 所示：一束激光分成较强的泵浦光(pump light)和两束较弱的光，强的泵浦光通过空间烧孔效应在气体原子的速度分布上把某一特定速度的原子(该速度对应于多普勒效应下泵浦光的吸收谱)激发；然后，观测另外两束较弱的光的吸收光谱. 其中，一束弱的光与泵浦光光路重合，但传播方向相反，称为信号光(signal light)，另外一束弱光称作参考光(reference light)，尽量保证其与信号光光路相同但避免被泵浦光影响，最后通过探测器(PD_1)探测探针光，就可得到饱和吸收谱；

而探测参考光(PD_2)，则只能得到一个含有多普勒吸收背景的透射. 如果将探测的信号光和参考光信号相减，就得到了消多普勒吸收背景的饱和吸收光谱信号. 饱和吸收谱既可以用来监视激光器的波长，同时又可以用来锁定激光器的频率，是量子光学实验中非常重要的基础技术之一. 本实验中主要用于监视信号光频率在扫描状态下作用原子的跃迁能级及频率扫描范围.

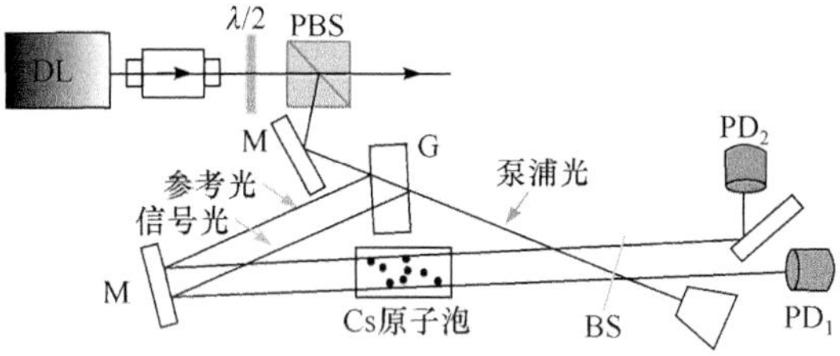

图 6.2　饱和吸收谱光路示意图

3. 电磁诱导透明(EIT)效应

经典的 EIT 效应通常有三种构型：Λ 型、阶梯型和 V 型，其物理机理是一样的. 下面以 Λ 型为例进行说明，如图 6.3 所示，Λ 型原子能级包含一个激发态$|a\rangle$和两个基态$|b\rangle$和$|c\rangle$，且两基态之间的退相干速率 γ_{bc} 非常小. 一束弱的探针光作用于$|b\rangle$到$|a\rangle$跃迁能级上，而另一束较强的耦合光作用于$|c\rangle$到$|a\rangle$跃迁能级上，适当调节两光场强度，使得组成介质的所有原子均稳定地布居在较低能级$|b\rangle$与$|c\rangle$的相干叠加态上，叠加系数由两束光的拉比频率决定，这种叠加态被称为暗态(dark state)，它是系统相互作用哈密顿的一个本征态，里面不包含高激发态$|a\rangle$. 这样，当两束光场的频率满足双光子共振时，便保证了介质对探针光的无吸收色散特征. 另外，EIT 要求耦合光的强度远远强于探针光，这将使得介质对探针光的

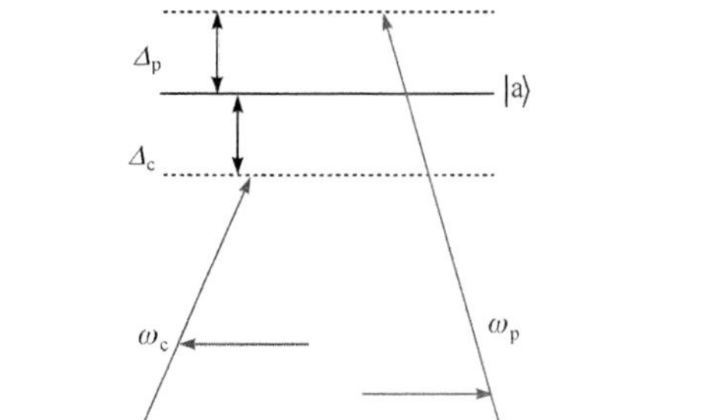

图 6.3　Λ型三能级原子能级结构示意图

色散特性完全由耦合光的强度来决定(所以耦合光又称作“控制光”或“泵浦光”).因此，诱导透明的本质含义包含两个方面，其一是无吸收色散，二是色散性质可以由耦合光来调控(诱导).

对于三能级模型，EIT 效应是建立在两个原子态之间的跃迁率被破坏的基础上产生的，即三个能态中，其中包含两个原子态之间跃迁是“偶极允许”的，第三个跃迁是被“偶极禁止”的，如图 6.3 所示，$|c\rangle$ 到 $|a\rangle$ 和 $|b\rangle$ 到 $|a\rangle$ 可以分别通过探针光和耦合光作用而“偶极允许”跃迁，而 $|c\rangle$ 到 $|b\rangle$ 之间就是被“偶极禁止”跃迁的. 当 EIT 效应发生时，介质能够在近共振处极大地增强 Kerr 非线性效应，而且线性吸收会极大地降低. 在近 EIT 共振处，色散特性变得非常锐利，介质对探针光的折射率发生急剧的变化，这种色散增强效应会导致探针光群速度减慢.因此，EIT 效应是研究其他原子相干效应、高效非线性过程及实现全光控制等内容的重要基础和媒介. 原子能级结构如图 6.3 所示(以 Λ 型三能级原子系统为例说明)，其中频率为 ω_p 的探针光作用于跃迁能级 $|a\rangle \leftrightarrow |b\rangle$ 上，其频率失谐为 $\Delta_p=\omega_p-\omega_{ab}$；频率为 ω_c 的耦合光作用于跃迁能级 $|a\rangle \leftrightarrow |c\rangle$ 上，频率失谐为 $\Delta_c=\omega_c-\omega_{ac}$；能级 $|b\rangle$ 和 $|c\rangle$ 之间为禁戒跃迁.

根据该系统的哈密顿量及密度算符运动方程，并在慢变振幅近似下，得到能级跃迁 $|a\rangle \leftrightarrow |b\rangle$ 之间的密度算符的稳态解[详细推导参考文献(Harris et al.，1990)]为

$$\tilde{\rho}_{ab}^{(1)} = \frac{\frac{i}{2}\Omega_p}{\gamma_{ab} - i\Delta_p + \frac{|\Omega_c|^2/4}{\gamma_{cb} - i(\Delta_p - \Delta_c)}} \tag{6.1}$$

根据电动力学及非线性光学的知识可知，极化介质对电磁场的极化强度表示为

$$\begin{aligned} \boldsymbol{P}(t) &= \chi^{(1)}\boldsymbol{E}(t) + \chi^{(2)}\boldsymbol{E}^2(t) + \chi^{(3)}\boldsymbol{E}^3(t) + \cdots \\ &\equiv \boldsymbol{P}^{(1)}(t) + \boldsymbol{P}^{(2)}(t) + \boldsymbol{P}^{(3)}(t) + \cdots \end{aligned} \tag{6.2}$$

其中，$\chi^{(1)}$ 代表线性极化率，而 $\chi^{(2)}$、$\chi^{(3)}$ 分别称作二阶和三阶非线性极化率. 这里我们着重讨论一阶线性过程，分析相干原子对探针光的极化特性. 为了讨论方便，极化强度和电场矢量都用标量表示. 根据极化强度的定义

$$P^{(1)}(t) = \varepsilon_0\chi^{(1)}E(t) = N\mu_{ab}\rho_{ab}^{(1)} + \text{c.c.} \tag{6.3}$$

其中，N 是原子数密度，因此可推知探针光的极化率和密度算符之间的关系为

$$\begin{aligned} &\varepsilon_0\chi^{(1)}\frac{1}{2}E_p\left(e^{i\omega_p t} + e^{-i\omega_p t}\right) = N\mu_{ab}\rho_{ab}^{(1)} + \text{c.c.} \\ &\Rightarrow \chi^{(1)} = \frac{2N\mu_{ab}\rho_{ab}^{(1)}e^{i\omega_p t}}{\varepsilon_0 E_p} = \frac{2N\mu_{ab}\tilde{\rho}_{ab}^{(1)}}{\varepsilon_0 E_p} \end{aligned} \tag{6.4}$$

将式(6.2)代入式(6.4)中，可得

$$\chi^{(1)}=\frac{\mathrm{i}N|\mu_{\mathrm{ab}}|^2}{\hbar\varepsilon_0}\frac{1}{\gamma_{\mathrm{ab}}-\mathrm{i}\Delta_{\mathrm{p}}+\dfrac{|\Omega_{\mathrm{c}}|^2/4}{\gamma_{\mathrm{cb}}-\mathrm{i}(\Delta_{\mathrm{p}}-\Delta_{\mathrm{c}})}} \tag{6.5}$$

上述讨论都是基于静止原子来考虑的. 而对于室温下气室中的热原子而言，原子做无规则的热运动. 假设一任意速度为 v 的原子，当探针光和耦合光同向穿过该原子时，其感应到两束光的频率失谐会增加一多普勒频移项，即 $\Delta_{\mathrm{p}}=\Delta_{\mathrm{p}}-\omega_{\mathrm{p}}v/c$，$\Delta_{\mathrm{c}}=\Delta_{\mathrm{c}}-\omega_{\mathrm{c}}v/c$，于是式(6.5)变为

$$\chi^{(1)}=\frac{\mathrm{i}N|\mu_{\mathrm{ab}}|^2}{\hbar\varepsilon_0}\frac{1}{\gamma_{\mathrm{ab}}-\mathrm{i}(\Delta_{\mathrm{p}}-\omega_{\mathrm{p}}v/c)+\dfrac{|\Omega_{\mathrm{c}}|^2/4}{\gamma_{\mathrm{cb}}-\mathrm{i}(\Delta_{\mathrm{p}}-\Delta_{\mathrm{c}})}} \tag{6.6}$$

由于各个原子的速率不同，运动方向也不同，因此单研究一个原子对探针场的影响没有实际意义，需要考虑所有参与作用原子的影响.

在室温条件下，理想气体的原子速率遵从一维麦克斯韦速度(光束方向)分布统计

$$f(v)\mathrm{d}v=\sqrt{\frac{m_{\mathrm{a}}}{2\pi k_{\mathrm{B}}T}}\exp\left(-\frac{m_{\mathrm{a}}v^2}{2k_{\mathrm{B}}T}\right)\mathrm{d}v \tag{6.7}$$

其中，m_{a} 是原子质量，k_{B} 为玻尔兹曼常量，$(m_{\mathrm{a}}/(2\pi k_{\mathrm{B}}T))^{1/2}$ 代表在给定温度 T 条件下原子的最概然速率. 因此，考虑热原子的多普勒效应的影响，可得原子介质对弱探针光的复极化率为

$$\chi=\int_{-\infty}^{\infty}\chi^{(1)}f(v)\mathrm{d}v \tag{6.8}$$

其中极化率的虚部 $\mathrm{Im}[\chi]$ 和实部 $\mathrm{Re}[\chi]$ 分别代表了原子对探针光的吸收和色散特性.

对于室温下气室中的热原子而言，同样需要考虑多普勒效应对实验的影响，为此需做变换：$\Delta_{\mathrm{p}}=\Delta_{\mathrm{p}}-\omega_{\mathrm{p}}v/c$，$\Delta_{\mathrm{c}}=\Delta_{\mathrm{c}}\pm\omega_{\mathrm{c}}v/c$，将此变换代入方程(6.6)得

$$\chi^{(1)}=\frac{\mathrm{i}N|\mu_{\mathrm{ab}}|^2}{\hbar\varepsilon_0}\frac{1}{\gamma_{\mathrm{ab}}-\mathrm{i}\Delta_{\mathrm{p}}+\mathrm{i}\dfrac{\omega_{\mathrm{p}}}{c}v+\dfrac{|\Omega_{\mathrm{c}}|^2/4}{\gamma_{\mathrm{cb}}-\mathrm{i}(\Delta_{\mathrm{p}}+\Delta_{\mathrm{c}})+\mathrm{i}(\omega_{\mathrm{p}}\pm\omega_{\mathrm{c}})v/c}} \tag{6.9}$$

从中可以看出，对于探针光与耦合光同向传输的实验构型，由于 $\mathrm{i}(\omega_{\mathrm{p}}+\omega_{\mathrm{c}})v/c$ 比较大，多普勒效应将 EIT 信号淹没；而对于反向传输的实验构型，这一项 $\mathrm{i}(\omega_{\mathrm{p}}-\omega_{\mathrm{c}})v/c$ 比较小，因此可以看到 EIT 信号，其是一个消多普勒的实验构型，这一结论与 Λ

型原子系统刚好相反.

4. EIT 介质吸收系数和色散系数的测量原理

定义 α 和 β 分别代表原子介质对探针光的吸收系数和色散系数，其分别与复极化率的虚部和实部成正比，具体表达式为

$$\alpha = \frac{n_0 \omega_{\mathrm{p}}}{c} \mathrm{Im}[\chi] \tag{6.10a}$$

$$\beta = \frac{n_0 \omega_{\mathrm{p}}}{2c} \mathrm{Re}[\chi] \tag{6.10b}$$

其中，n_0 代表探针光频率相对原子共振中心在远失谐处时的折射率($n_0 \approx 1$)，c 代表探针光在真空中的传播速度. 当一束光单次穿过介质后，根据比尔-朗伯定律，其透射率为 $S=I_{\text{out}}/I_{\text{in}}=\mathrm{e}^{-\alpha L}$，其中 I_{in} 表示光穿过介质前的入射光强，I_{out} 表示穿过介质后的光强，L 表示介质的长度，因此实验上可以通过直接测量信号光穿过介质后的透射率来得到介质的吸收系数 α，即

$$\alpha = -\frac{1}{L} \ln[S] \tag{6.11}$$

下面我们重点介绍利用马赫-曾德尔(M-Z)干涉仪测量介质色散系数的方法.

M-Z 干涉法测量介质的色散原理如图 6.4 所示. 频率共振于图 6.3 中能级 $|\mathrm{b}\rangle$ 到 $|\mathrm{a}\rangle$ 之间跃迁的探针光(probe light)经透射率为 10%的分束镜 $\mathrm{BS_1}$ 后分为两束光，定义强度较弱的透射光为信号光(signal light)，用 s 表示，较强的反射光为本底光(local light)，用 l 表示. s 光经反光镜 $\mathrm{M_1}$ 反射后穿过相干介质，到达 50/50 分束器 $\mathrm{BS_2}$，l 光经带有压电陶瓷(PZT)的反光镜 $\mathrm{M_2}$ 反射后，到达 $\mathrm{BS_2}$，这时两束光分别用算符 $\hat{a}_{\mathrm{s}}$ 和 $\hat{a}_{\mathrm{l}}$ 表示，具体表达式为

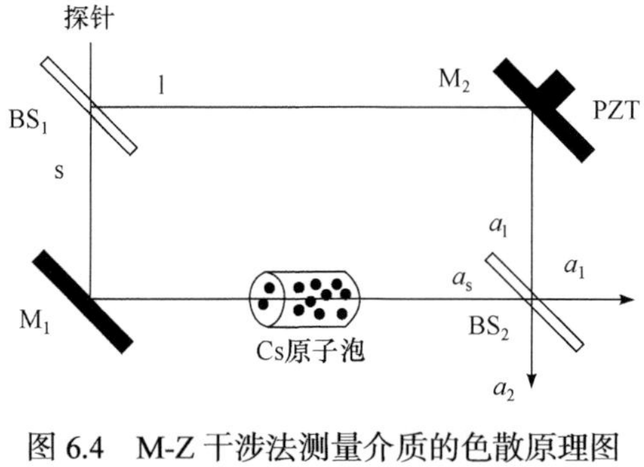

图 6.4　M-Z 干涉法测量介质的色散原理图

$$\hat{a}_{\mathrm{s}} = |E_{\mathrm{s}}| \mathrm{e}^{-\alpha L} \cos(\omega_{\mathrm{s}} t + \beta L) \tag{6.12a}$$

$$\hat{a}_l = |E_l|\cos(\omega_s t + \varphi_l) \tag{6.12b}$$

其中，E_l表示 l 光的振幅，E_s表示穿入介质时 s 光的振幅，βL 代表介质对 s 光的相移，φ_l代表 PZT 对 l 光的相移，则两束光经过 BS_2后均分成两束，并形成新的两束光场 $\hat{a}_1$ 和 $\hat{a}_2$，二者表达式分别为

$$\hat{a}_1 = (\hat{a}_s - \hat{a}_l)/\sqrt{2} \tag{6.13a}$$

$$\hat{a}_2 = (\hat{a}_s + \hat{a}_l)/\sqrt{2} \tag{6.13b}$$

根据平衡零拍探测的原理，计算可得经 BS_2后的两束光的光强差表示为

$$\begin{aligned}\Delta I &= \left\langle \hat{a}_1\hat{a}_1^* - \hat{a}_2\hat{a}_2^* \right\rangle \\ &= 2|E_l||E_s|\mathrm{e}^{-\alpha(\omega_s)L}\cos(\varphi_l + \beta L)\end{aligned} \tag{6.14}$$

由于$|E_s| \ll |E_l|$，当控制 PZT 使得 l 光相位锁定在 $\varphi_l=\pi/2$ 的位置时，并且在$\beta L \ll 1$的条件下，式(6.14)可近似为

$$\Delta I \approx 2|E_l||E_s|\mathrm{e}^{-\alpha L}\beta L \tag{6.15}$$

于是通过 M-Z 干涉仪，可以测到相干介质对弱信号场的相移特性，即色散系数β.

测量原子介质吸收系数和色散系数的实验装置如图 6.5 所示. 实验选择 ^{133}Cs 原子气室为研究对象，探针光作用于 Cs 原子 D1 线 $F_g=4\rightarrow F_e=3$ 的能级跃迁，耦合光作用于 $F_g=3\rightarrow F_e=3$ 的能级跃迁，构成一个 Λ 型三能级系统. 波长为 894.5nm 且可连续调谐的半导体激光器 DL_1 作为耦合光(coupling light)光源，经光放大系统(TA)将功率放大后，再经过光纤系统(FC_1)整形，然后通过半波片($\lambda/2$)变成垂直偏振光，经反光镜 M_1 反射，经 PBS_3 再反射穿过 Cs 原子泡；另一台波长为 894.5nm 且可连续调谐的半导体激光器 DL_2 发出的光经光纤耦合系统(FC_2)整形后，经 $\lambda/2$ 及 PBS_1 分为两束，分别作为 s 光和 l 光经过 M-Z 干涉仪. 该装置图中，PBS_1、PBS_2 和 PBS_5 及反射镜 M_2 构成了 M-Z 干涉仪；而 PBS_6 和其紧邻的 $\lambda/2$ 波片，以及探测器 PD_2 和 PD_3 构成平衡零拍探测系统. 较强的 l 光以垂直偏振经 PBS_2 反射后，又经带有 PZT 的反射镜 M_2 反射，再经 PBS_5 反射直接进入平衡零拍探测系统；较弱的 s 光以水平偏振经 PBS_3 透射后与耦合光共线重合，在穿过耦合场作用的 Cs 原子泡后，先经反射率为 10%的分束镜 BS 分成两束，被透射的 s 光经 PBS_5 透射后与 l 光共线重合，进入平衡零拍探测系统，用于测量 s 光的色散(即介质的色散系数)，经 BS 反射的光直接通过 PD_1 探测，用于测量 s 光的透射强度(即介质的吸收系数). PD_1～PD_3 为三个性质完全相同的光电探测器. Cs 原子泡的两个端面镀有 894.5nm 的增透膜，有效减少 Cs 泡端面窗口对激光功率的损耗.

该环节主要要求学生了解 EIT 介质的极化率特性，并重点掌握测量 EIT 介质吸收特性和色散特性的实验方法及光路搭建技术. 其仿真度达 90%，包括所有光

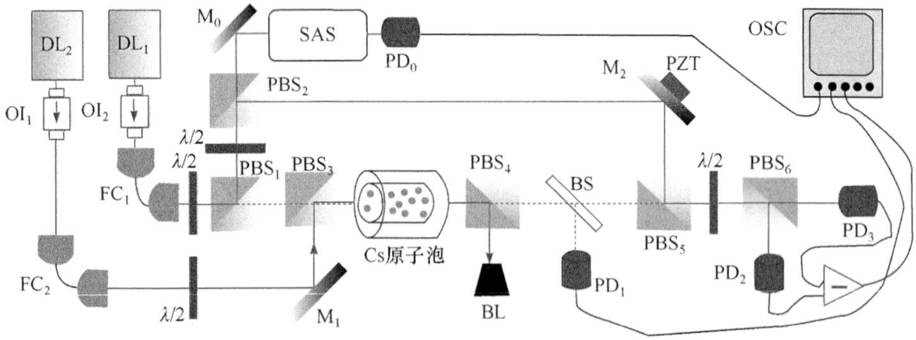

图 6.5　测量原子介质吸收系数和色散系数的实验装置示意图

学元件、光束传播及经不同光学器件后的透射或反射过程、利用虚拟示波器对探测信号的虚拟显示等过程.

5. M-Z 干涉仪的工作原理

M-Z 干涉仪是光学实验中非常重要的一种干涉方法，与常见的迈克耳孙干涉仪相比，M-Z 干涉仪的两个光臂可以根据实验条件进行灵活的调节，且光束只是单次通过被测物质，有利于实时监测及分析数据，因此在许多领域得到广泛应用.

在本实验中，利用 M-Z 干涉仪测量信号光的色散特性，必须保证 s 光与 l 光在进入平衡零拍探测系统时要严格重合，其判断标准可用 s 光与 l 光相互干涉的干涉可见度来表征. 干涉可见度定义为

$$V_{\mathrm{R}} = (I_{\max} - I_{\min}) / (I_{\max} + I_{\min}) \tag{6.16}$$

其中，$I_{\max}$ 表示干涉条纹的极大值，$I_{\min}$ 表示干涉条纹的极小值. 实验上可以通过图 6.5 装置中的探测器 PD_2 或 PD_3 来探测干涉条纹. 干涉可见度越大，说明 s 光与 l 光在平衡零拍探测光路中重合得越好.

具体调节重合和测量干涉可见度的方法是：在图 6.5 实验装置图的基础上，首先关闭耦合光光源，并将探针光频率调谐在距原子共振中心远失谐处，以避免 Cs 原子对 s 光产生多普勒吸收而影响后续测量；s 光和 l 光经 PBS_5 汇合后，虽然二者偏振垂直，但在经 λ/2 波片及 PBS_6 分光后，各自又分为功率相同的垂直偏振和水平偏振两部分，且同时分别经 PD_2 和 PD_3 探测，即进入 PD_2(或 PD_3)的 s 光和 l 光偏振相同，因此发生干涉；通过调节第二个 PBS_2 之前的 λ/2 波片，保证进入 PD_2(或 PD_3)的 l 光与 s 光的强度完全一致；然后通过给 M_2 上的 PZT 加以三角波扫描电压，从而改变 s 光与 l 光之间的相位差，并通过示波器(OSC)来监测干涉信号. 根据光的干涉理论可知，当二者之间的相位差满足 $\Delta\Phi=2k\pi(k=0,1,2,\cdots)$倍时，产生干涉极大，而 $\Delta\Phi=(2k+1)\pi(k=0,1,2,\cdots)$倍时，产生干涉极小，而干涉的极大值和极小值取决于 s 光与 l 光的重合度. 实验上通过多次调节 M_2 和 PBS_5 的

倾斜及俯仰角度，可实现 l 光与 s 光的光路重合. 图 6.6 是实验测量的 M-Z 干涉信号示意图. 理论上干涉可见度可达到 100%，但在具体实验中由于 s 光与 l 光的光斑大小不完全相同，二者光强也不可能完全相等，因此一般地，当 V_R 达到 95% 以上时，就认为 s 光与 l 光基本重合，可以进行平衡零拍测量.

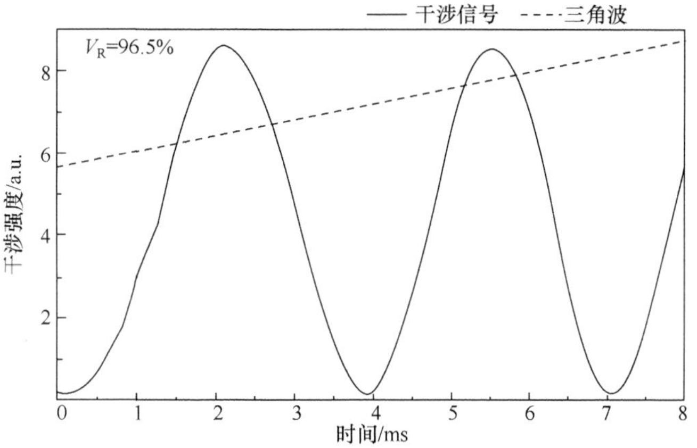

图 6.6　实验测量的 M-Z 干涉信号示意图

根据公式(6.9)可知，原子介质对信号光的吸收及色散是有关探针光频率失谐变化的量，因此实验中可通过调节 s 光频率在原子共振中心附近扫描，而耦合光被锁定在确定的频率失谐处. 在测量色散特性时还需通过一直流偏压来控制 M-Z 干涉仪中 l 光的相位保持在 $\varphi_l = \pi/2$. 根据实验装置图及理论分析可以得出 s 光穿过相干介质后的吸收特性及色散特性分别为

$$\alpha L = -\ln(V'_{\text{out}} / V'_{\text{in}}) \tag{6.17a}$$

$$\beta L \approx \frac{\Delta V}{2\sqrt{V_l V''_{\text{out}}}} \tag{6.17b}$$

其中，V'_{in} 代表 PD_1 测量的 s 光穿过介质前光强对应的电压，V'_{out} 则代表穿过介质后的输出光强对应的电压；V_l 和 V''_{out} 分别代表探测器 PD_1(或 PD_2)直接读取 l 光和穿过介质后的 s 光的电压值，ΔV 代表经 PD_2 和 PD_3 平衡零拍探测并相减后的电压差.

二、实验装置及技术说明

1. 主要实验仪器及器件简介

(1) 半导体激光器(DL). 本实验采用两台型号为 DL100 的外腔光栅反馈半导体激光器，其输出功率约 40mW，中心波长在 894.5nm 附近，对应铯原子的 D1

线跃迁 $6^2S_{1/2} \leftrightarrow 6^2P_{1/2}$.

(2) 光隔离器(OI)，允许光单向传输，防止光在传输过程中，由于镜片表面反射的光反馈回激光器.

(3) 4 通道数字存储示波器(DSO)，用于显示和采集饱和吸收谱、探针光的透射谱及色散信号等；

(4) 光纤整形系统，由一对耦合透镜和一根光纤组成. 在实验中用于对半导体激光器输出的激光进行空间模式整形.

(5) 主要光学器件包括：铯原子泡(Cs cell)，实验中提供原子样品；PIN 型光电探测器(PD)，探测光场的信号；另外还有反射镜(mirror)、带压电陶瓷(PZT)的反射镜、半波片(HWP)、分束镜(BS)、偏振分光棱镜(PBS)、厚玻璃片等.

2. 主要辅助光路系统简介

(1) 饱和吸收谱(SAS)系统. 饱和吸收谱是一种测量原子吸收光谱的技术，其最大特点是：吸收光谱信号的半高宽度没有多普勒效应展宽，即消多普勒背景的，其仅仅由所作用的原子能级跃迁的线宽和激光强度来决定. 典型的饱和吸收谱的光路示意图如图 6.2 所示. 基本设计思路是，一束激光分成较强的泵浦光和两束较弱的光，强的泵浦光通过空间烧孔效应在气体原子的速度分布上把某一类速度的原子(该速度对应于多普勒效应下泵浦光的吸收谱)激发；然后，观测另外两束较弱信号光的吸收光谱. 其中，一束弱信号光与泵浦光光路重合，但传播方向相反，另外一束弱光称作参考光，尽量保证其与信号光光路相同但避免被泵浦光影响，最后通过探测信号光(PD_1)就可得到饱和吸收谱，如果将探测的信号光和参考光相减，便得到了无多普勒吸收背景的饱和吸收光谱信号. 另外根据原理，也可以自行设计并搭建 SAS 光路.

(2) 电磁诱导透明(EIT)系统. EIT 的工作原理已在一、实验原理中介绍，本实验的主要研究内容也是基于在 EIT 条件下进行的. 但在具体实施过程中，需要另外再搭建一套 EIT 系统，用于监视耦合光的频率失谐，其光路设计及判断依据自行完成.

(3) 光纤耦合(FC)系统. 在真实实验中，由于半导体激光器本身的发光机制，决定其激发输出的激光光斑是楔形状，而通过光纤整形系统后，激光光斑模式可以变成圆形高斯光束. 为了能定量测量和描述光场与原子作用的有效体积及原子数，实验中用两套光纤耦合系统分别对探针光和耦合光进行空间整形. FC 系统主要有一对光纤输入输出耦合头及一条单模光纤构成. 光纤的耦合效率主要取决于注入光的光斑大小及平行度，调节方法需在具体实验过程中体会理解.

三、实验内容及步骤

1. 实验内容及方法描述

该实验主要利用虚拟仿真平台及其模拟的实验仪器和光学器件，在掌握实验原理的基础上，自行搭建虚拟光路，并通过调节各虚拟仪器及光学器件的参数，来分析虚拟探测器探测光学信号的变化规律，探究各实验反映的物理机制，主要包含以下四部分内容.

(1) 半导体激光器的工作原理. 主要介绍光栅反馈半导体激光器的工作原理，了解激光器控制源各模块的功能，模拟半导体激光器的开关机顺序.

(2) 饱和吸收光谱. 在掌握饱和吸收谱工作原理的基础上，根据图 6.2 或自行设计并搭建饱和吸收谱光路，调节半波片偏振和各光学器件位置及角度，利用两个探测器分别探测探针光和参考光的透射谱，利用示波器观察饱和吸收光谱.

(3) M-Z 干涉仪. 掌握 M-Z 干涉仪的工作原理及调节方法. 根据图 6.4 搭建 M-Z 干涉仪光路，调节反射镜及偏振分光棱镜的角度，通过示波器观察 s 光与 l 光干涉信号的干涉度，将干涉可见度调到最大状态. 注意在该环节中，激光器的频率扫描增益降至 0，只加偏压(即激光器输出频率保持不变)；将函数信号发生器的三角波扫描电压，通过高压放大器加在 M-Z 干涉仪光路中带有 PZT 的反射镜上，来改变 s 光与 l 光之间的相位差.

(4) 测量相干原子在 EIT 条件下的吸收特性和色散特性. 掌握 Λ 型三能级原子形成 EIT 效应的物理机制及条件，并根据图 6.5 搭建光路，测量原子在 EIT 条件下的吸收特性和色散特性，分析耦合光频率失谐对吸收和色散的影响.

以上四部分既环环相扣，同时又分别可作为独立的小课题，供不同层次不同需求的学生学习训练.

2. 主要操作步骤

以测量 Λ 型三能级原子在电磁诱导透明效应中的吸收特性和色散特性为例.

(1) 打开虚拟仿真平台网站，注册用户名和密码后登录.

(2) 在“实验中心”搜索“相干原子的极化特性分析虚拟仿真实验”，进入“我要做实验”.

(3) 进入虚拟实验项目页面，在网页左侧列了“实验原理”“实验仪器”“实验指导”等内容，用户可选择相应内容进行浏览学习或操作讨论；点击左侧菜单栏“开始实验”，根据操作说明提示下载运行环境(首次操作时)，自动加载运行实验或下载实验报告模板.

(4) 点击“开始实验”，进入虚拟仿真实验室. 在屏幕正下方包括“实验项目”

“实验仪器”“实验步骤”“工具箱”“帮助文档”和“数据记录”选择菜单.

(5) 点击“实验项目”，可弹出对话框，列出了该虚拟仿真项目涵盖的四个分项目：半导体激光器的工作原理、饱和吸收光谱技术、M-Z 干涉仪的工作原理和 EIT 效应. 学生可按顺序或自行选择项目进行实验.

(6) 以测量 EIT 条件下相干原子对弱探针光的吸收特性为例：选择“电磁诱导透明(EIT)效应”，则虚拟光学平台上呈现出测量探针光透射曲线的色散曲线的虚拟光路. 用户既可以在现有光路上进行操作测量，也可以点击屏幕左上角的“实验原理图”，熟悉光路后，在“实验仪器”库中选择相应的光学器件重新搭建光路.

(7) 搭建光路，测量探针光透射曲线和色散曲线.

(8) 利用虚拟信号发生器和高压放大器给 l 光光路中的 M_2 上的压电陶瓷加一三角波扫描电压；通过调节反光镜 M_2 和分光棱镜 PBS_5，来调节 M-Z 干涉仪的干涉度(s 光和 l 光的重合度)达到最佳. 打开高压电源并调节增益旋钮后，在示波器上可看到干涉信号，调节 M_2 及 PBS_5 角度向干涉信号增强方向旋转，当干涉信号调至最大时，代表两路信号重合最佳.

(9) 将耦合光频率调至原子共振跃迁线中心，利用虚拟数字示波器观察 PD_1～PD_3 探测的信号，从而分析原子介质对探针光的吸收特性和色散特性.

(10) 调节耦合光频率失谐、光功率及 Cs 泡温度，分析各实验参量对原子介质吸收特性和色散特性的影响(透明效率、线宽以及色散强度等).

(11) 记录保存虚拟实验图像，并用专业处理软件(Origin)对真实实验中存储的实验数据进行处理，与虚拟实验中观察的现象进行比较.

(12) 根据操作提示按顺序关闭仪器电源，退出运行界面；打开模板，在线完成并递交实验报告.

学生可以在实验过程中或结束后，利用在线讨论平台，和老师及其他同学在线交流讨论.

四、思考与讨论

(1) 根据饱和吸收谱的原理，请设计并搭建至少两种不同的饱和吸收谱光路？分析它们的优缺点.

(2) 比较迈克耳孙干涉仪和 M-Z 干涉仪，它们的区别是什么？

(3) 在测量原子色散特性实验中，请说明本底光起的作用是什么？s 光和 l 光之间的相位差为多少时，通过平衡零拍法测量的才是色散曲线？

参 考 文 献

Harris S E, Field J E, Imamoğlu A, 1990. Nonlinear optical processes using electromagnetically induced transparency[J]. Phys Rev Lett, 64(10): 1107-1110.

Maguire L P, Bijnen R, Mese E, et al., 2006. Theoretical calculation of saturated absorption spectra for multi-level atoms[J]. J Phys B: At Mol Opt Phys, 39(11): 2709-2720.

Scully M O, Zubairy M S, 1991. Quantum Optics[M]. Cambridge: Cambridge University Press.

Wu Y , Yang X, 2005. Electromagnetically induced transparency in V-, Λ-, and cascade-type schemes beyond steady-state analysis[J]. Phys Rev A, 71(5): 053806.

实验 7　基于磁光阱的超冷原子碰撞

随着激光冷却与俘获原子等技术的应用与发展，特别是利用磁光阱制备超冷原子技术的成熟，使得超冷原子的碰撞成为原子分子光物理研究领域中的热门课题. 与常温下原子的碰撞相比，超冷原子的碰撞过程中相互作用时间较长，原子将历经多次光子的吸收与自发辐射. 低温下原子的运动速度更低，德布罗意波长很大. 因此超冷原子之间的碰撞具有显著的量子效应. 基于超冷原子产生的超冷分子，特别是异核分子，由于具有较大的电偶极矩，因此在量子计算等方面具有重要的应用价值. 而超冷异核原子的碰撞对于获得超冷异核分子乃至制备异核分子玻色-爱因斯坦凝聚(Bose-Einstein condensation，BEC)等实验研究具有重要的意义.

磁光阱中超冷原子的碰撞机理，按照碰撞过程中有无能量损失可以分为弹性碰撞与非弹性碰撞，按照碰撞原子的种类可以分为同核原子间的碰撞与异核原子间的碰撞. 按照碰撞发生时原子的状态，可以分为基态-基态、基态-激发态、激发态-激发态碰撞. 其中，基态-基态碰撞，又称为超精细结构能级改变的碰撞. 基态-激发态碰撞包括精细结构能级改变的碰撞以及辐射逃逸两种类型. 对于同核原子间的碰撞，基态-基态碰撞的偶极相互作用势满足 $1/R^6$ (R 为原子间的核间距). 基态-激发态的偶极相互作用势满足 $1/R^3$. 异核原子间的碰撞与同核原子间碰撞的不同之处在于，基态-激发态的偶极相互作用依赖于 $1/R^6$ 而不是 $1/R^3$. 关于基态-激发态碰撞可以用 Gallagher-Prichard(G-P)模型进行描述. 当磁光阱的俘获光强度较大时，起主导作用的是精细结构能级改变的碰撞以及辐射逃逸. 然而当俘获光强度较低时，磁光阱的阱深很浅，超精细结构能级改变的碰撞引起原子动能的增加，导致原子逃逸至阱外造成原子的损失. 由于俘获光强度较低，处于激发态的原子很少，基态-激发态碰撞受到抑制. 因此低俘获光强度下，超精细结构能级改变的碰撞就成为主要的碰撞机理.

在超冷钠-铯原子的制备中，超精细碰撞在导致原子俘获损耗的因素中是极为重要的. 本实验着眼于研究低俘获光强度下钠-铯原子超精细结构能级改变的碰撞，研究钠原子总的碰撞损失率随俘获光强度的变化，得到超冷钠原子与超冷铯原子间的碰撞损失系数，并对超精细结构能级改变的碰撞进行详细分析. 利用多普勒模型计算不同俘获光强度下的钠原子磁光阱的阱深，将得到的临界光强的理论值与实验结果做了比较.

一、实验原理

实验中测量的钠-铯原子碰撞是基于磁光阱囚禁的异核原子碰撞. 因此，首先简要介绍磁光阱的基本原理以及磁光阱俘获钠原子以及铯原子的基本原理，最后介绍异核原子碰撞的基本机理.

1. 磁光阱

首先，假设被冷却原子样品的基态总自旋是 J=0 (m_J=0)，激发态总自旋是 J=1 ($m_J = -1$，0，+1). 如图 7.1 所示，假设原子只沿着一个方向运动，两束光在沿着 z 轴与原子发生碰撞，一束光具有σ^+偏振，沿着+z 方向运动. 另一束光沿着$-z$ 方向运动，具有σ^-偏振. 如果激光的频率相对于原子共振线红失谐，那么原子就会被减速降温. 如果施加磁场 B，使 $B = B_0 z\hat{z}$ 原子的能级根据原子位置发生塞曼移动. 在 z<0 的地方，原子将感受到磁场的作用. 因此 J=1，m_J = +1> 能级被向上移动，然而 J=1，$m_J = -1$> 能级被向下移动. J=1，$m_J = -1$>能级将更接近激光共振频率(激光频率相对于原子共振线是红失谐)，将导致原子相对于σ^+光子吸收更多的σ^-光子，原子受到光场的净散射力将原子推向 z=0. 相同的原理，如果原子在 z > 0 的地方，原子受的净散射力依然将原子推向 z=0. 此外，施加的磁场是线性变化的，原子离 z=0 越远，那么原子对σ^+和σ^- 散射不平衡就越强烈. 如果激光强度不足以导致散射率饱和，则这个系统类似于一个简谐势，原子受到的力随着位移线性变化. 如果激光从三维方向都入射到原子上，然后每一个方向都有磁场梯度，这就形成了三维磁光阱.

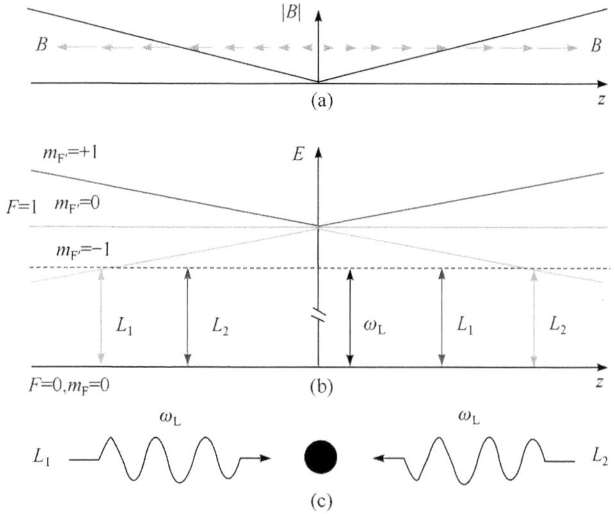

图 7.1　一维情况下 MOT 的原理图

^{23}Na 和 ^{133}Cs(以及其他原子)的能级结构并不简单，导致了在磁光阱中冷却和俘获它们的复杂性. 超精细相互作用一般将原子基态和激发态分裂成具有不同能量和不同总角动量 F(核自旋加上电子自旋以及轨道角动量)的超精细能级. 用来冷却和俘获的激光须和原子的跃迁 $F\rightarrow F'=F+1$ 共振，这是因为原子充分冷却和保持俘获需要连续散射光子. 由于激光是圆偏振极化的，所以原子会很快地被光学泵浦到相应的塞曼子能级. 原子优先散射 σ^+ 光子,被泵浦到 $F, m_F=F>$能级. 布居在 $F, m_F=F>$能级的原子只能在 $F'=F+1$，$m_{F'}=F'>$能级之间发生跃迁. 而那些优先散射 σ^- 光子的原子被泵浦到$|F, m_F=-F>$能级，并只与 $F'=F+1$，$m_{F'}=-F'>$能级发生相互作用. 因此，如果冷却和俘获的跃迁不是 $F\rightarrow F'=F+1$，原子被泵浦到不能被偏振极化光散射的态，进而不能被充分地冷却和俘获，不被偏振极化的光散射的态被称为“暗态”.

通常铯原子的冷却、俘获激光频率被调谐到红失谐 $6S_{1/2}, F=4\rightarrow 6S_{3/2}$，$F=5$ 跃迁附近. 钠原子的冷却、俘获激光频率被调谐到 $3S_{1/2}, F=2\rightarrow 3P_{3/2}, F=3$ 跃迁附近，一般都有两个自然线宽的红失谐. 选择相应频率的跃迁是因为它们与原子的耦合相对较强以及该频率诱导的原子能级跃迁可以构成循环跃迁. 由于激发态超精细分裂($\approx$ 100MHz)并没有比俘获激光的失谐($\approx$ 10MHz)大多少，所以部分光子不可忽略地被非共振散射，这导致原子被散射到下一个低的激发态. 这个态上的原子又会自发辐射跃迁到基态的两个超精细能级中较低的能级上，由于超精细分裂，填充的原子不会散射用于冷却和俘获的光子，这个能级被称为暗态. 在基态超精细能级上能级的原子每分钟大概散射 10^7 个光子，这种情况下，整个原子样品会被迅速泵浦到暗超精细态上. 解决这个问题的方法是用一束再泵浦激光，钠原子再泵浦激光的频率调谐到 $F=1\rightarrow F'=2$ 跃迁，铯原子再泵浦激光的频率调谐到 $F=3\rightarrow F'=4$，再泵浦激光将原子泵浦回到基态的上能级. “暗态”的存在也是大多数原子或者分子不能被激光冷却和俘获的原因，复杂的能级结构使得实验上难以找到合适的再泵浦激光构成循环跃迁.

2. 原子混合碰撞机理

钠原子和铯原子被同时囚禁在磁光阱中，需要考虑由原子碰撞导致的损失，非弹性碰撞导致原子的损失会严重影响原子的密度. 由于磁光阱中原子温度相对较高，因此非弹性碰撞导致的原子损失占了主要因素. 下面讨论原子在阱中自身非弹性碰撞导致的损失以及两种原子囚禁在同一个阱中导致的损失.

1) 单色磁光阱的损失机制

非弹性碰撞加热了原子系统使其总能量增加. 对于单色的磁光阱，非弹性碰撞可以分成两种：原子与背景中残余气体的碰撞，原子与原子之间精细结构能级改变的碰撞. 非弹性碰撞实验上通过阱中原子的损失来确定，碰撞导致原子动能上升进而逃逸出势阱. 非弹性碰撞在蒸发过程中被认为是所谓的“坏碰撞”，但是分子产生的主要原因，对于确定原子间的势能形状也是至关重要的. 背景残余气体碰撞会改变原子样品的总动能. 原子在阱中的寿命受到了背景气体碰撞的影响. 碰撞速率和原子密度没有关系，这种碰撞不会对原子样品有很严重的加热. 当俘获光强很大时，主要的损失机制是辐射逃逸以及精细结构能级改变引起的损失. 当俘获光功率足够低时，磁光阱的束缚很弱，超精细结构的能级改变可使原子吸收足够的能量进而逃逸出阱.

2) 双色磁光阱的损失机制

两种原子被各自的磁光阱囚禁在同一区域，原子的损失大大增加. 除了同种原子之间碰撞的损失，异种原子间的损失机制同样需要考虑. 从对称性或者能量交换的角度出发，Na-Cs 碱金属磁光阱中可以观察到以下几个能级交换过程：

$$\mathrm{Na}\left(\mathrm{P}_{3/2}\right)+\mathrm{Cs}\left(\mathrm{S}_{1/2}\right)\rightarrow\mathrm{Na}\left(\mathrm{P}_{1/2}\right)+\mathrm{Cs}\left(\mathrm{S}_{1/2}\right)+\Delta\varepsilon_{\mathrm{NaFS}} \tag{7.1}$$

$$\mathrm{Na}(\mathrm{P}_{3/2})+\mathrm{Cs}(\mathrm{S}_{1/2})\rightarrow\mathrm{Na}(\mathrm{P}_{1/2})+\mathrm{Cs}(\mathrm{S}_{3/2})+\Delta\varepsilon_{\mathrm{EE}} \tag{7.2}$$

$$\mathrm{Na}\left(\mathrm{P}_{1/2}\right)+\mathrm{Cs}\left(\mathrm{S}_{1/2}\right)\rightarrow\mathrm{Na}\left(\mathrm{P}_{1/2}\right)+\mathrm{Cs}\left(\mathrm{S}_{3/2}\right)+\Delta\varepsilon_{\mathrm{CsFS}} \tag{7.3}$$

这里 $\Delta\varepsilon_{\mathrm{NaFS}}=17\mathrm{cm}^{-1}$， $\Delta\varepsilon_{\mathrm{EE}}=5241\mathrm{cm}^{-1}$， $\Delta\varepsilon_{\mathrm{CsFS}}=554\mathrm{cm}^{-1}$. 我们将这些能量差分别定义为 Na+Cs: NaFS, Na+Cs: EE, Na+Cs: CsFS. 对于双色磁光阱中的两种原子的碰撞损失，已经有很多相关研究. 对于钠原子和铯原子的碰撞损失的研究，Bigelow 小组在 1999 年进行了研究：在俘获光的功率较高的实验条件下，精细能级结构的改变对原子损失占主导地位.

光缔合制备 NaCs 分子要求原子团的密度尽量高，受真空背景等的限制，降低磁光阱(magneto-optical trap，MOT)中原子因为碰撞导致的损失是提高密度的有效途径. 实验中，俘获光功率偏低，不仅考虑了精细结构能级导致的损失，还考虑了超精细能级改变导致的损失，能量交换的方式如下：

$$\mathrm{Na}(3\mathrm{S}_{1/2},F{=}2)+\mathrm{Cs}(6\mathrm{S}_{1/2},F=4)\rightarrow\mathrm{Na}(3\mathrm{S}_{1/2},F{=}1)+\mathrm{Cs}(6\mathrm{S}_{1/2},F=4)+\Delta E_1 \tag{7.4}$$

$$\mathrm{Na}(3\mathrm{S}_{1/2},F{=}2)+\mathrm{Cs}(6\mathrm{S}_{1/2},F=4)\rightarrow\mathrm{Na}(3\mathrm{S}_{1/2},F{=}2)+\mathrm{Cs}(6\mathrm{S}_{1/2},F=3)+\Delta E_2 \tag{7.5}$$

$$\mathrm{Na}(3\mathrm{S}_{1/2},F{=}2)+\mathrm{Cs}(6\mathrm{S}_{1/2},F=4)\rightarrow\mathrm{Na}(3\mathrm{S}_{1/2},F{=}1)+\mathrm{Cs}(6\mathrm{S}_{1/2},F=3)+\Delta E_3 \tag{7.6}$$

式中， ΔE_i 表示碰撞导致能级改变所释放的能量. 原子获得的能量按 $\Delta E_j = \Delta E_j[m_k/m_k+m_j]$(j = Na, k = Cs)分配. 所以质量小的原子获得的能量更高，逃逸出磁光阱的概率更大.

二、实验装置及技术说明

1. 主要实验仪器及器件简介

(1) 采用两台外腔光栅反馈半导体激光器作为铯磁光阱.

(2) 采用一台倍频激光器为纳磁光阱提供激光.

(3) 本实验需要在真空系统中完成，图 7.2 为真空系统组件的示意图. 真空由一个 40L/s 的离子泵维持，装有碱金属源的高真空玻璃泡被分别放在两个铜管中，两种碱金属源通过角阀开关的大小来控制. 碱金属钠的饱和蒸汽压在常温下很低，为了在MOT中获得足够多的样品，盛放钠源的铜管一般加热 150℃左右. 矩形的科学腔由 2mm 厚的熔融石英组成，镀有 852nm 和 589nm 的增透膜，外部尺寸为 40mm × 40mm × 85mm.

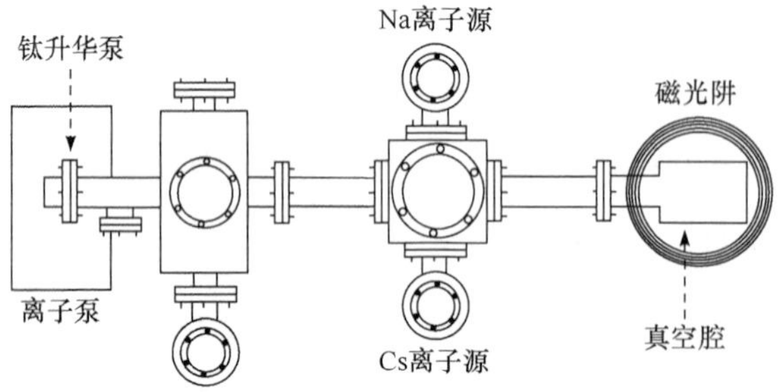

图 7.2　真空系统

(4) 实验用到的其他主要光学实验仪器：声光调制器，配合功率放大器用于实现激光频率的偏移；锁相放大器，用于调制解调钠原子以及铯原子荧光信号；光电探测器，将原子荧光信号转换为电信号进行探测. 主要的光学器件包括：带通滤波片、半波片、反射镜、不同焦距的透镜、偏振分光棱镜等.

2. 主要辅助光路简介

(1) 钠磁光阱光路系统. 钠磁光阱的光路(见图 7.3)主要是通过声光调制器、1/2 波片、1/4 波片、分光棱镜、反射镜、光纤耦合器、实现激光频率的偏移以及传输. 六束激光构成了总的俘获光，泵浦光经由一个 1.7GHz 的声光调制器通过棱镜与俘获光同时传输到光纤中. 图中，HR 为高反镜；PBS 为偏振分光棱镜；APD 为雪崩光电二极管；AOM 为声光调制器.

(2) 铯磁光阱光路与钠类似，实验者自行设计.

(3) 实验方案. 实验采用如下方案获得钠-铯原子的碰撞损失系数. 首先，断开铯原子的再抽运光，使背景中没有超冷铯原子，同时对钠原子进行装载并记录装载过程. 之后在超冷铯原子团存在的情况下，同样记录钠原子的装载过程. 对有

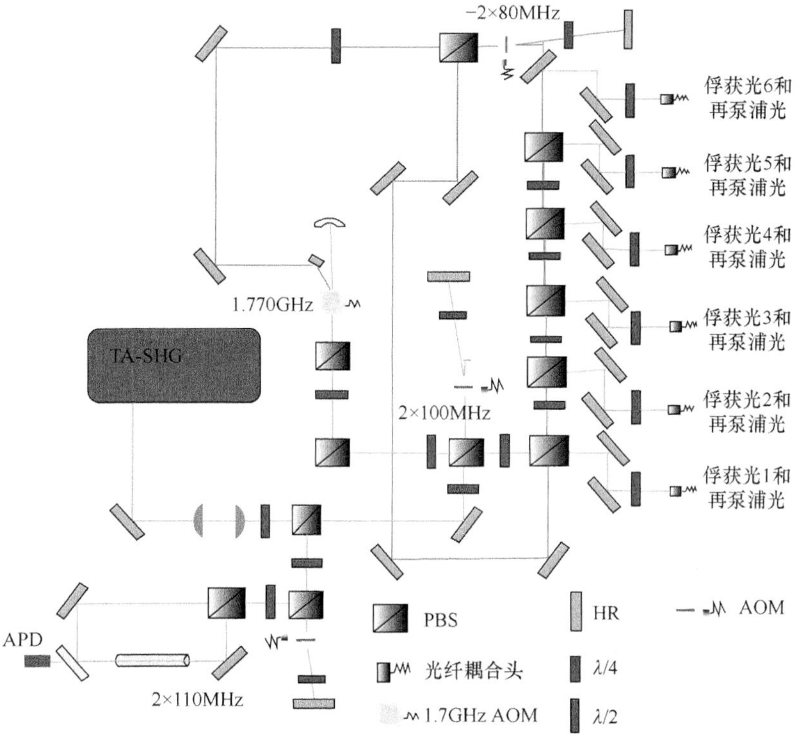

图 7.3　钠磁光阱光路图

铯原子团时钠原子的装载曲线进行线性拟合. 记录各个过程的实验数据，然后根据碰撞的原理处理实验结果. 实验过程中，铯原子磁光阱的原子数始终保持不变，从而使在不同钠原子的俘获光强度下，超冷铯原子团具有相同的密度. 具体步骤如下，当磁光阱中存在超冷铯原子团时，超冷钠原子的数目 N_{Na} 与时间 t 的关系满足

$$\frac{\mathrm{d}N_{\mathrm{Na}}}{\mathrm{d}t}=L_{\mathrm{Na}}-\gamma_{\mathrm{Na}}N_{\mathrm{Na}}-\beta_{\mathrm{Na}}\int_{V_{\mathrm{Na}}}n_{\mathrm{Na}}^{2}\mathrm{d}^{3}r-\beta_{\mathrm{Na\text{-}Cs}}\int_{V_{\mathrm{Na}}}n_{\mathrm{Na}}n_{\mathrm{Cs}}\mathrm{d}^{3}r \tag{7.7}$$

式中，L_{Na} 为钠原子磁光阱的装载速率，γ_{Na} 为超冷钠原子与背景气体(主要是热的铯原子与钠原子)之间的碰撞损失系数，β_{Na} 为超冷钠原子之间的碰撞损失系数，$\beta_{\mathrm{Na\text{-}Cs}}$ 为超冷钠原子与超冷铯原子之间的碰撞损失系数，n_{Na} 与 n_{Cs} 分别为超冷钠原子团与超冷铯原子团的密度，r 为钠原子团中某一点的位置，式中涉及的积分遍历整个钠原子团. 需要指出的是，超冷铯原子的数目随时间的变化也遵从类似的方程，因而对于钠原子碰撞的测量方法，也同样适用于铯原子碰撞. 严格来讲，冷原子团的密度是时间与空间的函数，其表达式可写为 $n(r,t)=n_0(t)\mathrm{e}^{-2(r/\omega(t))^2}$，$n_0$

和ω分别为原子的峰值密度与高斯半径. 通常情况下很难对方程(7.7)进行求解，然而当磁光阱中的原子数目达到一定值时(约 105 个)，由于荧光自陷效应，超冷原子之间将产生不可忽略的排斥力，阻碍原子团密度的进一步增加，使其达到稳态并不再随时间变化，而原子团的体积随着原子数目的增加不断增大. 基于上述分析，再通过控制磁光阱的参数使钠原子团完全沉浸在铯原子团中，就可以在等密度近似条件下对方程(7.7)进行简化

$$\beta_{\mathrm{Na}}\int_{V_{\mathrm{Na}}} n_{\mathrm{Na}}^2 \mathrm{d}^3 r=\beta_{\mathrm{Na}} n_{\mathrm{Na}} N_{\mathrm{Na}} \tag{7.8}$$

$$\beta_{\mathrm{Na\text{-}Cs}}\int_{V_{\mathrm{Na}}} n_{\mathrm{Na}} n_{\mathrm{Cs}} \mathrm{d}^3 r=\beta_{\mathrm{Na\text{-}Cs}} n_{\mathrm{Cs}} N_{\mathrm{Na}} \tag{7.9}$$

通过求解简化后的方程可得

$$N_{\mathrm{Na}}=N_{\mathrm{Na}}^{\mathrm{S}}\left\{1-\exp\left[-(\gamma_{\mathrm{Na}}+\beta_{\mathrm{Na}} n_{\mathrm{Na}}+\beta_{\mathrm{Na\text{-}Cs}} n_{\mathrm{Cs}})t\right]\right\}=N_{\mathrm{Na}}^{\mathrm{S}}\left\{1-\exp\left[-P_{\mathrm{Na}}' t\right]\right\} \tag{7.10}$$

式中，$N_{\mathrm{Na}}^{\mathrm{S}}$为稳态时钠原子的数目，$P_{\mathrm{Na}}'$为存在铯原子团时钠原子总的碰撞损失率.

实验采用如下方案获得钠-铯原子的碰撞损失系数$\beta_{\mathrm{Na\text{-}Cs}}$. 首先，断开铯原子的再抽运光，使背景中没有超冷铯原子，同时对钠原子进行装载并记录装载过程. 此时$n_{\mathrm{Cs}}=0$，方程(7.10)可写为

$$N_{\mathrm{Na}}=N_{\mathrm{Na}}^{\mathrm{S}}\left\{1-\exp\left[-(\gamma_{\mathrm{Na}}+\beta_{\mathrm{Na}} n_{\mathrm{Na}})t\right]\right\}=N_{\mathrm{Na}}^{\mathrm{S}}\left\{1-\exp\left[-P_{\mathrm{Na}} t\right]\right\} \tag{7.11}$$

式中，P_{Na}为不存在铯原子时钠原子总的碰撞损失率. 之后，在超冷铯原子团存在的情况下，同样记录钠原子的装载过程. 最后，对(7.10)式进行变形：$-\ln(1-(N_{\mathrm{Na}}/N_{\mathrm{Na}}^{\mathrm{S}}))=P_{\mathrm{Na}}' t$，利用该式对有铯原子团时钠原子的装载曲线进行线性拟合得到P_{Na}'，同理得到P_{Na}，再将P_{Na}'与P_{Na}的差值除以超冷铯原子团的密度就可得到钠-铯原子的碰撞损失系数$\beta_{\mathrm{Na\text{-}Cs}}$，在我们的实验过程中，铯原子磁光阱的参数始终保持不变(总俘获光强度为$5.3\mathrm{mW/cm^2}$，磁场梯度为$12\mathrm{G/cm}$)，从而使在不同钠原子的俘获光强度下，超冷铯原子团具有相同的密度.

三、实验内容

1. 实验前的准备

掌握实验所用激光器的基本原理以及操作方法；了解磁光阱的工作原理，设计磁光阱俘获钠原子以及铯原子的实验光路；掌握饱和谱锁频的基本原理，确定激光器锁频的跃迁频率.

2. 光学系统的搭建

在了解磁光阱工作原理的基础上，通过声光调制器以及其他光学器件实现激光频率的移动；搭建饱和吸收谱锁频的光路系统；利用光纤耦合系统对俘获光进行整形以及传输. 学习和搭建冷原子团荧光探测的实验光路，并掌握利用锁相放大器调制解调荧光信号，记录信号；掌握如何利用磁光阱俘获原子.

3. 基于磁光阱的超冷原子碰撞

(1) 研究单色磁光阱中的两种非弹性碰撞，原子与背景中残余气体的碰撞，原子与原子之间精细结构能级改变的碰撞. 研究钠原子与背景气体以及钠原子与钠原子之间精细结构能级的碰撞；研究铯原子与背景气体以及铯原子与铯原子之间精细结构能级的碰撞.

(2) 研究双色磁光阱原子的碰撞特性，改变钠俘获光功率，研究钠原子和铯原子的碰撞特性.

四、注意事项

(1) 实验用到大功率的激光器，搭建光路过程中严禁人眼平视光路以免激光入眼致盲；

(2) 认真学习激光器的操作流程，接触激光头时应佩戴静电手环，以防止静电击穿激光器的核心部件二极管；实验过程中严格按照要求连接设备，做到不烧坏功率放大器等设备；

(3) 真空系统的科学腔由石英玻璃黏合而成，因此在真空腔附近进行实验操作时，要注意保护科学腔；做实验时要注意维护真空系统的真空.

五、思考与讨论

(1) 设计用于俘获铯的磁光阱光路时，俘获光以及再泵浦光的频率相差多少?

(2) 实验过程中可以观察到随着钠原子俘获光强的变化，为什么磁光阱中钠原子的损失变化很剧烈，但是铯原子团的变化很小?

(3) 改变铯原子磁光阱俘获光的功率时，钠原子团以及铯原子团是如何变化的? 与改变钠原子磁光阱俘获光的功率时有什么区别?

参 考 文 献

Raab E L, Prentiss M, Cable A, et al., 1987. Trapping of neutral sodium atoms with radiation pressure[J]. Phys Rev Lett, 59(23): 2631-2634.

Young Y E, Ejnisman R, Shaffer J P, et al., 2000. Heteronuclear hyperfine-state-changing cold collisions[J]. Phys Rev A, 62(5): 055403.

实验 8　超冷里德伯原子的荧光光谱损耗测量

里德伯原子的主量子数 $n \gg 1$，与低态原子相比有较长的寿命和较大的偶极矩，对外场变化特别敏感. 随着冷原子冷却和俘获技术的迅速发展，超冷里德伯原子由于其运动速度很低，因此在原子间较强的相互作用下会出现一些有趣的现象，例如超辐射和偶极阻塞效应等. 基于上述效应，利用超冷里德伯原子实现单光子源和量子逻辑门计算的相关研究近年来已有报道. 利用超冷原子体系进行原子基本物理常数精密测量也非常重要，通过碱金属原子(Rb，Cs，…)、碱土金属原子(Ca，Sr，…)的高分辨光谱可以获得原子能级精确数据、量子态寿命、电偶极常数、量子亏损等. 里德伯原子的测量技术包括：选择性场电离测量、共振荧光测量以及冷原子荧光损耗光谱测量技术等. 激光冷却与原子俘获是从 20 世纪末发展起来并迅速取得显著成果的一个新的实验研究领域，其发展包括了光学、电子学、真空技术等多学科的共同进步与促进. 利用激光对原子进行减速，并将原子最终囚禁在势阱的最低点，使得原子的运动速度几乎为零，形成超冷原子气体团. 冷原子作为一种理想的实验平台，为凝聚态物理、精密测量等理论和技术领域提供了基本的技术保障，极大地促进了物理科学的发展.

本实验介绍超冷原子俘获激光系统、里德伯原子两步激发技术，并重点介绍超冷原子荧光损耗光谱测量技术的原理和实验方案. 在实验中，实现磁光阱俘获超冷 Cs 原子,并在此基础上进行里德伯原子的激发,并观察和测量 Cs 原子 $47D_{5/2}$ 和 $47D_{3/2}$ 态的荧光损耗光谱.

一、实验原理

实验主要基于冷原子俘获系统，实现冷原子激发至里德伯态，利用荧光损耗探测技术完成对超冷里德伯原子的探测.

1. 冷原子团俘获实验原理

在实验中，原子的冷却与囚禁主要借助的是磁光阱装置，磁光阱主要是由四极磁场和三对相互正交的激光场构成. 下面主要从光与原子相互作用的基本原理和磁光阱的实验机制进行描述.

光与原子相互作用是原子物理和量子光学中的核心问题，它的出发点是研究和利用原子气体的性质. 在激光冷却与俘获原子和研究量子气体等实验中，光与原子相互作用这一理论是许多物理现象的核心机制. 例如，在磁光阱中，原子在激光红失谐共振频率处发生循环跃迁；在光学偶极阱中光与原子由于交流(AC)斯塔克效应产生偶极力；微波作用于铯原子的超精细能级间跃迁过程也可以被看作是一种光与原子的相互作用. 因此，掌握和理解光与原子的相互作用具有非常重要的意义. 光与原子相互作用这一机制最早可以追溯到 100 年以前，将原子看作是一种谐波振荡器，光作为一种交流电场来驱动这个振荡器. 这个模型可以成功地解释一系列现象，比如说折射率、金属的导电率以及正常的塞曼效应，并且，在推导激光冷却与俘获原子的公式中也非常有用. 在原子俘获的磁光阱中，我们首先以光与原子作用的最简单的模型二能级体系为例进行说明，实际情况中原子的能级是非常复杂的，需要有更具体更详细的考虑. 对于二能级体系，光与原子组成系统的哈密顿量可以表示为

$$H=\hbar\begin{pmatrix}-\varDelta & \varOmega/2\\ \varOmega/2 & 0\end{pmatrix} \tag{8.1}$$

基态和激发态在没有耦合时的能量分别是 0 和 $\varDelta$，拉比频率 $\varOmega$ 表示耦合光的强度. 能量可表示为

$$E_{\pm}=-\frac{\hbar\varDelta}{2}\pm\frac{\hbar\tilde{\varOmega}}{2} \tag{8.2}$$

在二能级体系中系统密度矩阵随时间的演化可以通过光学布洛赫方程得出

$$\begin{aligned}\dot{\rho}_{\mathrm{gg}}&=\frac{\mathrm{i}\varOmega}{2}\left(\rho_{\mathrm{ge}}-\rho_{\mathrm{eg}}\right)+\varGamma\rho_{\mathrm{ee}}\\ \dot{\rho}_{\mathrm{ee}}&=-\frac{\mathrm{i}\varOmega}{2}\left(\rho_{\mathrm{ge}}-\rho_{\mathrm{eg}}\right)-\varGamma\rho_{\mathrm{ee}}\\ \dot{\rho}_{\mathrm{ge}}&=-\left(\frac{\varGamma}{2}+\mathrm{i}\varDelta\right)\rho_{\mathrm{ge}}-\frac{\mathrm{i}\varOmega}{2}\left(\rho_{\mathrm{ee}}-\rho_{\mathrm{gg}}\right)\end{aligned} \tag{8.3}$$

其中，$\rho_{ij}\,(i,j=\mathrm{g},\mathrm{e})$表示密度算符 $\rho=|\psi\rangle\langle\psi|$ 的密度矩阵元，$\varGamma$ 表示激发态的自然衰减率是寿命 τ 的倒数. 当激发态的弛豫时间远小于激励时间时，我们可以通过其密度矩阵元的稳态解表示系统的状态

$$\rho_{\mathrm{ee}}=\frac{\left(\varOmega/\varGamma\right)^2}{1+4\left(\varDelta/\varGamma\right)^2+2\left(\varOmega/\varGamma\right)^2} \tag{8.4}$$

对于光子，原子在单位时间内散射的光子数为

$$R=\varGamma\rho_{\mathrm{ee}}=\varGamma\frac{\left(\varOmega/\varGamma\right)^2}{1+4\left(\varDelta/\varGamma\right)^2+2\left(\varOmega/\varGamma\right)^2}=\frac{\varGamma}{2}\frac{I/I_{\mathrm{s}}}{1+4\left(\varDelta/\varGamma\right)^2+I/I_{\mathrm{s}}} \tag{8.5}$$

其中，$I/I_s = 2(\Omega/\Gamma)^2$ 定义为饱和光强. 原子在此过程中不断地进行受激吸收光子和自发辐射光子，并且受激吸收的光子来自于同一个方向，而自发辐射出的光子则分别朝向不同的方向. 用 $\hbar k$ 表示原子每次获得的反冲动量，则原子在此过程中所受的平均辐射力可表示为

$$F = \hbar k \frac{\Gamma}{2} \frac{I/I_s}{1+4(\Delta/\Gamma)^2 + I/I_s} \tag{8.6}$$

辐射力在研究激光冷却与俘获原子中至关重要. 激光冷却原子(实现原子运动速度减小)的思想：原子位于三束相互正交并且频率相同的红失谐激光之间，如果原子具有向右方向的速度，则激光就会由于多普勒效应给出一个小的失谐而形成向左方向的较大的束缚力，激光向右方向的力就会较小. 因此向右运动的原子受到向左的力，反之亦然. 原子运动速度越大所受的阻力也越大，当所受的力与速度相对平衡时原子的运动就会逐渐减小. 这一基本原理被称为光学阻尼并可看作是在动量空间中俘获原子. 此时仅仅是将原子进行减速，再结合梯度磁场，可在空间中产生一种回复力，即原子被俘获在势阱的最低处. 磁光阱是目前冷原子领域使用最为广泛的一种原子冷却与俘获的实验方法，原理如下.

由三对相互正交的红失谐激光所造成的辐射压力可用来冷却原子. 利用塞曼效应，一对反亥姆霍兹线圈结合六束激光可在实空间俘获原子. 磁光阱的原理可用简单的一维效果图表示，如图 8.1(a)所示. 两个反亥姆霍兹磁场线圈在零点附近形成一个线性变化的磁场，且零点磁场为零，这是因为通过两个线圈的电流的方向相反，中间位置的磁场相互抵消. 由于磁场线性变化，因此在塞曼效应的影响下，激发态的能级移动也会呈线性变化. 六束激光都是方向相反的圆偏光，其频率红失谐于原子的共振频率. 由于塞曼效应造成激光散射力不均衡，当原子从势阱中心向势阱 z 轴的正方向移动时，原子 $m_F = -1$ 的跃迁线更接近于激光频率，

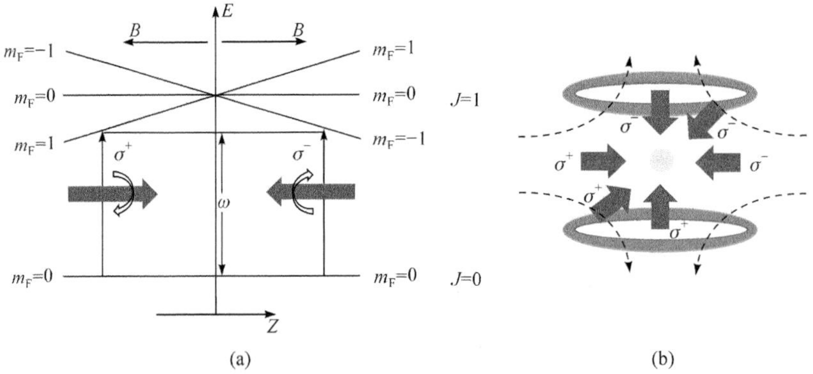

图 8.1　(a) 磁光阱一维原理示意图；(b) 磁光阱实验装置简图

选择定则要求吸收从右向左的光子发生 σ^- 跃迁，从而产生将原子推向势阱中心的散射力；而在势阱 z 轴的负侧，原子 $m_F=1$ 的跃迁线更接近于激光的频率，选择定则要求吸收从左向右的光子发生 σ^+ 跃迁，进而产生向势阱中心推的散射力. 磁光阱的实验装置简图如图 8.1(b)所示，通有反向电流的一对反亥姆霍兹线圈和六束相互正交的光在三个空间方向上，构成了磁光阱.

2. 超冷里德伯原子的制备

原子团俘获在磁光阱中后，我们引入一束耦合光，加上原有的俘获激光，我们可以将原子激发至里德伯态，从而实现超冷里德伯原子制备.

1) 光与三能级原子相互作用

制备过程可以通过阶梯型三能级模型进行理论分析，能级结构如图 8.2 所示.

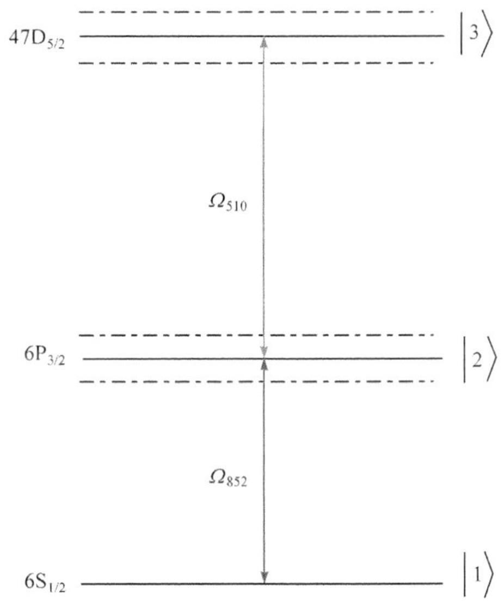

图 8.2　阶梯型三能级结构

对于理想激光器光场可以表示为

$$E(t)=E_0\cos(\nu t)$$

$$V_{ab}=-\mu_{ab}E=-\frac{\hbar\Omega_{ab}}{2}(e^{-i\omega_c t}+e^{+i\omega_c t}) \tag{8.7}$$

为了简化计算，采取旋波近似(rotating wave approximation)的方法，当激光的光场频率接近原子能级共振频率时，$e^{i\nu t}$ 相比于 $e^{-i\nu t}$ 可以忽略不计. 光场与原子的耦合项可以写为

$$V=\begin{pmatrix}0&0&V_{13}\\0&0&V_{23}\\V_{31}&V_{32}&0\end{pmatrix}=\begin{pmatrix}0&0&\Omega_c\mathrm{e}^{-\mathrm{i}\omega_c t}\\0&0&\Omega_c\mathrm{e}^{-\mathrm{i}\omega_p t}\\\Omega_c\mathrm{e}^{-\mathrm{i}\omega_c t}&\Omega_c\mathrm{e}^{-\mathrm{i}\omega_p t}&0\end{pmatrix}\tag{8.8}$$

旋波近似后的密度矩阵可以写做

$$\begin{aligned}
\frac{\partial\rho_{11}}{\partial t}&=\frac{\mathrm{i}\Omega_p}{2}(\rho_{21}-\rho_{12})+\Gamma_{21}\rho_{22}+\Gamma_{31}\rho_{33}-\Gamma_{13}\rho_{11}\\
\frac{\partial\rho_{33}}{\partial t}&=\frac{\mathrm{i}\Omega_c}{2}(\rho_{23}-\rho_{32})+\Gamma_{23}\rho_{22}+\Gamma_{13}\rho_{11}-\Gamma_{31}\rho_{33}\\
\frac{\partial\rho_{22}}{\partial t}&=-\frac{\mathrm{i}\Omega_p}{2}(\rho_{21}-\rho_{12})-\frac{\Omega_c}{2}(\rho_{23}-\rho_{32})+\Gamma_2\rho_{22}\\
\frac{\partial\rho_{21}}{\partial t}&=d_{21}\rho_{21}-\frac{\mathrm{i}\Omega_p}{2}(\rho_{22}-\rho_{11})+\frac{\mathrm{i}\Omega_p}{2}\rho_{31}\\
\frac{\partial\rho_{23}}{\partial t}&=d_{23}\rho_{23}-\frac{\mathrm{i}\Omega_c}{2}(\rho_{22}-\rho_{33})+\frac{\mathrm{i}\Omega_p}{2}\rho_{13}\\
\frac{\partial\rho_{31}}{\partial t}&=d_{31}\rho_{31}-\frac{\mathrm{i}\Omega_c}{2}\rho_{32}+\frac{\mathrm{i}\Omega_c}{2}\rho_{21}
\end{aligned}\tag{8.9}$$

式中，$d_{ij}\,(i,j=1,2,3)$为复失谐量，Ω_c 为里德伯态激发光的拉比频率，Ω_p 为第一激发态的拉比频率. 求解方程组的稳态解可以得到对应探测场的密度矩阵元. 其中 ρ_{22} 的稳态解为

$$\rho_{22}=-\frac{\mathrm{i}\Omega_c^2\Omega_p^2}{\left(\gamma_2+2\Omega_p^2\right)\left[\gamma_2\left(\gamma_2\gamma_3+\Omega_c^2\right)+2\gamma_3\Omega_p^2\right]}\tag{8.10}$$

由上式模拟可得到里德伯态的荧光辐射强度与激发光功率的定量关系.

2) 共振荧光

利用莫洛(Mollow)共振荧光理论，前提假设辐射场为振幅恒定的经典的单色场，不考虑辐射场的量子起伏，不考虑原子辐射的多普勒加宽和碰撞加宽，原子为静止的二能级原子；不考虑方程中的无规程作用力，即对热库求统计平均. 在相互作用表象下单模激光场与二能级原子相互作用方程为

$$\begin{aligned}
\frac{\mathrm{d}}{\mathrm{d}t}\sigma_z t&=-\gamma_1\left(\sigma_z-\overline{\sigma_z}\right)-\mathrm{i}\frac{\Omega}{2}\left(\sigma^-\mathrm{e}^{-\mathrm{i}\delta t}-\sigma^+\mathrm{e}^{-\mathrm{i}\delta t}\right)\\
\frac{\mathrm{d}}{\mathrm{d}t}\sigma^- t&=-\mathrm{i}\Omega\mathrm{e}^{-\mathrm{i}\delta t}\sigma_z-\gamma_2\sigma^-\\
\frac{\mathrm{d}}{\mathrm{d}t}\sigma^+ t&=\mathrm{i}\Omega\mathrm{e}^{-\mathrm{i}\delta t}\sigma_z-\gamma_2\sigma^+
\end{aligned}\tag{8.11}$$

式中，$\gamma_1=\dfrac{1}{\varGamma_1}$，$\varGamma_1$ 为原子处于激发态的寿命；$\gamma_2=\dfrac{1}{\varGamma_2}$，$\varGamma_2$ 为原子的相位失相时间，也称之为横弛豫时间，反映原子辐射的线宽，与原子的自发辐射寿命及碰撞频率有关；$\sigma^+=\rho_{21}$，为电子的上升算符；$\sigma^-=\rho_{12}$，为电子的下降算符；$\sigma_z=\left(a_2^+a_2-a_1^+a_1\right)/2$，为激发态原子数与基态原子数之差的 1/2，$a_k^{\pm}(k=1,2)$ 为产生湮灭算符；$\varOmega=2\mu E_0/\hbar$，为拉比频率；$\overline{\sigma_z}$ 为反转粒子的稳态值；$\delta=\omega_{\mathrm{p}}-\omega_{21}$，$\omega_{\mathrm{p}}$ 为抽运光频率. 对上述方程组简化，可得在入射单色光场作用下，原子的辐射光谱包括入射光及原子辐射在内的场强，可以写为

$$E^+(r,t)=\varphi(r)\sigma^-\left(t-\frac{r}{c}\right)+E_{\mathrm{f}}^+(r,t) \tag{8.12}$$

式中，$\varphi(r)$ 为原子的偶极辐射，$\sigma^-\left(t-\dfrac{r}{c}\right)$ 为原子的下降算符，$E_{\mathrm{f}}^+(r,\ t)$ 为原子的入射光场强. 散射光的一阶关联函数为

$$G_{jk}^{(1)}(r',\ t';\ r,\ t)=\varphi_j^*(r)\varphi_k(r)\left\langle\sigma^+\left(t'-\frac{r}{c}\right)\sigma^-\left(t-\frac{r}{c}\right)\right\rangle \tag{8.13}$$

假设原子辐射是一个平稳的随机过程，故有

$$\left\langle\sigma^+\left(t'-\frac{r}{c}\right)\sigma^-\left(t-\frac{r}{c}\right)\right\rangle=g(t-t') \tag{8.14}$$

散射光功率谱为

$$I(\nu,\ r)=|\varphi(r)|^2\,\tilde{g}(\nu),\quad \tilde{g}(\nu)=\int_{-\infty}^{\infty}\mathrm{d}t\mathrm{e}^{\mathrm{i}\nu t}g(\tau) \tag{8.15}$$

散射光的平均强度为

$$I=\frac{1}{2\pi}\int\mathrm{d}\nu I(\nu,\ r)=|\varphi(r)|^2\,g(0)=|\varphi(r)|^2\,\overline{n}_\infty \tag{8.16}$$

式中，$\overline{n}_\infty$ 为原子处于激发态的概率，$\overline{n}_\infty=\lim\limits_{t_\infty}\left\langle\sigma^+(t)\sigma^-(t)\right\rangle$. 共振情形的荧光谱

$$\tilde{g}(\nu)=2\pi|\alpha_\infty|^2\,\delta(\nu-\omega)+\frac{D_0}{(\nu-\omega)^2+{s_0}^2}+\frac{M-(\nu-\omega-\varOmega')N}{(\nu-\omega-\varOmega')^2+\sigma^2}+\frac{M+(\nu-\omega-\varOmega')N}{(\nu-\omega-\varOmega')^2+\sigma^2} \tag{8.17}$$

二、实验装置及技术说明

1. 真空系统

真空系统主要给原子俘获提供超高的真空环境，使得在实验过程中俘获的原子团能够有较长的寿命，并且真空系统可以实现与外界热的环境相隔离. 真空系统主要由一个腔体通过标准的不锈钢真空组件连接一个离子泵组成. 腔体是一个没有镀膜的石英玻璃，在与真空系统连接的端口处有一段与其呈垂直位置关系的石英玻璃，以保证主腔体内分布的铯原子不会过多. 腔体通过真空法兰和转接与铯源及离子泵连接构成一个整体. 铯源与真空系统直接连接，在铯源与真空装置中间还有一层挡板装置，既可以保证玻璃腔体内铯原子不会过多，也不会使铯原子直接被离子泵抽走，充分提高铯原子的利用率，实验中系统的真空度一直保持在10^{-8}Pa，真空的维持依靠的是真空离子泵，压力为1.5×10^{-10}Torr (1Torr=1.33322×10^{2}Pa).

2. 磁场系统

利用亥姆霍兹线圈和反亥姆霍兹线圈来产生均匀磁场和梯度磁场. 均匀磁场作为补偿磁场对俘获的原子进行优化，可补偿掉一些杂散磁场和地磁场，实现原子的形状和原子俘获位置效果最佳. 梯度磁场在本实验中是由一对反亥姆霍兹线圈提供的. 反亥姆霍兹线圈在磁光阱中作为四极磁场会造成激光散射力的不平衡，从而使散射力更强的激光俘获原子. 实验中，磁场梯度为 10G/cm.

3. 激光系统

本实验需通过几种不同频率的激光实现原子的俘获与冷却，实现光泵浦作用和产生超冷里德伯原子，完成超冷里德伯原子的探测，对探测收集到的光谱进行研究. 六束冷却光由波长为 852nm 的半导体激光器提供，线宽小于 1MHz，冷却光的频率通过饱和吸收光路锁定在铯原子的能级跃迁线 $6S_{1/2}(F=4)\rightarrow 6P_{3/2}(F'=3-5)$交叉跃迁线上. 再通过声光调制器(AOM)双通光路使激光频率锁定到铯原子跃迁线 $6S_{1/2}(F=4)\rightarrow 6P_{3/2}(F'=5)$ 负失谐 2Γ 左右的位置. 将双通后的光通过偏振分光棱镜(PBS)分为三束分别用 X、Y、Z 表示，通过光纤耦合到冷原子平台. 实验测得进入磁光阱中的三束激光每束光的功率为 1.3mW，光斑直径的大小约为 5mm.

冷原子冷却光和再泵浦光的光路见图 8.3. 在完成原子的冷却与俘获的过程中，还需要一束再泵浦光完成跃迁循环. 实验中所用的再泵浦光是由分布式反馈半导体激光器(New Focus，model 6305)提供的，频率通过偏振吸收光路锁定在铯

原子跃迁线 $6S_{1/2}(F=3) \to 6P_{3/2}(F'=2)$，同样通过 AOM 双通偏频，将频率锁定在 $6S_{1/2}(F=3) \to 6P_{3/2}(F'=4)$ 原子跃迁线上，将双通后的光引入冷却光的 Y 轴中(无须特殊指定，根据具体系统情况确定)，实验中，最后进入磁光阱参与原子俘获过程的再泵浦光的光功率没有严格要求，实际的光功率为 1mW 左右.

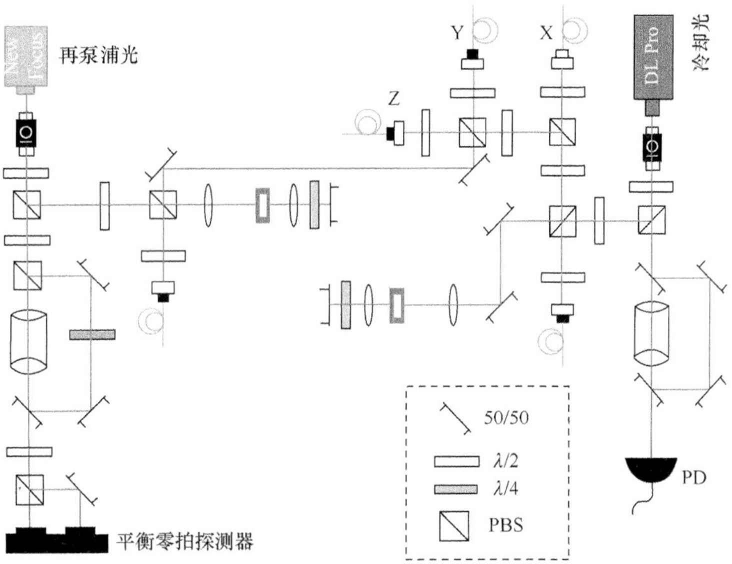

图 8.3　冷原子冷却光和再泵浦光的光路简图

4. 荧光光谱探测系统

在磁光阱装置准备完毕后，通过引入一束 510nm 耦合光，使其与俘获的冷原子团作用在频率共振位置时，该耦合光可将俘获的激发态原子激发至里德伯态. 耦合光由倍频激光器提供，输出的频率范围及其锁定可通过激光伺服系统控制. 经多次测量得出在磁光阱中俘获的原子云直径约为 0.3mm，为了保证耦合光与冷原子云充分作用，引入的耦合光的束腰位置处光斑直径为 0.4mm，大于原子云直径，且调整光路使耦合光的束腰位置位于磁光阱中心. 将光电探测器与一个 852nm 高透、焦距为 50mm 的双胶合透镜利用笼式装置进行固定，来对荧光信号进行收集探测. 在不干扰冷原子光路的基础上，将透镜尽可能地靠近 MOT 以保证最大的荧光收集效率，并可以滤掉部分杂散光.

5. 时序控制系统

实验中需要对用到的各种激光、磁场、CCD 进行精准控制，需要用到计算机端的时序控制. 计算机程序主要用来控制实验时序、磁场开关、激光频率失谐和激光的通断，对实验过程进行合理地设计并实现实验过程的精确运行. 时序的精确控制是通过计算机端采集卡(PCI 6733)完成的，该采集卡可以提供 8 通道 16 bit 分辨率的模拟信号输出，其采样率达 1 Msa/s. 我们通过 Labview 进行时序的设计并与采集卡通信. 在连接实验装置时，需注意阻抗匹配，避免仪器的损坏.

6. 饱和吸收光谱技术

在俘获原子的过程中，激光频率的稳定尤为重要，实验中利用饱和吸收谱稳频技术对激光器的频率进行锁定. 激光饱和光谱技术是一种常用的精密激光光谱技术，其原理是利用单色可调谐激光，将具有速度为零的原子从具有多普勒速度分布的原子气体中选出，使其对激光的吸收产生饱和，形成饱和吸收光谱. 扫描激光频率，探测出射光的强度，就可以得到向下倒置大的多普勒吸收峰，如果加上另一束反向激光，就可以观察到在多普勒吸收峰的背景上出现一些向上尖锐的小峰，这些小峰正是零速铯原子的饱和吸收峰. 本实验中使用的饱和吸收光路中的两束光均是来自同一台激光器，较强的光称为泵浦光，较弱的光称为探测光，两束光对向共线重合作用在铯原子气室，当激光频率扫描到其原子的共振线时，根据多普勒效应，只有在探测光方向上速度分布为零的那部分原子才能同时与泵浦光和探测光发生作用，由于强的泵浦光使得这部分原子处于基态的数目减少，所以探测光对原子的吸收会减弱，从而出现谱线吸收减弱的尖峰，即在多普勒大背景中呈现出饱和吸收峰.

7. 调制解调技术

本实验主要指的是探测俘获的原子团的荧光，当耦合光的频率扫描到共振位置时出现原子团荧光信号突然减弱甚至是完全消失，在谱线图上表现为探测信号突然出现凹陷，要确定谱线的凹陷程度，提高谱线的信噪比就显得尤为重要. 调制解调技术是一种有效的过滤噪声、放大信号的技术手段. 本实验中对原子冷却光进行频率调制主要是将光路中 AOM(AA，MT110)的 FRE IN 端口连接信号发生器(RIGOL DG4162 Generator)，通过锁相放大器(Model SR830 Lock-in Amplifier)对探测到的荧光信号与加在信号发生器上的调制信号进行一系列处理，把特定参考频率处信号的噪声滤掉后，再从锁相放大器输出，将输出信号接入示波器中显示和采集，并对采集到的光谱信号进行拟合处理，得到实验结果. 锁相放大器被广泛应用于微弱信号探测，它可以用来测量非常小甚至是纳瓦量级的直流信号，其原理是利用相敏探测器(PSD)在特定的参考频率处将信号选出，并滤除其他频率的噪声信号，从而可以实现信号的放大. 通常放大后的输出信号的大小是噪声信号大小的几十倍，而且可以通过低通滤波将其他频率的噪声信号滤掉，从而得到想要的结果. 相敏探测器所输出的信号与信号幅度成比例，当锁定的参考频率与信号频率相等时，输出信号与输入信号相同. 根据傅里叶定理，可以得出任何信号都可以看成是许多个不同幅度、频率和相位的正弦波的总和，因此可以用 $V_s\sin(\omega_r t+\theta_s)$ 表示输入信号，$V_L\sin(\omega_L t+\theta_{ref})$ 表示锁相放大器的参考信号，则相敏探测器输出的信号可表示为

$$\begin{aligned}V_{PSD}&=V_s\sin(\omega_r t+\theta_s)V_L\sin(\omega_L t+\theta_{ref})\\&=\frac{1}{2}V_sV_L\cos((\omega_r-\omega_L)t+\theta_s-\theta_{ref})-\frac{1}{2}V_sV_L\cos((\omega_r+\omega_L)t+\theta_s+\theta_{ref})\end{aligned} \tag{8.18}$$

其中，产生了两个直流信号分别是$(\omega_r-\omega_L)$差频项信号和$(\omega_r+\omega_L)$和频项信号，在通过低通滤波时会将$(\omega_r+\omega_L)$滤掉，当参考频率与信号频率相等时即 $\omega_r=\omega_L$，差频项就会变为直流信号，此时的输出信号可表示为

$$V_{PSD}=\frac{1}{2}V_sV_L\cos(\theta_s-\theta_{ref}) \tag{8.19}$$

对于锁相放大器，它还有一些重要的性能，例如其频率范围为 1mHz～102.4kHz；具有>100dB 的动态保留特点；其稳定性为 5ppm/℃；具有 0.01°的相位分辨率；时间常数设定范围为10μs ～30ks(最大达到 24dB 倍频程衰减速率)；具有自动获取，自动定相，自动存储，自动补偿功能；还可以合成参考光源等.

三、实验内容及步骤

1. 实验前的准备

参考理论部分，充分理解实验原理，熟悉编程计算的同学可以根据理论公式自行进行模拟，所得结果可以与实验结果进行对比.

2. 荧光损失信号的获取

(1) 在掌握实验原理和做好实验前准备的基础上，确保冷原子系统各个部分工作正常. 探测器连接示波器，选择合适的放大倍数. 示波器选择合适的参数，得到原子的荧光信号.

(2) 确保获得荧光信号之后，打开 510nm 激光，选择合适的频率、光强、扫描范围，观察荧光信号是否出现损失. 之后继续改变扫描范围，可以得到 $47D_{3/2}$ 和 $47D_{5/2}$ 两个里德伯态的荧光损失光谱.

3. 荧光损失信号的优化

直接获取到的荧光损失信号有可能较弱，可自行微调 510nm 激光位置，使其与原子团重合度更高，得以充分作用，提高损失信号. 也可通过上文介绍过的调

制解调技术，自行设置合适的参数，对实验需要获取的荧光损失信号进行放大，以提高信噪比.

四、注意事项

(1) 正确掌握半导体激光器的开关机顺序，禁止用眼直接观察激光器发出的光；

(2) 852nm 的激光为不可见光，避免将头处于与光路同一高度，防止未知的杂散光进入眼睛；

(3) 实验前对激光器出光功率、俘获光功率、510nm 激光功率进行监测，确保激光器及光纤系统正常，若光纤耦合效率出现波动，可及时与老师沟通，进行微调.

(4) 注意观察实验室温度及系统主腔处的真空度；

(5) 实验者靠近光学平台进行实验，尤其是接触激光器时，必须佩戴静电护腕或及时地释放身上的静电，以免损坏激光器.

五、思考与讨论

(1) 如何判断荧光信号是否为原子团的荧光信号？换言之，如何去除背景激光的影响？

(2) 尝试改变 510nm 激光的扫描速度，观察所得信号是否有变化，为什么？

(3) 使用调制解调技术时，哪些参数对信噪比的影响较大？结合理论知识尝试分析原因.

参 考 文 献

王义遒, 2007. 原子的激光冷却与俘获[M]. 北京：北京大学出版社.

Freund S, Ubert R, Flöthmann E, et al., 2002. Absorption and recurrence spectra of hydrogen in crossed electric and magnetic fields[J]. Phys Rev A, 65(5): 053408.

Liao K, Tu H, Zhu S, et al., 2020. Microwave electrometry via electromagnetically induced absorption in cold Rydberg atoms[J]. Phys Rev A, 101(5): 053432.

Raitzsch U, Heidemann R, Weimer H, et al., 2009. Investigation of dephasing rates in an interacting Rydberg gas[J]. New Journal of Physics, 11(5): 055014.

Zhang H, Zhang L, Wang L, et al., 2014. Autler-Townes spectroscopy with interaction-induced dephasing[J]. Phys Rev A, 90(4): 15478.

实验 9　基于时间分辨的单量子点激子动力学研究

1981 年，布鲁斯、埃基莫夫等科学家在半导体量子点方面进行了开创性的研究工作，至此半导体量子点已发展成为一个成熟、活跃和多学科交叉的研究领域. 半导体量子点的基础和应用研究及广阔的应用前景引起了人们的广泛关注和极大的研究兴趣. 量子点的研究领域涉及光伏、光电、传感、热电、生物医学、催化应用等. 其中胶体半导体量子点的研究尤为突出，该类量子点通常是一个纳米半导体核壳结构上包覆有机配体分子层而形成的稳定结构. 通过量子点的核的尺寸、形状和成分可以调控其光电特性，另外有机配体层可以使量子点易于溶于各种溶剂和进行表面修饰，这些优势使得量子点纳米材料具有极强的应用性.

在光激发下，量子点中的电子和空穴通过库仑相互作用形成激子，开展单量子点激子动力学的研究有利于进一步理解量子点结构和光谱特性并有利于制备高性能的量子点器件. 单量子点光谱是量子点激子动力学研究的重要手段. 通过对单量子点在激光激发下的光致发光进行光子统计，单量子点光谱可以观察到被系综平均掩盖的激子动力学信息. 特别是时间标记、时间分辨和时间关联的单光子计数技术(TTTR-TCSPC)的引入使得人们可以记录单量子点的每一个光致发光光子的皮秒量级的到达时间，可以获得超过 15 个数量级的时间尺度范围内的动力学过程，从而可以深入开展量子点激子动力学的研究.

一、实验原理

时间分辨光谱(time-resolved spectroscopy)在基础物理学、材料化学和生命科学等研究中具有重要的作用. 在测量中通常利用超短激光脉冲激发样品，并同时记录样品辐射光子的时间关联强度或光谱分布. 在系综测量中可以尝试记录单个激发周期的信号时间衰减曲线. 而在单量子体系中由于单量子点的光致发光微弱，在一次脉冲激发下一般只发射一个光子或不发光，如图 9.1 所示. 因此需要使用时间相关单光子计数(time-correlated single photon counting，TCSPC)技术记录多次激发下产生的多个周期内的累加信号，获得的直方图即为光致发光衰减曲线. 常规的 TCSPC 技术可以对激光脉冲与光致发光光子的时间间隔实现皮秒量级的测量，从而得出光致发光寿命. 然而在许多光致发光应用中，人们会对更多的动力学信息产生兴趣，比如光致发光强度和寿命的关系、共聚焦扫描位置和寿命的关系(寿命成像)、多激子光致发光寿命等. 要解决这些问题，除了对激发脉冲的皮秒 TCSPC 计时外，还需要通过记录所有光子相对于实验开始时的到达时间(时间标签)来获得所需的完整光致发光动力学信息，这称为时间标记的时间分辨模式(time tagged time-resolved，TTTR). 我们将借助该数据采集模式对单量子点的光致发光数据进行分析.

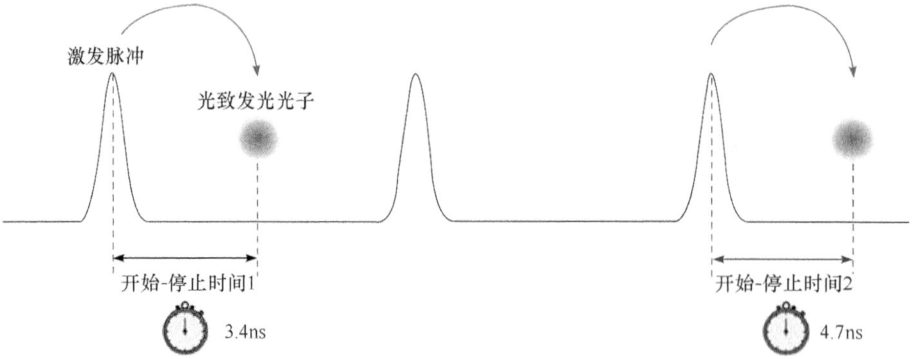

图 9.1　用 TCSPC 测量时间分辨光致发光测量中的起止时间

1. 基于 TTTR-TCSPC 技术的光致发光光子到达时间的提取

TTTR-TCSPC 记录的数据有两种模式：T2 模式和 T3 模式. 两种模式的区别是 TCSPC 设备的同步信号是否输入，即 T2 模式只记录光子的时间标签，而 T3 模式在此基础上还同步记录对应的激光脉冲信息. 在研究量子点寿命时这个同步信号尤其重要，所以我们主要使用 T3 模式对数据进行记录.

在 T3 模式中事件记录主要由两个时序图组成：①光子事件与上一个同步事件之间的开始-停止时间差；②事件对在整个实验时间范围上的到达时间(时间标签). 后者是通过简单的计数同步脉冲获得的. 因此，从 T3 模式事件记录中可以精确地确定光子事件属于的同步周期. 由于同步周期也是精确已知的，因此还可以相对于整个实验时间重建光子的到达时间.

每个 T3 模式事件记录由 32 位组成，HydraHarp 400 的数据格式：通道号有 6 位、开始-停止时间有 15 位、同步计数器有 10 位. 如果计数器溢出，则会在数据流中插入一条特殊的溢出记录，以便在处理数据流时可以恢复理论上无限的时间跨度. 开始-停止时间的 15 位覆盖的时间范围为 32768 与分辨率的乘积. 如 HydraHarp 400 在最高分辨率(1 ps)下能测量的最大量程为 32 ns. 如果光子和上一个同步事件之间的时间差较大则无法记录光子事件，这与直方图模式相同，在直方图模式下通道(bin)的数量较大但也很有限. 所以选择合适的分辨率对于实验数据的采集极为重要.

使用 MATLAB 软件将二进制格式的数据转化为十进制的数据，并结合溢出记录进行累加运算，可以得到如表 9.1 所示的数据序列. 其中第一列数据中的 0

和 1 分别表示 HBT(Hanbury Brown-Twiss)实验中两个探测器的编码，其中一个探测器探测到光子时标记为 0，另一个探测器探测到光子时标记为 1；第二列表示开始计时后在激光器发射的第几个同步脉冲后记录到一个光致发光光子；第三列代表该光致发光光子与对应的同步脉冲之间的时间差并用通道数来表示. 最终每一个光子的绝对到达时间可以用第二列数据乘以激光脉冲周期再加上第三列数据乘以通道分辨率来得到.

表 9.1　部分十进制数据展示

探测器编号	同步脉冲计数	开始-停止时间
1	18212480	2130
0	18212864	5275
1	18214112	796
1	18214893	182
0	18214932	212
0	18216374	264
1	18216766	408
1	18216946	350

2. 光致发光强度轨迹的分析

单量子点的光致发光强度轨迹通过如图 9.2 所示的分仓法(binning)获得. 分别统计每个相同的积分时间中检测到的光子数量(分仓法)，并监视其随时间变化的轨迹曲线，即光致发光强度轨迹. 单量子点的光致发光强度轨迹是作为研究激子动力学的重要手段之一，光致发光强度正比于量子点单激子的量子产率并且会受到量子点充放电及量子点表面俘获的影响. 量子点在激光激发下不断地充电、放电或量子点表面俘获的活化和非活化造成的光致发光强度随着时间不断变化的现象称为量子点的光致发光闪烁(blinking). 恰当地选取积分时间有助于光致发光闪烁数据的分析. 当积分时间比光致发光动力学变化的时间长时，一个积分时间内光致发光动力学就已经变化数次. 比光致发光动力学变化的时间短的积分时间可

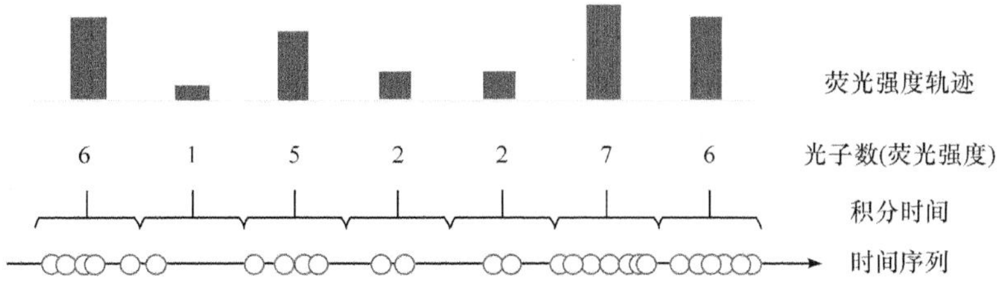

图 9.2　单量子点的光致发光强度轨迹的提取方法

以更好地分辨动力学的演化信息. 然而积分时间的选取不是越短越好，散粒噪声对光致发光信号的影响会随着积分时间的变短而逐渐增大.

3. 概率密度的统计与分析

概率密度分布是分析单量子点光致发光闪烁的重要方法. 首先需要根据光致发光强度的分布柱状图选取合适的光致发光强度阈值，阈值以上称为亮态，阈值以下称为暗态. 然后分别计算出每一个亮态和暗态的持续时间. 最后代入概率密度公式 $P(t)=\dfrac{N(t)}{N_{\text{total}}}\times\dfrac{1}{\Delta t_{\text{av}}}$，就可以计算得到概率密度的分布. 公式中 $N(t)$ 是持续时间为 t 的亮态或暗态的统计次数，N_{total} 是总的统计次数，Δt_{av} 是概率统计的平均时间间隔.

光致发光强度轨迹分析方法适合许多类型的研究，因为它们可以分析从毫秒到数千秒的时间范围内的信息，并可以在较大的动态范围内探测信号. 但是仅用此方法不足以完全理解量子点光致发光的物理机理. 首先，在对亮态、暗态持续时间的分析中，阈值的选取会对分析结果产生较大的影响，而且有时光致发光轨迹会存在多个态，单纯地分为两个态难以获得与理论模型相符的实验结果. 此外，单个量子点微弱的光致发光信号导致光致发光强度轨迹分析方法难以对毫秒量级以下的动力学做出分析，并且从光致发光强度轨迹中无法提取出单个光子的探测信息. 为了突破光致发光强度轨迹分析方法的限制，我们转向时间分辨光致发光和光子相关技术，该技术可以分析发射光子的精确到达时间.

4. 光致发光寿命的分析

与光致发光强度轨迹所涉及多个光致发光周期的统计方法不同，时间分辨光致发光强度衰减测量可以对单个光子辐射事件进行探究. 通常使用常规的 TCSPC 技术来测量单个量子点的光致发光衰减(decay)动力学，即对每个激发脉冲与随后检测到样品发射的单个光子之间的时间差进行统计，得到光致发光衰减直方图(曲线). 在 TTTR-TCSPC 技术中，光致发光光子与激发脉冲的时间差可以用表 9.1 中的第三列数据乘以通道分辨率得到，最终通过统计可以得到光致发光强度衰减曲线.

光致发光衰减曲线可以反映量子点中激子的辐射弛豫和非辐射弛豫过程，光致发光强度降到最大强度的 $1/e$ 处所需要的时间定义为光致发光寿命(photoluminescence lifetime)，通常用 t 表示. 量子点丰富的激子动力学特性使得光致发光衰减曲线一般呈多指数形式. 如图 9.3 中展示了包含三种动力学的三指数拟合的单量子点光致发光衰减曲线，其中每种动力学的光致发光衰减都是单指数的，可用如下公式拟合：

$$y_i(t) = A_i \exp\left(-\frac{t}{\tau_i}\right) \tag{9.1}$$

其中，τ_i 代表各类激子动力学的光致发光寿命，A_i 为对应的振幅权重(amplitude weight). 量子点的振幅权重平均寿命可以表示为 $\overline{\tau_{\mathrm{A}}} = \frac{\sum_i A_i \tau_i}{\sum_i A_i}$. 总的光致发光寿命除了用振幅平均寿命表达外还可以用强度平均寿命表达，对应于图 9.3 中各区域的面积，可以由如下积分获得 $I_i = \int_0^\infty y_i(t)\mathrm{d}t$，其物理意义为各个动力学辐射出光子的数量，它可以反映出各个动力学的光致发光强度比例. 量子点的强度权重平均寿命可以表示为 $\overline{\tau_{\mathrm{I}}} = \frac{\sum_i I_i \tau_i}{\sum_i I_i}$. 化简公式可得 $\overline{\tau_{\mathrm{I}}} = \frac{\sum_i A_i \tau_i^2}{\sum_i A_i \tau_i}$. 从以上公式可以看出，量子点的强度权重平均寿命和光子到达时间的平均值存在联系，因为平均光子到达时间可以表示为

$$\overline{t} = \frac{\int_0^{1/f} t \cdot y(t)\mathrm{d}t}{\int_0^{1/f} y(t)\mathrm{d}t} \tag{9.2}$$

其中，f 为脉冲激光器的重复频率. 公式对比可发现：脉冲时间间隔远大于量子点寿命时满足：$\overline{\tau_{\mathrm{I}}} \approx \overline{t}$. 因此简单地对表 9.1 的第三列数据求平均值结合通道分辨率就可以快速地获取寿命. 该方法由于不需要拟合，因此对计算机的计算能力要求

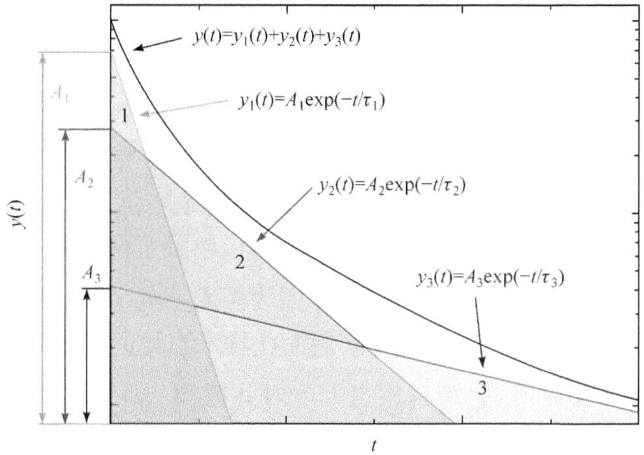

图 9.3　三指数拟合的单量子点光致发光衰减曲线示意图

较低，可以在快速的共聚焦扫描过程中实现实时的寿命测量. 在单量子点激子动力学的研究过程中，实际测量得到的光致发光衰减曲线通常是指数衰减和仪器响应函数的卷积，所以在拟合的过程中需要先把每条单指数衰减曲线与仪器响应函数卷积后相加再进行插值计算，最后将拟合残差最小时对应的寿命和权重作为最终的拟合结果.

5. 二阶关联函数的分析

除光致发光强度轨迹和光致发光寿命外，量子点的激子动力学信息还需要通过统计光子流自身的相对到达时间(光子关联)来获得. 光子关联函数的核心优势在于它不需要分仓法和阈值法就可以在相关时间尺度的完整范围内分析辐射动力学. 光子关联(又称二阶关联)通过计算光子流的归一化二阶关联函数来完成

$$g^{(2)}(\tau)=\frac{\langle I(t)I(t+\tau)\rangle}{\langle I(t)\rangle\langle I(t+\tau)\rangle} \tag{9.3}$$

其中角括号表示强度信号 $I(t)$ 和延时 τ 的时间平均. 根据将 $I(t)$ 作为连续信号或是离散信号，可以用两种不同的方式来解释 $g^{(2)}(\tau)$. 在光子相关傅里叶光谱学中通常将 $I(t)$ 作为连续的模拟信号，此时 $g^{(2)}(\tau)$ 反映 $I(t)$ 在某个延迟 τ 之后发生变化的趋势. 其运算方式类似于卷积运算——将两个信号的乘积作为其相对延迟的函数进行比较，因此可以将 $g^{(2)}(\tau)$ 理解为 $I(t)$ 不再与其自身相似的时间尺度的变化量. 在单光子计数技术中通常将 $I(t)$ 视为离散的数字信号，此时 $g^{(2)}(\tau)$ 理解为条件概率并反映在某个相对延迟 τ 之后探测到光子的趋势，通过分析光子流中成对的光子之间的时间间隔得出的.

物理现象可以通过 $g^{(2)}(\tau)$ 的值来揭示. 如果光子到达时间彼此独立(即遵循泊松统计)，则 $g^{(2)}(\tau)=1$，这意味着信号不变或者在所有时间范围内波动都没有变化. 也就是说在第一次探测事件之后，对于所有 τ 而言探测到第二个光子的概率是相同的. $g^{(2)}(\tau)\neq1$ 表明光子流中的光子不是独立的，彼此之间由于某种物理机理相互关联. 强度关联分析最早用于研究有机单分子的光致发光闪烁. 在这些研究中 $g^{(2)}(\tau)$ 的衰减可以用多指数拟合，因为激发态电子转移到三重态的时间间隔是在非常明确的时间尺度上发生的. 然而此技术不太适用于单量子点，因为量子点的幂律统计的闪烁信息跨越相当大的时间范围. 因此单个量子点 $g^{(2)}(\tau)$ 的测量往往差异巨大并且难以分辨不同的衰减时间尺度. 此外，单量子点的关联函数是对光子流中的所有光子进行比较，因此不能用于研究亮态、暗态持续时间的

分布. 尽管强度关联和光子关联在数学用法和解释上几乎相同,但在$\tau \to 0$时会出现分歧. 在此极限下光致发光发射体的量子力学性质使得强度相关性的解释不准确. 如果单个辐射体发射的是经典电磁场，即可表示为

$$\lim_{\tau \to 0} g^{(2)}(\tau) = \frac{\left\langle I(t)^2 \right\rangle}{\left\langle I(t) \right\rangle^2} = C \tag{9.4}$$

其中,C为常数. 然而对于二能级系统的单个量子辐射体而言，$\lim\limits_{\tau \to 0} g^{(2)}(\tau) = 0$. 理论上从单量子体系的辐射中同时探测到两个光子的概率为零，这就是判断被测量子点样品是否为单量子体系的重要依据. 然而在实验中一个单光子探测器不能实现$\tau \to 0$的测量，因为单光子探测器在探测到一个光子后会有纳秒量级的死时间，在死时间内探测器不会对光子做出响应. 此时需将探测光路中的光子流等概率地分成两路，由于单光子的不可分原理，两个探测器不可能同时探测到光子，这种探测方式称 HBT 探测.

在时间标签数据采集卡记录的数据当中，使用表 9.1 中的第一列数据区分两个探测器探测到的信号. 对两个通道记录的数据做互关联计算，如果得到的数据在延时为 0 的地方满足公式$\lim\limits_{\tau \to 0} g^{(2)}(\tau) = 0$，则被测量的样品是单量子体系. 图 9.4 所示为 HBT 探测测得的连续光激发下和脉冲光激发下的光子二阶关联函数. 由于背景噪声的影响,0 延时位置的值并不为 0,通常人们认为归一化后$g^{(2)}(0) < 0.5$即可判定辐射体为单量子体系.

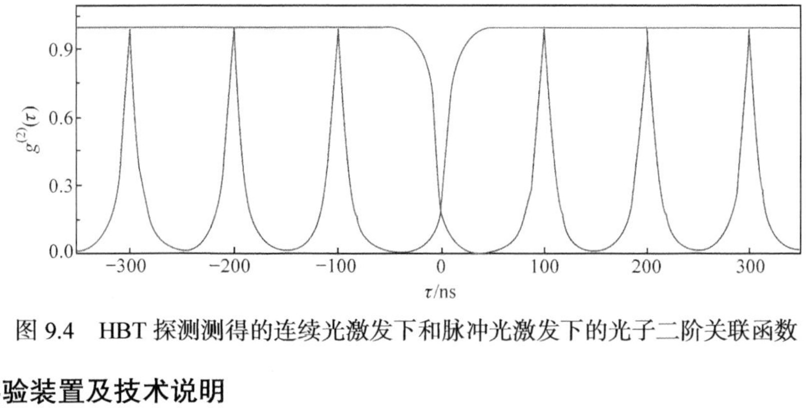

图 9.4　HBT 探测测得的连续光激发下和脉冲光激发下的光子二阶关联函数

二、实验装置及技术说明

1. 共聚焦显微镜

在实验中我们使用搭载时间相关单光子计数采集卡的共聚焦显微镜系统来采集单个量子点的光致发光并记录光子到达时间的信息. 共聚焦实验装置光路

如图 9.5 所示，激光器发出的激光先后通过激发滤波片、1/2 波片、1/4 波片，再被二向色镜反射后由物镜聚焦到样品上. 样品的光致发光被物镜收集并先后经过二向色镜、发射滤波片、针孔空间滤波器、聚焦透镜，最终由分束器分光后被两个单光子探测器探测. 在测量时根据量子点的吸收和发射波长选择合适的滤波片套件. 在滤波片套件中激发滤波片的作用是对激光进行过滤，除去激发波长之外的光；而二向色镜的作用是分离激光和量子点的光致发光，其可以反射短波长的激光并透射长波长的光致发光；最后再使用发射滤波片进一步过滤出量子点的光致发光. 为了偏振发射特性探究实验的需要，还需使用偏振波片对激光的偏振特性进行调节. 其中 1/4 波片的作用是将线偏振的激光转化成圆偏振光，1/2 波片为二向色镜相位漂移提供偏振补偿. 针孔空间滤波器的作用是使针孔处光致发光的焦点和物镜的焦点形成共聚焦，这也是共聚焦显微镜的原理，这样的好处是可以过滤掉焦点之外的离焦光子，提高探测信噪比. 分束器的作用是将光致发光等概率地分到两个探测器上做 HBT 探测.

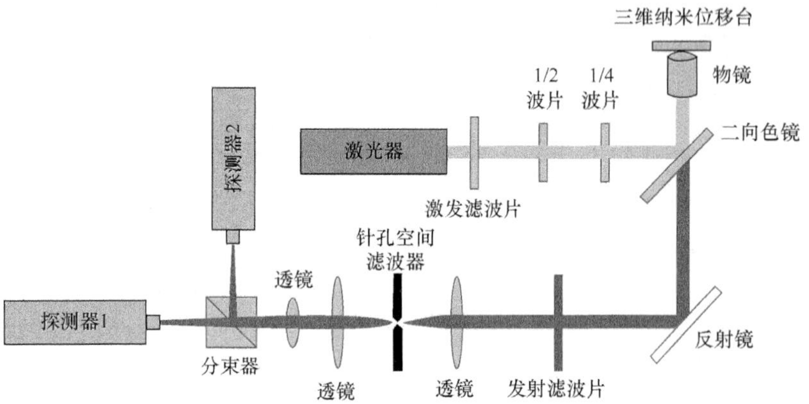

图 9.5　共聚焦实验装置光路部分

光子统计电路如图 9.6 所示. 实验使用美国国家仪器公司(NI)采集卡作为控制端，输出不断变化的模拟电压信号，通过该信号的不断改变来控制三维纳米位移台中压电陶瓷的伸缩，从而起到移动样品的作用. 此外，NI 采集卡还同步输出 TTL 信号，每一个 TTL 信号代表纳米台进行了一次位移. 时间相关单光子计数采集卡(HydraHarp 400 或国产星秒采集卡)负责数据的采集，包括与纳米台位移同步的 TTL 信号，与激光器脉冲光同步的 TTL 信号和单光子探测器将光致发光信号转化成 TTL 信号. 计数采集卡将这些信号以时间序列记录下来，通过后续数据的处理可以提取出相应的实验信息.

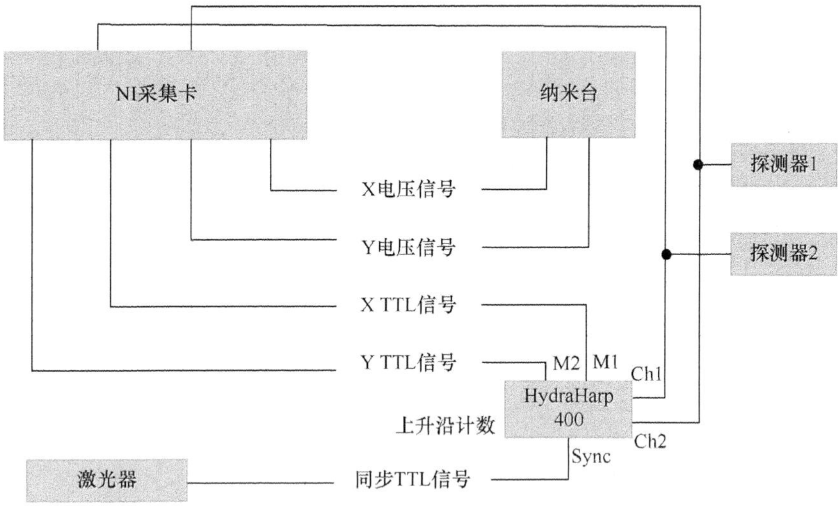

图 9.6　光子统计电路实验装置

2. 量子点样品制备方法

首先需要配制合适浓度的量子点溶液. 当量子点原液的溶剂与稀释的溶剂相同时可直接进行稀释，反之需要先进行萃取再溶解稀释. 当配置一些量子点分散性不好的样品时，需要先长时间静置后再提取上清液，然后将上清液离心后取出沉淀稀释. 每次稀释时需要将样品在摇匀机中摇匀后放在超声振荡机中振荡. 在后续的实验中如果发现配制出的量子点溶液密度仍太大时可以继续稀释. 根据不同量子点表面配体选择合适的稀释溶剂. 之后将量子点溶液旋涂在清洗干净的玻片上. 旋涂时，取 50mL 的溶液滴在玻片上，同时启动旋涂仪控制玻片旋转. 一般转速控制在 2000rad/min. 旋涂完成后，量子点样品就会均匀地分布在玻片表面. 合适浓度的溶液会使得玻片上量子点的分布密度小于 0.1 个/μm^2，保证了后续单量子点的光致发光测量.

三、实验内容

1. 实验前的准备

参考说明书，熟练掌握共聚焦显微镜的工作原理及单量子点样品制备方法；熟悉实验环境，了解其他主要实验仪器及各光学器件的工作特性及使用方法.

2. 单量子点样品的制备

在掌握实验原理和做好实验前准备的基础上，开始制备单量子点样品. 对玻片基底进行清洗来去除杂质荧光的干扰，并增加玻片表面对样品溶液的亲和度.

然后通过旋涂的方法将样品制备在玻片上.

3. 单量子点时间分辨光谱的测量

(1) 使用共聚焦显微镜对样品进行扫描探测.

(2) 对单量子点的荧光信号进行收集.

(3) 使用 MATLAB 软件对数据进行分析，提取时间分辨信息.

四、注意事项

(1) 正确掌握半导体激光器的开关机顺序，绝对禁止用人眼直接观察激光器发出的光；

(2) 搭建光路时，禁止用手触摸反射镜、棱镜等光学元件的表面，切忌用眼在与平台上光路水平的位置上观察调试光路，以免激光射入人眼致盲；

(3) 激光器由 UPS 电源供电，当突然停电时，请保持冷静，并按照正常关机顺序依次关掉激光器等重要仪器，再断开 UPS 电源；

(4) 注意定期检查激光器、单光子探测器等光学系统的参数；

(5) 适时注意和观察实验室的温度和湿度变化，保证实验室温度在 18～22℃，湿度在 20%～50%，以免影响激光器正常工作；

(6) 当实验室比较干燥时，特别是在湿度低于 20%以下(特别是冬天)时，实验者在靠近光学平台实验时，必须佩戴静电护腕或及时地释放身上的静电，以免损坏激光器.

五、思考与讨论

(1) 如何从荧光数据中获得量子点的寿命？

(2) 如何判断所测量的荧光数据来自于单个的量子点？

(3) 单量子点的荧光强度随时间变化(荧光闪烁)的原因是什么？

参 考 文 献

李斌, 2020. 基于时间分辨的单量子点激子动力学研究[D]. 太原: 山西大学.

李治杰, 2018. 界面电子转移作用下单量子点的荧光辐射特性研究[D]. 太原: 山西大学.

Li B, Huang H, Zhang G, et al., 2018. Excitons and biexciton dynamics in single $CsPbBr_3$ perovskite quantum dots[J]. J Phys Chem Lett, 9(4): 6934-6940.

Yang C G, Zhang G F, Feng L H, et al., 2018. Suppressing the photobleaching and photoluminescence intermittency of single near-infrared CdSeTe/ZnS quantum dots with P-phenylenediamine[J]. Opt Express, 26(16): 11889-11902.

实验 10　气体辉光放电条纹

1928 年，朗谬尔为了描述气体放电时的状态提出等离子体的概念，并提出等离子体振荡理论，这种理论强调集体现象. 朗谬尔的研究开创了物理学的一个新的分支——等离子体物理. 1937 年，阿尔芬指出，等离子体与物质的相互作用，在空间和天体物理学中都具有重要意义. 后来，阿尔芬建立了磁流体力学用以解释太阳作为等离子体表现出的许多现象 (如黑子、日珥和耀斑等). 此外，朗道和弗拉索夫对等离子体物理也作出了杰出的贡献. 19 世纪初到 20 世纪初，人们发现可在实验室通过气体放电产生人工等离子体，并进行了大量的气体放电实验研究，提出了一系列理论，对气体放电逐渐有了深刻的认识. 气体放电等离子体物理作为物理学的重要分支，具有诸多的物理新现象、新规律和重要的物理定律，一直是人们关注的焦点，辉光放电条纹等离子体是其中重要的研究内容之一.

等离子体是由部分电子被剥夺后的原子及原子团被电离后产生的正负离子组成的离子化气体状物质，尺度大于德拜长度的宏观电中性电离气体，具有有别于固体和气体的物理属性，被称为是物质的第四态. 辉光放电等离子体是一种常见的等离子体，在薄膜沉积、材料表面改性、污染物质的消毒去污等方面具有十分诱人的应用前景. 辉光放电条纹是一种典型的放电自组织现象，是一种新奇的、特殊的辉光放电，具有区别于正常辉光放电的物理机理，是近年的研究热点.

近年，国际国内相继开展了大量的辉光放电等离子体研究工作. 美国科学家 Vladimir I Kolobov 发现低气压惰性气氛下可产生清晰的辉光放电条纹，并提出这是由电离不稳定导致的. 随后 Rajneesh Kumar 等在研究以氩气作为放电气体，由表面波生成等离子体稳定条纹的特性及形成机制时，提出亚稳态原子导致的分步电离是形成放电条纹的重要物理机制. 在研究条纹特性的过程中，他们发现条纹的数量会随等离子体柱区长度的增加而增加；当输入功率及其他条件不变时，其数量会随气压的增加而变多但单个条纹长度会变短；当输入功率增加，而其他条件不变时，单个条纹长度也会变短，而且条纹整体也会变短，但其数量不变；当只改变激发频率时，条纹长度和数量都没有改变. 近年，F.lza 等发现在气压为 500Torr 的离子体显示板中也会出现放电条纹现象，并且认为由低能电子主导的非局域电子动力学和表面电荷积累效应是形成这种放电条纹的关键. 在国内，大连理工大学刘永新等首次在低气压电负性气体 CF_4 为放电介质的感性射频耦合等离子体系统中观察到条纹现象，利用粒子模拟(PIC)与蒙特卡罗模拟(MCC)相结合的方法对条纹进行了模拟，认为离子运动会产生对电场进行空间调制的局部空间电荷，所以条纹的形成正是基于离子-离子等离子体中的这种共振. 此外，北京理工大学的欧阳吉庭课题组研究了空心阴极辉光放电条纹，发现放电管直径越小越易于产生放电条纹，条纹长度服从诺瓦克定律(Novak law)电子密度，电场分布存在相移，这种放电条纹具有电子动力学的非局域效应.

笔者所在的课题组在 2013 年，首次在气压约为 10kPa(远大于几帕，低于大气压)时发现空气辉光放电条纹等离子体(见图 10.1). 2014 年我们又相继发现了在 30kPa 时也可产生清晰的辉光放电条纹等离子体,并对仪器进行了改进. 采用小型化的 500W 等离子体电源作为驱动源，先后发现了氦气和氩气条件下清晰的辉光条纹现象(图 10.1). 首先，我们研究了 10～100kPa 气压范围内氦气辉光放电条纹的基本特性；探索了辉纹明暗条纹数目与电极间距和放电气压的依赖关系；诊断了辉光放电条纹中第一级明纹和第一级暗纹的发射光谱，分析了明条纹和暗条纹光学特征；计算了明条纹和暗条纹中的电子激发温度. 研究结果表明条纹数目会随气压及电极间距的增加而增加，条纹间隔会随气压的增加而减小，但对电极间距依赖性不强；明条纹的电子激发温度高于暗条纹. 这种辉光放电条纹是一种电离波，其速度约为 20.78m/s，频率为 5.2kHz.

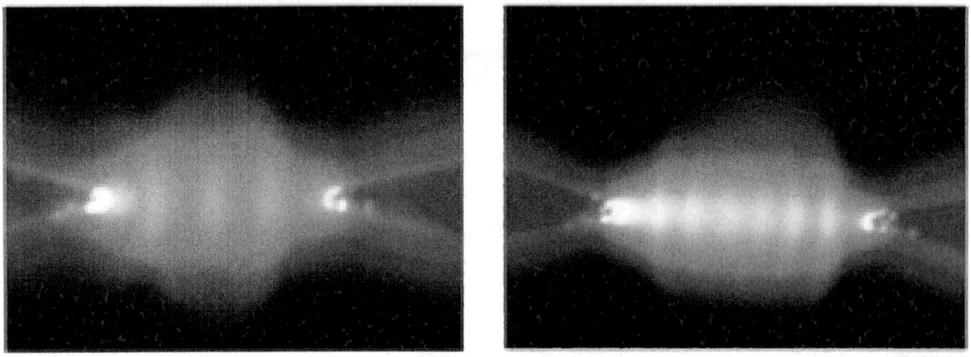

图 10.1　空气辉光放电条纹等离子体

氩气辉光放电条纹具有与氦气放电不同的特征，氩气辉光放电的法拉第暗区较短，这是由于氩气具有较低的第一激发能(Ar：11.6eV，He：21.2eV)，且条纹的间距也明显较短. 考虑到无论是氦气放电，亦或是氩气放电，都存在大量的亚稳态粒子，我们推测辉光放电条纹的形成或许与亚稳态粒子有关. 这一过程可表述如下：

$$e(\geqslant 11.55\text{eV}) + \text{Ar} \rightarrow \text{Ar}^{\text{m}}\left(1\text{s}_5\right) + e \tag{10.1}$$

由于氩亚稳态原子具有较低的电离阈值，因此极易被电离，形成分步电离. 这一过程可表述如下：

$$e(\geqslant 4.2eV) + Ar^{m}(1s_5) \rightarrow Ar^{+} + 2e \tag{10.2}$$

特别是在高气压环境下，和直接电离相比，这种分步电离甚至占主导地位. 分步电离叠加直接电离会造成电离不稳定性. Robertson 提出，如果亚稳态原子密度较低，放电是稳定的. 研究发现，氮气的注入对辉纹的影响较大，这是因为氮气的注入会淬灭亚稳态粒子，这一过程可表述为

$$Ar^{m}(1s_5) + N_2\left(X^1\Sigma_g^+\right) \rightarrow Ar + N_2\left(C^3\Pi_u\right) \tag{10.3}$$

这一过程称为激发转移过程，亚稳态粒子($1S_5$)的淬灭只需要 2ns，淬灭率为 $3.6\times10^{-11}cm^3/s$. 亚稳态粒子的淬灭弱化了电离不稳定性，从而使得放电从条纹放电向连续放电转变. 此外，电子能量分布函数背离麦克斯韦分布，以及非均匀气体加热(inhomogeneous gas heating)也会使电离过程不稳定，这种不稳定性以波的形式向前传播形成电离波.

一、实验原理

对于平行平板放电电极，典型的辉光放电外貌如图 10.2 所示. 从阿斯顿暗区到负辉区称为阴极位降区或阴极区.

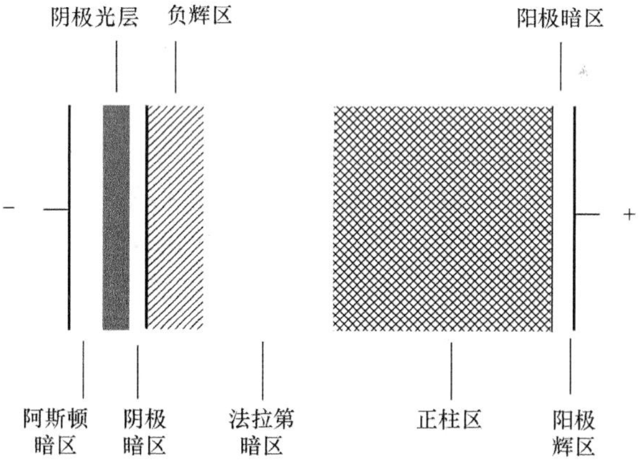

图 10.2　辉光放电特征示意图

1. 阿斯顿暗区(Aston dark space)

阿斯顿暗区是仅靠阴极的一层很薄的暗区，是由阿斯顿(Aston)首先在 H_2、He、Ne 放电中观察到的放电暗区，所以称为阿斯顿暗区. 阿斯顿暗区的厚度与气体压强 p 成反比.

2. 负辉区(negative glow)

在辉光放电中，负辉区是发光最强的区域. 因为负辉区亮度大，所以看起来与阴极暗区有明显界限. 电子经过加速，进入负辉区的电子基本上可分成两大类：第一类是快电子，这部分电子从阴极附近产生后，一直被电场加速到负辉区，这部分电子占一小部分；第二类是慢电子，这部分电子从阴极发射出来，虽然经过电场加速，经历了多次非弹性碰撞，电子能量小于电离能，但可以大于或接近激发能，这部分电子占大部分，这些电子在负辉区产生许多碰撞而激发，所以会有明亮的辉光. 该区域的电场强度 E 约为 0，所以快电子少，慢电子多，由于电子的速度相对比较小，空间复合的概率会有所增大.

3. 法拉第暗区(Faraday dark space)

穿过负辉区,就是法拉第暗区. 一般法拉第暗区比上述各区域都厚. 大部分电子在负辉区经历了多次非弹性碰撞，损失了很多能量，且负辉区 E 约为 0，电子无加速过程，所以从负辉区进入法拉第暗区的电子能量比较低，不足以产生激发和电离，所以不发光，形成一个暗区. 从电场分布可以看出，进入法拉第暗区后，电场强度 E 又开始大于零，但比较弱，电子又被加速，这样慢电子通过法拉第暗区加速成快电子，进入正柱区.

4. 正柱区(positive column)

正柱区又称为正光柱. 在低气压情况下，正柱区为均匀的光柱；当气压较高时，会出现明暗相间的层状光柱(辉纹)，条件不同，辉纹状态不同. 有时辉纹还会在放电管内滚动. 正柱区内，电场强度 E 沿管轴方向分布是均匀的，即电场强度 E 近似为一常数值. 因此在正柱区内空间电荷等于 0,即在正柱区的任何位置电子密度与正离子密度都相等，对外不呈电性，所以又称为等离子体区. 由于正离子迁移速率很小，所以放电电流主要是电子流，正离子的作用主要是抵消电子的空间电荷效应. 从电场强度上看，正柱区的场强比阴极位降区场强小几个量级，所以正柱区的电子运动主要是乱向运动，电子的能量分布符合麦克斯韦-玻尔兹曼分布.

5. 阳极辉区(anode glow)

位于正柱区与阳极之间的区域为阳极辉区. 从正柱区出来的电子在阳极暗区加速，在阳极前产生碰撞激发和电离，阳极表面形成一层发光层——阳极辉光层.

在辉光放电中，正柱区并不一定是都是均匀放电发光的正柱区. 在一定气压和放电电流密度条件下，会呈现为分离的发光层，这种发光层在不同放电条件下是不相同的，可以出现几种不同的光层式样称为辉纹. Goldstein 发现在氮气气氛下，气压 p 和条纹厚度之间具有如下依赖关系：$d = f(R)/p^m$，其中 $f(R)$ 是放电管半径的函数，m 是常数. 随后，Wehner 进行了大量的实验，将 Goldstein 公式修正为 $d/R = C/(pR)^m$，这就是著名的气体放电物理 Goldstein-Wehner 关系，它揭示了辉纹长度与气压、管半径的定量关系.

辉纹区带电粒子分布如图 10.3 所示. 发光层区域空间正电荷占优势，而后续的暗区负电荷占优势，这样在两光层的交界面处，两种电荷就形成了偶极层，此处电位梯度最大. 由于正、负空间电荷分布不均匀，再加上有轴向外加电场，就可以描绘辉纹区轴向总电场分布. 在发光层靠近阴极一方，电场强度最强，电子得到加速，快电子碰撞激发或碰撞电离，激发和电离过程最强烈，所以发光最强，碰撞电离产生大量的正、负带电粒子，由于电子运动速度比正离子运动速度大得多，这就形成了正空间电荷区；而电子穿越正电荷区时，由于经历了多次非弹性碰撞变成了慢电子，该区域电子占了主要部分，导致电场减弱，与外加电场合成电场可以达到负值(空间电荷形成的负电场大于外加电场强度)，而慢电子不足以激发气体，也就不会发光，从而形成了暗区. 电子再经过第二层与第一层的交界面加速，变成快电子，进入第二层辉纹区，产生碰撞激发和碰撞电离，如此反复形成了明暗交替的辉纹放电. 符拉索夫认为：层状等离子体中起决定作用的是电子间的集体相互作用和电子的迁移，而其他许多效应(电离、激发、复合等)都是次要的. 等离子体中的电子有迁移运动时，电子在相对静止的正离子中间的空间分布已不再是只有唯一的稳定解，随着迁移速度的增大而达到某一定值时，便会突跃地出现某种空间电荷分布的不规则性，这种空间电荷分布的不规则性就会导致稳定的辉纹或移动辉纹.

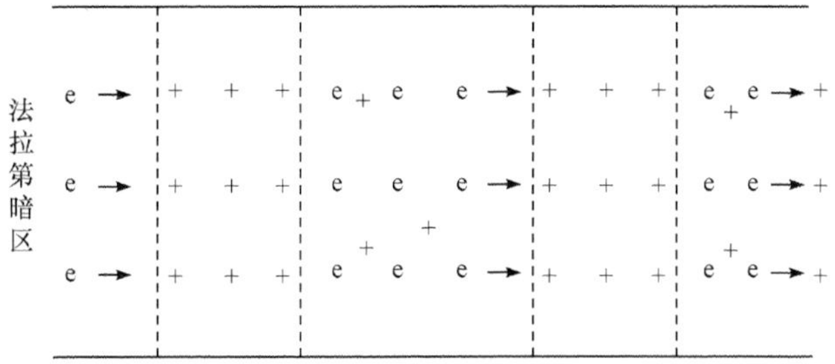

图 10.3　辉纹区带电粒子分布

二、实验装置

气体放电在不锈钢材质的长方体气室(505mm × 255mm × 240mm)中进行，如图 10.4 所示. 在放电气室中有一对电极，其中与高压直流电源正极相连接的针型电极为阳极，与负极相连接的针型电极为阴极. 阴极底座被安装在一条导轨之上，它可由气室外的一根带刻度的推杆向前推动，在其上还安有两根同气室内壁相连的弹簧. 当旋转推杆后退时，弹簧便会拉动阴极沿导轨向后运动. 然后通过阅读推杆上的刻度便可较为精确地得知阴极相对阳极移动的距离. 在实验中，利用真空泵将放电气室抽真空至 9.13kPa，随后将通过一个控制阀由气瓶向放电气室充入放电气体. 腔室内的气压由气压计测量. 放电开始后极板间的电压及电流可由高压探头、电流探头及示波器测量. 实验中，不同放电条件下辉纹的图像可由一台设置好的数码相机进行拍摄采集. 对辉纹进行光谱诊断时，利用一个透镜将辉纹成像在气室外一个带水平狭缝(5mm × 50mm)的白屏上，随后利用光纤透过狭缝对明纹和暗纹区域进行光谱采集，采集到的光谱由光谱仪传送到计算机中进行分析.

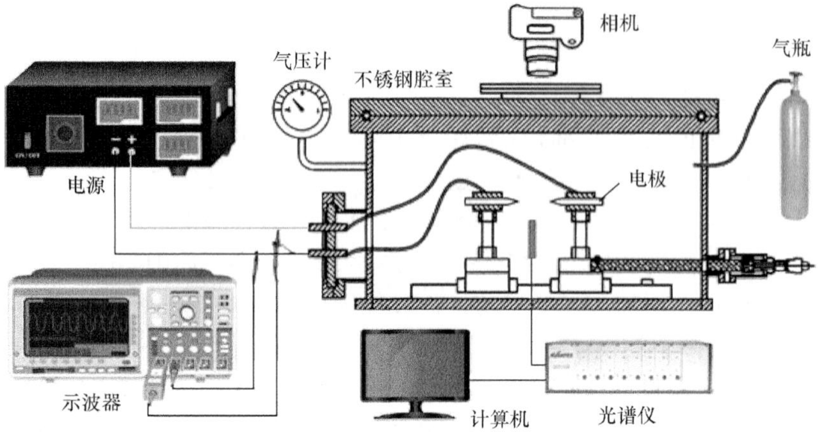

图 10.4　辉光放电条纹产生装置示意图

三、实验内容

在高压气体放电实验研究平台中，可以改变的实验参数包括两极板间距 D(mm)及放电气室内压强 p(kPa). 通过在不同放电条件下对辉纹特性进行研究，对比不同放电条件对辉纹特性的影响，可以进一步明确高压气体中辉纹的特性与放电参量间的依赖关系，更全面地获知气体放电中辉纹产生背后的物理机制. 实验开始时先对放电气室进行抽真空到 9.13kPa，然后通入气体至大气压，随后再进行抽真空到 9.13kPa. 将以上洗气过程反复两次，以便放电气室中气体相对于空气占较大比例. 在洗气过程完成后，给放电电极接通电源，调节电压到合适值后，电极间气体便被击穿形成辉光放电. 保持电源功率和极板间距(15mm)不变，当放电稳定后，打开通气阀向气室内缓慢通入气体，同时通过气室上的石英玻璃窗观察电极间的放电情况. 当气压达到一定值时，正柱区开始有辉纹出现. 在辉纹稳定出现之后，实验先通过改变气室内气压值，观测了辉纹特征随气压的变化. 然后在同一气压值下，改变电极间距，观测了辉纹特征随放电间距的变化.

(1) 研究各种气体放电条纹中各放电区域的基本特征，以及气压、电压、电流、电极间隙对放电条纹的影响规律，从而验证 $\frac{d}{R}=\frac{C}{(pR)^m}$ 关系.

(2) 观察研究不同气压条件下辉纹特征.

在辉光放电正柱区出现辉纹后，保持电极间距同放电功率不变，逐步升高气室内气压，辉纹明纹和暗纹的数目会随着气压的增加而增加，明纹和暗纹总是同时出现，且明纹和暗纹自身宽度并不相等. 随着气压的增加，各级明纹的宽度在逐渐变宽，各级暗纹的宽度在变窄. 对各级明纹的亮度进行观察可以看出靠近阴极的一级明纹是各级明纹中最亮的，向着阳极方向各级明纹的亮度在逐渐减小，且越靠近阳极端越不易观察. 当气压升高时，各级明纹的亮度都在增加，并且阳极端一侧的条纹渐渐扩散开来，成为一整片发光区域.

(3) 观察研究不同电极间距下辉纹特征.

保持放电功率和气压不变，通过改变电极间距，观察辉纹特征的变化情况. 随放电电极间距的增加，辉纹数目增加，但明暗条纹间距没有明显改变，只是正柱区在沿轴向往阳极伸长，处于正柱区前端的条纹区域也向阳极区伸长.

(4) 研究明暗条纹放电的发射光谱.

探究不同放电区域的光学特性，设定气压值为 15kPa、电极间距为 10mm、放电功率为 400W 时，测量辉纹一级明纹、一级暗纹及阴极辉区和阳极辉区的发射光谱.

四、思考与讨论

(1) 为什么辉纹结构对腔室气压和电极间距比较敏感?

(2) 形成辉纹的物理机制是什么?

参 考 文 献

徐学基, 诸定昌, 1996. 气体放电物理[M]. 上海: 复旦大学出版社.

Chen F F, 2016. 等离子体物理学导论[M]. 林光海, 译. 北京: 科学出版社.

第 2 章　激光调控与光谱技术

实验 11　基于液晶空间光调制器实现飞秒脉冲整形的研究

超短脉冲自出现以来，发展十分迅速，其中飞秒(fs，10^{-15}s)激光是一种以脉冲形式运转的激光，是人类目前在实验室条件下所能获得的脉宽最窄的脉冲. 飞秒脉冲具有脉冲持续时间短、光谱范围宽、峰值功率高、聚焦范围小等优点，可以实现超高空间分辨率以及时间分辨率，引发了基础科学和技术科学广泛而深刻的变革，现已被广泛应用于物理、化学、光谱学、生物医学、微加工、三维存储等领域. 而飞秒脉冲在光学系统中传输时，光学器件的色散、像差、面型误差、装调误差等将对脉冲产生严重的影响，导致脉冲展宽甚至形变以及光束质量下降等现象，致使整个光学系统的性能不佳，因此脉冲整形技术应运而生. 脉冲整形技术，就是通过对飞秒激光脉冲幅度、相位以及偏振方向的控制来产生所需的几乎任意光波脉冲形状的技术. 当前，飞秒脉冲整形作为一种控制超短脉冲波形的实验工具，在激光分子动力学、非线性光谱学、飞秒化学、高速光通信、生物医学成像以及显微镜成像理论等领域的应用日益广泛，已成为超快激光研究的重要课题.

液晶空间光调制器是一种电光控制器件，由许多像素组成，主要通过控制其内部的液晶分子的电光效应，来实现对确定线偏振光进行相位和幅值的调制. 因而可通过编程来改变空间光调制器像素元上的电压，来控制液晶分子的偏转以改变液晶分子的透射率，其具有极强的灵活性，且具有衍射效率高、响应速度快、空间分辨高、可实时控制、相位噪声小等优点，在光束整形等应用中被广泛使用. 由于液晶分子的调制特性存在较强的波长依赖性，本实验首先针对空间光调制器的主要参数进行校正，并利用 4f 零色散系统对飞秒脉冲实现脉冲整形；进一步拓展研究关于提升空间光调制器控制精度、空间分辨率、光能利用率、稳定性等参数，以及编写算法进行动态反馈式整形的问题.

一、实验原理

1. 脉冲整形

从广义上讲，只要改变了脉冲的形状，都属于脉冲整形的范畴. 由于飞秒脉冲的持续时间极短，因此主要是在频域内进行脉冲整形. 只对振幅进行整形称为纯振幅整形，纯振幅整形的优点是可以改变光谱成分；只对相位进行整形称为纯相位整形，纯相位整形的优点是不损失能量；同时进行振幅和相位整形，可以实现任意形状的脉冲. 飞秒脉冲整形的主要目的是：压缩脉冲宽度，以及改变脉冲形状，满足飞秒激光应用的不同要求.

根据测不准原理，脉冲宽度 τ_{p}(最大强度半高宽)与它的光谱半高宽 $\Delta\nu$ 的乘积必须大于等于一个常数 k 即

$$\tau_{\mathrm{p}}\cdot\Delta\nu\geqslant k \tag{11.1}$$

当频域相位为常数时，$\tau_{\mathrm{p}}\cdot\Delta\nu=k$，这样的脉冲被称为傅里叶变换极限脉冲. 可见，获得短脉冲的关键是产生超宽带光谱和进行相位补偿. 将频域相位看成是频率的函数，并假定相位随频率缓慢变化，可把相位展开成以频率 ω_0 为中心的泰勒级数：

$$\phi(\omega)=\phi(\omega_0)+\phi'(\omega_0)(\omega-\omega_0)+\frac{1}{2!}\phi''(\omega_0)(\omega-\omega_0)^2+\frac{1}{3!}\phi'''(\omega_0)(\omega-\omega_0)^3+\cdots \tag{11.2}$$

式中，$\phi'(\omega_0)=\left.\frac{\partial\phi}{\partial\omega}\right|_{\omega=\omega_0}$ 为群延迟时间(GD)，$\phi''(\omega_0)=\left.\frac{\partial^2\phi}{\partial\omega^2}\right|_{\omega=\omega_0}$ 为群延迟色散(GDD)，$\phi'''(\omega_0)=\left.\frac{\partial^3\phi}{\partial\omega^3}\right|_{\omega=\omega_0}$ 为三阶色散(TOD). 这里，$\phi(\omega_0)$ 和 $\phi'(\omega_0)$ 与脉冲宽度没有关系. 相位补偿的实现：将需要压缩的输入脉冲 E_{in} 变换到频域，进行相位整形，补偿式中的群延色散及高阶色散，使 $\phi(\omega)=\phi(\omega_0)+\phi'(\omega_0)(\omega-\omega_0)$，那么可获得变换极限脉冲.

超短脉冲整形的方法可分为被动和主动两大类. 被动式技术中通常是基于光栅对、棱镜对、啁啾镜和它们的组合. 这些元件的物理和光学性质是固定不变的，每个元件进行色散补偿的能力有限. 更主要的缺点是不同阶次的相位是互相独立的，因此对于任意相位分布，要想很好地补偿比较困难. 正因为这个原因被动式技术通常被用在腔内调制. 近年来，人们提出很多自适应的主动脉冲整形方法. 其中比较有代表性的有基于液晶空间光调制器(LC-SLM)、声光可编程色散滤波器(AOPDF)、微机电机械镜(MEMM)和微机械变形镜(MMDM)的脉冲整形系

统的脉冲整形技术. 这些技术将传统的光学方法和计算机反馈控制联系在一起，达到脉冲频谱相位的自适应控制，能够较大范围地补偿脉冲色散，获得很好的光束质量. 人们常常在光路中采用主动式脉冲整形方法来达到超短脉冲的色散补偿和脉冲整形.

对于一个脉冲整形装置而言，在时域上可以将滤波器看作是一个时间响应函数 $g(t)$. 那么输出脉冲电场 $E_{\text{out}}(t)$ 就可以用输入脉冲 $E_{\text{in}}(t)$ 与 $g(t)$ 的卷积来表示

$$E_{\text{out}}(t) = E_{\text{in}}(t) \otimes g(t) \tag{11.3}$$

如果输入一个 δ 函数，则出射的是函数 $g(t)$. 所以对于一个短脉冲而言，要产生一个理想的出射脉冲，问题就在于找到一个具有适当的时间响应函数的滤波器. 而在低于皮秒的超短脉冲整形领域，由于电子器件的响应时间无法达到这样一个时间尺度，所以要找到一个这样的滤波器是很难实现的. 为了解决这个问题将脉冲整形转换到频域内进行. 在频域内滤波器被看作是一个频率响应函数 $g(\omega)$. 那么输出脉冲电场 $E_{\text{out}}(\omega)$ 就是输入脉冲 $E_{\text{in}}(\omega)$ 与 $g(\omega)$ 共同作用的结果

$$E_{\text{out}}(\omega) = E_{\text{in}}(\omega) \otimes g(\omega) \tag{11.4}$$

在这里 $E_{\text{in}}(t)$，$E_{\text{out}}(t)$，$g(t)$ 分别和 $E_{\text{in}}(\omega)$，$E_{\text{out}}(\omega)$，$g(\omega)$ 是傅里叶转换对(式(11.3))

$$E_{\text{in}}(\omega) = \int \mathrm{d}t E_{\text{in}}(t) \mathrm{e}^{-\mathrm{i}\omega t}, \quad E_{\text{in}}(t) = \frac{1}{2\pi} \int \mathrm{d}t E_{\text{in}}(\omega) \mathrm{e}^{\mathrm{i}\omega t} \tag{11.5}$$

$$E_{\text{out}}(\omega) = \int \mathrm{d}t E_{\text{out}}(t) \mathrm{e}^{-\mathrm{i}\omega t}, \quad E_{\text{out}}(t) = \frac{1}{2\pi} \int \mathrm{d}t E_{\text{out}}(\omega) \mathrm{e}^{\mathrm{i}\omega t} \tag{11.6}$$

$$g(\omega) = \int \mathrm{d}t g(t) \mathrm{e}^{-\mathrm{i}\omega t}, \quad g(t) = \frac{1}{2\pi} \int \mathrm{d}t g(\omega) \mathrm{e}^{\mathrm{i}\omega t} \tag{11.7}$$

为了实现这种从时域到频域的转换，并对脉冲进行调制，目前普遍采用如图 11.1 所示的 4f 结构，其中 G 代表光栅，L 代表傅里叶透镜，H，M，L 分别表示脉冲高、中、低频分量，f 为透镜焦距. 4f 结构由两个相同的光栅及两个相同的傅里叶透镜组成，每个光学器件之间的距离都是傅里叶透镜的焦距 f，故被称 4f 结构. 激光脉冲经过第一个光栅色散后，其中不同频率的光在角度上被分开. 两个傅里叶透镜相当于两个傅里叶转换器. 入射光脉冲在第一个傅里叶透镜的后焦平面上从时域转换到了频域. 再经过第二个傅里叶透镜及光栅后，激光脉冲重新转换到时域，就能得到理想的出射光脉冲了. 如果两个透镜之间没有放置脉冲整形的任何调制器件，则输入脉冲穿过这个系统后是不变的，透镜组在这里要满足零色散的条件，因此两个透镜应是经过特殊设计、对于输入脉冲的光谱是无色差的. 如果在两个透镜间的中心位置放置光调制器，就可以改变激光脉冲

的频率组成情况.

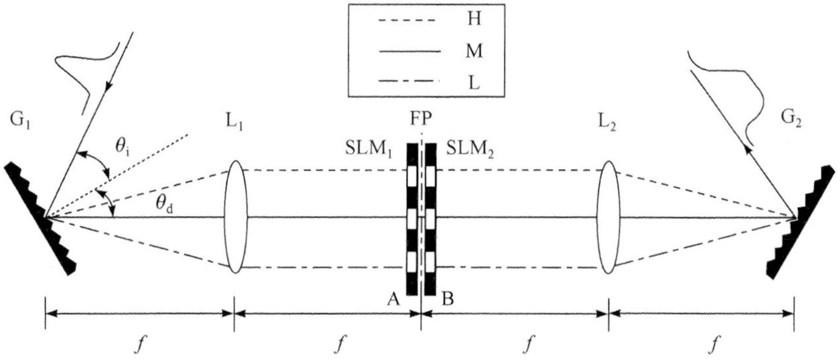

图 11.1　基于 LC-SLM 的零色散 4f 飞秒脉冲整形系统

在进行脉冲整形之后，往往需要对整形结果进行测量. 由于目前最快的光电探测器的分辨率为皮秒(ps, 10^{-12}s)量级，无法直接探测到飞秒信号，所以飞秒脉冲的测量必须采取间接的测量方法. 飞秒脉冲的特性主要包含两方面：一是脉冲强度随时间的变化；另一个是相位随时间的变化规律. 随着飞秒激光技术的发展，飞秒激光脉冲的准确测量已成为非常重要的研究内容，完整准确地了解脉冲的宽度、相位及形状信息，是超快技术研究中非常重要的内容. 目前用于评价飞秒脉冲的宽度和相位特性的测量技术为自相关测量方法、频率分辨光学开关(FROG)法，以及光谱相位相干电场重构(SPIDER)法. 自相关测量方法是测量超短脉冲宽度最常用的方法. 自相关测量方法的基本思想是：将入射光分为两束，让其中一束光通过一个延迟器，再把这两束光合并，通过一块倍频晶体或双光子吸收/发光介质. 改变延迟可得到一系列信号，根据得到的自相关信号来推算脉冲的宽度. 自相关测量方法的优点是结构简单、使用方便、运转稳定、容易调节.

FROG 法的原理是通过测量不同时间单次自相关信号的频谱. 通过脉冲还原算法得到脉冲信息. 测量出的频谱信号与时间和频率都有关系，是一个二维的谱图，常被称作 FROG 行迹. 从 FROG 行迹还原出脉冲信息的算法有多种，目前最为常用的是反复傅里叶变换算法. FROG 法的优点是：谱图包含脉冲的全部信息，可还原出脉冲的全部信息；光谱可以通过光谱仪直接测量得到，FROG 测量方法可以实现对还原信号的自一性校验. 但是 FROG 法需要利用三阶非线性效应，对脉冲的峰值功率要求较高，更主要的是，若要获得准确定量的脉冲啁啾信息，FROG 法需要采用迭代算法，因此耗时较长，不利于实时监测.

SPIDER 法的原理是测量两个具有微小时移和微小频移的脉冲光谱干涉信号，包含着相位信息，可还原出脉冲的相位. 最为常用的还原算法是傅里叶变换算法. SPIDER 法的优点是对脉冲的峰值功率要求不高，其重构脉冲相位的反演算法很简单，运算时间短，适用于实时监测脉冲的相位. SPIDER 法有两个缺点：在硬件上，由于需两个分光光路来引入时移和频移，分束镜的色散会带来测量误差；在算法上，由于傅里叶变换算法中滤波窗口宽度和小波变换算法中小波因子两个不确定参数的存在，测量的相位还原结果会产生误差.

2. 空间光调制器

光束在传播过程中，会受到传播路径上器件的影响，从而改变自身的传播特性. 如果这个器件的光学性质是可变的，那么就可以通过调节器件的光学性质实现对光束传播特性的控制，空间光调制器就是这样一种器件. 空间光调制器的英文名为 spatial light modulator，简称 SLM，是一种可编程的、对光波的空间分布进行调制的器件. 通常来说，空间光调制器包含许多独立的单元，它们在空间上组成一个二维阵列，每个单元都可以独立地接受外部信号的控制，并按此信号改变自身的光学性质，从而对照明在其上的光波进行调制. 通过采用不同的工作原理和材料，空间光调制器可以改变空间上光场分布的幅度、相位、频率、偏振态等参数，或者实现非相干光-相干光的转换. 鉴于其功能的多样性，空间光调制器在光电实时接口、光逻辑运算、阈值开关、高速互连、输出显示等方面有着广泛的应用.

不同空间光调制器可以有不同的分类，其中最主要的两种为幅度调制和相位调制. 幅度调制型主要改变光束的幅度(或者强度)分布，在光场整形及输出显示方面有着广泛的应用. 相位调制型主要改变光束的相位分布，进而改变光束的传播方向，主要应用方向包括波前调制系统、变焦透镜等. 根据寻址方式的不同，空间光调制器可以分为电寻址和光寻址. 对于空间光调制器来说，控制信号称为“写入信号”，写入信号与调制器空间位置的对应关系称为“寻址”. 大部分空间光调制器都采用电信号或者光信号作为写入信号，前者称为电寻址，后者称为光寻址. 电寻址型主要是由单个分离的元素或者像素组成，主要用于电光实时接口器件. 光寻址型多为模拟的非像素单元构成，主要用于光光转换器件. 根据光的入射出射方式的不同，空间光调制器可以分为透射式和反射式. 对于空间光调制器来说，照明整个器件并被调制的光波称为“读出光”，经过空间光调制器后的出射光波称为“输出光”. 如果读出光与输出光在器件的两侧，则称为透射式；如果读出光与输出光在器件的同一侧，则称为反射式. 对于透射式模式来说，光束仅受到空间光调制器的一次调制作用；而对于反射式模式来说，光束通常会在空间光调制器中往返一个来回，所以会受到器件的两次调制.

实验中使用的液晶空间光调制器是一种液晶器件. 液晶材料是一种电光效应材料，液晶外观上属于液体，却具有分子规则排列和各向异性等晶体的特性. 由于液晶介电各向异性和电导各向异性的这些电学性质，而且液晶分子本身具有液体的流动性，即没有固定的排列，可以随意变动. 所以在电场作用下，液晶分子排列状态将发生一定变化，又因液晶的折射率各向异性导致液晶的光学性质的变化，这就是液晶和电场及液晶电学性质影响其光学性质的原因. 向列液晶在 LC-SLM 中被广泛使用，向列型的液晶分子呈长棒状，具有绝缘、各向异性的光属性，没有施加电场的情况下，液晶分子的长轴方向(称为指向矢)指向一个特定的方向(示意图 11.1 中平行于玻璃表面排列). 当施加电场时，电场力的效应使液晶分子向电场的方向倾斜，这时光波通过液晶层，就会出现双折射现象，从而实现了对入射光束的调制. LC-SLM 的基本单元是像素，通过改变加在每个像素上的电压，可以形成不同的掩模，从而实现对分散在 LC-SLM 上的光谱成分进行调制的功能. 液晶调制器由在空间上排列成一维或二维的独立单元组成，每个单元可以独立地接收电信号，其最小单元称为像素. SLM 像素在互相绝缘的行电极和列电极组成的外加电场下，液晶分子发生扭曲，液晶调制器的透射率发生改变，因此，SLM 可以看成是一个复振幅透射率受写入信号，即受调制信号控制的滤光片. 将写入信号传递到相应像素上改变光透射率，实现对入射光场强度和相位的调制.

两个液晶片的分子方向即液晶轴方向相互正交，且与输入光的偏振方向相差 45°，调制器输出端的检偏器输出水平偏振光. 液晶片厚度 d 及输入光波长 λ，对于第 j 个像素点，非寻常光(e 光)和寻常光(o 光)间传输相位变化差 $\Delta\Phi_j$ 导致的偏振态变化取决于加载于该像素点的调制电压 U，即

$$\Delta\Phi_j = 2\pi\Delta n\left(U_j\right)d / \lambda \tag{11.8}$$

式中，$\Delta n\left(U_j\right)$ 表示随调制电压变化的液晶像素折射率. 图 11.1 中，输入光的偏振态旋转至水平方向后通过液晶片 A，相位变化 $\Delta\Phi^{\mathrm{A}}$，输入光的偏振态向晶体轴 a 方向旋转. 然后，输入光通过液晶片 B 后，产生了与电压相关的相位变化，表示为 $\Delta\Phi^{\mathrm{B}}$，相应地其偏振态向 b 方向旋转. 因此，输入光在两个垂直方向上的相位变化相互补偿，其偏振方向相应旋转. 输出光的相位变化由平均相位变化差 $\left[\Delta\Phi^{\mathrm{A}} + \Delta\Phi^{\mathrm{B}}\right]/2$ 决定，而其振幅根据相位变化差 $\Delta\Phi^{\mathrm{A}} - \Delta\Phi^{\mathrm{B}}$ 的余弦变化. 通过两个液晶片之后，第 n 个像素点对应的输出电场为

$$E_n^{\text{output}} = E_n^{\text{iutput}} \cos\left(\left(\Delta\Phi^{\mathrm{A}} - \Delta\Phi^{\mathrm{B}}\right)/2\right) \mathrm{e}^{\mathrm{i}\left(\Delta\Phi^{\mathrm{A}} + \Delta\Phi^{\mathrm{B}}\right)/2} = E_n^{\text{iutput}} R_n \tag{11.9}$$

传递函数 $R_n = \mathrm{e}^{\mathrm{i}\Phi(\omega)}\sqrt{T_n(\omega)}$ 表示第 n 个像素滤波方程. 可见，$\cos((\Delta\Phi^{\mathrm{A}} - \Delta\Phi^{\mathrm{B}})/2)$ 实现强度调制，$\mathrm{e}^{\mathrm{i}\left(\Delta\Phi^{\mathrm{A}} + \Delta\Phi^{\mathrm{B}}\right)/2}$ 实现相位调制. $T_n(\omega)$ 和 $\Phi(\omega)$ 分别表示各像素输出强度和相位；当 $\varphi(\omega) = 0$ 时，SLM 实现纯强度调制，当 $T_n(\omega) = 1$ 时，

实现纯相位调制，而两个液晶阵列不能单独实现纯相位或强度调制，但二者的组合可以.

二、实验装置及技术说明

1. 主要实验仪器及器件简介

光学频率梳是由一系列等间隔的脉冲组成的激光，如图 11.2 所示. 它的周期等于光子在腔内往返一周的时间 $f_r = 1/T_p = v_g/(2L)$，T_p 为光脉冲的重复周期，L 为腔长，v_g 为脉冲光场的群速度. 上图中虚线是光脉冲的包络，实线是光脉冲载波；下图中虚线表示不考虑腔内色散情况下的光载波. 由于腔内介质色散将导致光子群速 v_g 与相速 v_p 的不同，导致从腔内输出的相邻脉冲间存在相位差 $\Delta\Phi$. 光学频率梳的稳定主要是对 $\Delta\Phi$ 的控制. 在时域中的飞秒脉冲经傅里叶变换到频域，获得图 11.2 所表示的一系列间隔相同的梳齿，像一把频率尺，“光梳”便由此得名. 梳齿间的频率间隔为 f_r，由腔长决定，可以为几十兆赫兹至 1GHz. 实验中采用的是光学频率梳 FC1500. 飞秒激光器(M-comb)是全光纤结构，器型小、高效，光束质量高，相比于钛宝石激光器，输出功率较低. 通过计算机上的光梳系统软件，控制调节压电陶瓷电压，改变飞秒激光的重复频率. 飞秒激光器内部的温控系统感受温度变化，实时调控光纤结构，温度稳定在 20℃，保证激光器工作状态的正常进行. 飞秒激光输出的激光波长是 1560nm，偏置频率 f_0 的调谐范围为 20MHz.

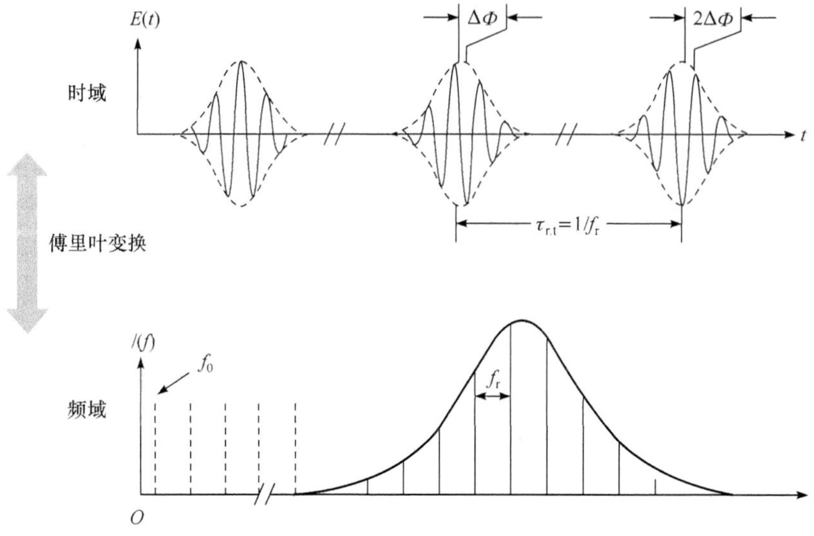

图 11.2　飞秒光学频率梳原理示意图

实验采用反射型电寻址液晶空间光调制器. 在 LC-SLM 中，表面是特殊材质的透明玻璃和高反射基板，中间是平行排列的向列型液晶层. 调制特性主要由液晶特性决定，液晶分子的电控双折射效应可用折射率椭球来形象描述，光轴与 z 轴平行，其是以 z 为转轴的回转椭球. 光穿过平行排列的向列液晶层. 过球体中心垂直传播方向的中心截面为一椭圆，椭圆长轴表示非寻常光折射率 n_e，短轴表示寻常光折射率 n_o. 外电场控制液晶分子的取向变化. 实验中使用的反射型液晶空间光调制器是振幅和相位耦合调制. 当入射光偏振方向与液晶分子中心截面长轴平行时，液晶对光束为纯相位调制. 当入射光偏振方向与中心截面短轴一致时，液晶对光束无相位调制. 当入射光偏振方向介于二者间时，液晶分子对光束既相位调制又振幅调制. 当入射光偏振方向和长轴成 45°时，液晶对入射光的振幅调制最大.

实验中还会用到的实验仪器包括：45°反射镜(mirror)；半波片($\lambda/2$)；偏振分光棱镜(PBS)；各种焦距的傅里叶透镜(f)；不同光栅常数的反射式光栅(G)；功率计(PM)，用于测量各个光场的功率大小；数字存储示波器(DSO)，用于采集数据；PIN 型光电探测器(PD)，探测光场的信号；光谱仪(OSA)，探测整形后的脉冲等.

2. 测量技术

对于 LC-SLM，一般是通过测量不同调制电压下调制幅度的大小来研究振幅调制特性. 通常用于测量实时调制光信号的有电荷耦合元件(CCD)、光电探测器、光强功率计等. 然而，CCD 接收光强时会有自动调节功能，引入不可估量的误差，且探测波长范围受限. 光强功率计灵敏度较高，因环境因素影响导致测量误差较大. 因此，该实验中采用光电探测器对光信号进行测量，在保证灵敏度的同时可减小环境因素的影响，克服探测范围较小的局限. 光电探测器的测量法为：通过调整光的偏振方向，使激光处于振幅调制最大模式，即它的振幅调制随控制电压单调变化最大. 在经由 LC-SLM 进行振幅调制后，通过傅里叶透镜将调制后激光会聚，使用光阑空间滤波，最终用光电探测器进行探测，记录分析电信号.

加载在 LC-SLM 上的外部场对应 8 位灰度. LC-SLM 上加载的不同灰度会在入射光上产生不同的相位延迟. 相位延迟与驱动灰度之间的关系(也称为相位调制特性)通常在用 LC-SLM 之前以特定的单个工作波长进行校准. 因此，如果要使用其他波长，则有必要重新测量 LC-SLM 的调制特性. 对于 LC-SLM 相位调制特性的研究，常用的测量方法有衍射法和干涉法. 衍射法受机械振动和空气湍流等环境因素影响较小，但相位测量的运算较为复杂，因而一般不采用衍射法. 干涉法主要包括剪切干涉法、双缝干涉法、功率计探测法和泰曼-格林干涉法. 横向剪切干涉法对透射型 LC-SLM 的相位调制特性进行了研究，所得干涉条纹无法直接反映波面形状，需进行复杂的数据分析. 功率计探测法很难做到严格的平行光干涉，容易出现各点光强不一致，影响测量的精度. 泰曼-格林干涉法被广泛地应用于 LC-SLM 的相位调制测量中，但在测量中存在一些缺陷：对环境要求过高，干涉条纹的获得需较为精细的光路调节，CCD 获得的干涉条纹的处理较繁杂. 而双缝干涉法因光路调节便捷、测量过程受环境影响小、测量结果方便处理，是测量 LC-SLM 的相位调制特性的一个较好选择.

在传统的泰曼-格林干涉系统中，光学器件的位置在实验中通常是固定的，光程差(OPD)不易精确控制，很难获得明显且稳定的干涉条纹，因为干涉现象需要光路中的 OPD 固定且准确. 改进后，在反射镜前增加了一个额外的透镜. 透镜固定在二维可调节镜架上，可以通过动态调节透镜的倾斜角度来精确地调节 OPD，不用手动向前或向后移动光路中的光学器件. 双缝干涉法实验原理图见图 11.3，激光经过隔离器(OI)、整形棱镜对(AP)、扩束系统后获得较好的匹配光斑，经平面镜反射后通过二分之一波片获得线偏光，然后经过双缝(double slit)将光分成两束，两束光同时入射到空间光调制器上两个灰度不同的区域，获得的不同相位延迟的两束激光相互干涉，经显微物镜(OBJ)放大后被 CCD 成像记录.

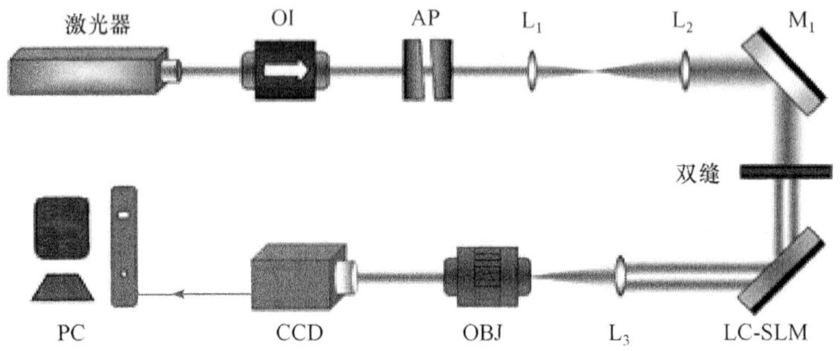

图 11.3　双缝干涉法实验原理

三、实验内容

1. 实验前的准备

参考说明书，掌握 SLM 的工作原理及相关软件的操作方法；熟悉实验环境，了解其他主要实验仪器及光学器件的工作特性与使用方法；学习使用 MATLAB 以及 Labview 编写程序.

2. SLM 特性的校准

在掌握实验原理和做好实验前准备的基础上，首先使用连续激光对空间光调制器的特性进行标定. 标定入射光的最佳偏振角，使在该偏振角下振幅调制随控制电压单调变化最大. 通过改变加载在 SLM 上灰度图的灰度值，使用光电探测器测量不同灰度值对应的调制强度，得到 SLM 的振幅调制特性曲线.

把多张由两个灰度等级组成的灰度图依次加载到空间光调制器上，使每张灰度图左半部分灰度值固定为 0，右半部分灰度值从 0 到 255，以 5 为间隔变化. 一张灰度图中两种不同的灰度会产生不同的相位调制，分别使用泰曼-格林干涉法和双缝干涉法，对两束激光分别进行调制后进行干涉，通过干涉条纹的移动量对相位差进行测量. 设 L 为干涉条纹的周期，Δx 为干涉条纹相对初始位置的移动量，根据 $\Phi = 2\pi\frac{\Delta x}{L}$，可以得到不同灰度值下的相位延迟量 Φ，获得 SLM 的相位调制特性曲线. 对两种方法得到的结果进行比较和分析.

3. 基于 4f 系统进行激光整形的实验

搭建 4f 无色散系统，使得脉冲光在 SLM 平面按频率成分展开. 利用 PBS 和 SLM 振幅调制功能组成的模式选择系统对飞秒脉冲进行频率选择，由光谱仪检测，得到单峰的脉冲光谱. 使用自相关测量法对整形后的脉冲的脉宽和相位进行检测，自相关测量法具体方法为：把入射光分为两束，让其中一束光通过一个延迟器，然后再把这两束光合并，通过光电二极管检测，改变延迟可得到一系列信号，利用示波器进行数据采集. 这个信号的强度对延迟的函数即为脉冲的自相关信号. 根据实验原理，改变实验参数如透镜的焦距、光栅的光栅常数、所用灰度图的样式与灰度值等，进一步实验研究使频率选择精度和效率最佳的实验参数，并自行设计光路和测量方式，在最佳实验参数条件下，设计实验精确控制选频结果.

上述实验均是在 SLM 加载固定灰度图的条件下进行的. 利用 Labview 编写算法，对探测到的结果进行处理，对灰度图进行反馈控制，实现对选频结果的动态补偿. 进一步，理论分析利用 LC-SLM 相位控制和 SPIDER 法结合的反馈色散补偿方案的可行性，并做实验研究.

四、注意事项

(1) 关于激光器、光学元件、光路调节、静电处理、实验室温湿度等相关的注意事项与其他光学类实验相同；

(2) 切忌弯曲、扭折空间光调制器所用的数据线，以免造成不必要的损失.

五、思考与讨论

(1) 在 SLM 加载不同灰度图时，被整形脉冲如何变化？不同的透镜焦距与光栅常数如何影响整形效果？

(2) 如何设计灰度图，使 SLM 将高斯光束整形成其他类型的光束，如拉盖尔-高斯光束、平顶光束等？

(3) 如何利用 SLM 反馈回的电压编写算法，实现对光束的动态反馈式主动调节？

参考文献

Agour M, Kolenovic E, Falldorf C, 2009. Suppression of higher diffraction orders and intensity improvement of optically reconstructed holograms from a spatial light modulator[J]. Journal Optics A:Pure Applied Optics, 11(10): 105405.

Cai D M, Xue B X, Ling N, 2007. Research on phase modulation characteristics of liquid crystal spatial optical modulator[J]. Optoelectronic Component, 34(11):19-23.

Weiner A M, Heritage J P, 1987. Picosecond and femtosecond Fourier pulse shape synthesis[J]. Rev Phys Appl , 22(5): 1619-1628.

Wu Y L, Nie J S, Shao L, 2016. Method to measure the phase modulation characteristics of a liquid crystal spatial light modulator[J]. Appl Opt , 55(31): 8676-8682.

实验 12　基于声光调制技术的自由空间激光通信

自 20 世纪 60 年代激光器问世以后，光纤通信凭借其传输平台易于搭建，通信质量好，成本低廉等各种优势快速发展，已经成为当今社会无法缺少的通信方式. 而自由空间内的激光通信由于激光器成本高，激光束大气衰减严重，瞄准困难，极小的空间发散角，因此给发射和接收点之间的瞄准带来不少困难. 但是在一些特定的应用背景下，激光通信却展现出了广阔的应用前景. 相比传统的微波通信技术，激光通信的优点主要是：通信容量大；保密性强，激光不仅方向性强，而且可以采用不可见光，因而不易被敌方所截获；结构轻便，设备经济. 相比于光纤通信，其造价更加低廉，隐蔽性更好，活动性更强. 与微波通信相比，激光通信的激光频率高，方向性强，安全性高，可用频谱较宽，无须申请频率使用许可. 声光效应是指光通过某一超声波扰动的介质时发生衍射的现象，这种现象是光波与介质中声波相互作用的结果. 早在 21 世纪 30 年代就开始了声光衍射的实验研究. 在 21 世纪 60 年代，激光器的问世为声光现象的研究提供了理想的光源，促进了声光效应理论和应用研究的迅速发展. 声光效应为控制激光束的频率、方向和强度提供了一个有效的手段. 利用声光效应制成的声光器件，如声光调制器、声光偏转器和可调谐滤光器等，在超冷原子分子物理、光信号处理和激光通信技术等方面有着极为重要的应用. 在光通信技术中，通过声光调制器对激光束实现强度调制，可以保证远距离条件下信号无失真传输，把声光调制技术与光纤相结合，这将又是光纤通信技术的突出发展方向之一. 在光信号处理方面，它分为频域和时域两大类，在频域上，利用傅里叶变换实现，在时域中，利用信号的卷积和相关实现. 当然，它在光计算方面也有应用，由于声光布拉格衍射中的衍射光强度为入射光光强与衍射效率的乘积，因此可以利用声光器件实现矩阵-矢量乘法、矩阵-矩阵乘法、三重矩阵乘积等.

本实验采用声光调制器来进行光的通信. 声光调制器由声光晶体和压电换能器构成，当驱动源的某种特定载波频率驱动换能器时，换能器即产生同一频率的超声波并传入声光晶体，在介质内产生折射率变化. 光束通过介质时即发生相互作用而改变光的传播方向，即产生衍射. 随着声音信号的不同，衍射光斑也会产生不同程度的改变，从而达到将声音信号转化为光信号. 我们将使用接收器将光的衍射信号捕捉到，将光信号再次转化为声音信号，实现基于声光调制器的激光通信. 本实验探究环境因素对自由空间激光通信质量的影响. 为了分别探究温度、湿度、空气流速等因素对激光通信质量的影响机制，可以使用控制变量法，即在同一环境下改变不同的条件，得到声音信号，并将多组输出声音信号分别与原信号进行比较.

一、实验原理

1. 声光调制器

声光调制器的声光晶体等价于一个相位光栅，声波在介质中传播时，使介质产生弹性形变，引起介质的密度呈疏密相间的交替分布，因此，介质的折射率也随着发生相应的周期性变化. 这如同一个“相位光栅”，光栅常数等于声波长 λ. 当光波通过此介质时，会产生光的衍射. 衍射光的强度、频率、方向等都随着超声场的变化而变化. 由于声场和光场可以同时存在于介质，因此能实现对光波方向偏转、强度的主动控制，也可将各种信号加载到光波上，完成对信息的传输、存储及处理.

声光调制器由声光介质、电-声换能器、吸声(或反射)装置及驱动源等组成，其结构见图 12.1. 声光介质是声光相互作用的场所，当一束光通过变化的超声场时，由于光和超声场的相互作用，其出射光就具有随时间而变化的各级衍射光，利用衍射光的强度随超声波强度的变化而变化的性质，就可以制成光强度调制器. 电-声换能器又称超声发生器. 吸声(或反射)装置放置在超声源的对面. 驱动源用来产生调制电信号，再将产生的电信号施加于电-声换能器的两端电极上，驱动声光调制器(换能器)工作.

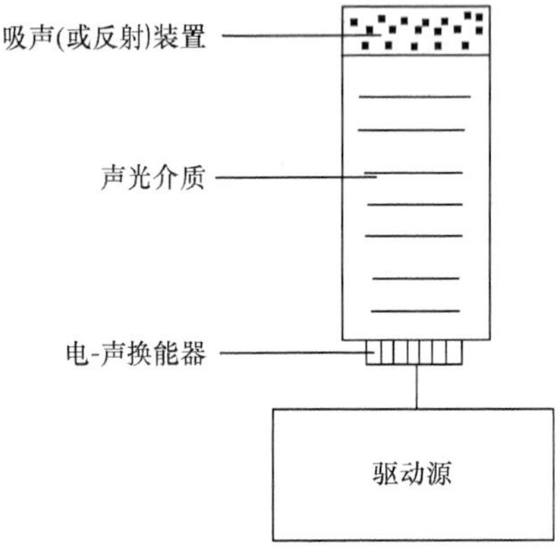

图 12.1　声光调制器结构图

(1) 电-声换能器：利用具有反压电效应的压电晶体或压电半导体，使其在外加电场作用下，通过机械振动产生超声波，将电功率转变为声功率. 这种受电场影响形成的声场是声光效应中的声波源.

(2) 声光介质：产生声光效应的物理介质. 利用品质因数不同的声光材料，使得光波和超声场在介质内发生声光互作用，从而产生拉曼-奈斯衍射或布拉格衍射，实现对光信号的强度调制.

(3) 吸声(或反射)装置：置于声光介质末端. 若选择吸声装置，则超声场处于行波状态，若选择反射装置，则超声场处于驻波状态.

(4) 驱动源：声光调制系统的重要组成部分，其通过输出射频信号来驱动电-

声换能器正常工作，改变驱动信号的幅值及频率，可以控制超声场的声功率及声波长.

拉曼-奈斯型声光调制器工作声源频率低于 10MHz，只限于低频工作，带宽较小. 若取某一级衍射光作为输出，可利用光阑将其他级的衍射光遮挡，则从光阑孔出射的光束就是一个随频率变化的调制光. 由于拉曼-奈斯型衍射效率低，光能利用率也低. 对于布拉格衍射型声光调制器，布拉格衍射必须使入射光束以布拉格角入射，同时在相对于声波阵面对称方向接收衍射光束时，才能得到满意的结果. 由于布拉格衍射效率高，且调制带宽较宽，故多被采用.

声光体调制器实现对激光的强度调制，体现在衍射光光强随声功率的变化上，由此引出一个重要参量：衍射效率. 当发生布拉格衍射时，设入射光强为 I_i，则一级衍射光强可表示为

$$I_1 = I_i \sin\left(\frac{\nu}{2}\right) \tag{12.1}$$

式中，ν 是光波穿过超声场时附加的相位延迟，即

$$\nu = \frac{2\pi}{\lambda} V_n L \tag{12.2}$$

式中，V_n 为声致折射率的变化.

根据晶体光学的知识，在各向同性的介质中，当光波和声波沿对称方向传播时，声致折射率的变化 V_n 可表示为

$$V_n = -\frac{1}{2} n^3 PS \tag{12.3}$$

式中，P 为介质的弹光系数，S 为声场作用下介质的弹性应变幅值. 将 S 用超生场功率及换能器面积等参数替换，得到衍射效率的表达式

$$\eta_S = \frac{I_1}{I_i} = \sin^2\left[\frac{\pi}{\sqrt{2}\lambda}\sqrt{\left(\frac{L}{H}\right) M_2 P_S}\right] \tag{12.4}$$

式中，λ 为激光波长，L 为换能器的长度，H 为换能器的宽度，M_2 为声光材料的品质因数，P_S 为超声驱动功率.

经上述分析，工作时，驱动源输出的射频驱动信号作用于电-声换能器，将电功率转换为声功率，在声光介质中产生超声波，入射光波与介质内超声波经声光互作用后发生衍射现象，衍射光光强受到超声驱动功率调制，即衍射效率受到驱动源输出电功率的控制，使衍射光成为可传输信息的强度调制波. 本实验所用声光调制器衍射类型为布拉格衍射，则衍射效率与超声驱动功率的关系为非线性调制曲线形式，为使信号调制工作在线性区，可加入超声偏置，防止信号发生失

真. 当光束以布拉格角入射时，通过控制声强就可以达到调制衍射光强的目的. 由于布拉格衍射的衍射效率高，调制带宽大，故被广泛应用于各种声光调制器.

2. 声音信号的处理

基音的频率称为基频. 复杂声音中最低且通常情况下能量最强的频率，常被认为是声音的基础音调，它决定整个音的音高. 一般的声音都是由发音体发出的一系列频率、振幅各不相同的振动复合而成的. 发音体整体振动产生的音，叫做基音，决定音高；发音体部分振动产生的音，叫做泛音，决定音色.

声音在经过共振腔时，受到腔体的滤波作用，使得频域中不同频率的能量重新分配，一部分因为共振腔的共振作用得到强化，另一部分则受到衰减. 能量分布不均匀，其中能量集中的部分称为共振峰. 共振峰是指在声音的频谱中能量相对集中的一些区域，共振峰不但是音质的决定因素，且反映了共振腔的物理特征. 在本实验中，将会运用共振峰来辅助计算语音信号的失真度.

失真度是用一个未经放大器放大前的信号与经过放大器放大后的信号作比较，被放大过的信号与原信号之比的差别，我们称之为失真度. 在使用计算机进行研究时，输入和输出信号均为电信号. 通常的实验中，可以使用“失真仪”直接对比两个信号的差异，但由于一些原因，我们无法取得该仪器的使用权限. 故使用 MATLAB 来计算失真度. 数字化计算方法是指先通过将信号数字化并送入计算机，再由计算机计算出失真度的测量方法. 根据失真度的计算方法可分为快速傅里叶变换(FFT)法和曲线拟合法. 实验采用曲线拟合法. 例如，一个数据处理系统，如果输入样值为 x_i ， $x_i \in \{a_1,\cdots,a_n\}$ ，输出值为 y_j ， $y_j \in \{b_1,\cdots,b_m\}$. 定义失真函数：均方失真可以表示为 $d(x_i,y_j)=(x_i-y_j)^2$ ；绝对失真可以表示为 $|d(x_i,y_j)=|x_i-y_j|$ ；相对失真可以表示为 $d(x_i,y_j)=|x_i-y_j|/|x_i|$.

信噪比又称为讯噪比，是指一个电子设备或者电子系统中信号与噪声的比例，其中噪声信号可以通过处理后的信号和原信号的差值得出.

二、实验内容

1. 搭建光路

光路图如图 12.2 所示. 实验采用 532nm 固体激光器：输出功率 10mW、中心波长 532nm、光束直径 1.5mm、光束发散角 1mrad、光束指向稳定性 0.05mrad、功率稳定性<3%等. 光电接收模块的响应波长为 400～1100nm. 光阑用于空间滤波，按其作用分为两种：孔径光阑和视场光阑. 对轴上物点光束的口径(立体角或者发光截面)限制得最多的光阑称为孔径光阑. 所谓视场就是能成像的物面范围，对光具组成像的视场限制最多的光阑称为视场光阑. 它是显微镜照

明光路系统中的重要部件之一，通常是装在显微镜的底座面上，有保护外罩兼作视场光阑的调节转盘. 为便于转动，转盘外围做得较厚大而且滚了花边并在周边上标有刻度作参考. 视场光阑由 10 片或更多的页片组成一个接近于圆形的多边形通光光圈，从显微镜的样品视域中可以看到视场光阑经聚光镜所成的多边形像. 但是视场光阑不可以任意开大或收小，它只能按照库勒照明系统的要求并依据所使用的物镜倍数来调节其适当的大小. 透射光显微镜的光源，经底座内的反光镜，把原来水平传播的照明光折转 90°后，垂直向上经视场光阑出射到聚光镜系统中. 本实验选用孔径光阑.

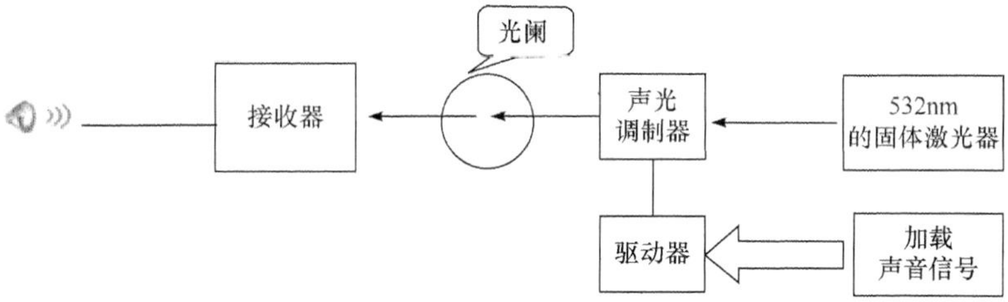

图 12.2　光路图

2. 改变传播过程中的环境因素

在传播路径中放置一个圆柱形密闭铝管，铝管两端开孔，嵌入两个窗片，通过改变管内密闭环境，探究环境因素对信息传播的影响. 将铝管两端架起，使之与激光传播处于同一高度.

(1) 将加湿器的输出端与铝管接通. 通过预埋如铝管的湿度传感器可以测得铝管中的湿度变化. 改变不同的湿度(如 10%、20%、30%、40%、50%等)分别测得不同湿度下的声音信号.

(2) 配置好不同浓度的盐水(改变盐与水的质量比)，可以分别配置 20%、40%、60%的盐水置入铝管中，使激光射线平行通过铝管，测得不同盐浓度下的声音信号.

(3) 配置好不同颜色的水(可以通过向水中加入不同成分的物质或者色素使水显示不同的颜色)倒入铝管中. 架设实验平台，使激光射线平行通过铝管，得到不同颜色下的声音信号.

(4) 架设实验平台，向管中通入烟. 改变烟的浓度(拟使用燃烧物质的方式将产生的烟通入铝管中. 并采用离子感烟探头或者光电烟探头直接测得烟的浓度. 或通过改变燃烧物质的数量、通入烟雾时间等方式，间接控制烟的浓度)，使激光射线平行通过铝管，得到不同浓度下的声音信号.

(5) 通过预埋入的电阻丝(镍铬合金或者铁铬铝合金)直接加热铝管，并通过温度传感器测得管内的温度. 使激光射线平行通过铝管，改变温度，测得不同温度下的声音信号.

(6) 通过抽气泵改变铝管内的压强，使激光射线平行通过铝管，分别测得不同压强下的声音信号.

3. 改变传播距离

在保证其他实验条件相同的情况下，将发射装置与接收器的距离分别设定为5m、10m、15m、20m、25m，并且测得不同传播距离下的声音信号. 通过实验平台获取的调制声音信号，将基频和共振峰信号输入MATLAB中，得到基频、共振峰图像. 根据共振峰能量将输出信号等比例缩小后，将两信号再次输入MATLAB中，得到信噪比和失真函数图像.

实验通过改变加热电源的电压来控制加热速率，并同时观察和控制两个温度传感器的示数保持温度一致. 实验从室温开始加热，每当温度升高大约5℃时用计算机录制此时的波形文件，并记下此时的温度作为一组数据，每组数据中包含4段音频信息. 待加热至100℃左右时停止，实验结束，并且分析实验结果. 实验将管内湿度由25%逐步加湿到94%，按前文所述方法进行分析得出不同湿度下的参数，并且分析实验结果，总结误差来源. 改变不同光强，例如将33mW光强(直接测量激光器输出光功率得到)逐步衰减到20μW，按上分所述方法进行测量和分析通信质量.

三、思考与讨论

(1) 对自由空间激光通信质量影响的因素有哪些？理由是什么？

(2) 基于声光调制技术的自由空间激光通信的主要特点是什么？

参 考 文 献

付平, 刘旺, 张毅刚, 2002. 直接数字合成正弦波谐波失真度测试方法[J]. 测控技术, 21(5): 46-48.

王广柱, 王雷, 郭秀英, 1998. 数字合成正弦信号的波形失真度分析[J]. 山东工业大学学报, 28(4):329-333.

张平, 秦嘉川, 1999. 数字合成正弦信号相位噪声及抑制方法研究[J]. 哈尔滨工业大学学报, 31(5): 73-78.

实验 13　多功能光电探测器的设计与制作

光电探测器是利用光电效应将光信号转换成电信号的器件. 对于生产、生活、国防中涉及光电子器件的产品，通常也需要不同类型的光电探测器. 随着半导体材料相关技术的快速发展，各种新型光电材料不断涌现，同时由于制造工艺的提高，光电探测器的性能也有了很大的改善. 由于光电探测器具有响应速度快、探测灵敏度高和暗电流小等优点，在微弱信号探测、激光功率监测、原子分子光谱测量和光纤通信等基础与应用科学研究具有重要应用. 关于当前对光电探测器的研究，除了对高性能与高效率光敏元器件的开发外，还集中在外围电路的研究与制作. 在使用光电探测器的具体过程中，通常需要利用一个负载电阻将感光元件(如光电二极管)的输出电流转换为电压信号. 特别是对于输入光强较弱的光信号，往往需通过带有可调增益的外部电路对其进行放大. 同时，为了降低输出电信号的噪声，需要设计相应的滤波电路，抑制由电路本身带来的噪声.

目前，国内外有许多公司都出售光电探测器，且在许多光学实验研究中，通常直接购买光电探测器来使用. 但是，许多单通道光电探测器的输出电压信号增益只能在几个分离的值之间选择，不能通过连续调节探测器的增益对光电信号的强度实现连续调节. 此外，现有的光电探测器很多都不具备偏置电压调零功能，在没有光信号时探测器本身的暗电流仍有电信号输出，背景光信号也会导致探测结果的不准确. 背景噪声稍大，造价相对较高等缺点，已经无法满足现在科学研究的需要. 针对这些问题及缺点，研究并制作一种带偏置调零且增益连续可调的单通道光电探测器是十分必要的.

一、实验原理

1. 稳压电路原理

为了给激光二极管及其外围放大电路提供稳定的供电电压，需要采用稳压芯片 U_1(7815)和(7915)产生稳定的±15V 电压. 如图 13.1 所示，将外部±18V 电源的正负极分别连接到稳压芯片 U_1 和 U_2 的对应引脚，采用 1 μF 和 0.1 μF 的极性电容分别对±18V 电源的供电电压及经稳压芯片 U_1 和 U_2 后的输出电压进行滤波. 最终，稳压器 U_1 和 U_2 输出电压被稳定在±15V，为光电二极管及其外围电路的运放芯片提供稳定的电压.

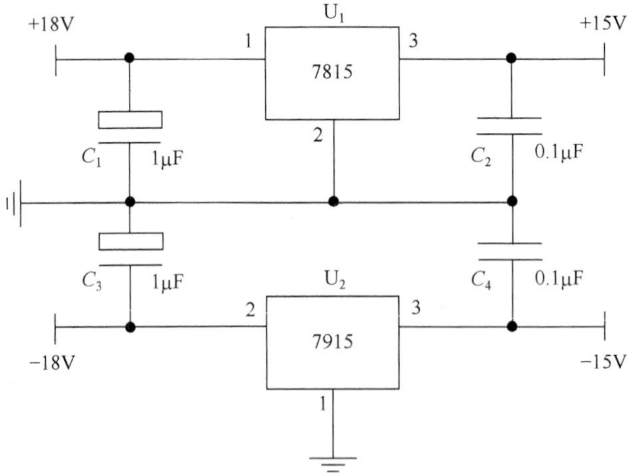

图 13.1　稳压电路原理图

2. 光电二极管的输出电压、带宽、响应时间的关系

当脉冲或者连续激光入射到光电二极管时，光电二极管的阳极产生一个电流，该电流是入射激光功率和波长的函数. 为将光电二极管产生的光电流转化为电压信号，如图 13.2 所示，需要引入一个负载电阻 R_1，即由光电二极管阳极形成的光电流经负载电阻后接地. 定义光电二极管的灵敏度为 $\mathfrak{R}(\lambda)$，对于输入到光电二极管功率为 P 的激光，响应电压为

$$V_o = P \times \mathfrak{R}(\lambda) \times R_1 \tag{13.1}$$

这里，光电二极管的灵敏度为光电流 I_P 与入射激光功率的比值，即 $\mathfrak{R}(\lambda) = I_P/P$，且光电二极管对不同波长的激光呈现出不一样的灵敏度. 相应的带宽由光电二极管的电容 C_J 决定，即为

$$f_{BW} = \frac{1}{(2\pi)R_1C_J} \tag{13.2}$$

响应时间为

$$t_R = \frac{0.35}{f_{BW}} \tag{13.3}$$

在光电二极管的供电电路中采用了 RC 滤波，通过设计 R_2 和 C_5 的值，从而降低光电二极管的输出电压信号的噪声.

3. 有源滤波器

实验上采用有源滤波电路对光电二极管输出的电压信号进一步滤波. 如图 13.3 所示，有源滤波器由远放芯片 U_3 及相关的外围电阻 R_4、R_5 和电容构成. 光电二

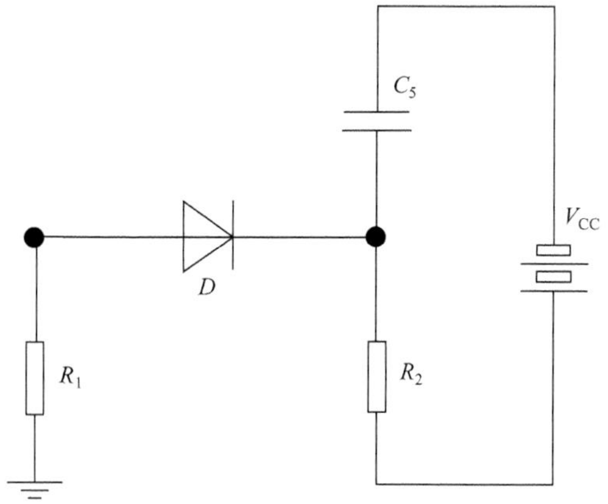

图 13.2　光电二极管产生电压信号的原理图

D 为光电二极管

极管的输出电压经输入电阻 R_3 输入到有源滤波器，且该有源滤波器也可以被看作一 RC 并联的积分电路.

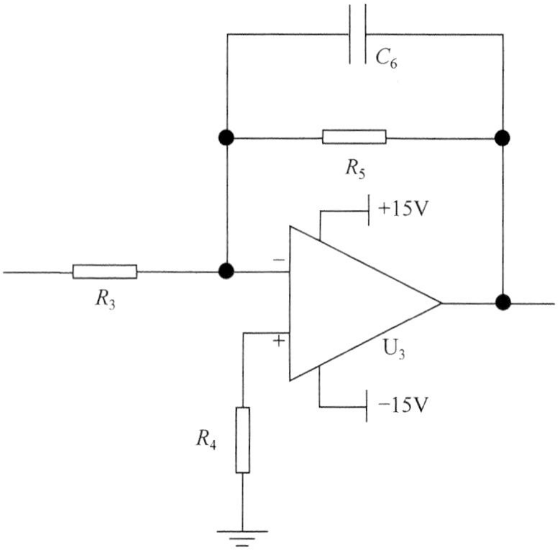

图 13.3　有源滤波器原理图

4. 带有偏置调零的连续增益放大电路

为在实验中产生合适的电压，需要设计带有增益的放大电路，特别是增益可连续调节的光电探测器. 采用如图 13.4 所示的带有偏置调零的连续可调放大器原理图，其中 U_4 为运放芯片，电阻 R_{12} 与 R_6 的比值为放大倍数，即增益. 通过调节电阻 R_{12} 即可改变光电二极管产生的电压与光电探测器最终输出电压的比例. 此外，为消除光电探测器的暗电流或有环境杂散光引起的噪声，在增益电路中加上了可调节偏置电压的偏压调零电路. 这里，将电位器的两端连接到稳定的±15V 电压，电位器输出的电压经过由电阻 R_9 与 R_{10} 组成的分压器，通过输入电阻 R_7 并入到放大电路中.

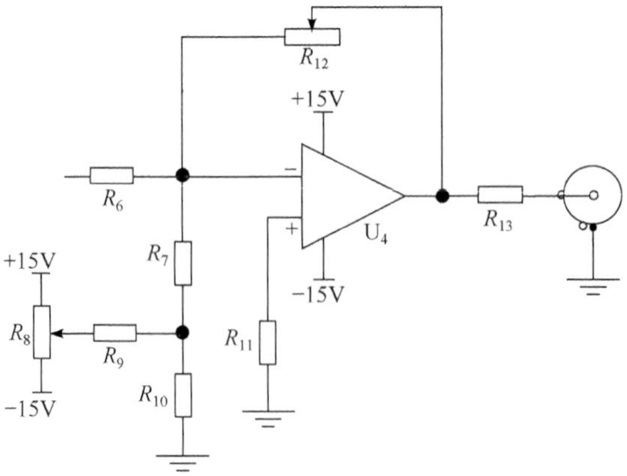

图 13.4　带有偏置调零的连续可调放大器原理图

综上所述，光电二极管探测到输入激光后，产生的光电流流经负载电阻到地面形成电压信号输出，采用有源滤波器对光电二极管产生的电压信号进行滤波处理，通过偏置电压调零及增益放大后由同轴电缆端口 BNC(Bayonet Nut Connector)输出.

二、实验装置

1. 光电二极管及运放芯片

采用美国 Thorlabs 公司出售的光电二极管，型号为 FDS100，用于探测外部输入激光，工作波长为 300～1100nm. 对光电二极管产生的电压信号进行处理(包括有源滤波、偏置电压调零及放大电路)，所使用的运放芯片由双运放 AD712 提供，且一个 AD712 运放有两个运放模块.

2. 印刷电路板(Printed Circuit Board，PCB)的绘制及相关电子元器件的连接

根据此光电探测器的原理及所涉及的光电二级光和运放芯片设计实验原理图，采用相关的电路板绘制软件(例如：Protel、Altium、Eagle、Designspark PCB)绘制 PCB. 待拿到印制好的电路板后，按照原理图完成相关电子元器件的焊接.

3. 光电探测器的固定盒

在将电子元器件(包括光电二极管)焊接到电路板上后，需要将其固定到盒内.

在设计光电探测器固定盒时需要具体考虑电路板的大小、光电二极管、偏置电压调零电阻及增益调节电阻的位置、BNC 输出及供电电源的连接位置与方式. 在确定好尺寸后，采用机械制图软件绘制计算机辅助设计(CAD)图. 如图 13.5 所示，根据使用情况设计固定盒，其中被探测的激光可以通过圆孔 7 入射到光电二极管，使用一字螺丝刀可以通过圆孔 8 和 9 对偏置电压调零电阻和增益调节电阻进行调节. 将两个 BNC 头固定到圆孔 2 和 3，使焊接有电子元器件的电路板被固定到光电探测器固定盒内. 此外，光电探测器可以通过螺纹孔 10 固定到实验的光路中.

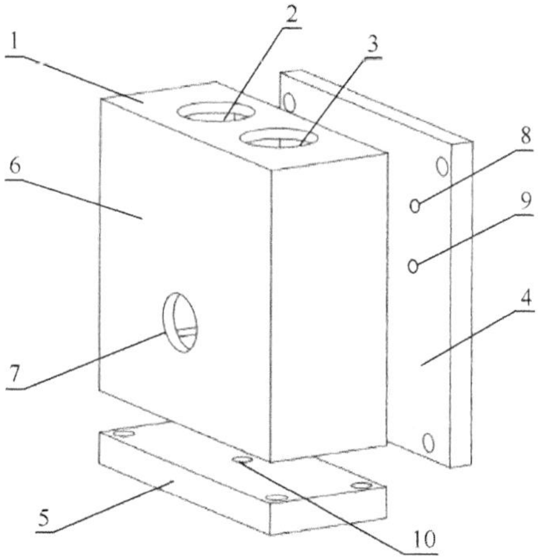

图 13.5　光电探测器固定盒

1. 固定盒顶盖；2. 电压信号输出端口；3. 电源连接端口；4. 固定盒后面板；5. 固定盒底座；6. 固定盒前面板；7. 通光圆孔；8. 偏置电压调零电阻圆孔；9. 增益调节电阻圆孔；10. 螺纹孔

三、实验内容

1. 实验前的准备

了解光电探测器的原理及其在相关研究领域中的应用. 学习简单的电工学基础知识，掌握基本的电子线路原理. 自行安装设计和绘制电路板及 CAD 工程制图的相关软件，通过自主学习可以绘制简单的电路原理图及 PCB 图，练习 CAD 工程制图软件.

2. 光电探测器电路的设计与制作

(1) 在掌握光电探测器的电路原理后，通过计算合理选择相关的电阻、电容及其他电子元器件，按照原理部分设计完整的光电探测器电路. 经检查和讨论无误后，使用相关的电路板制作软件进行合理布线，完成 PCB 图并转为电路板厂商可识别的文件.

(2) 待电路板制作好后，将所有电子元器件按照电路原理图依次焊接到电路板上，并进行简单的测试. 要特别注意，光电二极管的朝向与其他电子元器件的布局相反. 对于实验中要用到的两个电位器，采用带一字可调旋钮且能焊接到电路板上的电位器，在使用过程中方便调节.

3. 探测器固定盒的制作及安装

(1) 根据已经焊接好的电路板实际尺寸，严格设计光电探测器的固定盒，画出相应的工程制图，并交付机加工车间制作，材料为硬质铝. 在设计光电探测器固定盒时需要严格定位光电二极管、偏置电压调零电阻及增益调节电阻的位置和大小，合理设计 BNC 输出端及供电电源的连接与固定方式.

(2) 通过 BNC 输出端及供电电源的连接端口将电路板固定到光电探测器固定盒内，同时确保光电二极管、偏置电压调零电阻及增益调节电阻与固定盒上的开孔对齐.

4. 光电探测器的测试与应用

将安装好的光电探测器固定盒放置于实验光路中，采用±18V 的电源供电，利用示波器监视光电探测器的输出信号. 调节偏置电压调零电阻，使在没有激光作用下光电探测器的输出电压信号为零. 针对具体的实验，通过调节增益电阻可以实现对光电探测器输出电压信号和输入激光光强比例的调节. 采用被调制的光脉冲信号测量已制作的光电探测器的响应时间，计算所制作探测器的带宽.

四、注意事项

(1) 掌握光电探测器的工作原理及使用方法，通过计算合理选择有源滤波器的相关电子元器件，注意查看光电二极管的阈值光强，如果入射激光比较强时，一定要在光电探测器前面加衰减片，以免损坏制作的光电探测器.

(2) 在设计光电探测器的固定盒时，一定要严格按照已经设计好的(或焊接完成的)电路板去绘制相关的 CAD 工程制图，确保机床加工出来的探测器固定盒不阻挡输入激光入射到光电二极管，并且使用一字小螺丝刀可以直接旋转偏置电压调零电阻和增益调节电阻的旋钮. 另外，主要电路板上的相关电子元器件不能触碰到光电探测器的固定金属盒.

五、思考讨论

(1) 在很多科学实验中需要对所用的激光光强进行稳定，那么如何使用该光电探测器完成对实验中激光光强的稳定?

(2) 通过分析光电探测器的噪声，在现有设计原理的基础上，设计相关的滤波电路进一步压低光电探测器的噪声.

(3) 在有些实验中，为达到实验目的需要将两个激光光强相减. 如何将这种单通道的光电探测器扩展成双通道的平衡光电探测器?

参 考 文 献

戴永红, 唐政维, 刘新, 等, 2021. 一种 3D 垂直结构的光电探测器研制[J]. 微电子学, 51(2): 1-5.

胡涛, 司汉英, 2010. 光电探测器前置放大电路设计与研究[J]. 光电技术应用, 25(1): 52-55.

雷肇棣, 1994. 光电探测器原理及应用[J]. 物理, 23(4): 220-226.

陶忠祥, 梁学明, 田春艳, 2009. 光电位敏探测器的现状及发展[J]. 光机电信息, 26(4): 29-34.

吴青林, 2010. 单光子探测技术[J]. 物理学进展, 30(3): 296-306.

钟嫄, 罗宗南, 2003. 光探测器在光源测量中的选用[J]. 电子器件, 26(1): 95-98.

实验 14　激光稳频中锁相放大器的设计与制作

随着激光器制造技术的不断发展和革新，激光器已被广泛运用于工业、精密测量和探测、通信与信息处理、医疗、军事等各方面. 对激光器而言，输出激光的频率是一项很重要的指标，在许多高精密的实验中需要对激光的频率进行严格的控制，但是由于温度、振动等外部因素的影响，导致激光器在长时间运行时输出激光的频率会产生一定程度的漂移，因此对激光器进行稳频是一个必不可少的过程. 目前针对激光器稳频的需要，一般实验上是利用激光和外界介质(如原子或分子)发生相互作用产生共振吸收光谱信号，同时对激光器的电流进行调制，得到被调制的共振吸收光谱信号，然后通过锁相放大器对被调制的共振吸收光谱信号进行解调，获得误差曲线，进而反馈给激光器，实现频率的稳定.

锁相放大技术是一种测量周期信号振幅和相位的技术，它通过将信号与参考信号进行比较，将非选定的频率信号(即噪声)去除，从而得到特定频率的信号，这种技术也称为相位敏感检测技术. 经过对一段时间的信号的平均，信号的信噪比(SNR)可以增加一个数量级，因此能够以较高的精度来检测非常小的信号，使得锁相放大器成为信号恢复常用的工具. 不管是对于信号恢复还是相敏检测，锁相放大器采用窄带通滤波对感兴趣的信号进行隔离，从而减少噪声对被测信号的影响. 锁相放大器是一种对交变信号进行相敏检波的放大器，它利用和被测信号有相同频率和固定相位关系的参考信号作为比较基准，只对被测信号本身和那些与参考信号同频(或者倍频)、同相的噪声分量有响应，因此，能大幅度抑制无用噪声，改善检测信噪比(陈朝辉等，2014). 但是目前将商用的锁相放大器直接运用到激光器锁频的过程中还存在着许多不足，比如带宽较小、价格昂贵、体积庞大等，针对这些问题，设计并制作了一台用于频率稳定反馈伺服系统的锁相放大器.

一、实验原理

本实验所设计的锁相放大器的工作原理如图 14.1 所示. 利用低频信号发生器产生一个正弦射频信号，频率通常为 3～50kHz，分成两路进行实验研究. 其中一射频信号作为调制信号经移相器后，加载到半导体激光的电流驱动端口，从而实现对激光器输出激光光强的快速调制. 被调制的激光通原子气室产生饱和吸收光谱(含有调制信号信息)，被光电探测器接收. 设计一个滤波器对被调制的饱和光谱信号进行带通滤波，然后输入到具有乘法功能的混频器中. 为获得用于锁定激光频率的一阶鉴频曲线，需要采用同频率的射频信号对被调制的饱和光谱进行解调. 通过移相器调节被加载到激光器电流驱动的射频信号的相位，当满足相位匹配条件时，混频器便可以输出误差曲线. 采用低通滤波电路，滤掉高频信号，只留下低频误差信号通过. 所得到的误差信号经 PID 反馈电路加载到激光器的电压和电流端口，进行实时反馈调节，从而达到稳频的目的. 此外，采用带有偏置调节的差分放大电路对用来监视的误差信号进行优化，利用示波器对其进行监视显示.

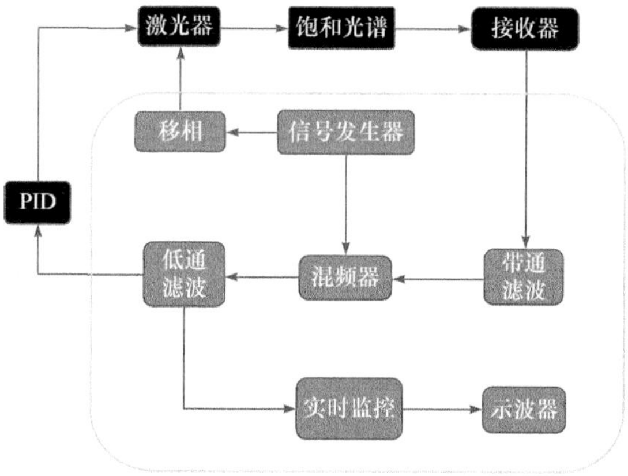

图 14.1　锁相放大器的工作原理图

1. 滤波电路

本实验采用两个无源 LC 滤波电路对被调制的饱和吸收光谱进行带通滤波，只允许频率为 3～50kHz 的信号进入混频器进行解调. 这里，具体需要对大于 50kHz 的高频信号进行截止，同时需要滤掉小于 3kHz 的低频信号，其中由 LC 组成的带通滤波截止频率为

$$f=\frac{1}{2\pi\sqrt{LC}} \tag{14.1}$$

同时，该公式也被用来设计后面用于消除鉴频曲线中高频项的低通滤波器.

2. 移相器

移相电路即相位差产生电路，其作用是改变信号的相位. 利用电容的电压超前电流 90°的原理，设计并制作 RC 阻容式移相电路. 因为被调制的饱和吸收光谱信号经过一系列的电子元器件后，与信号发生器产生的正弦调制信号有一个不确定的相位差. 利用移相器能使两个信号通过混频器后产生一个稳定的误差信号.

3. 混频器

光电探测器将被调制的饱和吸收光谱转换成电信号 $v_1(t)$，对探测器输出的饱和吸收信号进行带通滤波后，输入到由 Mini-circuits 公司生产的混频器 SRA-6 中. 将射频信号发生器产生的正弦调制信号 $v_2(t)$ 直接输入到混频器，采用调制信号 $v_2(t)$ 对被调制的饱和吸收信号 $v_1(t)$ 进行解调，且这两个信号分别为

$$v_1(t) = A_1(t) \cdot \sin(f_1 \cdot t + \varphi) \tag{14.2}$$

$$v_2(t) = A_2 \cdot \sin(f_2 \cdot t) \tag{14.3}$$

其中，被调制的饱和吸收光谱信号 $v_1(t)$ 中的振幅 $A_1(t)$ 含有原子共振跃迁频率信息，而 φ 表示正弦调制信号依次经移相器、激光器电流驱动及其他电子元器件后的相位延迟. 混频器的输出信号为两个输入信号的乘积，即 $v_1(t)$ 和 $v_2(t)$ 的乘积

$$v_O(t) = v_1(t) \cdot v_2(t) = A_1(t) \cdot A_2 \cdot \sin(f_1 \cdot t + \varphi) \cdot \sin(f_2 \cdot t) \tag{14.4}$$

调节移相器中的可变电阻，补偿正弦调制信号从加载到原子饱和吸收光谱到经带通滤波器后输入到混频器之前所产生的相位延迟，使 $\varphi = 0$. 然后，根据积化和差公式，混频器的输出信号为

$$v_O(t) = \frac{1}{2} A(t) \cdot \left[\cos((f_1 - f_2) \cdot t) - \cos((f_1 + f_2) \cdot t) \right] \tag{14.5}$$

因为实验中采用了与解调信号频率相同的正弦调制信号对饱和吸收光谱进行调制，即 $f_1 = f_2$ ，所以混频器输出的结果可以被化简为

$$v_O(t) = \frac{1}{2} A(t) \left(1 - \cos 2 f_1 \ \cdot t\right) \tag{14.6}$$

最后，利用 *LC* 低通滤波器将混频器输出信号中的高频项滤掉，只允许含有原子共振跃迁信息的 $A(t)$ 项通过，则此时便获得了用于对激光器进行反馈的误差曲线.

4. 误差曲线监视

为了能在激光器频率锁前后实时监视误差曲线，需要对上述所得到的误差曲线进行处理. 采用带有偏置调零的差分放大电路对所得到的误差曲线进行处理，通过调节相关参数在监视器上看到中心为零点的误差曲线. 优化放大电路的增益及有源滤波中的积分电阻，获得比较光滑的误差信号，达到监视目的.

二、实验装置

1. 射频信号源及混频器

采用 Rigol 公司的两通道信号发生器，型号为 DG1022U，产生用于调制饱

和吸收光谱的低频正弦信号. 通过外部设置，可以选择正弦调制信号的幅度、频率及相位. Mini-circuits 公司生产混频器，型号为 SRA-6+，工作频率范围 3kHZ～100MHz，可以被直接焊接到电路板上.

2. 无源带通滤波器

在输入被调制的饱和吸收光谱信号到混频器之前，需要设计并制作带通滤波器. 如图 14.2 所示，采用两个无源 *LC* 滤波组成的滤波电路. 光电探测器输出的饱和吸收信号先经过由 L_1 和 C_1 组成的低通滤波器，随后经由 C_2 和 L_2 组成的高通滤波器，实现带通滤波作用. 通过选取合适的电感和电容，去掉饱和吸收信号中和调制频率无关的噪声.

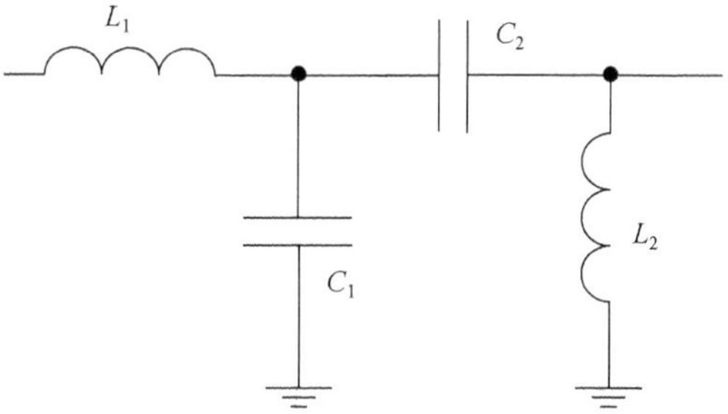

图 14.2　无源带通滤波器

3. 相位补偿器

饱和吸收信号经带通滤波器后，需要采用正弦调制信号对其进行解调，即将被调制的饱和吸收信号和正弦调制信号输入到混频器中进行混频，产生用于稳定激光频率的误差信号. 实验中，正弦调制信号在加载到饱和吸收光谱之前，经过一些相关的电子元件和模块后会出现相位延迟，无法对饱和吸收信号进行正确解调. 此时，需要设计如图 14.3 所示的相位补偿电路，通过计算选择合适的电容

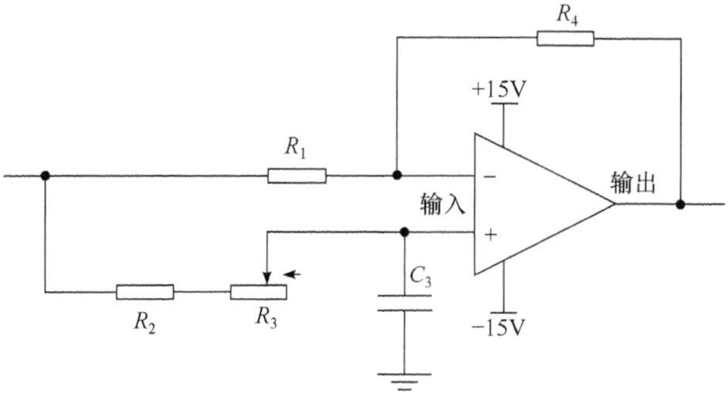

图 14.3　相位补偿电路

和电阻，消除饱和吸收信号中含有的不确定性相位. 进一步，可以调节可变电阻，优化所得到的误差曲线.

4. 误差信号监视电路

实验上，通过压电陶瓷扫描激光器中的光栅倾角，或扫描加载到激光二极管的电流，连续改变激光的频率，产生包含有原子共振跃迁线信息的饱和吸收光谱，获得用于锁定激光频率的误差曲线，并将所得到的误差信号反馈到激光器的压电陶瓷或电流驱动端口. 此过程中，往往需要对误差曲线进行实时监视，同时根据实时显示的误差曲线调节激光器压电陶瓷的电压或直接调节驱动电流，从而准确选择要锁定的原子共振跃迁线. 为了在监视器中看到比较光滑的误差信号，需要设计如图 14.4 所示的带有偏置调零的差分电路，经调节后在监视器上获得中心为零点的误差曲线. 通过调节放大电路的增益及有源滤波中的积分电阻，优化监视器显示的误差曲线.

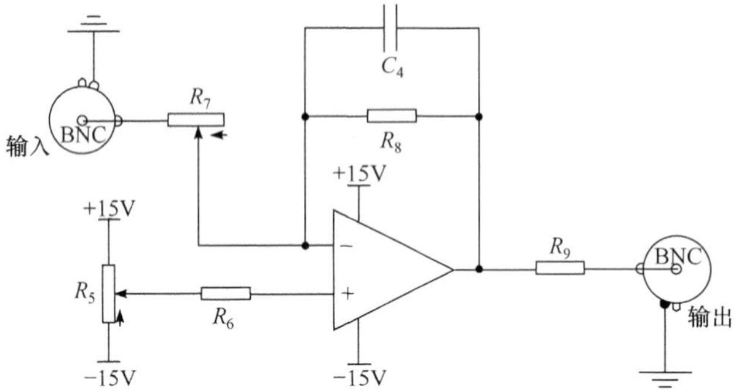

图 14.4　误差信号优化电路

三、实验内容及步骤

1. 实验前的准备

自行下载并安装用于设计与绘制电路板的相关软件，例如：Protel、Altium、Eagle、Designspark PCB 等. 学习一些基本的电子线路原理，并可以设计相关电路. 学习基于饱和吸收光谱锁定激光频率的原理和实验方法，掌握用于半导体激光器频率锁定的锁相放大器的工作原理，详细了解相关的仪器和电子元件，例如：射频信号发生器、运算放大器、混频器及电阻、电容和电感. 根据相关软件教程，可以绘制简单的电路.

2. 电路设计及制作

在理解锁相放大器的工作原理及其在激光频率锁定中的作用后，按照实验原理开始设计完整的锁相放大电路. 使用已安装到计算机上的电路板设计软件绘制锁相放大器的原理图，经反复检查和讨论后，进行合理布线并绘制 PCB 图. 待拿到制作好的电路板后，按照电路原理图将所有电子元器件依次焊接到电路板上. 将已做好的电路放置在 2U 铝质机箱内并固定，根据实验原理对做好的锁相放大器进行模块化检测.

3. 误差信号测量及频率锁定

(1) 自行搭建(或借助于已完成的)饱和吸收光谱，采用射频信号发生器产生正弦调制信号，使用已经制作完成的锁相放大器对饱和吸收信号进行调制与解调.

(2) 采用示波器监视得到的误差信号，调节监视电路的相关参数，减小噪声并进行偏置调零，在示波器中获得比较光滑的误差曲线.

(3) 改变移相器的相关参数，使被调制的饱和吸收信号与用于解调的正弦信号相位匹配，获得正确的误差信号，并将另一路误差信号反馈到激光器的电流和压电陶瓷端口.

(4) 进一步优化实验参数，实现激光器的频率稳定. 学习不同的激光频率锁定方法，尝试将制作的锁相放大器应用到不同装置的激光频率稳定实验中，例如：基于 F-P 腔的 PDH 锁频.

四、注意事项

(1) 正确掌握锁相放大器中各部分的工作原理及实现方法，合理选择相关电子元器件的参数. 在实验前先制作一个 ±18 V 的直流电源，为锁相放大器提供稳定的工作电压.

(2) 在使用已有的(或自行搭建)饱和吸收光谱实验装置时，要注意激光器的开关机顺序及操作规范.

(3) 在使用误差信号锁定激光频率时，一定注意合理限制加载到激光器压电陶瓷及电流驱动上的信号幅度，经检查无误后再使用误差信号对激光器进行反馈，以防电流过大损坏激光器中的发光二极管.

(4) 当实验者利用已做好的锁相放大器锁定激光频率时，必须佩戴静电护腕，防止身体静电损坏激光器.

五、思考与讨论

(1) 在调节移相器相关参数过程中，探索误差信号随相位延迟 φ 的变化?

(2) 如果将所制作的锁相放大器应用到 F-P 腔的锁定中，思考原理上是否可行，如可行那么该如何操作?

(3) 当解调信号的频率不等于调制信号的频率($f_1 \neq f_2$)时，思考还能否得到误差曲线，如可以的话请在实验上进行探究.

参 考 文 献

陈朝辉, 叶林, 葛俊锋, 等, 2014. 锁定放大器的仿真及参数设计研究[J]. 仪表技术与传感器, 11: 88-92.

梁明理, 朱俊, 孙尽尧, 2008. 电子线路[M]. 5 版. 北京: 高等教育出版社.

Fu S Y, Sakurai A, Liu L, et al., 2013. Generalized lock-in amplifier for precision measurement of high frequency signals[J]. Review of Scientific Instruments, 84(11): 115101.

实验 15　比例积分控制器的仿真设计

比例积分微分(PID)控制器在生产生活中扮演的角色越来越重要，从家用自动温度控制器到激光稳频系统，从空调遥控器到工厂车间自动流水线. 除此之外，PID 控制电路的算法简单，具有很好的鲁棒性，可靠性也很高，因此，在很多工业生产过程当中，运用 PID 控制电路即可以实现精准控制，还可以从一定程度上降低环境对整个控制系统的干扰，大大提高系统的稳定性. PID 控制器主要由三个功能结构不同的电路构成，通过协调各部分参数之间的关系以达到精准控制的效果. 这三个部分分别为比例部分、积分部分和微分部分. 比例部分主要负责放大微小信号，而且对小信号的响应较快，同时保证被控电路和控制电路之间互不干扰，保证控制的准确性；积分部分主要负责将控制器件产生的误差信号进行积累平均，通过这样来达到修正误差的目的，但是由于积分过程需要时间，因此此时的电路在时间上存在一定的延迟，不能够达到及时控制的目的；微分电路主要负责将信号进行微分，预测在未来可能会产生的误差信号，并将其平均，这样可以实现超前调节的目的，用来弥补在积分过程当中对时间造成的延迟，最终达到实时控制的目的.

20 世纪 70 年代开始，中小规模的集成电路大大促进了整个电路设计的发展，电子电路设计也从这个时间点迎来了飞速的进步. 与此同时，传统手工制图设计印制电路板和集成电路的弊端也开始慢慢展现，比如精度无法足够小，布线等繁重的高重复性劳动使得工作效率大大降低等. 此时，计算机的迅速发展以及广泛应用，使得许多产品的设计和分析转移到了计算机上进行，人们也将自己从一些复杂的、重复性高的劳动中解放出来. 利用计算机就可以完成一系列布线、布图等操作，因此，出现了计算机辅助设计(CAD)软件. 其中利用 OrCAD/PSpice，不仅可以对模拟电路进行交直流分析、瞬态分析等基本电路分析，而且还可以进行蒙特卡罗统计分析以及最坏情况分析等一系列复杂的电路设计分析. 除此之外，用软件还可以对数字电路、数字/模拟混合电路进行计算机模拟. 由此可见，将 PSpice 与比例积分控制器设计联系在一起可以大大提升设计的便捷性和准确性.

一、理论分析

1. PID 控制器在控制系统的作用

PID 控制器由三部分构成：比例部分、积分部分、微分部分. 图 15.1 所示为

PID 控制系统结构原理图，在整个控制系统输入端输入信号 $r(t)$，$e(t)$ 作为 PID 控制器的输入值，在比例-积分-微分运算进行后，可以获得控制器的输出值 $u(t)$. 同时，$u(t)$ 用作受控对象的输入信号，并且在经过受控对象之后，经反馈环节将其反馈到 PID 控制器的输入端，得到系统的实际输出值 $c(t)$. 这意味着 $e(t)$ 是系统的实际输出值和系统的输入值之间的差值，有

$$e(t) = r(t) - c(t) \tag{15.1}$$

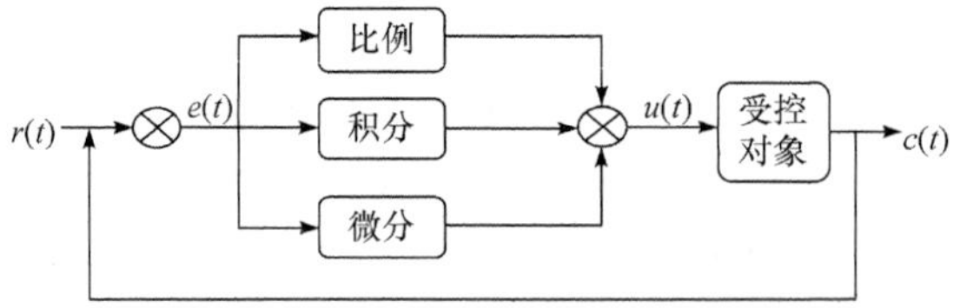

图 15.1　PID 控制系统结构原理图

根据 PID 控制器的作用，可以得到控制器的控制规律

$$u(t) = K_{\rm P}\left[e(t) + \frac{1}{T_{\rm i}}\int_0^t e(t){\rm d}t + T_{\rm d}\frac{{\rm d}e(t)}{{\rm d}t}\right] \tag{15.2}$$

式中，$K_{\rm P}$ 是比例系数，$T_{\rm i}$ 是积分时间常数，$T_{\rm d}$ 是微分时间常数. 从式中可看出，PID 控制器的输出有三个部分：比例部分、积分部分和微分部分，下面分别介绍这三部分的作用.

在比例部分中，比例系数 $K_{\rm P}$ 反映了控制器的控制性能. 比例系数与系统的响应速度以及调节精度有关，三者同向变化. 当同向增长时，系统的稳态误差会减小. 但是，如果 $K_{\rm P}$ 值太大，系统的相对稳定性会降低；如果 $K_{\rm P}$ 值太小，系统的响应速度将会变慢，响应时间也会延长. 当控制器的输入信号 $e(t)$ 改变时，输出信号仅改变幅度，不改变相位. 因此，如果我们想要完全消除稳态误差，就必须利用积分式，即需要引入积分控制器.

从积分部分的表达式来看，输入信号只要存在，就会不断地进行积分控制. 当输入信号 $e(t)$ 消失后，由于积分作用，输出信号的积分部分 $\dfrac{K_{\rm P}}{T_{\rm i}}\displaystyle\int_0^t e(t){\rm d}t$ 可能是一个不为 0 的常数，控制器的输出信号自然也不为 0. 此时，控制作用仍然存在，直到稳态误差继续减小至 0，即消除系统的稳态误差. 比例部分与积分部分组合形成的比例积分控制器的作用为：对系统的稳态(静态)误差进行消除. 设积分系数为 $K_{\rm i}$，有 $K_{\rm i} = \dfrac{K_{\rm P}}{T_{\rm i}}$，积分系数 $K_{\rm i}$ 越大，导致所需的积分时间 $T_{\rm i}$ 越小，也就是说系统的稳态误差就会消除得越快. 但是，如果 $K_{\rm i}$ 太大，则在响应开始时将会出现积分饱和，导致响应过程的较大超调；如果 $K_{\rm i}$ 太小，所需的积分时间

T_i太大，且难以消除系统的稳态误差. 积分会产生额外的相位使放大器的输出滞后于输入，并发生振荡，产生动态误差. 为了解决这个问题，可引入微分控制器.

输入的误差信号的微分$\frac{de(t)}{dt}$表示误差的变化趋势(变化速度). 根据输入的误差信号的趋势，微分控制器可以提前预报误差的变化，在误差发生变化之前，为了阻止误差向某个方向发生变化，根据微分控制器的作用，会将信号拉回到标准值，即改善系统的动态特性. 微分系数K_PT_d若是适当，则可以对其控制效果进行优化，设微分系数为K_d，$K_d = K_PT_d$. 如果K_d过大，则微分部分的调节时间T_d将延长. 系统的抗干扰性能与稳定时间有关，二者成反向变化. 此外，微分控制器是依靠微分效果而起作用的，当输入信号不发生变化或者为 0 时，输出为 0. 微分控制器不能单独使用，需要与比例或者积分控制器相结合，形成比例-微分-积分控制器或者比例-积分-微分控制器才能用于实验.

2. PI 控制器电路分析

如图 15.2 所示为比例积分控制器(PI 控制器)电路图，分为三部分：跟随器、积分部分、比例部分. 电压跟随器作为信号和控制器之间的中间级，可以很好地隔绝前后电路之间的相互影响. 积分部分的主要作用是对误差信号进行时间上的积累，达到消除稳态误差的目的. 比例部分的作用为响应微小信号，将微小信号成比例放大. 电压跟随器部分如图 15.3 所示，由运算放大器输入端虚短、

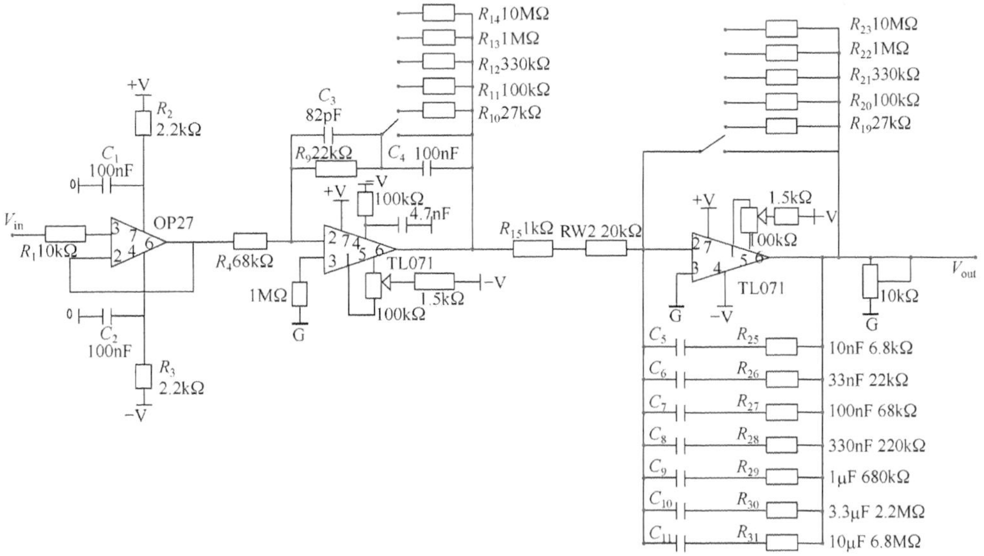

图 15.2　PI 控制器电路图

虚断的概念，可以写出电压跟随器输出电压与输入电压之间的关系

$$u_{o1} = u_i \tag{15.3}$$

传递函数为

$$A_1 = \frac{u_{o1}}{u_i} = 1 \tag{15.4}$$

当信号经过电压跟随器时，输出信号与输入信号完全相同，仅仅起到隔离前后电路的作用，使得后电路能够更好地工作.

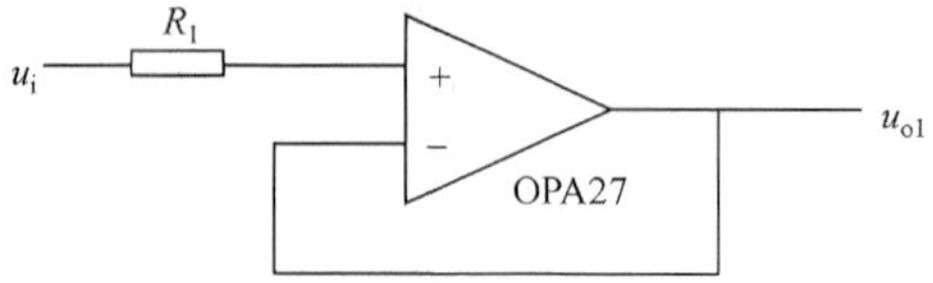

图 15.3　电压跟随器部分电路图

图 15.4 是整体电路中积分部分简化后的展示，其中，u_{o1} 作为积分部分的输入电压，也是电压跟随器的输出电压，u_{o2} 作为积分部分的输出电压，同时为了便于计算建立一个过渡电压 u_m ，并用箭头和电流符号标注出了流经各支路的电流.

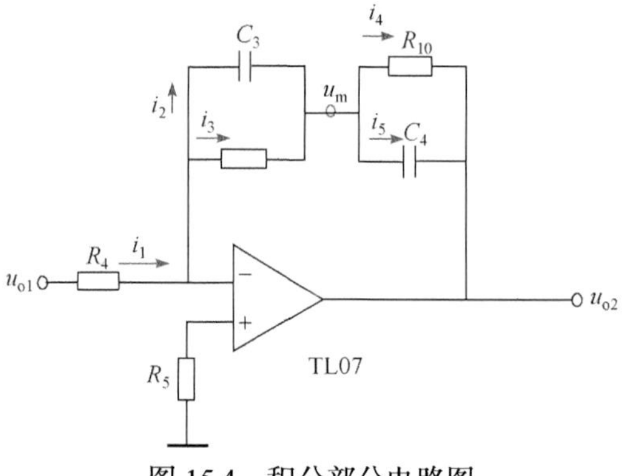

图 15.4　积分部分电路图

电感和电容分别采用复阻抗 $Z_L = sL$ 和 $Z_C = 1/(sC)$ 表述. 根据运算放大器输入端虚短、虚断的概念，可得

$$u_- = u_+ = 0 \tag{15.5}$$

计算可得

$$u_m = -\frac{R_9}{R_4} \cdot \frac{u_{o1}}{1 + R_9 C_3 s} \tag{15.6}$$

通过电阻 R_9 的电流 i_4 为

$$i_4 = \frac{u_m - u_{o2}}{R_{10}} \tag{15.7}$$

通过电容 C_4 的电流 i_5 为

$$i_5 = \frac{u_m - u_{o2}}{Z_{C4}} = -u_m C_4 s \tag{15.8}$$

计算可得

$$\frac{u_{o1}}{R_4} = (u_m - u_{o2})\left(\frac{1}{R_{10}} + C_4 s\right) \tag{15.9}$$

将 u_m 代入上式可得

$$H(s) = \frac{u_{o2}}{u_{o1}} = -\left(\frac{R_9}{R_4} \cdot \frac{1}{1 + R_9 C_3 s} + \frac{R_{10}}{R_4} \cdot \frac{1}{1 + R_{10} C_4 s}\right) \tag{15.10}$$

该式即为积分部分电路的传递函数.

图 15.5 是电路中比例部分简化后的展示，其中，因为同一时间接入电路的只有一个挡位的电阻. 图中只画出了电阻 R_{19} . u_{o2} 作为比例部分的输入电压，也是积分部分的输出电压，u_{o3} 作为比例部分的输出电压. 流经各支路的电流用箭头和电流符号标注. 同理，我们在电容 C_5 和电阻 R_{25} 之间选择了一个过渡电压 u_{m2} ，用以计算方便.

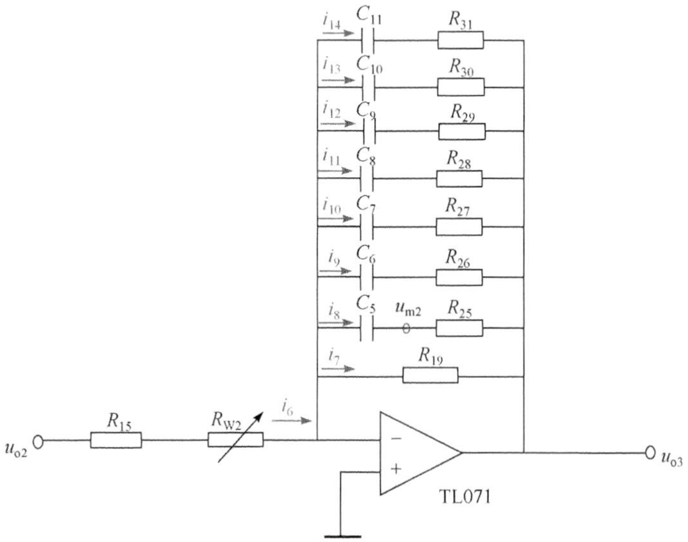

图 15.5　电路中比例部分电路图

流经电阻 R_{15} 与可调电阻 R_{W2} 的电流 i_6 为

$$i_6 = \frac{u_{o2} - u_-}{R_{15} + R_{W2}} = \frac{u_{o2}}{R_{15} + R_{W2}} \tag{15.11}$$

流经电阻 R_{19} 的电流 i_7 为

$$i_7 = \frac{u_- - u_{o3}}{R_{19}} = -\frac{u_{o3}}{R_{19}} \tag{15.12}$$

通过电容 C_5 的电流 i_8 为

$$i_8 = -u_{m2} C_5 s \tag{15.13}$$

通过电阻 R_{25} 的电流 i_8 为

$$i_8 = \frac{u_{m2} - u_{o3}}{R_{25}} \tag{15.14}$$

可得

$$u_{m2} = \frac{u_{o3}}{1 + R_{25} C_5 s} \tag{15.15}$$

最终可得比例部分电路的传递函数为

$$H(s) = \frac{u_{o3}}{u_{o2}} = -\frac{R_f}{R_f + R_{W2}} \tag{15.16}$$

其中，R_f 表示反馈回路的总阻值. 电容 C_5 与电阻 R_{25} 串联，可写出该反馈支路阻值

$$R_{f8} = \frac{1}{sC_5} + R_{25} \tag{15.17}$$

根据其余支路与电流 i_8 支路的相似性，以及其余支路与电流 i_8 支路的并联关系，可写出

$$\frac{1}{R_f} = \frac{1}{R_{f19}} + \frac{1}{R_{f8}} + \frac{1}{R_{f9}} + \frac{1}{R_{f10}} + \frac{1}{R_{f11}} + \frac{1}{R_{f12}} + \frac{1}{R_{f13}} + \frac{1}{R_{f14}} = \frac{1}{R_{f19}} + \sum_{n=5}^{11} \frac{sC_n}{1 + sC_n R_{n+20}} \tag{15.18}$$

总电路的传递函数等于积分部分和比例部分的传递函数的乘积. 电路的传递函数，包含了整个电路的所有信息，即幅频特性和相频特性.

二、仿真实验

对电路进行理论分析之后，接下来利用 PSpice 模拟仿真软件，对电路进行

进一步的分析. 对于仿真分析，同样，先将整个电路分解成三部分先进行各自的仿真分析，在确保无误之后，再对电路进行总体仿真分析，包括温度对电路的影响、蒙特卡罗分析、最坏情况分析等.

1. 电压跟随器部分电路仿真

将电压跟随器部分电路用 OrCad Capture 绘制成可用于 PSpice 仿真模拟的电路如图 15.6 所示.

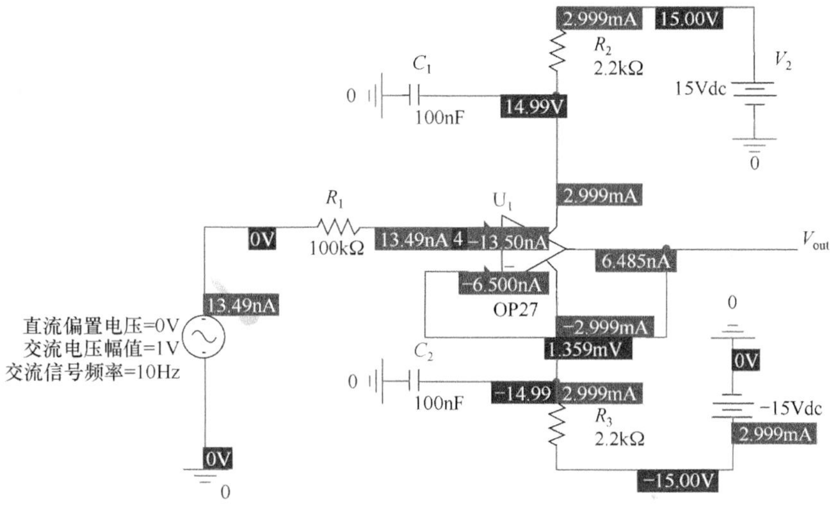

图 15.6　电压跟随器仿真电路图

从图 15.6 中可看出各个偏置点的电压和电流值. 在接入直流偏置为 0V，交流幅值为 1V，频率为 10Hz 的正弦交流信号后，可得输入输出波形，V_{out} 和 V_{in} 不论是幅值还是频率相位基本完全一样.

2. 积分部分电路仿真

如图 15.7 所示的电路图，从图中可以清晰地看出各个支路的偏置电压和支路的电流，TL071 芯片的正负管脚输入电压正确，可以判断芯片正常工作. 图中选取 R_{12} 的阻值为 330kΩ，PSpice 软件仿真可得到输入输出波形. V_{in} 为幅值 1V，频率为 10Hz 的正弦交流信号，V_{out} 为积分电路的输出信号. 从图 15.7 可以看出，输出信号幅值约为 2.2V，该结果可以与利用理论计算所得出的电路放大特性相比较. 再从积分电路 15.7 可以看出，输出信号确为一个余弦信号，但是和标准的余弦信号相比较存在一点相位差. 因此可以认为，积分电路可以实现积分功能. 除此之外，对积分电路的不同挡位进行仿真测试. 按照积分电路图，分别在 10Hz 和在 50Hz 情况下将挡位选择至 27kΩ、100kΩ、330kΩ、1MΩ、

10MΩ，输出输入信号关系. 结合理论分析和仿真结果，考察积分部分电路的功能.

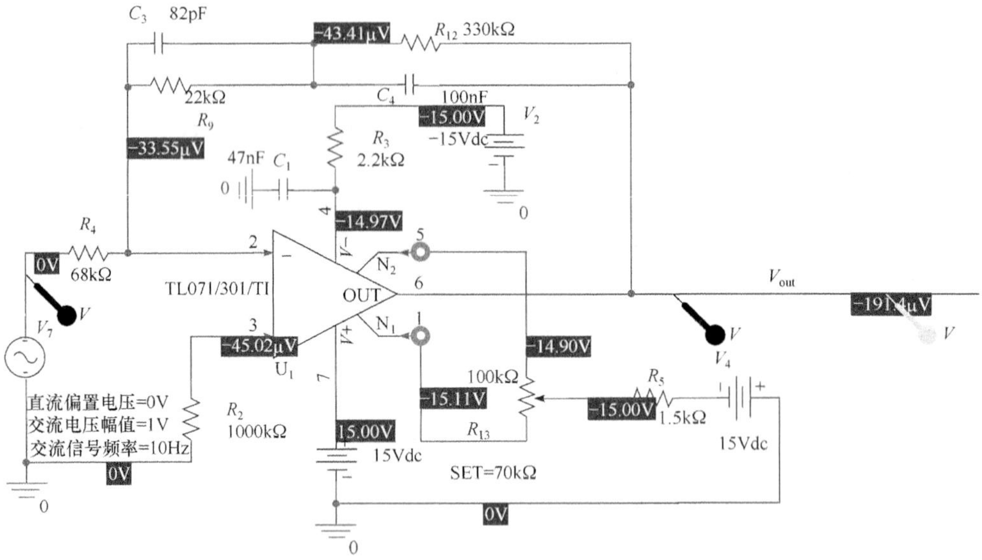

图 15.7　积分部分仿真电路图

3. 比例部分电路仿真

如图 15.8 所示的比例电路仿真原理图. 从图中标出的电压数据看出，在芯片的供电端，正负供电正常，芯片可以正常工作. 此时选择 R_{W2} 为 20kΩ. 电路的输

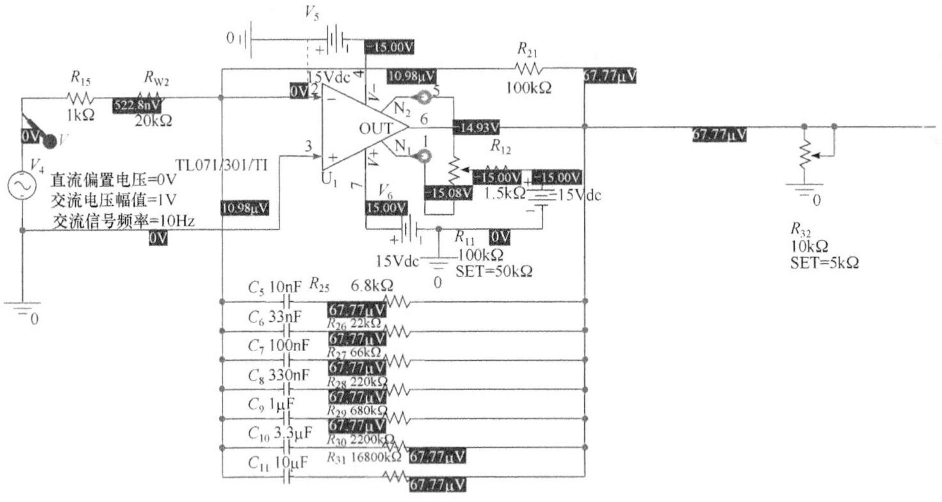

图 15.8　比例电路仿真原理图

入信号为幅值 1V，频率为 10Hz 的正弦交流信号. 改变 R_{W2} 的阻值，可以对电路进行仿真分析，得到输入输出波形.

将 R_{W2} 的阻值分别在 10kΩ、20kΩ、30kΩ、40kΩ、50kΩ的情况下进行测试，可以看到 R_{W2} 在 10kΩ的时候放大倍数是最大的，随着 R_{W2} 阻值的增大，整个比例电路的放大倍数在逐渐减小. 通过 PSpice 仿真输出电路的放大倍数，并考察其与理论计算的放大倍数是否吻合.

4. 整体电路仿真

在对整个控制电路的跟随器、积分电路、比例电路进行了单独的仿真之后，我们可以得到结论，仿真结果与理论分析结果相符. 为了进一步研究整个控制电路的工作特性和稳定性等，继续利用 PSpice 软件对电路进行仿真模拟分析. 首先对总体电路进行分析，利用 OrCad Capture 画出总体电路.

在之前的仿真中，可以看到，比例部分前置电阻 R_{W2} 对整个放大倍数有很大影响. 因此，在总体放大倍数仿真中着重观察 R_{W2} 对整个电路的影响. 首先确定积分部分挡位选择为 330kΩ，比例部分挡位选择为 100kΩ. 当取值 R_{W2}=10kΩ，输入信号为振幅 1V，频率 10Hz 的正弦信号时，可以得到输入输出波形图. 若将输入信号的频率调整为 50Hz，从示波形图上可以看到同样的变化情况，R_{W2} 的阻值增大，整个电路的放大倍数减小.

下面对整个电路进行蒙特卡罗分析. 对整个电路的与放大倍数相关的电阻、电容的容差进行设置，以便进行蒙特卡罗分析. 将容差设置为 5%，选择元器件的属性，设置容差(DEV)=5%，测试温度在 27℃. 蒙特卡罗分析的采样数据为 50 组，误差形式采用高斯型分布，可以得到输入输出关系. 由于整个电路的元器件存在误差，所以输出放大倍数不稳定. 为了得到较稳定的放大倍数，应该选用精度更高的电路元器件. 将 DEV 设置为 2%，可以得到输入输出关系. 当选用精度更高的元器件时，可以明显看出整个输出波形更收敛，相较于 5%的器件，整个误差引起的输出波形放大范围也更小. 因此在实际中，选用高精度的元器件可显著提高电路的精度和稳定性.

三、实验内容

1. 实验前的准备

参考理论部分，熟练掌握电路分析方法，并根据理论分析结果，绘制出 PI 电路的波特图.

2. 仿真实验

在掌握电路基本原理的基础上，在仿真软件中构建电路；熟练掌握 PSPice

仿真软件的使用方法，要求给出各部分电路的波特图和输入输出波形图，并与理论分析结果进行比对.

3. PI 电路的优化设计

根据仿真结果，给出电路中元器件的最佳取值，并能够优化设计 PI 电路图.

四、思考与讨论

(1) 积分时间如何选取？分析 PI 电路中，不同挡位下的积分时间的大小？

(2) 分析 PI 电路中，不同挡位下的比例放大倍数的范围？

(3) 结合文中的 PI 电路，给出 PI 电路的幅频特性曲线.

(4) 在控制系统中，如何考察 PID 控制器是否在正常工作？

参 考 文 献

劳五一, 劳佳, 2011. 模拟电子学导论[M]. 北京: 清华大学出版社.

李学明, 徐燕萍, 徐礼明, 等, 2013. 模拟电子技术仿真实验教程[M]. 北京: 清华大学出版社.

梁明理, 朱俊, 孙尽尧, 2008. 电子线路[M]. 北京: 高等教育出版社.

荣玫, 刘树堂, 2017. 基于运算放大器和模拟集成电路的电路设计[M]. 朱茂林, 译. 西安: 西安交通大学出版社.

杨维明, 谌雨章, 2016. 电路与模拟电子电路 PSpice 仿真分析及设计[M]. 北京: 电子工业出版社.

实验 16　双原子分子激光诱导荧光光谱

光谱学是研究光与物质相互作用的学科，反映了两方面的信息：光与物质的相互作用以及物质本身的结构和运动. 作为研究物质结构最主要的手段之一，光谱学的发展在物理学、化学、天体物理乃至于生理医学和工业生产等领域都有着举足轻重的地位. 如赫兹堡在他经典的著作《分子光谱与分子结构》中所言的那样：“研究分子光谱已成为研究分子结构的最重要的手段之一，甚至也许就是研究分子结构的最最重要手段”. 从分子光谱我们可以直接导出分子的各个分立能级，得到分子中核的转动、振动以及电子结构的详细知识，从转动频率可得到原子核精确几何排布以及核间距，从振动频率可得到原子间力和解离能，而从电子运动可得到化学键的理论解释. 自 20 世纪 60 年代激光发明以来，光谱测量技术发生了革命性的发展. 激光光源自发明以来，因其亮度高、单色性和方向性好，具有可调谐、单脉冲等诸多优点，逐渐取代原有的闪光灯、高压汞灯等传统光源，形成了具有高灵敏、高分辨等特点的激光光谱学. 随着激光光源的发展，各种新型的光谱技术也不断出现：如具有超高灵敏的光腔衰荡吸收光谱(cavity ringdown spectroscopy，CRDS)，建立在光声效应基础上的光声光谱(photo acoustic spectroscopy，PAS)，利用傅里叶变换光学技术的傅里叶变换红外光谱(Fourier transform infrared spectroscopy，FTIR)，以及利用里德伯态具有极长寿命特点的零动能光电子能谱(zero kinetic energy photoelectron spectroscopy，ZEKE)等技术；新的实验仪器也相继出现，如傅里叶变换光谱仪、中阶梯光栅光谱仪、光纤光谱仪等. 这些新出现的光谱技术和光谱仪使光谱测量灵敏度、光谱分辨率、空间与时间分辨能力都提高了几个量级. 激光诱导荧光光谱(laser-induced fluorescence spectroscopy，LIF)是研究分子光谱最常用的技术之一，与其他光谱技术相比，激光诱导荧光光谱有四个优点：首先它是一种零背景光谱技术，具有很高的灵敏度；其次荧光发射是全方位的，因此可以从各个角度收集荧光，可以得到二维和三维的荧光成像；再次通过激光诱导荧光激发谱可以研究各激发态的信息，而从激光诱导荧光色散谱可以研究从激发态向各低电子态的跃迁信息；最后通过改变激发光与收集荧光的延时可以研究反应产物内能态的动力学信息.

本实验以气态双原子分子 I_2 为研究对象，通过激光诱导荧光获得 I_2 的振动光谱，研究振动光谱强度随碘泡温度、激光失谐、激光功率等因素的变化行为；基于所获得的 I_2 分子振动光谱结合 Brige-Sponer 方法求解 I_2 分子的光谱常数，如振动频率、非谐性系数、解离能、电子态的势能面等；通过计算弗兰克-康登(Franck-Condon)因子解释振动光谱强度随振动量子数的变化. 通过以上常数的求解与弗兰克-康登因子的计算理解双原子分子的简谐子模型及振动波函数，掌握通过光谱数据求解分子常数的手段.

一、实验原理

该实验中涉及分子光谱的基本原理包括分子的能级结构、振动能级及相关光谱常数的计算、涉及激光诱导荧光跃迁强度的弗兰克-康登原理、激光诱导荧光技术等概念.

1. 分子光谱项值

分子光谱的基本理论建立在量子力学的基础上，可用薛定谔方程精确地描述分子的电子结构，在玻恩-奥本海默近似条件下可以分别给出电子和核的解. 对于多原子分子，包含核和电子的总薛定谔方程可表示为

$$\hat{\boldsymbol{H}}\boldsymbol{\Psi}(\boldsymbol{R},\boldsymbol{r}) = E\boldsymbol{\Psi}(\boldsymbol{R},\boldsymbol{r}) \tag{16.1}$$

其中，$\boldsymbol{R}$、$\boldsymbol{r}$ 分别是核运动和电子运动的坐标，在忽略自旋和轨道相互作用后，分子哈密顿算符的具体形式可表示为

$$\hat{\boldsymbol{H}} = -\sum_{\mathrm{N}}\frac{\hbar^2}{2M_{\mathrm{N}}}\nabla_{\mathrm{N}}^2 - \sum_{\mathrm{e}}\frac{\hbar^2}{2m_{\mathrm{e}}}\nabla_{\mathrm{e}}^2 + \boldsymbol{V}_{\mathrm{NN}} + \boldsymbol{V}_{\mathrm{ee}} + \boldsymbol{V}_{\mathrm{eN}} \tag{16.2}$$

其中第一和第二项分别表示核和电子的动能，而后三项则表示核与核、电子与电子、核与电子的相互作用. 在玻恩-奥本海默近似下，分离核与电子的运动，分子的波函数可以写成核的波函数与电子波函数的乘积，即有

$$\boldsymbol{\Psi}(\boldsymbol{R},\boldsymbol{r}) = \boldsymbol{\Psi}_{\mathrm{N}}(\boldsymbol{R})\boldsymbol{\Psi}_{\mathrm{e}}(\boldsymbol{r},\boldsymbol{R}) \tag{16.3}$$

由此可以得到核运动方程和电子运动方程

$$\left[-\sum_{\mathrm{N}}\frac{\hbar^2}{2M_{\mathrm{N}}}\nabla_{\mathrm{N}}^2 + \boldsymbol{V}_{\mathrm{NN}} + E_{\mathrm{e}}(\boldsymbol{R})\right]\boldsymbol{\Psi}_{\mathrm{N}}(\boldsymbol{R}) = E\boldsymbol{\Psi}_{\mathrm{N}}(\boldsymbol{R}) \tag{16.4}$$

$$\left[-\sum_{\mathrm{e}}\frac{\hbar^2}{2m_{\mathrm{e}}}\nabla_{\mathrm{e}}^2 + \boldsymbol{V}_{\mathrm{ee}} + \boldsymbol{V}_{\mathrm{eN}}\right]\boldsymbol{\Psi}_{\mathrm{e}}(\boldsymbol{r},\boldsymbol{R}) = E_{\mathrm{e}}(\boldsymbol{R})\boldsymbol{\Psi}_{\mathrm{e}}(\boldsymbol{r},\boldsymbol{R}) \tag{16.5}$$

其中核运动方程包含了分子的平动、振动和转动，决定了分子的振动和转动光谱，而电子运动方程则决定了分子的电子光谱. 分子的平动主要取决于系统的温度. 通过激光诱导荧光光谱可以得到分子的电子光谱、振动光谱和转动光谱. 在玻恩-奥本海默等近似下，分子的总能量 E 可以分解为以下三部分：

$$E = E_e + E_{vib} + E_{rot} \tag{16.6}$$

其中，E_e、E_{vib}、E_{rot} 分别表示电子能量、振动能和转动能. 分子的势能曲线与能级结构如图 16.1 所示.

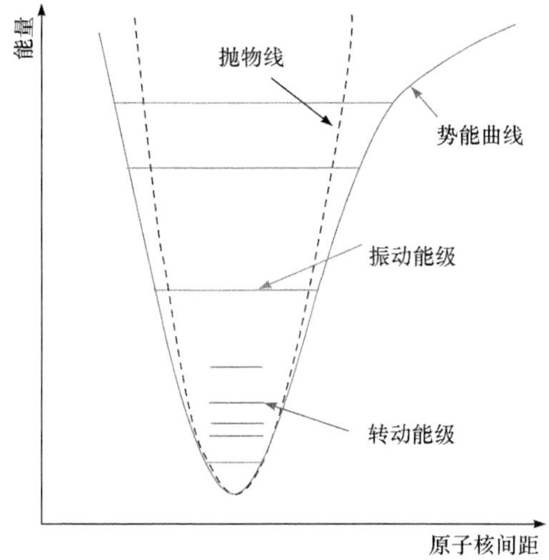

图 16.1　分子的势能曲线与能级结构

在分子光谱中习惯以波数(cm^{-1})为单位，相应的能量被称为项值

$$T = E/(hc) = T_e + G(v) + F(J) \tag{16.7}$$

其中，T_e、$G(v)$ 和 $F(J)$ 分别表示电子谱项、振动能量和转动能量. 在此假设下，光谱跃迁对应的能量可表示为

$$\Delta E = (T_e' - T_e'') + (G(v') - G(v'')) + (F(J') - F(J'')) \tag{16.8}$$

其中“′”代表上能态，“″”代表下能态，T_e' 和 T_e'' 分别表示上能态(通常用 A, B, …表示)和下能态(通常用 X 表示)的电子能；在我们的实验中，下能态通常都是基态，因此 T_e'' 等于 0. $G(v')$ 和 $G(v'')$ 分别表示上能态和下能态振动量子数为 v' 及 v'' 的振动能级，而 $F(J')$ 和 $F(J'')$ 分别表示上能态和下能态转动量子数为 J' 及 J'' 的转动能级. 由于本实验中无法实现转动分辨，因此不对转动能级及其跃迁规则作进一步介绍.

对于振动能级，可表示为

$$G(v) = E_{vib}/(hc) = \omega_0(v+1/2) - \omega_0\chi_0(v+1/2)^2 \tag{16.9}$$

其中，ω_0 为振动频率，$\omega_0\chi_0$ 为非谐性常数. 非谐性常数是指分子的势能曲线偏离抛物线的情况，如图 16.2 所示，通常 $\omega_0\chi_0$ 与 ω_0 之比在 10^{-3}～10^{-2} 量级.

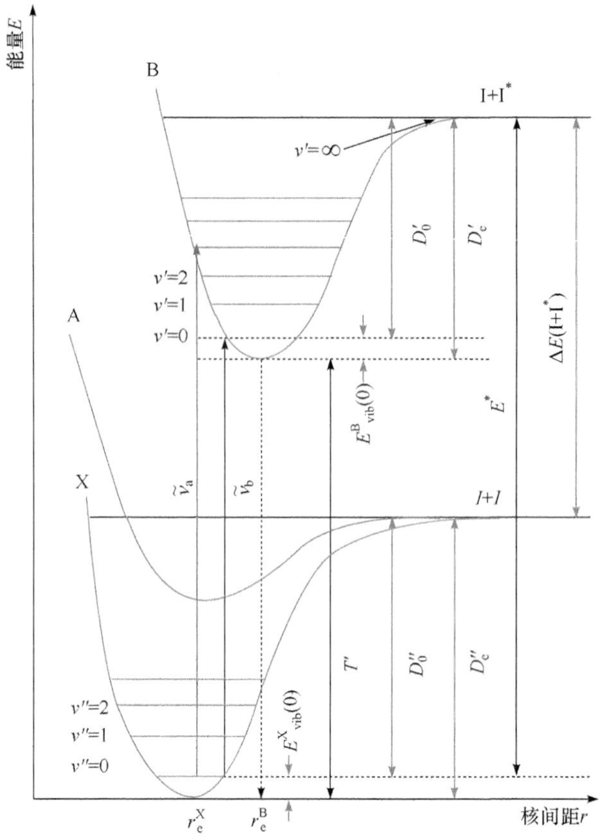

图 16.2　电子跃迁的能级示意图

其中(I+I)表示解离的两个碘原子，(I+I*)表示一个基态碘原子和一个激发态的碘原子，

r_e^X 和 r_e^B 分别是 X 和 B 态的核间距；D_e'' 和 D_0'' (D_e' 和 D_0')是 X(B)态的解离能与零点解离能；

ΔE(I+I*)为单个碘原子的激发能；$\tilde{\nu}_a$ 、$\tilde{\nu}_b$ 和 T' 是相应跃迁的频率

2. 势能曲线与振转常数

当考虑振动能级的非谐性变化时，双原子分子的势能曲线通常可以用莫尔斯(Morse)势表示

$$V(r) = D_e\left(1 - e^{-\beta(r-r_0)}\right)^2 \tag{16.10}$$

其中，D_e 是电子态的解离能，即将双原子分子分解为两个原子所需的能量，同时也是电子态势阱的深度，如图 16.2 所示. 在图中，我们还给出了零点解离能 D_0，根据公式(16.9)可知，两者的关系为

$$D_e = D_0 + \frac{1}{2}\omega_0 - \frac{1}{4}\omega_0\chi_0 \tag{16.11}$$

β 是与解离能 D_e 及力常数 k 有关的参数. 振动频率 ω_0 可表示为解离能相关的参数

$$\omega_0 = \frac{1}{2\pi c}\sqrt{\frac{k}{\mu}} = \frac{\beta}{c}\sqrt{\frac{D_e}{2\pi^2\mu}} \tag{16.12}$$

其中，μ 为双原子分子的折合质量. 根据公式(16.9)，将相邻两个振动能级相减，可以得到振动能量间隔

$$\Delta G(v) = \Delta E_v / (hc) = \omega_0 - 2\omega_0\chi_0(v+1) \tag{16.13}$$

由于 $\omega_0\chi_0$ 远小于 ω_0，这一方面意味着，当 v 比较小时，振动能量间距几乎为常数；另一方面，当 v 不断增大时，振动能量间隔会不断减小并趋于零. 我们称 $\Delta G(v)$ 为零时的振动能量 $G(v)$ 为解离能 D_e，对应的最大振动量子数为

$$v_{\max} = \frac{\omega_0}{2\omega_0\chi_0} - 1 \tag{16.14}$$

为了得到 ω_0、$\omega_0\chi_0$ 及 D_e 等参数，可以通过线性函数对 $\Delta G(v)$ 随(v+1)的变化进行拟合，所得到的斜率即为 $\omega_0\chi_0$，截距为 ω_0；这种数据处理方式被称为 Birge-Sponer 方法. 在 $(0, v_{\max})$ 区间范围内对拟合曲线进行积分，即可得到零点解离能 D_0 为

$$\frac{D_0}{hc} = \frac{\omega_0^2}{\omega_0\chi_0} \tag{16.15}$$

结合公式(16.11)，可进一步得到解离能 D_e

$$\frac{D_e}{hc} = \frac{\omega_0^2}{\omega_0\chi_0} + \frac{1}{2}\omega_0 - \frac{1}{4}\omega_0\chi_0 \tag{16.16}$$

获得 D_e 和 ω_0 后，根据公式(16.12)，可得到参数 β，进而获得莫尔斯势能曲线.

3. Franck-Condon 因子

当获得双原子分子振动光谱后，不仅可以通过能级间隔获得振动常数：解离能等相关参数，还可以通过计算光谱的跃迁强度，进一步验证势能曲线与振动波函数. 对于由上能态 (v', J') 向下能态 (v'', J'') 发生的电子跃迁，其辐射强度可表示为

$$I_{v'',J''}^{v',J'} = \frac{64\pi^4 c v^4}{3} \times \frac{S_{J''}^{J'} N_{v',J'}}{2J'+1} \times \left[\int \psi_{v',J'} \boldsymbol{R}_e(r) \psi_{v'',J''} \mathrm{d}r\right]^2 \tag{16.17}$$

其中$S_{J''}^{J'}$是由 Hönl-London 公式给出的转动线强度，$N_{v',J'}$是初态的布居强度，ν是跃迁频率，$\psi_{v,J}$是(v, J)态的振转波函数，$\boldsymbol{R}_e(r)$是电子跃迁偶极矩. 在玻恩-奥本海默近似下，$\boldsymbol{R}_e(r)$可由其有效平均值代替，此时，公式(16.17)可进一步表示为

$$I_{v'',J''}^{v',J'}=\frac{64\pi^4 c\nu^4 \overline{R}_e^2}{3}\times\frac{S_{J''}^{J'}N_{v',J'}}{2J'+1}\times\left[\int\psi_{v',J'}\psi_{v'',J''}\mathrm{d}r\right]^2 \tag{16.18}$$

其中重叠积分$\left[\int\psi_{v',J'}\psi_{v'',J''}\mathrm{d}r\right]^2$被称为 Franck-Condon 因子. 在具体的计算中，通常不考虑转动能级的影响($J=0$)，有效的径向势能面为

$$U(r,J)=\left[\frac{a}{r^{12}}+b\right]+\frac{a'}{r^{b'}}+\left[\frac{h^2}{8\pi^2\mu r^2}J(J+1)\right] \tag{16.19}$$

由此可见 Franck-Condon 因子需要通过数值计算的方法求解双原子分子的波函数来获得. 上下电子态的势能曲线可以通过 Rydberg-Klein-Rees(RKR)方法结合光谱数据进行估算. 对于碘分子，其 X 态(基态)得到了充分的研究，有效的径向势能面可表示

$$U(r,J)=\left[\frac{a}{r^{12}}+b\right]+\frac{a'}{r^{b'}}+\left[\frac{h^2}{8\pi^2\mu r^2}J(J+1)\right] \tag{16.20}$$

其中第一项为两个碘原子之间的排斥势，第二项为吸引势，第三项为转动贡献. 根据相关文献，a=4.117×10^8，b=−4.293×10^8；a'=−1.215×10^8，b'=6.590. 对于激发态(B 态)，由于研究的比较少，因此通常使用带有非谐性修正的二次曲线来描述，即

$$G(v)=\omega_e'\left(v+\frac{1}{2}\right)-\omega_e x_e'\left(v+\frac{1}{2}\right)^2+\omega_e y_e'\left(v+\frac{1}{2}\right)^3 \tag{16.21}$$

其中，ω_e'=127.35cm^{-1}，$\omega_e x_e'$=0.76cm^{-1}，$\omega_e y_e'$=−0.003cm^{-1}. 为了更为准确地描述势能曲线，还可以进一步考虑转动能级的贡献. 在获得势能曲线后，需要通过数值方法求解二阶微分方程以得到振动波函数$\psi_{v,J}$

$$\frac{\mathrm{d}^2\psi_{v,J}}{\mathrm{d}r^2}+\left[E_{v,J}-U(r,J)\right]\psi_{v,J}=0 \tag{16.22}$$

本实验需要通过 Mathcad 软件计算振动波函数的说明文件及程序，请同学们自行学习并求解. 在获得振动波函数之后，结合公式(16.18)即可获得不同振动能级跃迁的 Franck-Condon 因子.

4. 激光诱导荧光色散光谱

LIF(laser-induced excitation fluorescence spectrum)技术是通过激光将处于基态或低激发态的分子泵浦到高激发态，通过收集高激发态向基态或其他低激发态发射的荧光来得到分子能级和结构的信息. 根据测量方式的不同，LIF 可以分为激光诱导荧光激发谱和激光诱导荧光色散谱(laser dispersion fluorescence spectrum)，其中激发谱是通过改变可调谐激光的波长使之与分子能级共振，收集上态向下态发射的总荧光信号来得到吸收光谱，激发谱主要研究各上态的分子信息；色散谱则是固定激光波长使之与某一分子能级共振，收集发射的荧光并导入色散仪，通过扫描色散仪来得到吸收光谱，色散谱主要研究下态的分子信息. 激光诱导荧光色散光谱主要特点是用单色性好的激光将分子激发到指定的激发态能级，然后探测处于该激发能级的分子因自发辐射而发出的荧光信号. 激光激发分子后，用一个分光装置(如单色仪)检测分子产生的荧光强度随荧光波长的变化，得到的分子荧光光谱称为 LIF 色散谱. 这种谱与通常的发射光谱相当. 由于分子的发射只来自于激发态的一个或少数几个振转能级，因而光谱清晰且便于标识. 相比之下，一般的分子发射光谱实验由于激发的能级太多使发射的光谱结构变得相当复杂而较难指认. 激光诱导荧光色散谱的波长分辨率由单色仪的分辨率决定. 由于激光的单色亮度高，方向性好，因而 LIF 方法测量的灵敏度远优于传统的发射谱和吸收谱.

二、实验装置及技术说明

1. 实验光路系统

测量气体 I_2 分子激光诱导荧光色散谱带的实验装置如图 16.3 所示，由激光光路、荧光收集与色散、荧光探测三个部分组成.

激光光路包括激光器(1)、可调衰减片(3)、扩束器(5)、碘泡(6)和加热带(7)组成，所使用的激光器为 532nm 半导体激光器，用于激发 I_2 分子 $X^1\Sigma_g(v''=0)\rightarrow B^3\Pi_u(v'=32)$ 跃迁，收集由上能态 $v''=32$ 向下跃迁的振动光谱. 在本书的其他实验中已经介绍过激光器的相关知识，在此就不再赘述. 半导体激光器出光口的光斑直径通常在几毫米，能够激发的光束路径上的 I_2 分子数目比较少，为了产生较强的荧光，需要对光斑进行扩束，扩束的基本原理将在下文介绍. 碘泡是装有升华碘晶体的透明玻璃泡.

荧光收集与色散系统由透镜及光谱仪组成. 为了避免噪声，提高荧光收集效率，所选择透镜的收集立体角应与光谱仪的收集立体角相等. 光谱仪则是由两块凹面镜和一块光栅组成，稍后我们将简要介绍光谱仪色散分光的基本原理. 将光栅固定在旋转台上，调节旋转角度即可实现光谱扫描.

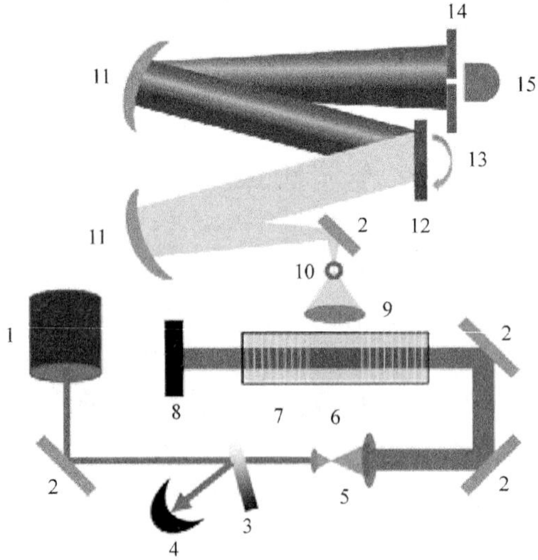

图 16.3　实验装置示意图

1. 激光器；2. 反射镜；3. 可调衰减片；4. 光吸收池；5. 扩束器；6. 碘泡；7. 加热带；8. 挡光板；9. 透镜；10. 入射狭缝；11. 凹面反射镜；12. 光栅；13. 旋转台； 14. 出射狭缝；15. 光电探测器

荧光探测可采用两种方式，其一是使用电荷耦合器件(charge-coupled device，CCD)，同时探测一定光谱范围内的荧光光谱；其二是使用单点光探测器，如光电倍增管(photomultiplier，PMT). 当使用 CCD 时，无须连续调节(扫描)旋转台的角度；使用 PMT 时，则需要扫描旋转台的角度，并探测每一角度下的荧光强度，获得 I_2 的荧光光谱. 无论是 CCD 还是 PMT，都需要使用计算机及相应的操作软件，实现数据采集与显示.

2. 主要实验仪器

(1) 扩束器：使用扩束器，一方面可以扩大激光直径，激发更多的 I_2 分子，获得更强的荧光；另一方面也可以提高激光的准直效果.

图 16.3 中，扩束器包含两透镜，其中 L_1 为一短焦距透镜(称为副镜)，焦距为 F_1；L_2 为一长焦距透镜(称为主镜)，焦距为 F_2，且副镜 L_1 的像方焦平面与主镜 L_2 的物方焦平面重合. 设入射高斯光束束腰远离透镜 L_1，即满足 $l \gg F_1$，则经 L_1 聚焦后，在 L_1 的像方焦点处，得到一极小的聚焦光斑，其半径为

$$w_0' = \frac{\lambda F_1}{\pi w(l)} \tag{16.23}$$

式中，$w(l)$ 为入射在透镜 L_1 表面上的光斑半径.

由于 w_0' 恰好落在长焦距透镜 L_2 的物方焦面上，所以腰斑为 w_0' 的高斯光束将被 L_2 很好地准直.

望远镜系统对高斯光束的准直倍率为

$$M' = \frac{\theta_0}{\theta''} = \frac{F_2}{F_1}\frac{w(l)}{w_0} = M\sqrt{1+\left(\frac{l}{F}\right)^2} = M\sqrt{1+\left(\frac{\lambda l}{\pi w_0^2}\right)^2} \tag{16.24}$$

式中，$M=F_2/F_1$ 为望远镜主镜与副镜的焦距比，也就是望远镜的放大倍率.

(2) 碘泡是该实验的关键元件. 在室温下，I_2 的饱和蒸气压约为 100Pa，随着碘泡温度的升高，I_2 的饱和蒸气压也快速升高，相应的激光诱导荧光强度也会显著增强. 当使用 532nm 激光穿过碘泡时，会产生明显的黄色亮线，即 I_2 的激光诱导荧光. 之所以呈现黄色，是因为荧光中黄色跃迁占据了最主要的成分. 此外，我们还可以看见几条较为微弱的光线，这些是激光在碘泡两端反射形成的多次激发效果. 在实验中还经常观测到荧光线不停闪烁的现象. 这种现象一般不是因激光功率不稳造成的，而是由激光中心频率的随机抖动造成的.

(3) 光栅光谱仪. 所谓光栅，是指由大量等间距的平行沟槽构成的光学器件. 目前光栅制作主要通过机械刻画、全息和等离子刻蚀三种. 通常光栅的沟槽能反射光，而沟槽之间的光滑部分可以透光. 利用透射光衍射的光栅称为透射光栅，利用反射光衍射的光栅则称为反射光栅，本实验使用反射式光栅光谱仪. 光栅之所以能够分光，是因为这些沟槽被相干地照明，每一个沟槽均视为小辐射源. 所有这些分波贡献就构成了总反射光. 当衍射沟槽发出的所有分波都具有相同相位的方向时，才会发生相长干涉，从而反射强度变大，而在其他方向上，相干相消使得不同部分的贡献彼此抵消. 平行光照射在两个相邻沟槽上，沟槽入射光线的光程差为 $\Delta s_1=d\sin\beta$；而反射光线的光程差为 $\Delta s_2=d\sin\alpha$. 当光程差 $\Delta s=\Delta s_2-\Delta s_1$ 是波长的整数倍时，就会产生相长干涉，可得到光栅公式

$$d(\sin\alpha \pm \sin\beta) = m\lambda \tag{16.25}$$

当α和β位于光栅法线的两侧时，就取负号；当它们处于同侧时，就取同号. 对于沟槽宽度 d 确定的光栅，其色散光的波长λ取决于反射角度β，因此转动光栅角度，即可获得不同波长的激光诱导荧光色散光.

三、实验内容

1. 实验前准备

(1) 参考说明书，熟练掌握半导体激光器、光栅光谱仪及光电探测器的工作原理及操作方法；

(2) 熟悉实验环境，了解其他主要实验仪器及各光学器件的工作特性及使用方法；

(3) 基本熟悉 Origin 及 Mathcad 等数据处理与数值计算软件的操作；

(4) 实验中需要佩戴护目镜，防止激光直射眼睛.

2. 实验光路搭建

(1) 将加热带缠绕在碘泡表面，中间荧光收集区域不能被加热带掩盖，将碘泡固定在基座上；

(2) 打开激光，通过连续衰减片调节激光功率，通过反射镜调节光路，使激光从碘泡中间穿过；

(3) 选择合适的透镜，以明亮灯泡代替 I_2 分子荧光，通过观测光栅光谱仪入射狭缝和出射狭缝处的光强确定透镜最佳位置.

3. I_2分子激光诱导荧光色散谱的测量

在完成光路系统调节的基础上，打开光电探测器与操作软件，开展 I_2 分子光谱测量.

(1) 调节衰减片，使用较小的功率照射碘泡，观测荧光线的变化行为：荧光闪烁与抖动；荧光线随着激光在碘泡内传输逐渐变弱变细；改变入射功率、碘泡温度，观测以上现象；观测荧光线的数目与入射角度、入射功率的关系；改变激光激发位置，通过光电探测器观测荧光收集效果，确定荧光最佳收集位置.

(2) 在室温情况下，转动光栅，测量 I_2 分子的激光诱导荧光色散谱，光谱测量范围 540～900nm.

(3) 转动光栅至特定光谱峰位置，使用加热带给碘泡加温，测量荧光光谱，研究不同谱峰随碘泡温度的变化行为.

4. 计算 I_2 分子光谱常数与 Franck-Condon 因子

(1) 绘制 Birge-Sponer 点，进行线性拟合，获得振动频率与非谐性常数；

(2) 计算解离能、零点解离能、参数，绘制莫尔斯势能曲线；

(3) 计算 I_2 分子 $B^3\Pi_u(v'=32)\to X^1\Sigma_g(v'')$ 的 Franck-Condon 因子.

四、注意事项

(1) 掌握半导体激光器及激光放大器的开关机顺序，禁止用眼直接观察激光器发出的光；

(2) 搭建光路时，禁止用手触摸光学元件的表面，切忌用眼在与光路水平的位置上观察调试光路，以免激光射入人眼致盲；

(3) 当使用加热带为碘泡加热时，切勿用手直接触摸加热带，以免烫伤；

(4) 当使用光电倍增管作为探测器时，使用高压电源为光电倍增管供电(通常大于 800V)，因此需要注意高压电使用安全；

(5) 当实验室比较干燥时，特别是在湿度低于 20%以下(特别是冬天)时，实验者在靠近光学平台实验时，必须佩戴静电护腕或及时地释放身上的静电，以免损坏激光器.

五、思考与讨论

(1) 在哪些情况下，会出现荧光线随着激光在碘泡内传输逐渐变弱变细的现象？如何得到强度和宽度均匀的荧光线？

(2) 所得到的光谱常数与已报道的文献有哪些差异？哪些实验参数会影响光谱常数计算的准确性？如何加以改善？

(3) 参数β是如何影响莫尔斯势能曲线的形状的？

参 考 文 献

秦成兵, 2013. 激光诱导荧光技术研究若干自由基的光谱及其斯塔克和塞曼效应[D]. 合肥: 中国科学技术大学.

Stafford F E, 1962. Band spectra and dissociation energies—a physical chemistry experiment[J]. Journal of Chemical Education, 39(12): 626-629.

Tellinghuisen J, 2007. Laser-induced fluorescence in gaseous I_2 excited with a green laser pointer[J]. Journal of Chemical Education, 84(2): 336-341.

Zielinski T J, Shalhoub G M, 1998. The Franck-Condon factors: FranckCondonComputation. mcd[J]. Journal of Chemical Education, 75(9): 1192.

实验 17　基于石英增强光声光谱技术的痕量气体检测技术

科学技术的迅猛发展在推动人类社会高速进步的同时，也在不断改变自然环境中大气的成分及各组分所占的比例. 这些改变不仅直接影响了人类的健康，而且引起了环境及气候的变化，诸如近年来频繁影响我国的厄尔尼诺事件、重度沙尘暴以及极端雾霾天气现象等都是环境恶化的体现. 为实现人与自然和谐相处，使社会健康向前发展，国家在“十三五”生态环境保护规划的通知中把控制能源消耗总量，扩大污染物总量控制范围，实施工业污染源全面达标排放计划作为重要的约束性指标，而能否实时、灵敏且精确地测量大气成分的含量是这些指标能否被准确评估的关键所在. 此外，痕量气体检测在物理、化学和生命科学等领域也都有着广泛的应用. 因此，研发分子识别精度高、响应时间短、探测灵敏度高、结构紧凑且可连续实时监测痕量气体浓度的气体传感器具有十分重要的研究意义和应用价值. 在众多气体检测技术中，光声光谱技术具有选择性好、精度高、寿命长且维护费用低等特点，是长期以来人们从原理到应用不断进行研究的热点.

石英增强光声光谱(quartz-enhanced photoacoustic spectroscopy，QEPAS)技术是一种新颖的光声光谱技术，其显著特点是使用音叉形石英晶振(以下简称为石英音叉)作为声电转换器件实现对微弱光声信号的探测. 该技术不但保留了光声光谱技术所具有的零背景、无波长选择性、响应信号正比于激励光功率等优点，而且还拥有了品质因数高、响应带宽窄、对环境噪声免疫、结构紧凑以及成本低廉等特性. 本实验通过学习石英增强光声光谱技术这一新型痕量气体传感技术实现以下目标：掌握光声光谱以及石英增强光声光谱的基本原理；了解压电材料及压电传感器的工作原理；了解音叉式石英晶振共振频率的实验测定原理及方法；通过搭建 QEPAS 痕量气体传感器并测量大气中的水汽，掌握石英增强光声光谱的浓度反演方法.

一、实验原理

1. 激光吸收光谱原理

气体对激光的吸收遵循朗伯-比尔定律，具体而言，当一束激光通过一定体积的吸收样品(固体、液体、气体)时，目标气体特征吸收线波段的激光能量会有一部分被样品吸收，在不考虑激光被散射的情况下，入射激光的能量等于出射激光的能量与被样品吸收能量之和. 光强度为 $I_0(\nu)$ 的激励激光与长度为 l 的气体样品相互作用后的透射光强 $I_{\text{out}}(\nu)$ 可以被表述为

$$I_{\text{out}}(\nu)=I_0(\nu)\exp(-\alpha(\nu)l) \tag{17.1}$$

其中，ν 是激光的频率；l 是激光与气体的相互作用路径，通常被称为有效光程长度；$\alpha(\nu)$ (cm^{-1})是与气体吸收线的强度、线型、线宽以及气体浓度相关的吸收系数

$$\alpha(\nu)=N\sigma(\nu)=CN_{\text{tot}}Sg(\nu) \tag{17.2}$$

其中，S (cm/mol)代表吸收线强度，$g(\nu)$ 代表归一化线型函数，而 $\sigma(\nu)=Sg(\nu)$ 由于拥有面积因而被称为吸收截面，N 和 N_{tot} (mol/cm^3)分别代表目标气体分子密度以及总分子密度，$C=N/N_{\text{tot}}$ 代表目标气体浓度. 进一步的，通过引入洛施密特数 $N_{\text{L}}=2.479\times10^9\,\text{mol}\times\text{cm}^{-3}\times\text{atm}^{-1}$，在温度为 T(K)，压强为 p(atm)的情况下，总分子密度 N_{tot} 可以被表述为

$$N_{\text{tot}}=N_{\text{L}}\frac{296}{T}p \tag{17.3}$$

吸收线强度是表述分子吸收跃迁强度的一个物理量，该物理量是低能态 n 的分子布局数 N_n 以及分子跃迁概率(由爱因斯坦系数 B_{nm} 决定)的函数，其数学表达式如下：

$$S=\frac{N_n}{N}\frac{h\nu_{nm}}{c}B_{nm}\left[1-\exp\left(\frac{hc\nu_{nm}}{k_{\text{B}}T}\right)\right] \tag{17.4}$$

其中，c 是光在真空中的速度，k_{B} 是玻尔兹曼常量. 此外，光谱测量表明，每种气体都存在与之对应的大量特征吸收峰，且吸收峰并非是确定在某一频率，而是集中在吸收峰中心频率附近的一个特有的频率分布. 常见气体特征吸收谱线的吸收线强度可以在 HITRAN 数据库中直接查询.

2. 光声光谱测量气体浓度的基本原理

光声光谱是激光光谱技术的一种，其原理如图 17.1 所示. 具体而言，气相样品中光声效应的发生及探测主要有以下五个过程.

(1) 一束特定波长的调制或脉冲激光与包含目标气体分子的气体样品相互作用使气体分子通过受激吸收过程由低能级态跃迁至高激发态；

(2) 激励分子通过碰撞弛豫过程发生非辐射跃迁，在此过程中释放出的能量

转变为分子内能，宏观体现是气体分子局部温度的上升；

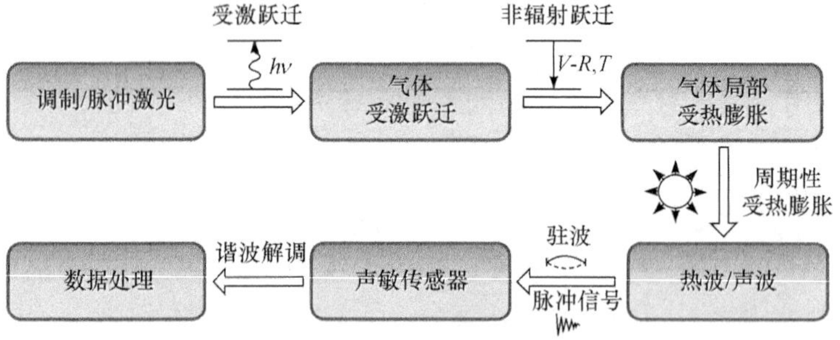

图 17.1　气体光声效应的物理原理

(3) 分子局部温度的周期性上升与下降形成了气体体积的周期性膨胀与收缩，进而产生了声波；

(4) 局部的脉冲声波信号或声学共振腔内的驻波被诸如麦克风之类的声学传感器所探测；

(5) 解调并分析声学传感器输出的电信号获取气体样品的相关信息.

在光声光谱技术中，被吸收的激光能量通过气体分子的光声效应被转换为声波能量，这些声波会在一个被精确设计的光声池内实现积累和放大，而后被声学传感器探测. 需要指出的是，激励光源的光子被气体分子吸收导致分子能级(转动能级、振动能级或电子能级)的跃迁. 处于激发态能级的分子是不稳定的，这些分子将通过辐射过程返回基态. 在此过程中振动激励、跃迁辐射并不扮演十分重要的角色，因为在通常情况下振动能级的辐射寿命比碰撞退激发所需时间要长. 因此，被气体分子吸收的激励光源的能量几乎完全转变为对气体分子的内能并使其局部受热膨胀. 在这种情况下，如果激励光源的调制频率低于激发态分子非辐射跃迁的频率，那么对光源的调制就等于对气体温度的调制，而气体局部温度的周期性变化所引起的气体体积的周期性膨胀/收缩便产生了声波. 用于光声光谱技术的激光光源必须同时满足以下三个条件：①激光器的波长输出波段必须覆盖目标气体的特征吸收线；②具有较大且稳定的功率输出以保证气体对激励光产生恒定的吸收；③拥有较窄的线宽以确保对气体特征吸收线的精确选择.

3. 石英音叉的压电特性

音叉式石英晶振是指由石英材料制成的具有音叉结构特征的晶振. 大部分石英增强光声光谱技术中使用的石英音叉的几何尺寸为 6mm × 1.4mm × 0.2mm，并且每只振臂的长度为 L=3.8mm，宽度为 w=0.6mm，两振臂间间距为 G=0.3mm. 商用石英音叉的小体积特性，使得基于其搭建的石英增强光声光谱痕量气体传感器具有了传统光声光谱气体传感器无法比拟的小体积的优点.

石英音叉能够同时拥有电学特性及机械特性是因为石英材料的压电特性. 石英材料的压电特性包括正压电特性与逆压电特性. 所谓正压电特性是指在机械应力的作用下，石英材料将机械能转换为电能的特性，而逆压电效应则是指在外部施加电压的情况下，石英材料将电能转换为机械能的特性. 为了更好地研究石英材料的压电特性，物理学家为其建立了不同的模型：一般使用一维谐振子模型研究石英材料的机械特性，使用 Butterworth-van Dyke 模型研究石英材料的电学特性. 在分析石英音叉的机械特性时，其两振臂可以被认为是由低损耗的石英桥连接着的两个独立的悬臂梁且当一个被调制的力从两振臂之间作用在石英音叉的振臂上时，两振臂将向相反的方向进行振动. 此时，石英音叉振臂的运动过程可以用经典的谐振子模型来描述，如图 17.2 所示，k 代表石英音叉的弹性系数，M 代表石英振臂的有效质量，F 是驱动力，h 是空气阻力产生的阻尼.

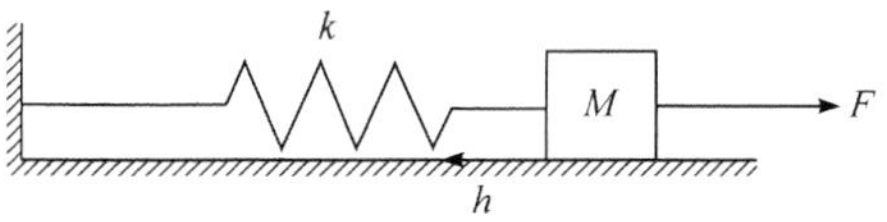

图 17.2 石英音叉的机械模型

当交流电信号被加载在石英音叉的两引脚时，石英音叉可以工作在电学模式下. 如图 17.3 所示，石英音叉的电学模式可以类比于 RLC 串联谐振电路，其中 R_1、L_1、C_1 分别代表石英音叉在 Butterworth-van Dyke 电路模型中的等效电阻、等效电感以及等效电容，C_0 代表石英音叉的电极、与电极相连的导线以及固定石英音叉所使用的支撑金属架等物件在与石英音叉接触时形成的杂散电容，称为平行寄生电容. 石英音叉机械模型及电学模型所涉及参数之间的对应关系如表 17.1 所示.

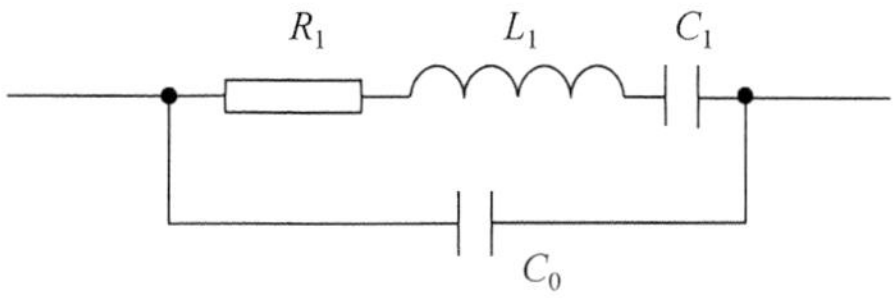

图 17.3 石英音叉的电学模型

表 17.1 石英音叉机械模型及电学模型参数间对比

模型	机械模型	电学模型
变量	x (位移)	q (电荷)
变量导数	$v = \mathrm{d}x/\mathrm{d}t$ (速度)	$i = \mathrm{d}q/\mathrm{d}t$ (电流)
质量	M (有效质量)	L_1 (电感)

续表

模型	机械模型	电学模型
弹性系数	k (刚度)	$1/C_1$ (电容)
阻尼	h (摩擦力)	R_1 (电阻)
驱动源	F (力)	U (电压)
基本方程	$M\ddot{x}+h\dot{x}+kx=F$	$L_1\ddot{q}+R_1\dot{q}+q/C_1=U$
品质因数	$Q=\sqrt{kM}/h$	$Q=\sqrt{L_1/C_1}/R_1$
共振频率	$w_0=\sqrt{k/M}$	$w_0=1/\sqrt{L_1C_1}$

当石英音叉被用作声学传感器探测微弱声波信号时，由于石英音叉振臂的形变量较小，其产生的压电电流与振臂的位移量成正比

$$i=\beta x \tag{17.5}$$

其中，β 为反映石英材料压电特性的压电系数.

为对该微弱电信号进行测量，通常采用图 17.4 所示的互阻抗放大器电路对石英音叉压电信号进行放大并探测. 实际实验中增益电阻器 R_f 一般选用 10MΩ 的阻值，由此构成的反馈回路使石英音叉两电极间的压差保持为零，并有效地消除了平行寄生电容对电路系统的影响.

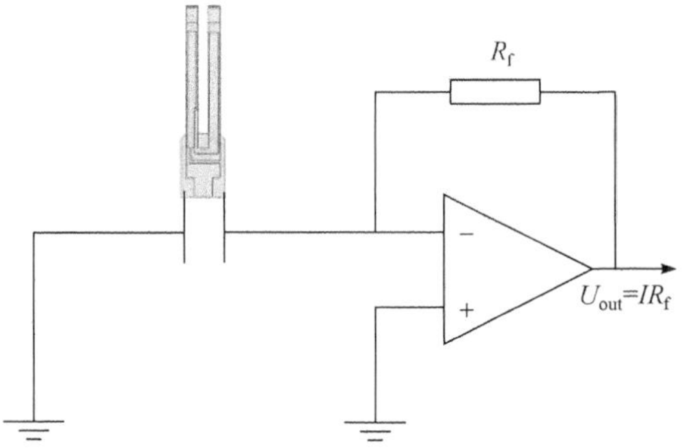

图 17.4　用于检测石英音叉微弱电信号的互阻抗放大器电路

光声信号推动石英音叉两振臂对称性振动，经过石英材料的压电效应形成交变的微弱电流 I，电流经石英音叉的电极被传输至互阻抗放大器后经放大器中的互阻抗电阻 R_f 放大并转变为电压信号 U_{out}，该电压信号经锁相放大器解调便可获得与光声信号对应的谐波信号.

4. 微型声学共振腔理论

除石英音叉外，声学共振腔也是 QEPAS 技术中测声模块的重要组成部分，

其主要功能是使光声信号与腔共振并在腔内形成驻波以增强光声信号强度. 在轴配置一维微型声学腔是目前 QEPAS 技术中使用最广泛的一种声学腔，具体而言，两只长度为 l，内径为 r_{in} 的细管被沿激励光源的光路对称放置在石英音叉的两侧，每只细管均与石英音叉振臂外侧保留宽度为 g 的间隙，如图 17.5 所示. 使用时激励光束将从声学共振腔及音叉两振臂间无碰撞地穿过以保证光声信号对石英音叉的有效激励.

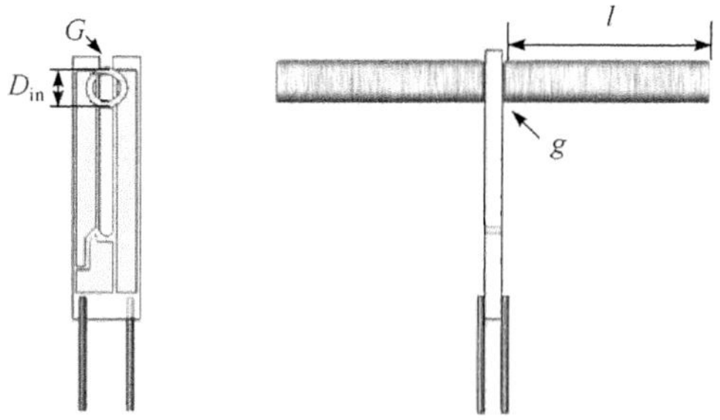

图 17.5　QEPAS 技术中测声模块机构示意图

G 为石英音叉两振臂间间距；D_{in} 为声学共振腔内径

为了研究光声信号在谐振腔中的声学特性，我们将由两只微型管组成的声学共振腔简化为单只一维声学腔进行研究. 这一假设之所以可行是因为构成声学共振腔的两只细管间的间距远小于管子各自的几何尺寸，并且管子直径(通常小于 1mm)也远小于光声信号声波的波长(当声波频率为音叉共振频率 32768Hz 时，声波波长约 10mm). 因此，可以认为声波均匀分布于细管的横截面上，并且此时的微型声学腔等效于一只两端开放且只有纵向共振模式存在的微型声学共振腔(acoustic micro-resonator，AmR). 对一个长度为 L，内径为 R_c 的一维声学共振腔，腔内任意横截面上的声波压力分布是均匀的，因此只有纵向共振模式被激发. 图 17.6 分别显示了两端开放及两端闭合的声学共振腔内的前四阶共振模式. 上述两种声学共振腔的共振频率均可被表述为

$$f_n = \frac{nC_s}{2L_{eff}} \tag{17.6}$$

其中，L_{eff} 是声学腔的有效长度. 对于两端闭合的声学腔，其有效长度等于自身长度，即 $L_{eff}=L$. 但对 QEPAS 技术中使用的两端开放的声学腔而言，其有效长度还需要考虑腔体两端的缓冲区域长度，按照声学相关理论两端开放腔的有效长度需要被修正为

$$L_{eff} = L + \frac{16}{3\pi} R_c \tag{17.7}$$

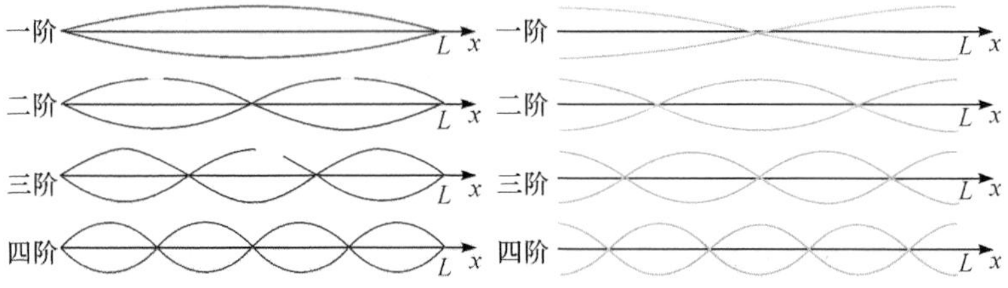

图 17.6　声学共振腔内的前四阶共振模式：(a) 两端开放声学腔内的共振模式；(b) 两端闭合声学腔内的共振模式

对 QEPAS 系统而言，为保证声波信号能够有效地与石英音叉共振，激励光源的频率被设置为石英音叉的共振频率 f_0. 由此确定的光声信号频率便可以用来优化声学共振腔的长度

$$L_{\text{eff}} = \frac{c_s}{2f_0} = \frac{\lambda_s}{2} \tag{17.8}$$

其中 $\lambda_s = c_s/f_0$ 是声波在样品气体中的速度. 为从理论上估算声学腔的最优半径，我们需要先计算谐振腔内表面的边界层厚度，因为传统声学腔研究表明：为了减少声波能量的损耗，声学腔半径应比上述边界层厚度大至少十倍. 依据传统声学腔理论可求得 32768Hz 频率的声波对应的声学腔内表面边界层厚度约为 10μm，因此用于 QEPAS 技术的声学共振腔内径不应小于 0.1mm.

依据理论分析，研究人员常将组成声学共振腔的两只管子的总长度确定为声波波长的一半. 这是因为当忽略两只细管的间隙并视其为一只完整的声学共振腔时，总长度为半波长的结构将使音叉所在的腔中心位置处于声波波腹处，将保证声波以最大能量推动石英音叉振动. 然而实验研究发现，当两只细管的长度均被设置为 $\lambda_s/2$ 时，从石英音叉探测到的压电信号要远高于其总长度为 $\lambda_s/2$ 时的信号. 这样的结果说明两只细管间的微小的间隙破坏了声学腔的结构，声波将在两只细管中形成相对独立的驻波. 进一步的实验研究发现，两只细管的最佳长度介于上述两种情况，即 $\lambda_s/4<l<\lambda_s/2$. 通过大量实验对 QEPAS 系统中的微型声学共振腔的几何尺寸进行优化，结果显示，对近红外激光器而言谐振腔单只细管的最佳长度和半径分别为 4.4mm 和 0.6mm.

二、实验装置及技术说明

用由上述石英音叉以及一维声学共振腔构成的光声探测模块来完成微弱光声信号检测的光声光谱技术被称为 QEPAS 技术. 图 17.7 是分布式反馈激光器 (distributed feedback laser, DFB)作为系统的激励光源的 QEPAS 系统原理图. 蝶形封装的 DFB 由可以控制激光器工作温度和驱动电流的激光器驱动板驱动发光，出射的激光首先被会聚棱镜进行会聚，以保证激光光束在石英音叉所在位置处的束腰直径小于石英音叉两振臂间间距(约 0.3mm). 两只长 4.4mm，内径 0.6mm 的不锈钢管与石英音叉共同组成的光声探测模块被密闭在一个小体积气室中，以方便对实验环境(如样品气体成分、浓度、温度、气压等)的快速精确控制. 气室的两端安装了镀膜的 CaF_2 窗口，会聚后的激光可以通过此窗口无碰撞地穿过由不锈钢管构成的声学共振腔以及石英音叉. 石英音叉附近的样品气体分子吸收激光能量后跃迁至高能态，而后经过非辐射弛豫过程产生微弱的声波. 声波能量会在声学共振腔内积累而后通过声学共振腔与石英音叉的强耦合效应转移储存在高品质因数的石英音叉内. 石英音叉两振臂会在声波推动下发生对称性振动，继而通过自身的压电效应将由声波能量转化而来的机械能转变为电能. 分布在石英音叉表面各处的压电电荷被石英音叉表面的 Cr/Au 金属镀层收集后经石英音叉底部与金属镀层相连的两根电极对外输出. 压电电流会通过跨阻抗前置放大电路转变为电压信号并被传输至锁相放大器进行解调.

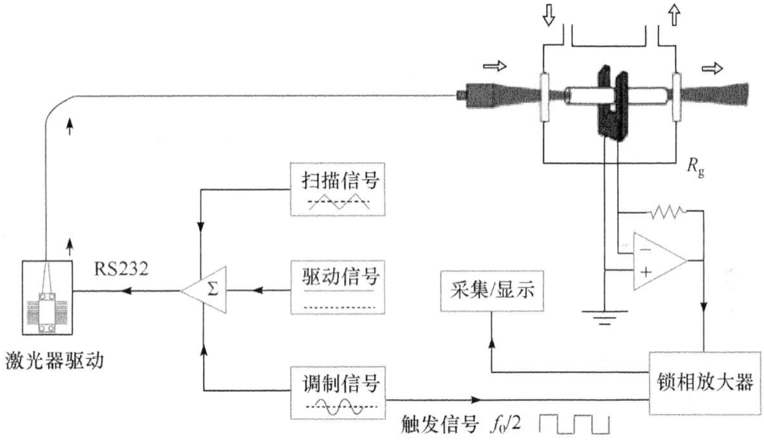

图 17.7　QEPAS 系统实验原理图

激光器工作电流由受计算机控制的驱动电流、扫描电流以及调制电流三部分组成，其中驱动电流决定了激光器输出光的中心波长，一般而言我们会通过调节温度及驱动电流使激光器输出激光的中心波长与目标气体吸收线重合；扫描电流会使激光器输出光波长在目标气体吸收线附近被缓慢扫描以获得完整的吸收谱线；调制电流为频率是石英音叉共振频率一半($f = f_0/2$)的正弦信号. 产生调制电流的函数发生器的同步信号将被传输至用于解调上述压电信号的锁相放大器，锁相放大器会以此同步信号频率的二倍频对上述压电信号进行解调，从而获得包含样品浓度信息的吸收线二次谐波信号.

理论分析可知，待测气体浓度与光声信号强度成正相关，光声信号强度与石英音叉的机械形变成正相关，石英音叉的机械形变与石英音叉的对外输出的压电信号成正相关. 因此，待测气体的浓度与石英音叉输出的压电信号之间也成正相关关系. 在完成装置搭建后，测量已知浓度的目标气体，获得输出信号与气体浓度之间的关系，在后续测量过程中，通过测量输出信号实现目标气体浓度的反演

$$C_x = \frac{C_0}{U_{out}} \cdot U'_{out} \tag{17.9}$$

三、实验内容

1. 熟悉主要仪器和它们的使用方法

实验中用到的主要仪器包括：石英音叉、微型声学共振腔、光纤激光器、激光器驱动板、功率计、函数发生器、锁相放大器、示波器、计算机、光纤器件.

2. 音叉频率响应曲线测量

QEPAS 系统参数的主要电学参数可通过测量石英音叉的频率响应曲线获得. 测量时，将石英晶振的两个电极分别作为激励端和测量端，函数发生器对激励端施加一个幅值恒定的正弦波信号 U_{in}，在石英音叉预期频率附近扫描的同时，从测量端对石英音叉输出的压电电压 U_{out} 进行测量.

当 U_{in} 通过石英音叉一只引脚被施加在石英音叉上时，由于石英材料具有逆压电特性，因此施加在音叉上的电能将被转换为石英音叉的机械能，也就是说石英音叉将会在外部电压的作用下开始产生振动，并且振动的频率等于外部电信号的频率. 与此同时，由于石英材料具有压电特性，因此其机械振动的能量也会被同时转换为电能，这一电信号经由石英音叉的另一只电极对外输出 U_{out}，且输出电压信号的强度与石英音叉的形变量成正相关. 当 U_{in} 的频率等于石英音叉的共振频率时，由外部电压引起的音叉振臂的形变将由于共振效应被加强，也即石英音叉的机械形变会由于共振而达到最大值，相应的，石英音叉输出的 U_{out} 也将达到最大. 因此，通过上述方法可以获得石英音叉频率响应曲线，且曲线理论上呈现图 17.8 所示的洛伦兹线型. 石英音叉频率响应曲线的峰值信号对应的频率值即为石英音叉的共振频率值. 此外，理论分析和实验验证均表明，石英音叉频率响应曲线的峰值 S_{max} 与其半高全宽(FWHM)的比值在数值上等于石英音叉的品质因数 Q，即 $Q=f_0$/FWHM.

3. 搭建石英增强光声光谱系统并测得大气中水的二次谐波信号

(1) 搭建 QEPAS 测量装置，并采用配气系统向气室内充入水汽浓度一定的

测量样气.

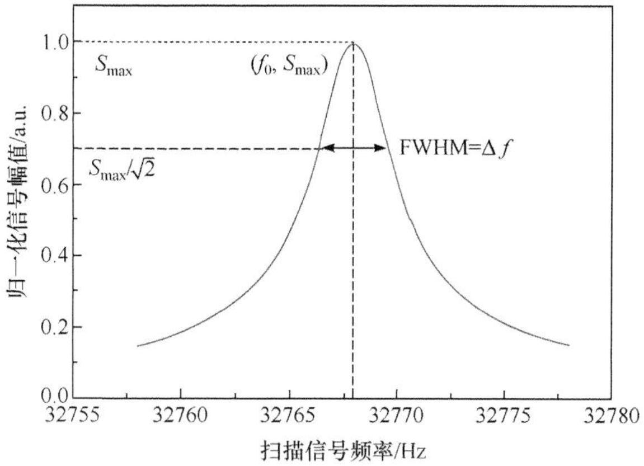

图 17.8　石英音叉对不同调制频率的响应

(2) 以上述测量获得实验所用石英音叉共振频率值的一半作为光声信号激励光源调制频率的数值，尝试扫描样气中水蒸气的 QEPAS 信号.

(3) 使用不同直径，不同长度的不锈钢管加工制作微型声学共振腔，并按照图 17.7 所示结构分别固定在石英音叉振臂两侧，分别测量装配不同参数微型声学共振腔后 QEPAS 系统测量上述样气的信号值，确定最佳微型声学共振腔的几何参数.

(4) 向气室内充入大气，运行 QEPAS 系统，计算获得大气中水汽浓度值.

四、注意事项

(1) 掌握激光器的开关机顺序，禁止用眼直接观察激光器发出的光；激光器的输入电流不能超过最大承受电流，一旦超过，激光器将会被烧坏.

(2) 正式测量 QEPAS 信号前，应先检查气室的气密性.

(3) 注意保护光纤和石英音叉，勿折勿重压.

五、思考与讨论

(1) 分析为何常采用二次谐波检测技术进行光声信号的探测.

(2) 对比传统光声光谱技术，石英增强型光声光谱技术具有哪些优势？优化谐振腔的过程中需要考虑什么因素去选择内径的优化范围？

(3) 造成检测到的信号大小变化的因素有哪些？

参 考 文 献

Dong L, Kosterev A A, Thomazy D, et al., 2010. QEPAS spectrophones: design, optimization, and performance[J]. Appl Phys B, 100(3): 627-635.

Kosterev A A, Bakhirkin Yu A, Curl R F, et al., 2002. Quartz-enhanced photoacoustic spectroscopy[J]. Opt Lett, 27(21): 1902-1904.

Sun B, Zifarelli A,Wu H, et al., 2020. Mid-infrared quartz-enhanced photoacoustic sensor for ppb-level CO detection in SF_6 gas matrix exploiting a T-grooved quartz tuning fork[J]. Anal Chem, 92(20): 13922-13929.

Wu H, Dong L, Yin X, et al., 2019. Atmospheric CH_4 measurement near a landfill using an ICL-based QEPAS sensor with V-T relaxation self-calibration[J]. Sensor Actuat B-Chem, 297(6): 126753.

实验 18　单分子散焦宽场荧光显微成像技术及应用

随着扫描隧道显微镜、原子力显微镜等扫描探针显微实验技术的发展和应用，微纳科学的研究取得了极大的进步. 虽然这些扫描探针显微技术具有强大的探测能力，但是仍具有一定的局限性，如仅可以测量样品表面或很薄的实验样品，并且对实验条件要求十分严格和苛刻. 随着激光技术和显微成像技术的发展，荧光显微成像技术也得到了快速的发展. 荧光显微成像技术可以弥补扫描探针显微技术的不足，它通过观察荧光信号可以实现非侵入性和高灵敏的探测. 可以应用于样品的三维检查和成像，具有极大的探测深度，并且可以实现多个通道数据的同时记录. 另外，基于荧光显微成像的光谱技术还能提供时域或频域信息的测量，可以在分子尺度上探测复杂凝聚态样品的动力学信息. 荧光显微成像技术的衍射极限决定了最小可分辨率为百纳米. 这个限制相对于纳米尺度研究来说相当大. 然而，虽然由于衍射极限人们不能直接看到纳米尺度的物质，但是可以通过光学方法探测并跟踪单分子的信号. 在 20 世纪 90 年代，人们首先在低温实验条件下实现了单分子的探测. 接着在室温条件下通过共焦显微技术实现了单分子的荧光成像. 到目前为止，单分子探测方法已经被广泛地应用于物理、化学、材料学及生物医学等相关研究领域.

在单分子的荧光光谱领域中，人们感兴趣的是实验上单分子吸收发射偶极矩的空间取向，通常分子的取向决定着荧光寿命和发射强度. 另外单分子取向可用于研究局部环境的动力学特性或探测标记生物分子的取向. 到目前为止，分子取向的测量常见的两种方法是基于近场或共焦远场显微镜来调制激发光进行偏振扫描和对荧光进行的二维偏振探测. 然而单分子的偶极取向是三维分布的，为了避免用二维信息探测三维转动动力学所引起的争论，人们直接探测了分子的三维取向. 单分子三维取向成像的原理是基于一个分子可以被描述为一个偶极发射体或偶极天线. 通常一个偶极发射体周围的场分布并不是各向均匀的，而是以偶极发射体的偶极取向为中心呈现一个圆环结构. 对应到分子发出的荧光光子，在分子周围某一给定位置探测到荧光光子的概率的分布是和偶极子场分布相似的. 利用一个高数值孔径的显微镜物镜，我们可以探测辐射荧光在 z 轴的分量. 实际操作当中，将高数值孔径物镜的焦距稍稍偏离共焦位置，称为散焦成像. 当收集到的荧光投影到 CCD 相机的探测平面上时，不同偶极取向的分子发出的荧光在 CCD 上形成不同的光斑形状. 光斑形状的分布就包含了单分子三维取向的信息. 散焦成像是基于传统的宽场荧光显微技术发展而来的，所以散焦成像具有宽场荧光显微技术所具备的主要优势：可以对多个分子的偶极取向及其动力学进行同时探测.从而，利用散焦成像方法可以同时研究几百平方微米范围内的各向异性动力学.

一、实验原理

根据散焦成像的基本理论，我们首先考虑界面上偶极发射的特性，如图 18.1 所示，偶极发射可以作为平面波的叠加，每一个平面波都有特定的偏振和振幅.在界面上的每一个平面波被反射和透射，透射平面波的叠加进入下方介质中. 在折射率为 n_0 的介质中，有一个振幅矢量为 $\boldsymbol{p}$ 的振荡电偶极子，距离界面为 $|z_0|$，$(z_0<0)$，在界面 $(z=0)$ 上方介质的折射率为 n，在这种介质中位置 $z>0$ 处的电场振幅可用平面波表示

$$\boldsymbol{E}=\frac{\mathrm{i}k_0^2}{2\pi}\iint\frac{\mathrm{d}\boldsymbol{q}}{\omega_0}[\boldsymbol{e}_\mathrm{p}T_\mathrm{p}(\boldsymbol{e}_{0\mathrm{p}}\cdot\boldsymbol{p})+\boldsymbol{e}_\mathrm{s}T_\mathrm{s}(\boldsymbol{e}_\mathrm{s}\cdot\boldsymbol{p})]\times\exp[\mathrm{i}\boldsymbol{q}\cdot(\boldsymbol{\rho}-\boldsymbol{\rho}_0)+\mathrm{i}\omega_0|z_0|+\mathrm{i}\omega z]\quad(18.1)$$

其中，(ρ_0,z_0) 和 (ρ,z) 分别是电偶极子和目标点的坐标，ω 和 ω_0 是平面波波矢的 z 分量，$\omega=(n^2k_0^2-q^2)^{1/2}$ 和 $\omega_0=(n_0^2k_0^2-q^2)^{1/2}$，$\boldsymbol{e}_{0\mathrm{p}}$ 为单位矢量，$\boldsymbol{e}_\mathrm{p}$ 和 $\boldsymbol{e}_\mathrm{s}$ 分别是 p 极化和 s 极化矢量. $\boldsymbol{k}_0$ 是发射光的真空波矢量，T_p、T_s 分别为相对 z 轴以角度 η_0 入射时 p 波和 s 波的菲涅耳透射系数，角度 η_0 和 η 由斯奈尔定律相联系，即 $n\sin\eta=\ n_0\sin\eta_0$. 二维矢量 $\boldsymbol{q}$ 的积分变量的积分区域为整个 q 平面.

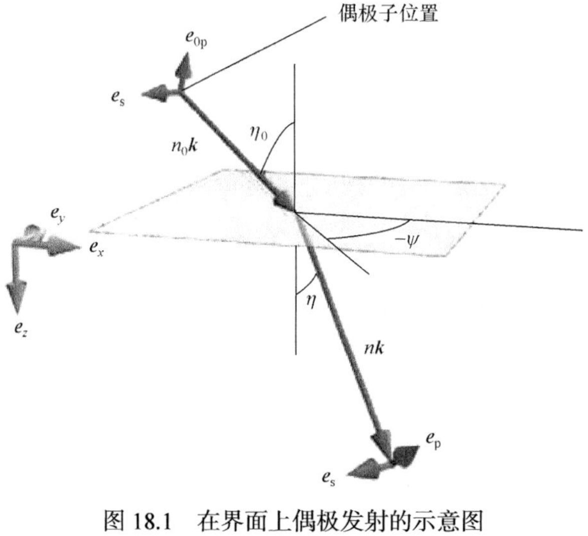

图 18.1　在界面上偶极发射的示意图

当考虑方程(18.1)中任意平面波分量带有与对应分量的电场振幅平方成正比的能量时，可以从方程(18.1)中直接获得偶极发射的辐射角的分布，而且方

程(18.1)中的纯粹虚指数的平面波成分对远场发射有贡献，需要考虑$|q|\leqslant nk_0$的成分，还需要考虑偶极子取向垂直于界面和偶极取向平行于界面两种不同的偶极取向情况. 对于垂直于界面的偶极取向，根据方程(18.1)有电场振幅决定于发射角

$$\boldsymbol{E}_{\mathrm{p}}^{\perp}(\eta)=\boldsymbol{e}_{\mathrm{p}}E_{\mathrm{p}}^{\perp}(\eta)=-\boldsymbol{e}_{\mathrm{p}}\frac{n\omega q}{n_m\omega_m}T_{\mathrm{p}}\exp(\mathrm{i}\omega|z_m|) \tag{18.2}$$

其中，$\sin\eta\mathrm{d}\eta$等价于$q\mathrm{d}q/(n\omega)$. 所以垂直偶极的电场决定于极化角η，并沿e_{p}进行极化. 对于平行的偶极取向，角分布同时也取决于方位角ψ. p 部分和 s 部分决定于ψ

$$\boldsymbol{e}_{\mathrm{p}}\mathrm{E}_{\mathrm{p}}^{\parallel}(\eta)\cos\psi=\boldsymbol{e}_{\mathrm{p}}\frac{n\omega}{n_m}T_{\mathrm{p}}\exp(\mathrm{i}\omega_m|z_m|)\cos\psi$$

$$\boldsymbol{e}_{\mathrm{s}}\mathrm{E}_{\mathrm{s}}^{\parallel}(\eta)\sin\psi=-\boldsymbol{e}_{\mathrm{s}}\frac{n\omega}{\omega_m}T_{\mathrm{s}}\exp(\mathrm{i}\omega_m|z_m|)\sin\psi \tag{18.3}$$

以上为进入玻璃的偶极子发射的角分布，那么以下讨论发射波成像到 CCD 上的方式.

CCD 成像如图 18.2 所示，假定 CCD 放置在像方后焦平面上，当物体成像于共轭像平面时成像光学系统无像差. 电场和磁场振幅可从高数值孔径光学显微镜物镜系统的成像特性的基本理论中得到. 主要思想是把电场和磁场振幅转变为平面波的叠加，并找到平面波振幅和偏振与入射光的强度及偏振的关系. 垂直偶极子的电场和磁场振幅分别为

$$\boldsymbol{E}=M\iint_{\Omega}\mathrm{d}\boldsymbol{\Omega}'\left(\frac{n'\cos\eta'}{n\cos\eta}\right)^{1/2}\boldsymbol{e}_{\mathrm{p}}'E_{\mathrm{p}}^{\perp}\exp(\mathrm{i}k'\boldsymbol{s}'\cdot\boldsymbol{r}'+\mathrm{i}k\delta z\cos\eta)$$

$$\boldsymbol{B}=Mn'\iint_{\Omega}\mathrm{d}\boldsymbol{\Omega}'\left(\frac{n'\cos\eta'}{n\cos\eta}\right)^{1/2}\boldsymbol{e}_{\mathrm{s}}E_{\mathrm{p}}^{\perp}\exp(\mathrm{i}k'\boldsymbol{s}'\cdot\boldsymbol{s}'+\mathrm{i}k\delta z\cos\eta) \tag{18.4}$$

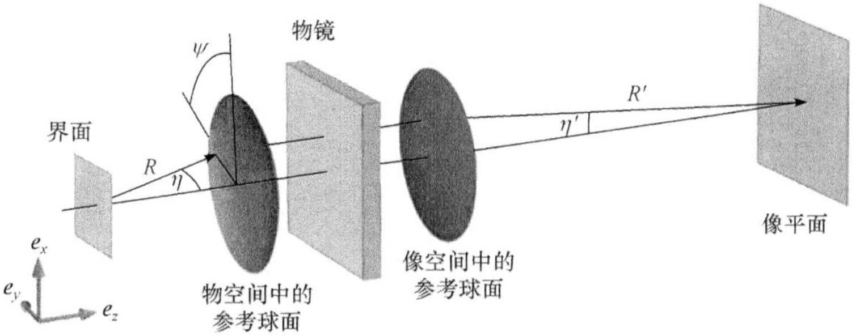

图 18.2　从界面到 CCD 的成像示意图

式中带撇号的变量指像空间，r' 是目标点在像空间的坐标，n' 是成像介质的折射率，M 是成像放大率. 引入

$$\begin{aligned} \boldsymbol{e}'_{\mathrm{p}} &= (\cos\psi\cos\eta', \sin\psi\cos\eta', -\sin\eta') \\ \boldsymbol{s}' &= (-\cos\psi\sin\eta', -\sin\psi\sin\eta', \cos\eta') \end{aligned} \tag{18.5}$$

积分延伸到角度空间 $\Omega=(\eta',\psi)$，ψ 从 0 到 2π 变化，η' 从 0 到 $\eta'_{\max}$ 变化. η 和 η' 由阿贝尔正弦条件相联系，$n\sin\eta = Mn'\sin\eta'$，所以 $\eta'_{\max}=\arcsin(\mathrm{NA}/(Mn'))$，NA 为物镜的数值孔径. 在方程(18.5)中引入指数因子 $\mathrm{i}k\delta z$，因为在物镜焦平面和介质玻璃界面之间可能会有轴向的移位 δz. 对于平行的偶极取向，有类似的结果

$$\begin{aligned} \boldsymbol{E} &= M\iint_{\Omega}\mathrm{d}\boldsymbol{\Omega}'\left(\frac{n'\cos\eta'}{n\cos\eta}\right)^{1/2}(\boldsymbol{e}'_{\mathrm{p}}E^{\parallel}_{\mathrm{p}}\cos\psi+\boldsymbol{e}'_{\mathrm{s}}E^{\parallel}_{\mathrm{s}}\sin\psi)\exp(\mathrm{i}k'\boldsymbol{s}'\cdot\boldsymbol{r}'+\mathrm{i}k\delta z\cos\eta) \\ \boldsymbol{B} &= Mn'\iint_{\Omega}\mathrm{d}\boldsymbol{\Omega}'\left(\frac{n'\cos\eta'}{n\cos\eta}\right)^{1/2}(\boldsymbol{e}_{\mathrm{s}}E^{\parallel}_{\mathrm{p}}\cos\psi-\boldsymbol{e}'_{\mathrm{p}}E^{\parallel}_{\mathrm{s}}\sin\psi)\exp(\mathrm{i}k'\boldsymbol{s}'\cdot\boldsymbol{r}'+\mathrm{i}k\delta z\cos\eta) \end{aligned} \tag{18.6}$$

然后，

$$\boldsymbol{s}'\cdot\boldsymbol{r}'=\boldsymbol{s}'\cdot(\boldsymbol{R}'+\boldsymbol{\rho}'+\boldsymbol{z}')=R'-\rho'\sin\eta'\cos(\psi-\phi')+z'\cos\eta' \tag{18.7}$$

其中，R' 是光学焦点到像空间参考面的轴向距离，(ρ',ϕ',z') 是目标点的柱坐标. 现在可对 ψ 积分，最后结果为

$$\begin{Bmatrix} E_j \\ B_j \end{Bmatrix} = M\int_0^{\eta'_{\max}}\mathrm{d}\eta'\sin\eta'\left(\frac{n'\cos\eta'}{n\cos\eta}\right)^{1/2}\begin{Bmatrix} e_j \\ b_j \end{Bmatrix}\exp(\mathrm{i}k'z'\cos\eta'+\mathrm{i}k\delta z\cos\eta) \tag{18.8}$$

对于垂直偶极取向，有

$$\begin{aligned} \begin{Bmatrix} e_x \\ e_y \end{Bmatrix} &= \mathrm{i}\cos\eta'\mathrm{J}_1E^{\perp}_{\mathrm{p}}\begin{Bmatrix} \cos\phi' \\ \sin\phi' \end{Bmatrix} \\ \begin{Bmatrix} b_x \\ b_y \end{Bmatrix} &= \mathrm{i}n'\mathrm{J}_1E^{\perp}_{\mathrm{p}}\begin{Bmatrix} -\sin\phi' \\ \cos\phi' \end{Bmatrix} \end{aligned} \tag{18.9}$$

对于平行偶极取向，有

$$\begin{Bmatrix} e_x \\ e_y \end{Bmatrix} = \frac{\mathrm{i}}{2}\begin{Bmatrix} \cos\eta'(\mathrm{J}_0-\mathrm{J}_2\cos2\phi')E^{\parallel}_{\mathrm{p}}+(\mathrm{J}_0+\mathrm{J}_2\cos2\phi')E^{\parallel}_{\mathrm{s}} \\ -\cos\eta'\mathrm{J}_2\sin2\phi'E^{\parallel}_{\mathrm{p}}+\mathrm{J}_2\sin2\phi'E^{\parallel}_{\mathrm{s}} \end{Bmatrix}$$

$$\begin{Bmatrix} b_x \\ b_y \end{Bmatrix} = \frac{in'}{2} \begin{Bmatrix} -\cos\eta' \mathrm{J}_2 \sin 2\phi' E_{\mathrm{s}}^{\parallel} + \mathrm{J}_2 \sin 2\phi' E_{\mathrm{p}}^{\parallel} \\ \cos\eta' (\mathrm{J}_0 + \mathrm{J}_2 \cos 2\phi') E_{\mathrm{s}}^{\parallel} + (\mathrm{J}_0 - \mathrm{J}_2 \cos 2\phi') E_{\mathrm{p}}^{\parallel} \end{Bmatrix} \tag{18.10}$$

其中 J_0、J_1、J_2 是贝赛尔函数. 在 CCD 上可探测的光强度为

$$S = (c/(8\pi))\boldsymbol{e}_z \cdot (\boldsymbol{E} \times \boldsymbol{B}^*) \tag{18.11}$$

接下来，我们将电场和磁场分为平行和垂直两个分量. 如果发射偶极子有一个中间的取向，那么相对于表面有一个倾斜角 θ ，则电场和磁场分别为 $E = E^{\perp}\sin\theta + E^{\parallel}\cos\theta$ ，$B = B^{\perp}\sin^2\theta + B^{\parallel}\cos\theta$ ，$\perp$ 和 $\parallel$ 分别代表垂直和平行的偶极取向. 当单分子在焦平面上成像后，调节纳米位移台向下移动 1μm 就可以实现散焦成像. 进行散焦成像的曝光时间为 1s，一些单分子在测量过程中可能会出现光漂白. 样品向下移动 1μm 由聚焦成像转变为散焦成像，分子的荧光光斑变大出现偶极取向分布信息. 当单分子在焦平面上时，单分子成像的强度为一个个尖峰，当散焦成像时单分子的成像光斑变大光强变弱，不同位置处的强度分布不同，包含着分子取向的变化.

通过计算不同立体角 θ 和 ϕ 下的单分子取向分布可得到单分子散焦成像模式图. 在不同立体角下，分子的散焦成像模式各不相同，根据这些散焦成像模式我们可以对丙二醇甲醚醋酸酯(propylene glycol methyl ether acetate，PMA)聚合物薄膜中的单分子的取向动力学进行跟踪测量，从而获得单分子在纳米聚合物环境中的动力学信息.

二、实验装置及技术说明

1. 宽场成像显微镜

基于宽场照明的单分子散焦成像实验装置如图 18.3 所示，平行光被透镜聚焦到物镜的后焦面，通过物镜之后变为均匀激发的平行光斑. 激发区域分子发出的光斑被同样的物镜收集，通过滤光片滤除激发光和散射光，被电子倍增相机(electron multiplier camera，EMCCD)探测. 皮秒脉冲二极管激光器作为激发光源，通过 1/4 波片转变为圆偏振光. 再通过扩束镜进行五倍左右的扩束后，经过一个焦距为 500mm 的透镜在物镜的后焦平面上进行聚焦，使光通过物镜(放大倍率为 100、数值孔径为 1.3 的油浸物镜)形成均匀宽场的照明. 物镜同时收集来自样品单分子的荧光信号，收集到的荧光通过二向色镜、发射滤波器和陷波滤波器进行滤波后，通过成像镜头组进入 EMCCD(PI ProEM 512B CCD 相机)进行成像. 分子样品放置于一个三维纳米平移台(Tritor 200/20SG)，利用 Labview 程序来控制三维纳米平移台在 z 轴方向上的位移从而实现单分子的聚焦成像或散焦成像.

EMCCD 可以在 30ms 的时间分辨率上对焦平面上的单个荧光分子成像. 由于此显微镜系统视野照明均匀，成像清晰，收集荧光强，放大倍率大，适用于观察各类玻片，可以观察较厚的样品或者溶液中较大幅度运动的分子，荧光显微镜除了可以很清楚地检测到焦平面上的样品外，还可以观察焦平面上下两个层面的样品，所以本实验系统非常适合散焦成像.

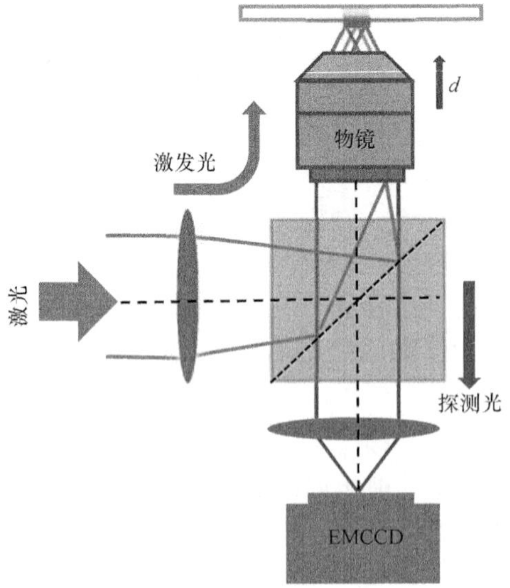

图 18.3　照明的单分子散焦成像实验装置示意图

2. 单分子样品制备方法

首先通过稀释法配制合适浓度的染料分子溶液，每次稀释时需要将样品在摇匀机中摇匀后再放在超声振荡机中振荡均匀. 在后续的实验中如果发现配制出的染料分子溶液的密度仍太大时可以继续稀释. 根据不同染料分子选择合适的稀释溶剂. 之后，将染料分子溶液旋涂在清洗干净的玻片上. 旋涂时，取 50mL 的溶液滴在玻片上，同时启动旋涂仪控制玻片旋转，一般转速控制在 2000r/min. 旋涂完成后，染料单分子样品就会均匀地分布在玻片表面. 合适浓度的溶液会使得玻片上染料分子的分布密度小于 0.1 个/μm^2，保证了后续单分子的荧光成像.

三、实验内容及步骤

1. 实验前的准备

参考说明书，熟练掌握散焦宽场荧光显微镜的工作原理及单分子样品制备方法；熟悉实验环境，了解其他主要实验仪器及各光学器件的工作特性及使用方法.

2. 单分子样品的制备

在掌握实验原理和做好实验前准备的基础上，开始制备单分子样品. 对玻片基底进行清洗来去除杂质荧光的干扰，并增加玻片表面对样品溶液的亲和度. 然后通过旋涂的方法将样品制备在玻片上.

3. 单分子散焦成像的测量

(1) 使用宽场荧光显微镜对单分子样品进行成像，并寻找单分子样品的聚焦面.

(2) 在此基础上将物镜向靠近样品的方向移动 1μm，形成散焦成像.

(3) 使用 EMCCD 对数据进行采集，并用 MATLAB 提取单分子的偶极取向信息.

四、注意事项

(1) 正确掌握激光放大器的开关机顺序，禁止用眼直接观察激光器发出的光；

(2) 调节光路时，禁止用手触摸反射镜、棱镜等光学元件的表面，切忌用眼睛在与光路水平的位置上观察调试光路，以免激光射入致盲；

(3) 实验完成后请按照正常关机顺序依次关掉激光器、EMCCD 相机等重要仪器；

(4) 注意定期检查激光器、EMCCD 相机等光学系统的参数；

(5) 适时注意和观察实验室的温度及湿度变化，保证实验室温度在 18～22℃，湿度在 20%～50%，以免影响激光器正常工作.

五、思考与讨论

(1) 如何从散焦成像中获取单分子的偶极取向?

(2) 你认为单分子聚焦成像技术能够用于哪些研究?

参考文献

李斌, 张国峰, 景明勇, 等, 2016. 利用单分子光学探针测量幂律分布的聚合物动力学[J]. 物理学报, 65(21): 218201.

张国峰, 2011. 单分子动力学特性的测量及操控[D]. 太原: 山西大学.

Böhmer M, Enderlein J, 2003. Orientation imaging of single molecules by wide-field epifluorescence microscopy[J]. J Opt Soc Am B, 20(3): 554-559.

Moerner W E, Kador L, 1989. Optical detection and spectroscopy of single molecules in a solid[J]. Phys Rev Lett, 62(21): 2535-2538.

Xie X S, Trautman J K, 1998. Optical Studies of single molecules at room temperature[J]. Annu Rev Phys Chem, 49(1): 441-480.

Zhang G, Rocha S, Lu G, et al., 2020. Spatially and temporally resolved heterogeneities in a miscible polymer blend[J]. ACS Omega, 5(37): 23931-23939.

实验 19　新型光学材料光致吸附与解吸附

在超低温度下，由于原子具有较长的相互作用时间以及可忽略的多普勒展宽等优点. 近年来冷原子样品作为研究对象越来越受到物理学家们的青睐，并在诸如实现玻色爱因斯坦凝聚、费米子简并、光速减慢及光信息存储等众多研究领域中发挥着不可替代的作用. 这一系列的成就都归功于原子的激光冷却与囚禁技术的发展. 目前为止，大部分冷原子实验系统都首先采用磁光阱来收集并冷却原子，继而装载到磁阱或光阱中以便于进一步的实验研究. 在诸如磁阱中的蒸发冷却等实验中，磁阱中的原子数和寿命是两个同等重要但又互相矛盾的参量 (从背景中俘获较多的铯原子需要较高的铯蒸气压强). 而由于磁阱的寿命直接取决于系统的真空度，较高的铯蒸气压强势必会大大缩短磁阱的寿命，因此一般所关注的是磁阱中的原子数与磁阱寿命之积，它正比于磁阱中原子的弹性碰撞速率与背景碰撞损失速率的比率. 这一比率又是蒸发冷却中一个非常重要的物理参量，但是这一类的系统一般装置庞大、结构复杂，只适用于大型的科学实验室. 随着冷原子样品在生活中的逐渐应用，冷原子系统向小型化发展是必然的趋势，单腔是必然的选择. 对于单腔系统要提高磁阱的原子数与寿命之积，实验上可采用脉冲式原子源从时间上而不是空间上将磁光阱部分与磁阱部分分离开来，在磁光阱装载阶段俘获大量的原子后切断铯源，使系统迅速恢复到很高的真空后进行后续的磁阱装载等实验.

本实验要求：自主设计并搭建一套光致原子解吸附实验装置，包括真空系统、光学系统、探测系统、控制系统等；建立光致原子解吸附的理论模型，确定关键实验参数的可控范围，并获得吸附系数和解吸附系数与空间原子蒸气浓度之间的关系；研究相关物理参量对解吸附系数的影响机制，包括解吸附光的光强和频率、腔体比表面积、环境温度、原子种类等；实验研究不同种类的光学材料、半导体材料的光致解吸附现象，获得其吸附与解吸附系数；探索如何通过解吸附动力学过程判断材料表面的微观结构性质.

一、实验原理

光诱导的原子解吸附技术(LIAD)是产生脉冲可控原子源的最佳选择. 它是利用短波长的非相干光(称为解吸附光) 直接照射真空气室内壁使吸附在内壁上的原子脱离而进入磁光阱的装载过程中，通过控制解吸附光的光功率密度大小和照射时间来控制解吸附原子的多少. 更为重要的是在完成磁光阱装载关闭解吸附光后，背景中的原子在很短的时间内被重新吸附到内壁上，背景真空随即恢复到很好的状态. 早在 1993 年，Gozzini 等就在内壁涂有聚硅氧烷膜的玻璃泡中观察到了光致原子解吸附. 在随后的十几年中，人们又研究了涂有不同材料的膜层以及不同材料表面的解吸附特性. 实验发现：解吸附光照射玻璃泡后，泡内的原子数密度会改变，解吸附光的波长越短从内壁解吸附的原子越多，从而原子数密度越大，同时大的解吸附光功率密度会使多的原子释放出来. 在 2001 年，Anderson 等把它应用到磁光阱中原子装载的实验，发现：用白色光照射不锈钢真空系统内壁能够使磁光阱中铷原子数量增加. 但由于是白光，只有当光功率密度增大到 2～10W/cm^2 时才能看到这个现象. 2003 年，Atutov 等利用 LIAD 得到了更快更有效的磁光阱装载过程. Klempt 等研究了不同波长解吸附光对磁光阱装载的影响，实验发现：波长越短，磁光阱装载的原子数越多，且装载率越大，关掉解吸附光后，装载率在很短的时间(200ms)内急剧下降，反映了背景真空度也在短时间恢复到好的状态. 实验上，利用光诱导的原子解吸附技术来提高磁阱的原子数与寿命之积是通过磁光阱俘获、磁光阱保持和磁阱装载三个过程来完成的. 如何优化这一过程才能获得最大原子数与寿命之积是人们所要解决的问题. 本实验利用 465nm 发光二极管(LED)阵列发出的蓝光作为诱导光源来照射真空玻璃池壁，证明这一非相干光源能迅速有效地调节系统的铯原子蒸气压，分析磁光阱保持阶段的时间长度对磁阱原子数与寿命之积的影响，确定在实验系统上磁光阱保持阶段的最佳时间长度，此时磁阱的原子数与寿命之积达到最大，同时可通过在不同铯原子蒸气压下进行磁光阱俘获来测量系统的背景真空度.

本实验拟采用半导体及其他可吸附性材料作为原子吸附与解吸附过程的良好媒介，研究不同材料(如聚硅氧烷和金属有机气相沉和 MOCVD(metal organic chemical vapor deposition)等，注：MOCVD 是以Ⅲ族、Ⅱ族元素的有机化合物和Ⅴ族、Ⅵ族元素的氢化物等作为晶体生长源材料，以热分解反应方式在衬底上进行气相外延，生长各种Ⅲ-Ⅴ族、Ⅱ-Ⅵ族化合物半导体以及它们的多元固溶体的薄层单晶材料). 利用 MOCVD 生长设备，结合冷原子分子系统的极佳可操控性，开展材料与原子吸附特性方面的研究是非常有益的尝试. 研究结果将进一步扩展光致原子吸附动力学的内容.

二、主要仪器

实验中用到的主要仪器包括：真空实验系统(离子泵、石英真空腔)、垂直腔面发射激光器(verical cavity surface emitting laser，VCSEL)、光学隔离器、微波源、锁相放大器、波形发生器、示波器、光电探测器、频率计数器、标准时间频率源、PID 控制器、波长计、光学镜片及镜架等.

三、实验内容

1. 建立两套不同的 LIAD 理论模型

关于 LIAD 现象是否存在一个统一的机制来对其进行描述，目前还有待探究. LIAD 是一种非热效应，并且在一定条件下发生 LIAD 现象，存在一个阈值频率. 一个较为准确的 LIAD 模型应该能描述碱金属原子的解吸附以及原子在材料表面的扩散过程.

2. 利用饱和吸收法对 852nm 外腔式半导体激光器输出的激光进行稳频

早期普通 F-P 腔结构的半导体激光管的腔长一般为 800～1500μm，后反射面的反射率接近全反射，出射端面的反射率一般在百分之几十以内. 由于谐振腔的精细度不够高，而自由光谱范围又很宽，造成线宽比较宽，甚至会出现多模运转，通常不能直接用在原子分子精密光谱、光频标、冷原子操控、原子干涉仪等领域. 后续出现了分布或反馈(distributed feedback，DFB)/分布或布拉格反射(distributed Bragg reflector，DBR)等激光器，因为内置光栅的原因，线宽得到了一定的压窄，可达到 2MHz 甚至更小，基本可以应用到上述领域中. 但随着对精度的提高，兆赫兹级别的线宽已不能满足更高要求的实验需求了. 于是通过在激光管外再增加一些光反馈元件，使得激光管的后反射面和光反馈元件间形成一个外腔，这样的激光器称为外腔半导体激光器(ECDL). 由于外腔对激光器的模式选择作用，可大幅度压窄线宽到千赫兹级别. 同时通过外腔光学元件的调谐作用，波长可以精确调谐. 外腔半导体激光器具有易于调谐、谱线宽度窄、维护简单等特点，成为精密光谱研究中一个重要的工具. 外腔半导体激光器也有结构稳定性和紧凑度不如 DFB 激光器的情况，但更窄的线宽以及更高的功率依然是它的最大优势所在. 外腔半导体激光器因为它极窄的线宽和较高的光功率，在冷原子、原子分子精密光谱研究领域具有广泛的用途，目前主要应用在原子冷却、光频标、原子干涉仪、激光陀螺、高精度原子钟和光钟.

本实验采用 Littrow 结构的 ECDL. Littrow 光栅外腔反馈的光路为：激光器发出的光经透镜准直射到光栅表面，经光栅选模，将一级衍射光线按原路反馈回激光器有源区，使选出的模式在内腔中的增益得到放大从而在模式竞争中获得优势，最后作为光栅零级衍射光(即反射光)输出. Littrow 结构较简单，出射光为光栅零级衍射光，出射光会随着光栅转动. Littrow 谐振腔通过使用光栅给增益元件提供反馈. 增益元件的一端必须能让光束出射. 从这个端面出射的光束首先被准直，然后光栅对这个准直光进行衍射，一级衍射再耦合回增益元件，用来维持激射. 激光器的波长调谐可通过改变光栅相对于谐振腔的角度来实现. 光栅的零阶衍射光从激光谐振腔出射的角度取决于光栅的角度.

下面介绍饱和吸收光谱的基本原理. 由一束较强的激光泵浦光通过空间烧孔(space hole burning)效应在气体原子的速度分布上把某一类速度的原子(该速度对应于多普勒效应下泵浦光的吸收谱)激发. 另外两束较弱的激光分别作为探针光和参考光，它们穿过气体原子样品后，在光电探测器上得到各自的吸收光谱. 其中，探针光与泵浦光需要重合，参考光则尽量保证与探针光光路相同和避免被泵浦光影响. 然后，通过将探针光和参考光的吸收信号相减，就得到了饱和吸收光谱信号. 饱和吸收光谱技术是一种在原子气室中直接获得消除多普勒增宽的简便激光光谱方法，是一种高分辨率光谱，广泛应用于激光频率标准、激光冷却等方面. 饱和吸收光谱技术有效地消除了多普勒增宽对谱线的影响，实现了对亚多普勒线宽的原子、分子气体样品的吸收谱线的探测. 将传播方向相反而路径基本重合的两束光(泵浦光与探测光)穿过气体样品，当激光频率扫描到其原子或分子的超精细能级的共振频率时，只有在探测光路径上速度分量为零的那部分原子或分子由于其多普勒频移为零，才能同时与泵浦光和探测光发生共振相互作用. 由于相对较强的泵浦光使这部分原子在基态的数目减少，所以对探测光的吸收减少，因而谱线呈吸收减弱的尖峰即超精细跃迁.

本实验的一个重要研究内容是熟悉半导体激光器的工作原理，掌握通过调节电流、压电陶瓷电压等寻找铯原子对应的光谱区域，并掌握通过 PID、锁相调制器(lock-in regulator，LIR)等设备结合饱和吸收光谱技术熟练对半导体激光器的锁频，以及基于此的对 LIAD 现象的探测. LIAD 主要利用短波长的非相干光(蓝光、紫光或者紫外波段)直接照射真空气室内壁从而使吸附在真空气室内壁上的原子解吸附，有效地增加了真空气室中背景铯原子数密度，从而增加磁光阱的装载率并实现单原子的快速装载. 实验中可以通过控制解吸附光的光强和照射时间控制解吸附原子的数目，在完成磁光阱装载并且关闭解吸附光后，真空气室背景中的原子在很短的时间内重新被吸附到气室内壁上，背景真空随即恢复到初始的状态. LIAD 实验过程主要是吸附和解吸附两个过程共同作用的结果.

本实验中利用 465nm 蓝光诱导的光致原子解吸附效应解吸附附着在真空气室内壁上的原子，改变磁光阱区域背景原子密度，实现大磁场梯度磁光阱中少数原子快速和高概率的装载. 通过观察 Cs 蒸气对激光的吸收，来探测气池内 Cs 原子浓度的变化，从而研究 LIAD 现象. 为了使探测激光能够充分与腔内的 Cs 原子作用，利用两个平凸透镜将通过稳频锁频电路之后的激光进行扩束. 光线通过玻璃腔之后，用一个透镜将光线会聚，探测器进行探测. 在实验中，我们利用蓝光 LED 作为解吸附的光源. 我们首先在真空石英气室中观察吸附与解吸附的现象，同时设计新的实验系统，换用不同的半导体材料及聚合物材料等研究 LIAD

现象. 将实验结果与理论模型拟合结果进行对比分析，学习掌握实验数据的分析方法.

四、思考与讨论

哪些因素对解吸附系数有影响？物理机制是什么？

参 考 文 献

孙黎, 2015. 半导体激光器稳频方法的对比研究[D]. 太原: 中北大学.

王军民, 1999. 铯原子汽室磁光阱装置的建立及激光冷却与俘获铯原子的实验研究[D]. 太原: 山西大学.

Tsvetkov S, Gateva S, Taslakov M, et al., 2014 . Light-induced atomic desorption in cells with different PDMS coatings[J]. Journal of Physics: Conference Series, 514(1): 012030.

实验 20　微纳光纤传感研究

光纤传感技术是继光纤通信技术之后逐渐发展起来的一种新型传感技术. 不同于传统的传感技术，光纤传感技术灵敏度高，抗干扰能力强，实用性强，也正在成为科学技术发展的新趋势. 光纤传感是基于光纤对外界环境变化非常敏感的特性而实现的，当温度、压力、电场、磁场等环境条件发生变化时，光波的强度、相位、频率、偏振态等相应参数也随之变化. 同时，光纤本身具有传输损耗低、灵活性强、体积小、重量轻、成本低、防水、防火、抗电磁干扰能力强等优点，在航空、航天、航海、核工业、电力、医疗、石化、轻工等领域有着广泛的应用. 21 世纪，元件设计理论得以不断充实和完善，在这样的背景下，元件制造技术也进步迅猛，科技的研究和应用正朝着微型化的方向不断发展. 因此，微纳光纤在光纤通信和光纤传感领域具有潜在的应用价值. 微纳光纤在光纤通信、近场光学和微纳米级光传输、耦合、放大和传感器组件等方面具有很广阔的前景. 微纳光纤具有损耗小、价格低廉、易于批量生产等优势，因此它被广泛应用于探测、医疗、通信等各个领域，发挥着不可或缺的作用.

物质的折射率是反映物质内部信息的重要物理量. 在基础理论研究、环境污染影响评估和医疗器械供应等领域，折射率的应用尤为重要. 将微纳光纤技术应用于折射率的精密测量，具有重要的意义. 本实验包括：理解光纤传感的工作原理；掌握光纤熔接机、光谱分析仪、宽带光源等仪器的使用；了解光纤知识和类型，掌握微纳光纤制作等操作及完成传感器折射率特性的测量.

一、实验原理

1. 微纳光纤理论分析

由波动方程可知，光纤中能够支持传播的模式个数是有限的，只有同时满足波动方程及边界条件的那些模式才能传播. 由于边界条件的约束，在阶跃型光纤的纤芯包层交界面和渐变型光纤拐点处(渐变型光纤中光按正弦形式传播，其正弦幅值点为其拐点)，局域平面波相关的模场强度沿着远离纤芯方向以指数关系衰减. 这种衰减几乎对所有光波能量来说都是非常迅速的，并且随波数(波长的倒数)的变化在纤芯内呈指数关系衰减，该现象称为倏逝. 因此，一部分光被能量以倏逝波的形式逸出纤芯结构，光纤倏逝波在纤芯包层交界面向外延伸的距离称为穿透深度，在交界面到倏逝波穿透深度之间的区域称为光纤的倏逝场.

微纳光纤的典型结构主要分为标准单模光纤区、两个对称的锥形过渡区和锥腰均匀区，如图 20.1 所示. 研究表明光纤在拉制过程中共包层和纤芯的比例基本保持不变. 在熔融石英阶跃型光纤中，通过纤芯掺杂使纤芯与包层产生折射率差以实现光波导结构. 为了处理方便，在模式的求解和分析上，可采取弱导近似，用线性偏振模式(LP 模式)来进行模式的表征. 对于微纳光纤来说，由于折射率梯度较大，需要采用严格解来对模式进行表征. 在标准单模光纤纤芯内传播的基模能量很难延伸到包层，其光场基本束缚在纤芯内，包层中只存在极小部分的倏逝场. 而随着光纤直径的减小，包层中倏逝波所占能量越来越强，当光纤直径缩小到微米量级时，对光场的限制能力远小于普通光纤，相当一部分能量扩展到了包层中. 此外，若将微纳光纤置于液体中，由于石英与外界介质的折射率梯度大大减小，倏逝波会大大增强. 微纳光纤中的强倏逝波特性，为光与外界介质相互作用提供了一个良好的平台，并构成了微纳光纤传感器的实现基础.

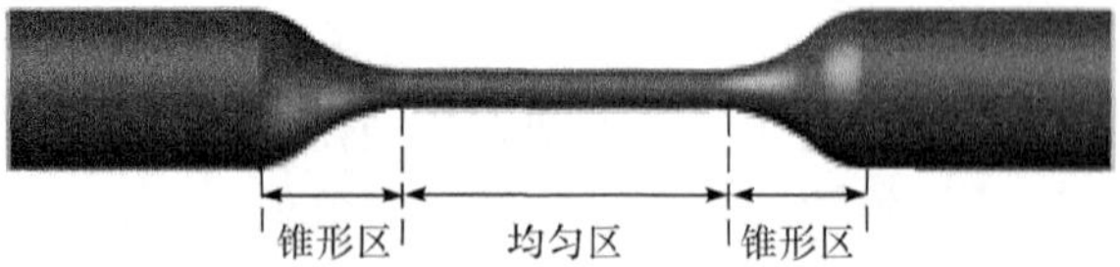

图 20.1　微纳光纤结构图

2. 折射率传感原理

根据光纤波导理论可知，$n^2=n_1^2-\left(\frac{U}{V}\right)^2(n_1^2-n_2^2)$ 能够用来准确地表达光纤基模的有效折射率，其中 $V=k_0r\sqrt{n_1^2-n_2^2}$，代表光纤的归一化频率；$U=r\sqrt{k_0^2n_1^2-\beta^2}$，表示横向传播常数. U 和 V 满足光纤 LP 模的本征方程 $\frac{UJ_{m-1}(U)}{J_m(U)}=-\frac{WK_{m-1}(W)}{K_m(W)}$ (m=1 的 LP_{01} 基模). 归一化频率与横向传播常数表达式中的 k_0 是光在真空中的波数，r 指的是光纤纤芯的半径，n_1 表示折射率，n_2 表示外界环境折射率，β 为传播常数. 对特征值方程进行高斯场近似法简化，则可得到 LP_{01} 单模光纤的基波模式 $U=\frac{(1+\sqrt{2})\ V}{1+(4+V^4)^{\frac{1}{4}}}$，该函数对应的 U-V 曲线与标准曲线在 V<4 范围内误差很小. 进行相应变量的代换，则有效折射率函数为 $n^2(n_2,r)=n_1^2-\left(\frac{(1+\sqrt{2})}{1+(4+V^4)^{\frac{1}{4}}}\right)^2(n_1^2-n_2^2)$，可见，有效折射率 n 与光纤半径 r 也即光纤直径 d 和

外界环境折射率 n_2 有关. 据此，为了研究不同因素对微纳光纤折射率灵敏度的影响，我们可分别讨论不同环境折射的变化对于光纤内光强损耗的影响以及不同微纳光纤直径对液体折射率灵敏度的响应.

二、实验装置

放大自发辐射(ASE)光源的波长范围为 1528～1603nm，功率为 10dBm，出光口用来连接一段单模光纤. 切割刀用来切平光纤端面. 光纤焊接机用来焊接光纤. 折射率计可以用来测量不同含量的盐溶液的折射率. 光谱仪用来观察谱线响应以及保存数据，型号是日本安立公司 MS9740A(波长范围为 600～1700nm，波长分辨率 0.03nm).

三、实验内容

1. 制作微纳光纤

采用的方法是熔融拉锥法. 首先剥除单模光纤的涂覆层，然后再高温加热光纤中部，通过移动平台实现拉伸，使其达到微纳米量级. 微纳光纤尺寸在微纳米尺度上，与普通光纤相比其结构变化很大，这导致外部环境的折射率对微纳光纤内的光透射具有很大影响. 熔融拉锥法的具体操作步骤是剥除一根 125μm 的单模光纤外侧包裹的涂覆层，并利用两个移动平台使光纤两端固定. 以丁烷气体的火焰作为加热源，加热光纤中部使其熔化，同时利用移动平台的微移动使光纤拉细，当大约达到肉眼不可见的程度时，即停止加工，最终可得到锥形的微纳光纤. 将 125μm 的标准单模光纤的两端固定，利用高温火焰对其中心部分进行烧灼，同时，操作控制移动平台并利用其功能对熔融后的光纤进行拉伸，待光纤尺度达到肉眼不可见的程度时，便可以停止操作.

2. 环境折射率探测

折射率是体现不同材料物质的一个基本光学参数，对于液体折射率的检测技术越来越多，而光纤传感技术具有小巧准确的优势，为液体折射率的检测提供新平台. 在理论分析的基础上，我们分别研究不同液体环境折射和不同光纤直径参数下的微纳光纤传感器的折射率灵敏度. 我们采用不同折射率的氯化钠溶液模拟不同的液体环境，以及制作不同直径的微纳光纤测试液体环境折射率的变化，具体操作如下.

(1) 配制饱和氯化钠溶液，用折射率计测量其折射率，溶液折射率约为 1.3700；采用加水稀释的方法，得到一系列浓度梯度的溶液，对应折射率范围为 1.3331～1.3700.

(2) 将已经制作好的微纳光纤两端分别与光源、光谱仪连接，并利用滴管操作将光纤均匀区置于溶液中.

(3) 观察光谱仪现象，待光谱稳定时存储相关数据.

(4) 更换不同溶液以改变外界环境折射率，重复上述步骤(2)和(3). 借助光学显微镜测量微纳光纤均匀区直径.

(5) 制作新的微纳光纤传感器，重复进行上述所有操作.

分析讨论实验结果，得出结论. 用 Origin 处理数据，画出结果图，并计算直径不同的微纳光纤的环境折射率灵敏度.

四、注意事项

(1) 正确掌握光源、光谱仪的开关顺序，避免仪器损坏.

(2) 拉锥光纤时注意正确使用火焰，避免烫伤.

(3) 注意定期检查光源、光谱仪、光纤等光学系统的输出功率等参数.

五、思考与讨论

(1) 影响环境折射率测量的因素有哪些？如何采取措施来保持测量的稳定性及准确性？

(2) 对于微纳光纤传感器，如何提高传感器折射率灵敏度？

(3) 本实验中传感器随着外界折射率变化时，探测到的是哪个量(光强或者波长)？

(4) 如何优化传感器来实现波长调制型？

参 考 文 献

孙丹丹, 2015. 光栅型与干涉型微纳光纤生物传感器[D]. 广州：暨南大学.

Guan B O, Li J, Jin L, et al., 2013. Fiber Bragg gratings in optical microfibers[J]. Opt Fiber Technol, 19(6): 793-801.

Tong L, Gattass R R, Ashcom J B, et al., 2013. Subwavelength-diameter silica wires for low-loss optical wave guiding[J]. Nature, 426(6968): 816-819.

第 3 章　凝聚态物理与核物理

实验 21　基于 X 射线 CT 成像的材料三维结构表征

材料三维微观结构的表征对理解材料的物理化学性质，材料改性、设计具有重要的作用. X 射线计算断层成像技术(X-ray computed tomography，X 射线 CT)因其三维可视化、不破坏样品结构的独特优势成为一种重要的材料三维结构可视化表征工具. 显微 CT、同步辐射 CT 及纳米 CT 技术的发展更是让人们有机会在更细小的尺度上认识物质的三维结构. 将先进的 CT 技术与材料表征的需求相结合，发展合适的 CT 图像识别方法，在生产实践中可以更充分地发挥 CT 技术表征的优势，不仅具有重要的科学理论意义，而且对相关领域的产业发展具有实际的应用价值. 利用 X 射线 CT 成像技术对材料结构实现精确表征是一个多学科交叉的问题. 在这个过程中，涉及 CT 装置的原理、X 射线成像过程、从投影到断层的 CT 重建、CT 图像与材料组分的关联. 这些问题需要用到物理、数学、信息学、材料科学等学科的相关知识.

本实验是基于微焦点 X 射线 CT 对不同材料进行三维结构表征，围绕 CT 成像及图像解析过程中的一些热点问题，重点针对线束硬化、部分体积效应、CT 图像与材料物理组分间的关联展开研究. 主要内容包括：针对不同具体材料，确定并优化成像参数；线束硬化的修正；图像处理；基于数据约束模型对小于 CT 体元组分的解析；不同图像解析方法对材料结构解析结果的比较与分析.

一、实验原理

1. X 射线成像与 CT 重建

X 射线成像衬度的形成原因可分为吸收衬度和相位衬度. 吸收衬度指的是 X 射线在与物质相互作用过程中由物质对 X 射线的吸收导致入射光的衰减从而形成衬度. 不同物质多数情况具有不同的线性吸收系数，故而会引起不同程度的 X 射线衰减，从而形成吸收衬度. 相位衬度的形成是由于 X 射线在物质界面发生折射、波速改变，从而导致相位漂移形成相位衬度. 当 X 射线到达物质界面时，物

质对其复折射率可以表示为

$$n = 1 - \delta + \mathrm{i}\beta \tag{21.1}$$

式中，β对应物质的吸收信息，δ为相位因子，分别由下面两式给出：

$$\beta = \frac{\mu_1}{2k} \tag{21.2}$$

$$\delta = \frac{2\pi\rho r_0}{k^2} \tag{21.3}$$

其中，μ_1为 X 射线线性吸收系数，$k = \dfrac{2\pi}{\lambda}$表示波数，$\rho$表示电子数密度，$r_0$表示每个电子的散射半径. ρ与λ的单位分别取 g/cm^3 和 Å 时

$$\delta = 0.27 \times 10^{-5} \lambda^2 \rho \frac{Z}{A} \tag{21.4}$$

其中，A表示原子质量，单位为原子质量单位；Z表示原子电子数. 根据比尔定律容易知道，吸收衬度成像中，出射 X 射线光强与入射光强比值的对数等于线性吸收系数沿着 X 射线传播方向的线积分. 理论上通过对样品不同方向的透射光强进行采集即可求解出样品的内部结构. 事实上，在实验过程中，样品与像屏之间的距离不为零，所以在出射光中同时包含了样品的吸收和相位信息.

图 21.1 为 X 射线成像示意图，(x, y)为物平面，(x', y')为像平面图. 在成像过程中，样品垂直于z轴，以x轴为中心旋转，假设在某一角度下，X 射线穿过样品后出射光振幅A可以表示为

$$A = A_0 \times \xi(x, y) \tag{21.5}$$

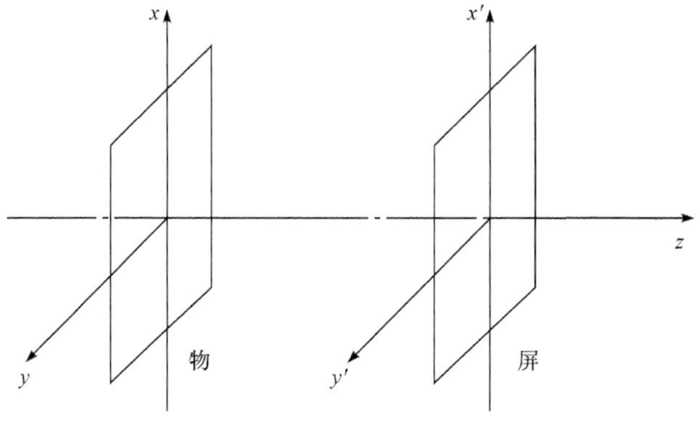

图 21.1 X 射线成像示意图

其中，A_0为入射光振幅，$\xi(x,y)$是样品的复透射率函数，由下式给出：

$$\xi(x,y) = \exp[-\eta(x,y) + \mathrm{i}\varphi(x,y)] \tag{21.6}$$

式中，$\eta(x,y)$ 是关于吸收因子的函数，$\varphi(x,y)$ 是关于相位因子的函数，分别由下面两式给出：

$$\eta(x,y)=k\int\beta(x,y,z)\mathrm{d}z=\frac{1}{2}\int\mu(x,y,z)\mathrm{d}z \tag{21.7}$$

$$\varphi(x,y)=\int\delta(x,y,z)\mathrm{d}z \tag{21.8}$$

其中，δ 表示相位因子，β 表示吸收因子，μ 为样品线性吸收系数. X 射线穿过样品后，在样品后表面处光强为

$$I(x,y)=|A|^2=\exp[-2\eta(x,y)] \tag{21.9}$$

如果样品距离像屏为 z，则

$$A_z=A*f(\boldsymbol{r})=A_0\times\xi(x,y)*f(\boldsymbol{r}) \tag{21.10}$$

其中，$*$表示卷积运算，$f(\boldsymbol{r})$ 为菲涅尔传播因子

$$f(\boldsymbol{r})=\frac{1}{\mathrm{i}\lambda z}\exp\left(\mathrm{i}\frac{\pi}{\lambda z}r^2\right) \tag{21.11}$$

由振幅分布可得到像屏光强分布为

$$I_z(x,y)=|A_z(x,y)|^2=I\left[1-\frac{\lambda d}{2\pi}\nabla^2\varphi(x,y)\right] \tag{21.12}$$

在$1-\dfrac{\lambda d}{2\pi}\nabla^2\varphi(x,y)\ll 0$ 时，可得

$$\ln\frac{I}{I_z}=\int\mu(x,y,z)\mathrm{d}z+d\left(\frac{\partial^2}{\partial^2\boldsymbol{r}}\right)\int\delta(x,y,z)\mathrm{d}z \tag{21.13}$$

如果对样品旋转一定角度，可以得到不同角度下样品透射光强与入射光强的比值，这一投影过程即为 Radon 变换，通过反变换可以用来重构样品断层的吸收和相位分布，此即为 CT 重建.

CT 图像重建算法可以分为两类：一类是以 Radon 变换为理论基础的解析重建算法，另一类是以解方程为主要思想的迭代类重建算法. 根据扫描形式的不同，解析重建算法又可以分为二维重建算法和三维重建算法. 傅里叶中心切片定理构成了二维重建算法的核心理论基础，基于这一理论可以得到平行束直接傅里叶重建算法和滤波反投影重建算法. 对于扇束投影可以在平行束投影重建算法的基础上经过适当加权修正或数据重排的方式进行重建. 三维图像重建算法中分为近似图像重建算法和精确图像重建算法. 典型的近似图像重建算法以 FDK 算法为代表，计算形式简单，便于硬件加速，目前在锥束 CT 系统中得到了广泛应用. 精确图像重建算法近年来也得到快速发展，尤其是螺旋锥束精确重建算法及其广义算

法理论的突破显著拓展了精确图像重建算法的应用场景. 解析重建算法的优点在于重建速度快，但是对数据完备性要求较高，对噪声较为敏感. 迭代重建算法的基本思想是由测量的投影数据建立一组未知向量的代数方程式，通过求解方程组去求解未知图像向量. 迭代重建算法可分为代数迭代重建算法和统计迭代重建算法. 迭代重建算法的优点在于抗噪声性能强，对数据完备性的要求不高，缺点是计算量大.

尽管近年来相衬成像在成像理论与实际应用中取得了快速的发展，但是相位衬度成像对 X 射线的相干性有较高的要求. 故而在一般的 X 射线管光源上很难实现相位衬度成像. 本实验主要针对吸收成像进行分析.

2. CT 图像与材料组分的关联

在不考虑 CT 成像过程中的相位变化时，根据公式(21.13)有

$$\ln\frac{I}{I_z}=\int\mu(x,y,z)\mathrm{d}z \tag{21.14}$$

其中，$\mu(x,y,z)$ 为样品空间不同位置的 X 射线线性吸收系数，对大多数材料而言，这一系数是关于 X 射线能量和材料原子序数的函数. 目前绝大多数 CT 重建都是基于单一 X 射线能量进行重建，因此重建后的 CT 图像上的 $\mu(x,y,z)$ 只与材料组分有关.

在 CT 重建完成后，建立图像上不同位置的 $\mu(x,y,z)$ 与物理组分的关联是实现图像识别的关键所在. 但是由于成像过程中诸多因素的影响，关联的建立往往并不容易. 比如实验室 CT 所用 X 射线为连续谱，当 X 射线穿过样品时低能量的 X 射线会被优先吸收，导致穿出样品后的 X 射线平均能量变高，线束变“硬”，此即线束硬化. 线束硬化会使材料中相同组分因为处于样品中的不同位置而“感受”到的射线能量不同，因此重构后的 CT 图像中出现硬化伪影. 另外，成像总是在一定分辨率下进行，如果材料中有小于分辨率尺度的组分或结构特征存在，重构后的 CT 图像上每个像元的 X 射线吸收系数将是这个像元所包含的所有组分的加权平均吸收系数，此即为“部分体积效应”. 部分体积效应可能导致不同的结构或组分组合表现为相近甚至相同的 X 射线吸收系数. 成像过程中的实验噪声、散射、点扩散效应、重构引入的误差等都会最终影响 CT 图像的精确解析.

目前用于 CT 图像分析的方法主要有图像阈值分割法、数据约束模型等. 阈值分割算法的基本思想是：不同材料具有不同 X 射线线性吸收系数. 这些吸收系数在 CT 图像上以不同灰度级显示，根据预先知道的材料信息，结合材料组分与图像的灰度分布，设定不同的灰度阈值，从而在 CT 图像上将不同组分区别开来. 阈值分割法由于其操作简单，计算快速，一直是 CT 图像分析的主要方法. 虽然阈值分割算法在图像识别中展示了诸多优势，但是在对很多组分复杂的材料或包含

大量小于像元尺度组分的材料进行表征时，阈值分割将较为困难. 提高 CT 成像分辨率会在一定程度上解决部分体积效应的影响，但是目前 CT 最高分辨率只能达到几十个纳米的量级，而很多材料中包含了大量纳米量级的组分. CT 分辨率的提高需要牺牲样品的表征尺度，也就是说当成像分辨率提高时，所表征样品的尺度必须相应地减小，而样品尺度的减小将会严重影响样品的统计代表性以及多尺度结构信息的获取. 数据约束模型在处理此类问题时表现出了一定的优势，下面我们将对这一模型进行重点介绍.

数据约束模型(data-constrained modeling，DCM)是预先假设样品的每个体元的不同组分以不同的体积分数存在，选择多个能量对样品进行 CT 实验，将多个能量的 CT 数据作为约束条件，根据比尔定律和统计物理规律，将每个体元中各组分体积分数的确定形成一个最优规划问题. 通过对目标函数的最优化，获取不同组分在各个体元中的体积分数.

样品的 DCM 模型由 N 个立方体元(N 的数值等于进行计算的 CT 切片所包含像元的总数)构成，每个体元的边长与 CT 切片的分辨率尺寸相同. 对模型进行计算的目标是使任一体元处的 CT 重构后得到的吸收系数值($\hat{\mu}_n^{(l)}$)与理论值($\sum\limits_{m=0}^{M}\mu^{(m,1)}V_n^{(m)}$)之差为最小. 其中，不同 m ($m=0,1,2,\cdots,M$)值代表不同组分，$m=0$ 时对应组分为孔隙. n 为体元编号，其值对应样品的不同位置. $v_n^{(m)}$ 即样品中位置为 n 处体元中组分 m 的体积分数. $\hat{\mu}_n^{(l)}$ 定义为在 X 射线能量为 ε_l ($l=1,2,\cdots,L$)的 CT 重构切片中，于体元 n 处测量得到的 X 射线线性吸收系数. $\mu^{(m,l)}$ 表示组分 m 对能量为 ε_l 的 X 射线线性吸收系数参数，其数值可以结合 X 射线吸收数据库及 DCM 模型下样品组分分析结果获得. 模型通过调整每个体元中各组分的体积分数来实现这种最优化配置. 目标函数表示为

$$T_n=\sum_{l=1}^{L}\left[\Delta\mu_n^{(l)}\right]^2+E_n \tag{21.15}$$

其中，$\Delta\mu_n^{(l)}$ 表示在实验能量为 l 时，CT 实验得到的吸收系数与理论值之间的差，即

$$\Delta\mu_n^{(l)}=\sum_{m=0}^{M}\mu^{(m,l)}v_n^{(m)}-\hat{\mu}_n^{(l)} \tag{21.16}$$

E_n 表示各组分之间的表面相互作用能

$$E_n=\sum_{m=1}^{M}v_n^{(m)}S^{(m)}+\sum_{k=0}^{K}\sum_{j=1}^{N^{(k)}}\sum_{m_1=0}^{M}\sum_{m_2=m_1}^{M}v_n^{(m_1)}v_{n+n_j^{(k)}}^{(m_2)}I_k^{(m_1,m_2)} \tag{21.17}$$

其中，$S^{(m)}$ 定义为组分 m 的化学势，$I_k^{(m_1,m_2)}$ 定义为相邻体元间距离为 $k(k\geqslant 0)$

的组分 m_1 和 m_2 的相互作用能. k=0 时，认为组分 m_1 和 m_2 分布在一个体元内. 类似地，k=1 时，表示这两种组分位于最近邻的体元中，k=2 意味着它们位于次近邻体元中，最大相互作用范围可以设定为 K. 所有最优化计算都需满足下面的约束：

$$\begin{cases} 0 \leqslant v_n^{(m)} \leqslant 1 \\ \sum_{m=0}^{M} v_n^{(m)} = 1 \end{cases}, \quad m = 0,1,2,\cdots,M \tag{21.18}$$

需要注意的是，虽然材料总是在各自的化学势和相互作用的约束下形成的，但是在上面的模型中，组分表面相互作用能及化学势很难采用实验方法直接测量. 在模型中，这两部分只是作为可变参数存在，我们借助这些参数，在材料某些结构信息已知的情况下，使得 CT 计算结果更逼近材料的真实状态. 具体参数值的确定需要借助其他表征手段所获得的材料结构信息来确定.

二、实验装置

X 射线 CT 成像系统主要包括：X 射线管、四轴样品台、平板探测器，如图 21.2 所示.

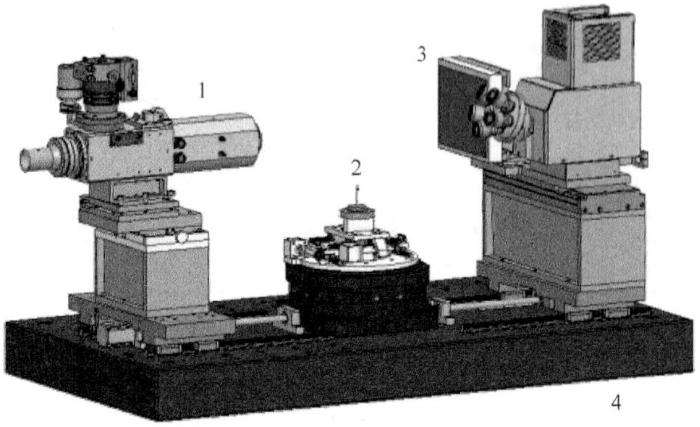

图 21.2　X 射线 CT 成像系统示意图

1. X 射线管；2. 四轴样品台；3. 平板探测器；4. 大理石底座

X 射线管主要由阴极和阳极组成，发射电子流的电极叫做阴极，电子流流向的极叫做阳极(靶). 阳极靶是使电子突然减速和发射 X 射线的地方. 靶材一般选取原子数较高的重元素，常见靶材有钨和铜，本实验所用靶材为钨靶. X 光管中阴极灯丝被电流加热而发射电子，在阴极与阳极之间加速电场的作用下，电子将高速撞击阳极靶. 电子进入靶后，会因靶材原子阻挡而丧失动能. 大部分动能变成热能，通过冷却水散掉，仅有少部分转为 X 射线. 产生的 X 射线包括：①特征 X 射线，它是高速运动的电子与靶材的原子核内层电子作用产生. 当电子动能足够大时，将使内层电子电离，此时外层电子向低能级跃迁，伴随 X 射线的辐射. 辐射 X 射线能量即为原子能级对应能量的差值，不同靶材具有不同能量的特征 X 射线；②韧致辐射，高速运动的电子由于原子核的库仑作用减速，释放出 X 射线，产生的是连续谱；③高速运动的电子直接打到原子核上，所有动能全部转化为 X 射线释放出来，即为 X 射线能谱上限.

样品台是被检测样品的安装载体，并为 X 射线 CT 成像系统提供扫描检测所需的多自由度高精度的运动功能. X 射线 CT 成像系统配置四轴组合精密样品台. X, Y, Z 精密运动平移台组合装配后，安装于精密旋转台之上. 为减小摩擦，提高定位精度，旋转台下方通有压缩空气. 在 X 射线成像过程中，样品放置在转台上，通过调整 X, Y, Z 三个轴将样品调整至合适的成像视场中后，控制旋转台以一定步长转动供探测器采集样品在不同角度的投影图.

目前针对 X 射线 CT 成像发展了多种探测器. 本实验所用探测器为碘化铯-非晶硅高灵敏度数字平板探测器. 其基本原理为位于探测器表层的碘化铯闪烁晶体将入射的 X 射线转换为可见光，可见光激发非晶硅光电二极管阵列，使得光电二极管产生电流，在光电二极管自身的电容上形成存储电荷. 从而实现光信号到电信号的转变与存储. 像元尺寸和密度是影响图像分辨率的一个重要因素. 本实验所用探测器像元尺寸为 127μm，像素尺寸为 1920×1536，视野范围为 244mm×195mm.

除上述主要部件外，X 射线 CT 成像系统还包括机械扫描系统、电气控制系统、软件控制系统、数据采集传输系统、后端图像处理系统. 机械扫描系统提供相关功能部件的安装、支撑以及调整 X 光源、样品台和探测器三者之间的相对位置，实现多种扫描成像模式，如二维投影(DR)、圆轨迹锥束 CT、超视野锥束 CT、有限角锥束 CT 等. 电气控制系统从硬件上实现对扫描检测过程中机械运动的精确定位控制、系统的逻辑控制、时序控制及检测工作流程的顺序控制和系统各部分协调，并负责系统的安全防护控制. 运动控制系统分为三部分：计算机和控制器组成控制级、步进电机驱动器为放大级、电机及导轨丝杠等构成执行机构. 当设置好坐标位置后，运动控制器经内部运算向对应的运动控制系统发出位置命令，控制步进电机旋转目标角度，电机带动丝杆旋转，将旋转运动转换成直线运动，将各轴平台送达目标位置. 软件控制系统用于实验过程中人机交互，可以控制系统实现运动和成像控制. 数据采集传输系统(前端工作站)用于获取和收集信号，并将探测器获得的信号进行转换、收集、处理和存储后，传送到图像处理系统(后端工作站)供图像重建用. 图像处理系统(后端工作站)主要实现由投影数据重建生成图像，对图像进行处理、分析和测量.

三、实验内容

1. 实验前的准备

参考说明书，熟悉 X 射线 CT 成像系统各部分主要结构、原理、操作方式；阅读文献资料理解 X 射线产生机理、线束硬化、部分体积效应、X 射线与物质相互作用中的各物理过程、CT 重建基本理论、图像处理基础知识；学习熟练 CT 重建软件、DCM 软件、X 射线谱模拟软件的基本使用方式.

2. 基于 CT 成像的材料三维微观结构表征

制备相关样品，对样品进行 X 射线扫描，重建样品三维断层图像，利用不同图像处理方式修正图像伪影. 利用阈值分割、数据约束模型等方法建立样品组分与 CT 图像之间的关联，比较不同图像分析结果的差异，基于样品三维结构测量样品三维几何特征.

3. 基于 CT 成像与数据约束模型的材料三维微观结构表征

选择具有多尺度结构特征的材料，对样品进行 X 射线扫描并重建 CT 图像，建立数据约束模型，并确定最优模型参数，实现样品三维结构定量表征. 基于样品组分三维分布定量信息，分析特定组分包括小于 CT 图像体元尺度组分在内的联通团簇三维分布、等效球直径、联通概率等结构特征.

4. 线束硬化校正

选择合适的软件，模拟分析成像系统所用 X 射线管在不同电压下的发射谱，计算不同材料厚度滤波片对 X 射线谱的整形参数，模拟计算整形后的能谱，选择合适的滤波片；根据模拟结果选择合适的滤波片对样品进行 X 射线 CT 成像，分析比较线束硬化校正效果.

四、注意事项

(1) X 射线 CT 成像系统为高精密实验设备，且具有电离辐射风险，进入实验室的人员必须经过安全教育，实验操作人员必须经过操作培训并获得批准.

(2) 设备在开机状态时，进出实验室的人员要密切注意辐射剂量仪的数值，剂量仪报警或有其他设备异常情况时，立即按下紧急停机按钮.

(3) 每次实验首先检查设备保养记录，保证射线靶、高压锥、灯丝在正常使用周期内；每次实验须记录实验详细过程及异常情况，记录辐射剂量数值及时间.

(4) 射线管开启状态严禁打开舱门；射线管、不间断电源均含高压部件，严防触电，出光口、导轨、探测器均为精密部件，严防尘土污染和机械损坏.

(5) 注意观察实验室温度湿度，温度应该保持在 18～23℃，湿度在 20%～50%，温度波动剧烈时将导致设备因热胀冷缩而降低机械精度，影响设备寿命和成像质量. 湿度太低将容易产生静电，太高容易因水蒸气进入系统内部而影响 X 射线管及精密部件寿命.

五、思考与讨论

(1) 线束硬化效应会导致 CT 图像存在何种形状的伪影？如果在扫描过程中，样品发生微小摆动，CT 图像上将会出现什么形状的伪影？如何校正？

(2) X 射线 CT 成像系统的分辨率受哪些因素影响？重构后 CT 图像的像元尺寸是不是真实的物理分辨率？

(3) 中值滤波和均值滤波分别适用于处理何种图像噪声？图像阈值分割算法和数据约束模型在图像分析上有什么异同之处？

参 考 文 献

闫镔, 李磊, 2014. CT 图像重建算法[M]. 北京: 科学出版社.

Chen W H, Yang Y S, Xiao T Q, et al., 2014. A synchrotron-based local computed tomography combined with data-constrained modelling approach for quantitative analysis of anthracite coal microstructure[J]. Journal of Synchrotron Radiation, 21(3): 586-593.

Hirano K, Momose A, 1996. Investigation of the phase shift in X-ray forward diffraction using an X-ray interferometer[J]. Physics Review Letter, 76(20): 3735-3737.

Momose A, Takeda T, Itai Y, et al., 1998. Phase-contrast tomographic imaging using an X-ray interferometer[J]. Journal of Synchrotron Radiation, 5(3): 309-314.

Wang Y D, Yang Y S, Xiao T Q, et al., 2013. Synchrotron-based data-constrained modeling analysis of microscopic mineral distributions in limestone[J]. International Journal of Geosciences, 4(2): 344-351.

实验 22 表面等离激元-激子相互作用的光学研究

等离激元-激子耦合体系具有优秀的可控光学响应，是纳米光电子学的研究热点. 单层过渡金属二硫族化物-贵金属纳米结构复合体系是最具体表性的表面等离激元-激子耦合体系. 在该体系中，金属表面等离激元共振能够诱导产生极大的局域电磁场增强，从而与过渡金属二硫化物中的激子发生强烈的相互作用，导致整个体系出现新奇的光学效应，对进一步理解光与物质相互作用有着重要的科学意义. 金属纳米结构的表面等离激元具有亚波长的光局域特性，可通过合理的结构设计，实现对其共振波长、频谱宽度、近场增强倍数、远场辐射特性的灵活控制，推动纳米光电器件的设计和应用.

当金属纳米结构的尺寸接近或小于入射光的波长时，由于颗粒边界条件的限制，电荷密度波将被局域在金属纳米结构上，在其周围形成局域的光场，这种现象被称为局域表面等离激元. 当局域表面等离激元发生共振时，金属表面的电场得到极大的增强，这一效应已被广泛地运用于表面增强拉曼光谱、表面增强荧光、增强光力与俘获、光电子器件、生物传感等众多光学领域. 过渡金属二硫族化物特别是单层或少层是典型的三原子层晶体，其特有的二维系统可以显著减弱介电屏蔽效应和量子限制效应，使得材料的导带电子与价带空穴之间存在较强的库仑相互作用，从而在可见和近红外区间具有强烈的激子共振效应. 这些激子具有很大的束缚能，在室温下也能够稳定存在，使其在构建室温强耦合体系、设计与制备纳米光电器件中得到广泛的应用. 将贵金属纳米结构引入过渡金属二硫族化物构成的复合体系，即可利用局域表面等离激元共振构建激子的特定光学环境，实现对光学性能的有效调控.

本实验主要研究对象为具有较强激子束缚能的单层 MoS_2 和 WS_2 与三角形银纳米片构成的复合体系. 通过测量反射谱、消光谱，研究等离激元对激子的激发和调制；通过微区荧光成像、荧光光谱、拉曼光谱，研究其与激子的强弱耦合和能量转移；通过测量激光倍频和双光子荧光，研究复合体系的非线性效应增强；通过测量圆二向色谱，研究等离激元对激子谷选择性的调制. 进一步，探索二维对称破缺半导体与金属复合体系中等离激元与激子的相互作用机理.

一、实验原理

本实验需要简要了解表面等离激元、激子以及表面等离极化激元等基础物理概念.

1. 表面等离激元

等离激元是一种用于描述金属中自由电子的集体振荡的量子化准粒子. 从经典物理学角度，金属中的等离激元可以看作是在外电磁场环境下电子气相对于固定的原子核产生的相对位移. 在金属-电介质体系中，当固定波长的入射光照射到金属表面时，激发自由电子在金属和电介质之间产生集体振荡，被称作表面等离激元. 表面等离激元可以分为传导表面等离激元和局域表面等离激元. 传导表面等离激元也称为表面等离极化激元，是金属-电介质界面上自由电子的电荷密度波与电磁波的耦合形成的集体激发，只能发生在介电常量相反的两层介质界面上. 电荷密度波在金属表面发生疏密分布，随外界电磁场振动沿界面方向传播，而在垂直于介面的方向上迅速衰减，表现出较强的空间约束力，如图 22.1 所示.

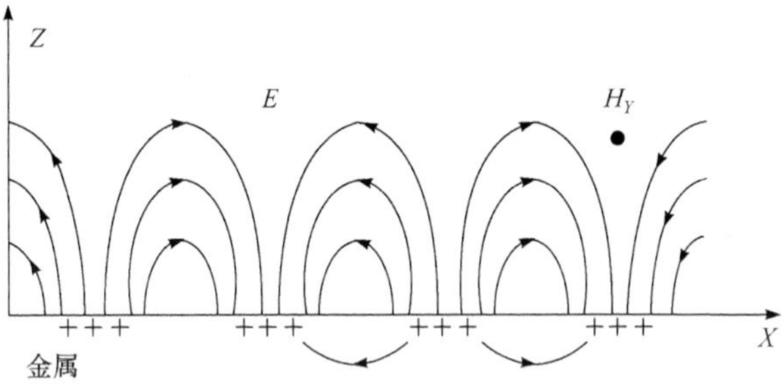

图 22.1　传导表面等离激元示意图

在近光频波段，金属的经典介电常量可以用 Drude 模型描述. 金属纳米结构中的自由电子在外加电磁场作用的条件下，其运动状态可表示为

$$m_e \frac{d^2 x}{dt^2} + m_e \frac{dx}{dt} = -eE_0^{-i\omega} \tag{22.1}$$

式中，m_e 为电子的有效质量，x 是电子的实时位置，E_0 是外电场的振幅，ω 是外加电场的频率. 金属的经典介电常量可描述为

$$\varepsilon_m(\omega) = \varepsilon_r + i\varepsilon_i = 1 - \frac{\omega_P^2}{\omega(\omega + i\gamma)} \tag{22.2}$$

式中，γ 是阻尼常数；ω_P 是金属中电子的等离激元频率，即 $\omega_P = \frac{Ne^2}{\varepsilon_0 m_e}$，此式即为金属中的自由电子运动状态的经典 Drude 模式，可用来相对准确地描述入射光

的频率与金属介电常量间的关系. 当阻尼常数与入射光频率关系为 $\gamma \ll \omega$ 时，介电常量可简化为

$$\varepsilon_{\mathrm{m}}(\omega)=1-\frac{\omega_{\mathrm{P}}^{2}}{\omega^{2}} \tag{22.3}$$

在无限大的金属-电介质界面利用电场的边界连续性条件求解麦克斯韦方程组，可以得到表面电荷密度波的波矢和频率之间的关系，也称为色散关系

$$k_{\mathrm{SPP}}=k_{0}\sqrt{\frac{\varepsilon_{\mathrm{d}}\varepsilon_{\mathrm{m}}(\omega)}{\varepsilon_{\mathrm{d}}+\varepsilon_{\mathrm{m}}(\omega)}} \tag{22.4}$$

式中，$k_0=\omega/c$ 是光在自由空间的波数，ε_{d} 是电介质的介电常量，$\varepsilon_{\mathrm{m}}(\omega)$ 是金属随频率变化的介电常量. 将式(22.3)代入上式，可得

$$k_{\mathrm{SPP}}=k_{0}\sqrt{\frac{\varepsilon_{\mathrm{d}}\left(\omega^{2}-\omega_{\mathrm{P}}^{2}\right)}{\left(\varepsilon_{\mathrm{d}}+1\right)\omega^{2}-\omega_{\mathrm{P}}^{2}}} \tag{22.5}$$

等离激元的色散关系如图 22.2 所示. 在 $0<\omega<\dfrac{\omega_{\mathrm{P}}}{\sqrt{1+\varepsilon_{\mathrm{d}}}}$ 的低频区间，电磁场振幅在垂直于界面方向上呈指数衰减，是非辐射模式. 表面等离激元趋近于自由空间的光的行为，显示出非局域的传播特性；在 $\omega>\omega_{\mathrm{P}}$ 的高频区间，电磁场可以离开界面并向空间传播，是辐射模式. 当 $\dfrac{\omega_{\mathrm{P}}}{\sqrt{1+\varepsilon_{\mathrm{d}}}}<\omega<\omega_{\mathrm{P}}$ 时，电磁场能量沿介面方向衰减，表面等离激元波长小于自由空间光波长，电场被紧紧地束缚在金属表面，往自由空间方向极快地衰减，显示出较强的局域特性. 因此，只有当 $0<\omega<\dfrac{\omega_{\mathrm{P}}}{\sqrt{1+\varepsilon_{\mathrm{d}}}}$ 时，在金属-电介质界面上才可能存在沿界面方向传播的模式.

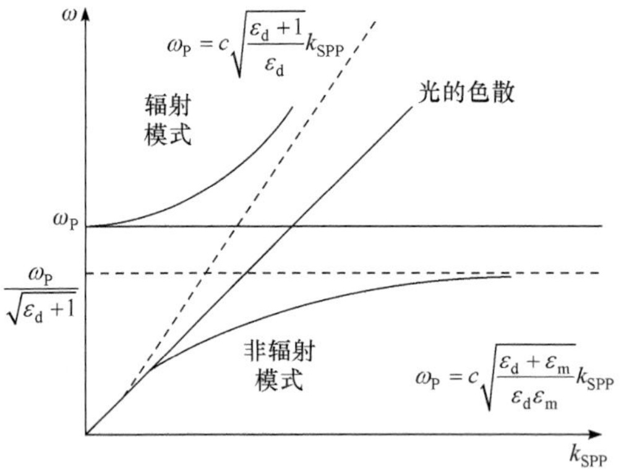

图 22.2　等离激元的色散曲线

在该模式中，传导表面等离激元的波矢均大于入射光的波矢. 自由空间的入射光无法直接激发传导等离激元，需要棱镜耦合、光栅耦合等特定的动量补偿机制才能对其进行有效激发.

表面等离激元与金属纳米结构的形貌、尺寸等有着密切的联系. 当金属纳米颗粒的尺寸接近或小于入射光的波长时，由于空间边界条件对电子振动的限制，自由电子只能以纳米颗粒为中心进行集体往复振荡，从而在金属纳米表面周围形成局域的光场，这种振荡模式被称为局域表面等离激元. 局域表面等离激元共振是由金属表面自由电子在外界电磁场驱动下的集体振动而产生的,如图 22.3 所示. 一个金属纳米球形粒子在光照射下，自由电子随着光电场的振动而发生集体振荡. 在外电场的作用下，电子云相对于阳离子发生偏移，阳离子与电子间的库仑力作为电子简谐振动的恢复力. 电子在外电场作用下的集体振荡形成了局域表面等离激元共振，其共振峰的位置可以由电子的密度、有效质量、纳米颗粒的形状和尺寸进行调节. 在研究等离激元与激子相互作用时，主要研究对象为局域表面等离激元.

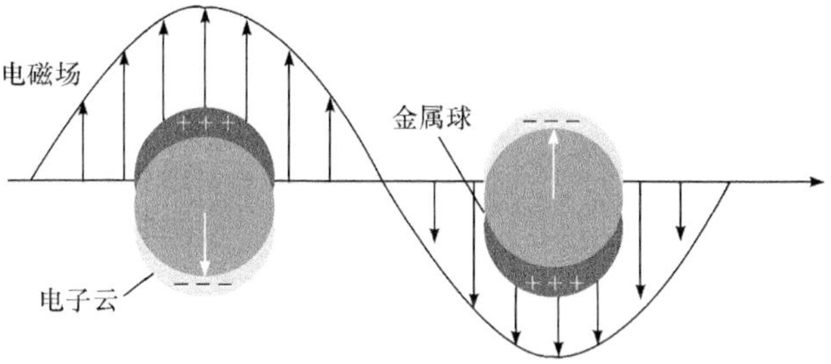

图 22.3　局域表面等离激元示意图

当金属纳米颗粒的尺寸小于入射光波长时,可将金属周围看作是一个恒电场,则表面电子的集体振荡可用准静态模型描述. 若 a 为金属纳米颗粒的半径，ε_m 为金属纳米颗粒的介电常量，E_0 为周围电场强度，θ 为电位与电场方向的夹角，则金属颗粒内外的电位函数分别为

$$\Psi_{in}(r,\theta)=-\left(\frac{3\varepsilon_d}{\varepsilon_m+2\varepsilon_d}\right)E_0 r\cos\theta \quad (r<a) \tag{22.6a}$$

$$\Psi_{out}(r,\theta)=-E_0 r\cos\theta+\left(\frac{\varepsilon_m-\varepsilon_d}{\varepsilon_m+2\varepsilon_d}\right)\frac{E_0 a^3}{r^2}\cos\theta \quad (r>a) \tag{22.6b}$$

对于金属纳米结构的外电场，可将上式近一步改写为

$$\Psi_{out}(r,\theta)=-E_0 r\cos\theta+\frac{p}{4\pi\varepsilon_d r^2}\cos\theta \tag{22.7a}$$

$$p=\varepsilon\alpha E_0 \tag{22.7b}$$

$$\alpha = 4\pi a^3\left(\frac{\varepsilon_m - \varepsilon_d}{\varepsilon_m + 2\varepsilon_d}\right) \tag{22.7c}$$

上式可以将金属外电场看作是外加电场与电偶极矩为 p 的电偶极子产生的电极的线性叠加，即将金属纳米颗粒看作一个理想电偶极子. 该问题可进一步简化为电偶极子在一定波长的平面波照射下的散射问题. 特殊之处在于，金属的介电常量不再是一个固定值 ε_m ，而是与入射光频率相关的函数 $\varepsilon_m(\omega)$.

根据公式计算金属纳米颗粒的消光截面(C_{ext})和散射截面(C_{sca})

$$C_{ext} = \pi a^2 4xIM\left\{\frac{\varepsilon_m - \varepsilon_d}{\varepsilon_m + 2\varepsilon_d}\right\},\quad x = \frac{2\pi a}{\lambda}\sqrt{\varepsilon_d} \tag{22.8}$$

$$C_{sca} = \frac{8}{3}\pi a^2 x^4\left|\frac{\varepsilon_m - \varepsilon_d}{\varepsilon_m + 2\varepsilon_d}\right|^2 \tag{22.9}$$

从上两式中可看出，当 $\varepsilon_m + 2\varepsilon_d = 0$ 时，金属纳米颗粒达到共振状态，则此时的共振频率为

$$\omega_{LSP} = \frac{\omega_P}{\sqrt{2+\varepsilon_d}} \tag{22.10}$$

当金属纳米颗粒处于共振态时，其表面电磁场出现局域增强. 根据电势与电场强度的关系 $E = -\nabla\psi$ ，可以得出颗粒表面处的电场增强因子 EF 为

$$\mathrm{EF} = 9\left(\frac{\varepsilon_m}{\varepsilon_m + 2\varepsilon_d}\right)^2 \tag{22.11}$$

2. 激子

材料中低能级的价带电子受到激发后向高能级跃迁，激发出一个高能电子和低能空穴. 由于库仑力的作用，空穴和电子相互束缚而形成一种准粒子，被称为激子. 激子的产生需要捕获能量,但激子的运动不能产生电荷的转移. 根据激子运动范围的大小，可将激子分为 Wannier 激子和 Frenkel 激子两种类型. Frenkel 激子由处于相同或相近原胞中的空穴电子对吸引形成，库仑作用力强，束缚能约在 100～1000MeV，主要存在于绝缘体中。Wannier 激子中电子和空穴的束缚半径比原子半径大得多，其波函数的扩展范围远大于晶格常数，束缚能约 1MeV 量级，因而广泛存在于无机半导体材料中. Wannier 激子在晶格中的移动速度更快，其产生和复合将直接影响材料的吸收和发光特性. 但在过去的研究中，大多数激子的研究都是基于宽禁带半导体，即使在一维纳米材料中，激子的束缚能大多在 20～100MeV，且大多只能在低温下存在，室温下不稳定，容易发生复合，对激子研究

造成了很大的困难.

过滤金属二硫族化物是一类新型的层状二维纳米材料，具有多种多样的晶体结构相，由三层原子组成的 X-M-X 结构，每个过渡金属原子(如 Mo、W、Ta 等)与 6 个硫族原子(如 S、Se、Te 等)共价结合. 根据硫族元素原子的不同排列方式，可形成三角棱镜(2H 相)和正八面体(1T 相)两种结构，其中半导体态多存在于 2H 相. 块体的 2H 相过滤金属二硫族化物材料属于 D_{6h} 点群，而单层材料退减为 D_{3h} 或 D_{3d} 点群，呈现出典型的非中心对称结构. 随着材料层数的减小，其禁带宽度逐渐增大，单层时由间接带隙转化为直接带隙，增强了发光特性. 由于单层过滤金属二硫族化物的厚度大多在 1nm 以下，具有较强的量子限域效应和较弱的静电屏蔽效应，因而容易得到室温稳定存在的高束缚能激子，使得二维过滤金属二硫族化物材料中的激子兼具 Frenkel 激子的高结合能和 Wannier 激子的大运动范围，且激子模很容易受到不同激发条件的影响. 由于过渡金属 3d 轨道的贡献，单层过滤金属二硫族化物中存在较强的自旋轨道耦合，为激发新的激子模式创造了客观条件. 单层过滤金属二硫族化物中有主要存在两种激子，一种是传播激子，另一种是局域激子. 传播激子表现出较大的振荡强度和高束缚能，容易与入射光子发生共振耦合. 局域激子与缺陷紧密结合，表现为窄幅谱线宽的单光子发射体. 这些优势使得过渡金属二硫族化物材料成为新兴的激子研究平台.

单层过滤金属二硫族化物材料中的激子，可分为中性激子和带电激子，如图 22.4 所示. 中性激子为数量相等的电子和空穴形成的束缚对，在运动的过程中不引发电荷的转移. 中性激子大多数为一个空穴电子对组成的激子，少数为两对空穴电子对形成，也被称为激子分子，更多对的激子则难以激发. 带电激子为奇数个电子和空穴形成的激子，以一个空穴两个电子或一个电子两个空穴形成的三激子最为常见，分别称为负三激子和正三激子. 在精细能级结构上，激子通常被分为 A 激子、B 激子、C 激子三种. 在相空间中，K 点处的能级由于自旋轨道耦合发生分裂，只有自旋相同的空穴和电子可以形成激子. 结合能较大的则称为 A

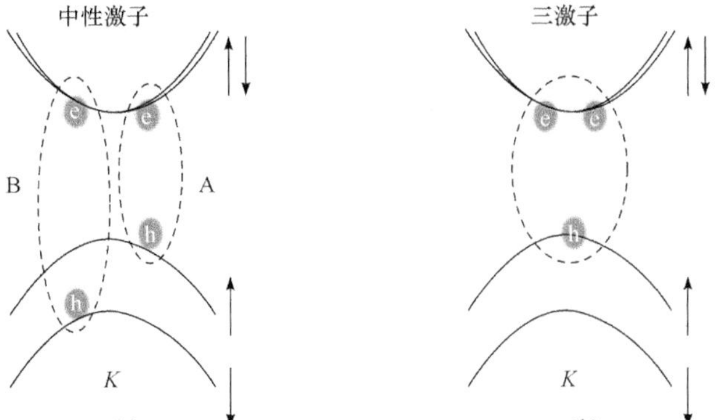

(a)　　(b)

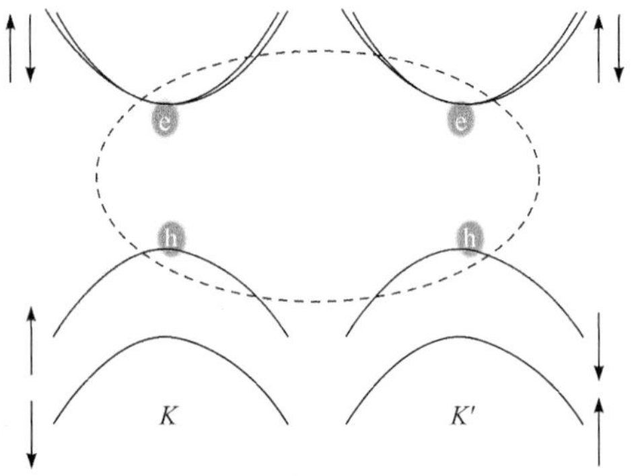

图 22.4　激子的能态：(a)中性激子；(b)三激子；(c)激子分子

激子，结合能较小的称为 B 激子. 若空穴和电子分别处于 K 点和 K'点处，则称为 C 激子. 若空穴与电子自旋方向相反，则称为暗激子，暗激子违反跃迁定则，较难激发.

3. 表面等离激元-激子耦合

单层二维材料与金属纳米结构相距非常近时，在恰当波长的光照条件下，若金属表面等离激元的共振频率与过滤金属二硫族化物材料的激子频率相近，则二者间容易发生能量交换，从而产生相互作用. 通常，可以根据两者波函数间是否存在扰动，将相互作用分为强耦合和弱耦合. 当表面等离激元与激子的波函数不发生扰动或扰动很小时，可将其称为弱耦合，此时可简单认为表面等离激元通过能量局域提高电磁场强度，增强过滤金属二硫族化物材料的拉曼、荧光、吸收和非线性等光学特性. 当激子与等离激元的波函数存在较强的扰动时，波函数叠加从而形成新的杂化态，在杂化态的上下能级之间发生能量共振转移，从而可以观测到法诺共振和拉比劈裂等强耦合现象.

半导体纳米结构中局域表面等离激元与激子的相互作用可以实现在光学性能上的互补优势，从而延长激子在半导体纳米结构中的寿命，极大地提高了量子的产率. 金属纳米结构可以产生局域电磁场能量，增强电场强度和非线性效应. 鉴于这两种材料的优越性质，可以进行系统的结合. 因此，我们可以实现具有特定光学性质的复合结构，可以观察到表面等离激元与激子相互作用的新现象.

4. 等离激元-激子耦合的光学测量方法

1) 差分透射与差分反射

单层过渡金属二硫族化物对光的吸收主要受激子吸收主导，而激子共振吸收又与局域表面等离激元存在相互作用，等离激元-激子相互作用可通过测量材料对光的吸收来实现. 单层过滤金属二硫族化物需由基底负载，在原位微区光谱测量中，无法直接得到材料的吸光特性，因此需要采用差分透射或差分反射的方法.

当光照射到材料表面时，光束将分成三部分：光被反射、被吸收、透过材料继续向前传播，如图 22.5 所示. 在测试中，光在材料的上下表面不停地反射，但由于材料的反射率较小，对最终测量结果影响不大，可以忽略. 光与半导体作用过程的本质是电磁波与物质的相互作用. 根据麦克斯韦方程组就可以推导出电磁辐射在不带电的各向同性物质中的传播速度和场强变化规律. 介质的复折射率可表示为

$$N = n - \mathrm{i}k \tag{22.12}$$

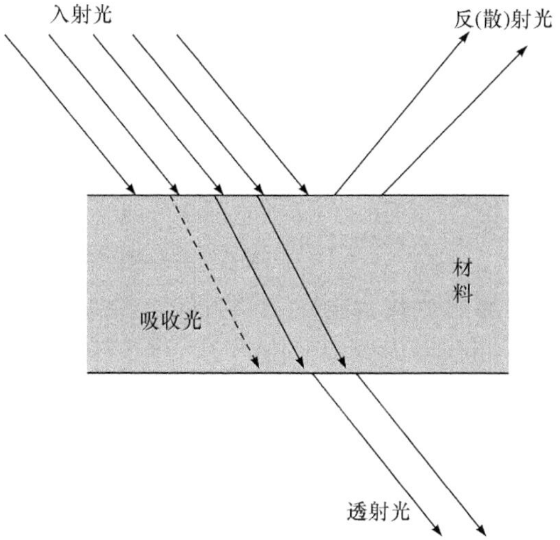

图 22.5　材料对光的吸收、反射和透射

实部 n 为普通折射率，虚部 k 为复折射率，也就是介质的消光系数. 光在介质中传播时，光强度按指数形式衰减，则可得到反射率

$$R = \frac{I_{\mathrm{R}}}{I_{\mathrm{in}}} = \frac{(n-1)^2 + k^2}{(n+1)^2 + k^2} \tag{22.13}$$

相应地，可以得到光的透射率

$$T = \frac{I_{\mathrm{T}}}{I_{\mathrm{in}}} = (1-R)\mathrm{e}^{-\alpha L} \tag{22.14}$$

若基底对光的反射率和透射率分别为 R_0、T_0，基底负载材料时的反射率和透射率分别为 R 和 T，则材料对光的吸收可表示为

$$R_{\mathrm{d}}=\frac{R_{\mathrm{d}}-R_0}{R_0},\quad T_{\mathrm{d}}=\frac{T_{\mathrm{d}}-T_0}{T_0} \tag{22.15}$$

根据反射谱和透射谱的峰值、谷值位置，即可以得出相应的激子共振能量. 根据在不同等离激元条件下激子共振能量的变化，可寻找出等离激子-激子相互作用的关系.

2) 荧光和拉曼光谱测量

除反射与透射谱外，荧光谱和拉曼谱也是研究激子的常用方法. 光与物质相互作用时，发生的散射可分为弹性散射和非弹性散射. 弹性散射又叫瑞利散射，非弹性形射又叫拉曼散射. 经过非弹性散射出来的光子，有一部分频率变高或变低，其与入射光子的频率差值，被称为拉曼位移. 拉曼位移反映的是振动能级的变化，而局域等离激元可以显著影响拉曼光谱的强度，使其更容易探测. 荧光光谱是指通过外界光源的照射使物体获得能量，产生激发导致发光的现象，其包含了物质的电子结构及复合过程等信息. 通过分析光致发光谱，可以获取物质内部的一些信息. 过滤金属二硫族化物中，荧光主要是通过光致激子复合产生的. 荧光和拉曼光谱较弱，因此需要使用激光光源，且测量荧光时，选择的激光光子能量必须大于材料的禁带宽度.

3) 偏振光谱测量

二维半导体过渡金属硫族化合物由于具有同石墨烯一样的六边形蜂窝状晶体结构，在布里渊区具有同石墨烯类似的位于 K 点附近的能谷. 因石墨烯具有时间和空间反演对称性，六个能谷都等价，不能够区分. 奇数层过渡金属二硫族化物仅具有时间反演对称性，而空间反演对称性破缺，所以存在不等价的两类能谷 K 和–K，它们是能量简并的. 源于自旋-轨道劈裂，价带在 K 点出现劈裂，出现自旋劈裂的能谷. 为了满足时间反演对称性，K 和–K 能谷中自旋劈裂的能谷自旋是相反的. 由此，在单层过滤金属二硫族化物中出现了特殊的光选择定则，可以操控能谷自由度，被称为谷电子学. 采用左旋圆偏振极化光激发，可激发 K 中的电子，发射出左旋圆偏振极化光激发；采用右旋圆偏振极化光激发，可激发–K 中的电子，发射出右旋圆偏振极化光激发. 采用圆偏光激发时，需在光路前后增加偏振片.

4) 非线性光谱

非线性光学是研究材料在强相干光相互作用下产生的非线性效应及应用，在激光技术、光通信、集成光学等领域得到了广泛应用. 常用的非线性效应有二阶效应和三阶效应. 二次谐波的产生对非线性介质的晶体结构非常敏感，要求晶体存在中心反演对称性的打破. 在过渡金属二硫族化物中，非线性效应展现出奇偶层数依赖效应、偏振效应、激子共振效应、能谷选择效应等，且容易受到电场、应变、等离激元等因素的调制.

二、实验装置

1. 主要实验仪器简介

1) 光源

实验使用的光源有白光和激光光源. 在测量反射谱、透射谱时，主要用白光光源. 白光光源可以选卤素灯、氙灯、汞灯、LED 灯. 其中卤素灯在白光波段的谱最为平滑，但发热和温飘较为严重，只适用于照明或长时间积分成像. 氙灯和汞灯功率较大，配合滤光片使用，氙灯主要用于提供可见光源，汞灯主要用于提供紫外光源. LED 灯是可以脉冲发光的冷光源，性能稳定但功率不高，适用于差分去噪光谱的测量. 在荧光、拉曼等线性光学和倍频、双光子荧光等非线性光学测试时，需用激光光源. 荧光光源为 300mW 的可调光源，波长略大于过滤金属二硫族化物材料的禁带，如 405nm、532nm 等. 拉曼光谱通常较弱，因此用 3W 光源，要求线宽较窄，一般小于 0.1nm. 光源的波长应与荧光光源区分开，一般选用 808nm 激光. 倍频光和双光子荧光需选择宽谱钛宝石飞秒或皮秒红外激光.

2) 光谱仪

高性能弱光光谱仪由滤光片轮、单色仪、光电倍增管、双通道光子计数器组成，如图 22.6 所示. 滤光片轮装有 6 片不同波长的截止滤光片，选择对应的滤光片可以有效减少杂散光和环境光进入单色仪，减小干扰. 单色仪采用双光栅长焦距高分辨率单色仪，具有消慧差和抑制杂散光的作用. 通过计算机控制光栅转换，产生具有较高单色性的光束，输出给光电倍增管. 光电倍增管是将光信号转换成电信号的真空电子器件，常用于微弱光信号的测量，可探测到波长为 200～1200nm 的极微弱辐射功率. 在极微弱光照情况下，光线可看作是由相互独立的光子组成. 当光子照射到光电倍增管阴极时，阴极受到激发并向真空中发射光电子. 光电子受聚焦极高压电场控制进入传增系统，并通过二次发射得到放大. 然后，放大后的电子被阳极收集转化为脉冲电流信号输出，具有极高的灵敏度和极低的噪声. 门电路光子计数器集成放大器、鉴别器、门发生器、计数器等，通过计量脉冲信号的数量得到相对光强值. 双通道门光子计数器有两个独立通道并可由外部信号触发，可轻松实现减小噪声背景、同步探测、光源补偿、积存修正等功能.

图 22.6　光谱仪结构图

3) 荧光成像显微镜

荧光成像显微镜为自行搭建的微区显微成像平台，配置透射、反射、荧光模块，兼具微区成像、扫描、激发、滤波等功能.

2. 主要光路系统简介

基本的光路如图 22.7 所示. 光源 S_1 与 S_2 分别为白光和激光光源. DC 为二向色镜，对激光波长为透射，对白光波长为反射. 光源经 DC_2 后成为共焦光束，经反射镜 M 反射后进入物镜 O_2，会聚于样品上，经 O_1 收集后输出信号光，此光路为透射光路. 光源经 DC_1 后成为共焦光束，经荧光模块反射后进入物镜 O_1，会聚于样品上，再经 O_1 收集后输出信号光，此光路为落射光路.

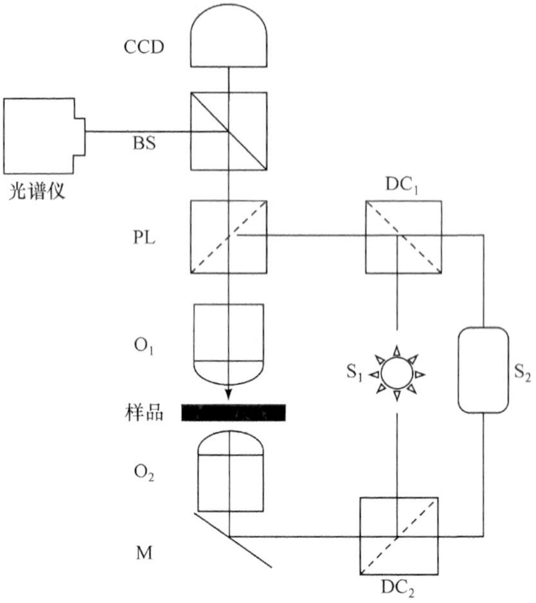

图 22.7 基本光路图

PL 荧光模块共含 5 组镜片，分别为红外组、紫外组、蓝光组、绿光组、白光组，每组共 3 片镜片. 红外组在倍频或双光子荧光测量时使用. 激发滤光片为红外带通，滤掉非红外光后，照在二向色镜上；二向色镜反射红外而透倍频光，例如反 1064nm 透 532nm，即将 O_1 收集到的倍频光透过而滤掉激发光. 倍频光透过二向色镜后再经过第二片带通滤光片，即可得到较为纯净的倍频光. 紫外组、蓝光组、绿光组与此类似，主要用于荧光和拉曼测量. 白光组的三片镜片稍有不同，中间使用分束镜片代替二向色镜片. 收集的光路经 BS 分为两路相同的光束，一束继续向上传播，在 CCD 上成像；一束经 90°旋转为水平光束后射入光谱仪，用于光谱测量.

三、实验内容

1. 实验前的准备

了解光路系统中各部分的功能和注意事项. 学习微区荧光显微镜的操作；学习荧光成像 CCD 的调色、复合、放大、增益、曝光等操作；学习利用双通道门光子计数器、PMT 光电倍增管、单色仪配合采集光谱；学习三轴压电位移台的操作.

2. 光路搭建

根据实验需求，在荧光显微镜的基础光路系统上增加或减少相应光学元件，选择对应的光源.

3. 等离激元-激子耦合体系的光谱测量

(1) 测量刚性透明基底支撑单层二维材料的反射、透射光谱，光源采用连续可见光源，通过差分计算得到体系的消光光谱，计算激子峰位和强度变化.

(2) 测量柔性透明基底支撑单层二维材料在不同形变条件下的反射、透射光谱，光源采用连续可见光源，通过差分计算出体系的消光光谱，计算激子峰位和强度变化与形变关系.

(3) 使用波长合适的激光光源，测量等离激元-激子耦合体系的拉曼光谱和荧光光谱.

(4) 设计合理光路，使用波长合适的红外激光光源，观测等离激元-激子耦合体系的倍频和双光子吸收等非线性光学现象.

(5) 根据米氏散射理论对上述结果进行模拟；根据结论提出调制耦合强弱的新体系.

四、注意事项

(1) 注意自身防护，不要直视激光和白光光源.

(2) 使用光源时，应将功率由小到大逐渐增加，以防光束过强破坏材料结构或损坏 CCD、光谱仪. 调焦时，显微镜物镜应由低倍向高倍依次增加，不可直接使用高倍，以免损坏物镜.

(3) 实验时应穿防静电服，禁止触摸电路系统中有金属裸露的部分.

五、思考与讨论

(1) 如何判断某种表面等离激元-激子复合体系是强耦合还是弱耦合？

(2) 哪种形貌的金属纳米结构对激子的调制效果最好？为什么？

(3) 倍频光和双光子荧光的区别在哪里？当金属纳米结构的尺寸远大于入射

光时，表面等离激元-激子复合体系应处于什么状态？

(4) 如何解释形变对耦合强度的影响？

参 考 文 献

赵转淇, 2018. 利用激子带内吸收研究二硫化钨及其异质结构中载流子的动力学过程[D]. 北京: 北京交通大学.

Li Y L, Yi R, Mak F, et al., 2013. Probing symmetry properties of few-layer MoS_2 and h-BN by optical second-harmonic generation[J]. Nano Lett, 13(7): 3329-3333.

Zhou X S, Wang X, Pan A L, 2020. Second harmonic generation of two-dimensional layered materials: characterization, signal modulation and enhancement[J]. Acta Phys Sin, 69(18): 184210.

实验 23　化学气相沉积制备薄膜

薄膜一般是厚度从纳米到微米量级的一层材料. 薄膜在工业生产生活中有着广泛应用，例如应用于微电子、光学、硬质耐磨和耐腐蚀涂层以及微机械应用等方面. 一个常见的例子是家用镜子，它的玻璃板的背面通常具有薄的金属涂层，以形成反射界面. 20 世纪薄膜制备技术的进步已在诸如磁记录介质、电子半导体器件、集成无源器件、LED、光学涂层(如抗反射涂层)、切削工具上的硬涂层等领域实现了广泛的技术应用，并用于发电(如薄膜太阳能电池)和储能(薄膜电池).

将材料沉积到衬底之上的薄膜生长技术也被称为表面沉积，沉积技术根据该过程中主要是化学变化还是物理变化，可以分为两大类：物理沉积(physical deposition)和化学沉积(chemical deposition). 物理沉积使用机械、机电或热力学手段来产生固体薄膜，大多数可以归为物理气相沉积，例如蒸发镀膜. 化学沉积利用前驱物经过化学反应在衬底表面形成目标材料，根据前驱物的状态可以分为化学溶液沉积(chemical solution deposition，CSD)和化学气相沉积(chemical vapor deposition，CVD)等. 其中，化学气相沉积通过使用气相前驱体，将两种或两种以上的气态原材料导入到一个反应室内，一般在较高温度下发生反应，在衬底表面得到目标材料的薄膜. CVD 是目前工业界特别是半导体电子工业中应用最为广泛的大面积薄膜生长技术，可以制备大多数的半导体材料、金属材料及金属合金材料. 例如目前生活中广泛应用的 LED 照明技术中所涉及的 GaN 薄膜，就是一种特殊的用 CVD(金属有机化合物气相沉积(MOVCD))技术所制备的.

CVD 技术的原理初步看起来不复杂，但实际在反应室中发生的反应是很复杂的，有很多必须考虑的因素，例如反应室内的气氛压力、衬底表面的温度、前驱气体的流动速率及在衬底表面的流动方式、几种气体的比率、反应过程中的中间产物等. 因此，成熟的 CVD 设备的复杂度及成本一般较高，限制了其在本科实验教学中的应用；另外，CVD 的前驱物气体往往具有危险性，经常用到 H_2 作为载气气体，加之 CVD 反应室一般是高温，具有一定危险性，需要相关人员接受严格培训才可以进行实验. 在本实验中，我们参考近些年来国外实验教学方面的论文，以瑞典 Henrik Pedersen 教授 2014 年在 *Journal of Chemical Education* 上发表的 *Simple Chemical Vapor Deposition Experiment* 论文为主(Pedersen，2014)，介绍一种可以针对本科教学的、以理解 CVD 实验原理及过程为目的的简易 CVD 实验，利

用 $TiCl_4$ 和 N_2-H_2 作为前驱物，制备 TiN 薄膜.

一、实验原理

1. 薄膜生长

TiN 薄膜属于过渡金属氮化物，具有熔点高、硬度大、摩擦系数小等特点，可用于高速钢工具表面镀层，以增强刀具、钻具的硬度和削切能力，延长使用寿命. 另一方面，TiN 薄膜还具有独特的电学性能，其电阻率比金属钛还低，是一种极佳的欧姆接触材料，可以在半导体电子器件中得到应用. 本实验中，利用 $TiCl_4$ 和 N_2-H_2 前驱气体，制备 TiN 薄膜的 CVD 反应式为

$$\mathrm{TiCl_4(g)+\frac{1}{2}N_2(g)+2H_2(g)\longrightarrow TiN(s)+4HCl(g)} \tag{23.1}$$

其中 g 和 s 分别表示物质所处的状态为气相和固相，在 CVD 过程中，$TiCl_4$ 和 N_2-H_2 载气混合物在反应室 1000℃下，在衬底表面生成 TiN，另外产物 HCl 气体排出反应室.

2. 四端范德堡法测量薄膜电阻

薄膜电阻又被称为方块电阻，通常用来描述均匀厚度薄膜的电阻性质. 对于三维导体，电阻可以写为 $R=\rho\frac{L}{Wt}$. 其中，ρ 为电阻率，L 为导体长度，W 和 t 分别对应截面的宽度和薄膜厚度(图 23.1). 当把电阻率和厚度放到一起时，上式电阻可以写为

$$R=\frac{\rho}{t}\frac{L}{W}=R_s\frac{L}{W} \tag{23.2}$$

其中，R_s 即为薄膜电阻，它的单位为Ω. 习惯上，薄膜电阻的单位常被表述为Ω/□，对于正方样品，$L=W$，不论样品尺寸 L 多大，$R=R_s$.

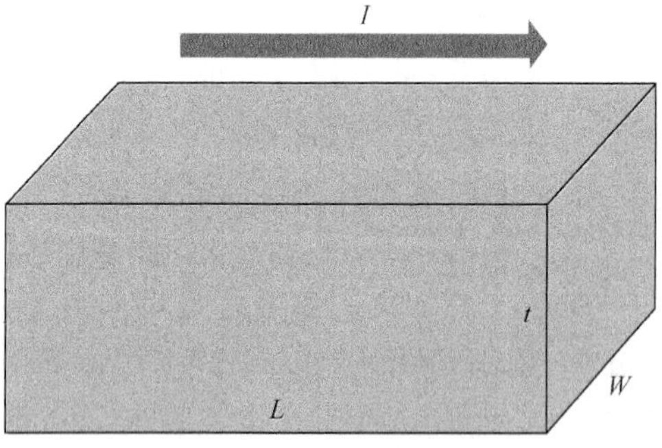

图 23.1　三维导体示意图

范德堡法(van der Pauw)是一种常用于测量样品电阻率和霍尔系数的方法. 它能够精确测量任意形状样品的电阻率和霍尔系数等，只要样品可以近似为二维无孔薄膜. 更为具体的，该方法的适用条件如下.

(1) 样品必须是具有均匀厚度的平面形状；

(2) 样品必须是没有任何孤立的洞，样品必须是均匀和各向同性的；

(3) 四个电极必须位于样品边缘；

(4) 任何一个电极接触的面积应该至少比整个样品的面积少一个数量级.

使用范德堡法测量时，为了减小测量误差，样品形状最好是对称的，如正方形，4 个测量电极为欧姆接触，典型接法如图 23.2 所示. 相关测量量定义：电流 I_{12} 表示电流由电极 1 流入，由 2 流出；电压 V_{34} 表示电极 3 和 4 间的电压. 电阻 $R_{12,34}=V_{34}/I_{12}$. 在范德堡法中，具有任意形状的样品薄膜电阻可由两个电阻确定：一个由测量竖直方向得到的，如 $R_{12,34}$，另一个由测量水平方向得到的，如 $R_{23,41}$，实际的薄膜电阻可由范德堡公式得出

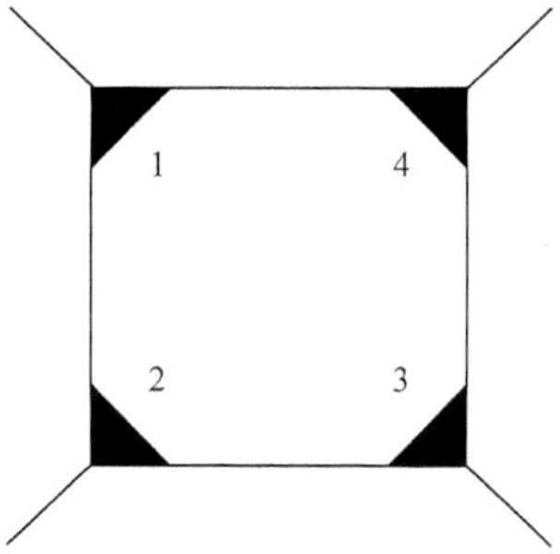

图 23.2　正方形薄膜样品推荐 4 端电极布局

$$e^{-\pi R_{12,34}/R_s}+e^{-\pi R_{23,41}/R_s}=1 \tag{23.3}$$

其中，R_s 为薄膜电阻，由于 $R_{AB,CD}=R_{CD,AB}$，将竖直方向测量的 $R_{12,34}$ 和 $R_{34,12}$ 的平均值作为竖直反向测量的电阻，即

$$R_{\text{vertical}}=\frac{R_{12,34}+R_{34,12}}{2} \tag{23.4}$$

同理

$$R_{\text{horizontal}}=\frac{R_{23,41}+R_{41,23}}{2} \tag{23.5}$$

范德堡公式可以写成

$$e^{-\pi R_{\text{vertical}}/R_s}+e^{-\pi R_{\text{horizontal}}/R_s}=1 \tag{23.6}$$

对于理想正方形薄膜

$$R_{\text{vertical}}=R_{\text{horizontal}}=R \tag{23.7}$$

所以

$$R_s=\frac{\pi R}{\ln 2} \tag{23.8}$$

二、实验装置及技术说明

CVD 原理并不复杂，但要实现高质量的薄膜制备，成熟的设备一般比较复杂

且成本高. 图 23.3 是本实验中简易实验装置示意图.

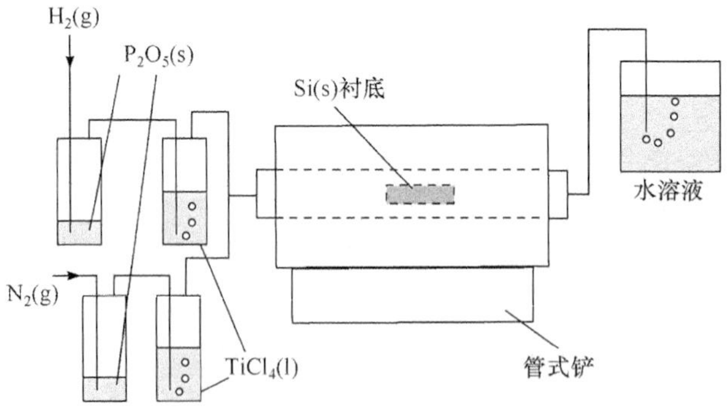

图 23.3　CVD 装置组成示意图

一个典型的 CVD 系统一般由真空部分、反应室、前驱气体气路及尾气处理等部分构成. 由于高质量的薄膜生长一般在较低气压的真空环境下实现，所以 CVD 系统一般都配有相应的真空管路和真空泵组. 本实验中制备 TiN 在常压下即可进行，因此不包含真空系统，其余部分详细介绍如下.

1. 前驱气体气路

TiN 薄膜材料中的钛源为 $TiCl_4$,是生产金属钛及其化合物的重要中间体. 室温下，四氯化钛为无色液体，易挥发，在空气中和水蒸气水解发烟，生成二氧化钛固体和盐酸液滴的混合物. 如示意图 23.3 所示，高纯 N_2(99.99%以上)通过气管插入烧瓶中液态 $TiCl_4$ 液面以下，利用冒气泡的方式，在 N_2 中携带 $TiCl_4$ 蒸气，形成一路前驱气体. 另外一高纯 H_2(99.99%以上)气路同样通过气管插入另一烧瓶中液态 $TiCl_4$ 液面以下. 利用冒气泡的方式，在 H_2 中携带 $TiCl_4$ 蒸气，形成另外一路前驱气体. 值得注意的是，在反应(23.1)中，生成的 TiN 薄膜中并没有 H 元素，H_2 在反应中的作用是形成 HCl，促进该反应的进行. 实验装置中 H_2 和 N_2 均分别通过 $TiCl_4$ 溶液，通过调节相应气体在液体中冒泡的快慢程度，可以简单直观地调控两种气体的流量配比. 由于 $TiCl_4$ 极易和水发生水解反应，整个 CVD 气路及反应室中需要尽可能地减少空气中残余水蒸气. 这可以让 N_2 和 H_2 预先通过放有干燥剂(实验中用极易吸水的 P_2O_5)的烧瓶，并在正式加热生长实验开始前，让 N_2 吹扫整个系统 15min 以上.

2. 反应室

反应室可以用小型管式高温炉搭建，炉管采用石英玻璃材料，可以在 1000℃高温下长期工作.

3. 尾气处理

实验最后的产物有 HCl，需对尾气进行处理，可采用通入 NaOH 溶液中和的方式进行处理.

三、实验内容

1. 实验前的准备

参考高压气瓶、减压阀、高温炉的操作方法，熟悉 N_2，H_2 和 $TiCl_4$ 等化学材料的理化特性及危险性相关注意事项，了解 CVD 的基本原理及实验装置组成.

2. 气路系统检查并搭建

在掌握实验原理和做好实验前准备的基础上，开始搭建 N_2 和 H_2 两路气路，并检查相关气路连接处的气密性.

3. TiN 薄膜的 CVD 生长

(1) 准备衬底，实验中所用衬底为单面抛光，表面为 SiO_2 绝缘层的 Si 基片(表面粗糙度<0.5nm). 基片在无水乙醇中超声清洗后，干燥表面后放入管式高温炉中.

(2) 设定高温炉生长温度，开启加热至目标温度.

(3) 调节 N_2 和 H_2 的流量配比，在一定配比下，高温生长 15～30min 制备 TiN 薄膜.

(4) 在 N_2 吹扫下，在一定速率下降温至室温，取出生长好的样品.

4. TiN 薄膜的表征测量

(1) 利用四端法测量薄膜的电阻. 进一步可测量霍尔效应及电阻率随温度的变化(扩展选做).

(2) 利用光学显微镜和原子力显微镜观测薄膜的表面形貌(扩展选做).

四、注意事项

(1) 高压气瓶操作必须严格按照规范进行，严禁在不熟悉或者不确定操作后果的情况下试探操作.

(2) 实验中的 H_2 易燃易爆，与空气混合时，氢气的爆炸极限是 4.0%～75.6%(体积分数)，混合气体遇火即会发生爆炸. 因此，纯 H_2 的操作务必保证管路的气密性，防止空气混入或者 H_2 泄漏造成事故.

五、思考与讨论

(1) 如何测量薄膜的厚度?

(2) 以 TiN 作为超硬、耐磨涂层应用为例，讨论产业化的 CVD 法的工艺现状.

参 考 文 献

Pedersen H, 2014. Simple chemical vapor deposition experiment[J]. Journal of Chemical Education, 91(7): 1495-1497.

实验 24　单层 CrOX(X=Cl/Br)模型搭建及相关性能

基于铁磁性二维半导体材料的自旋电子学器件，如非易失磁存储器，在信息存储、通信和传感器等方面具有重要的核心作用. 在过去的十几年中，空位、替代掺杂、吸附以及应变等经常被用于在非磁性二维半导体材料中产生磁性. 但在实验上，要实现制备过程中的精准操控，仍存在技术方面的问题. 因此，寻找具有本征铁磁性的二维半导体材料是当前凝聚态物理和材料科学领域的研究热点，对提高磁存储器件的性能具有至关重要的作用.

2018 年，通过第一性原理计算，北京航空航天大学孙志梅教授团队用机械剥离法预测了一类新型本征铁磁性二维半导体材料——单层 CrOX (X=Cl/Br)，并且证实它们具有较高自旋极化，较高居里温度以及较好的热力学稳定性. 本工作将通过第一性原理计算，采用 Material Studio 和 VASP 软件模拟搭建单层 CrOX (X=Cl/Br)的电子结构，并对其相关性能进行计算.

一、第一性原理

第一性原理计算是指：根据原子核和电子相互作用的原理及其基本运动规律，运用量子力学原理，从具体要求出发，经过一些近似处理后直接求解薛定谔方程的算法. 核心任务是求解薛定谔方程，从薛定谔方程中得到体系正确的波函数和能带结构等信息. 其中密度泛函理论的核心思想是将多电子问题简化为单电子问题进行处理，并且通过体系电子数密度的泛函来描述体系的基态能量. 目前基于密度泛函理论的第一性原理研究可以比较确切地给出已有实验得到的固体材料的性质，同时也成为预测和探索新材料的重要工具. 多粒子体系的薛定谔方程有如下形式：

$$\hat{H}\psi(\boldsymbol{r},\boldsymbol{R})=E\psi(\boldsymbol{r},\boldsymbol{R}) \tag{24.1}$$

其中，$\boldsymbol{R}$ 为所有原子核坐标$\{\boldsymbol{R}_i\}$的集合，而 $\boldsymbol{r}$ 为所有电子坐标的集合$\{\boldsymbol{r}_i\}$. 考虑到内层电子比较稳定，可以认为体系由价电子和离子实(包括内层的价电子和原子核)构成. 在没有外场作用下，体系的薛定谔方程可以改写为

$$\hat{H}=\frac{1}{2}\left[\sum_i -\frac{\hbar^2}{m}\nabla_i^2+\sum_{i\neq j}{}'\frac{1}{4\pi\varepsilon_0}\frac{e^2}{|\boldsymbol{r}_i-\boldsymbol{r}_j|}+\sum_n -\frac{\hbar^2}{M}\nabla_n^2+\sum_{n,m}{}'\frac{1}{4\pi\varepsilon_0}\frac{(Ze)^2}{|\boldsymbol{R}_n-\boldsymbol{R}_m|}\right]$$
$$-\sum_i\sum_n\frac{1}{4\pi\varepsilon_0}\frac{Ze^2}{|\boldsymbol{r}_i-\boldsymbol{R}_n|} \tag{24.2}$$
$$=\hat{T}_{\mathrm{e}}+V_{\mathrm{ee}}+\hat{T}_{\mathrm{n}}+V_{\mathrm{nm}}+V_{\mathrm{en}}$$

这几项分别代表所有价电子的动能、所有价电子的库仑相互作用能、所有离子实的动能、离子实之间的相互作用能以及价电子和离子实之间的相互作用能. 原则上，多粒子体系的能带结构可以通过求解上述多粒子薛定谔方程来获得，但是在固体材料中，多电子体系在 10^{23} 量级，显然无法精确求解. 需要做进一步的假设和简化来求解以上方程.

1927 年，玻恩和奥本海默提出由于离子实的质量远远大于电子的质量，电子运动速度又远快于离子实的速度，因此研究晶体中电子运动时可以认为离子实静止在晶体的平衡位置，考虑离子实运动时，电子可以及时地跟上离子实位置的变化. 所以电子在晶体的周期性晶格势场中绝热地随着离子实运动，此时可以将电子的运动和离子实的运动分开来处理，这就是玻恩-奥本海默近似，也称为绝热近似. 哈密顿量可以写为

$$\hat{H}=\hat{T}_{\mathrm{e}}+V_{\mathrm{ee}}+V_{\mathrm{en}} \tag{24.3}$$

此时体系中仍然有电子之间库仑势 V_{ee} 的存在，因此求解仍然比较困难. 1930 年，哈特里和福克提出的哈特里-福克近似的方法可以比较好地解决这个问题.

二、计算流程及模型搭建

计算流程示意图如图 24.1 所示.

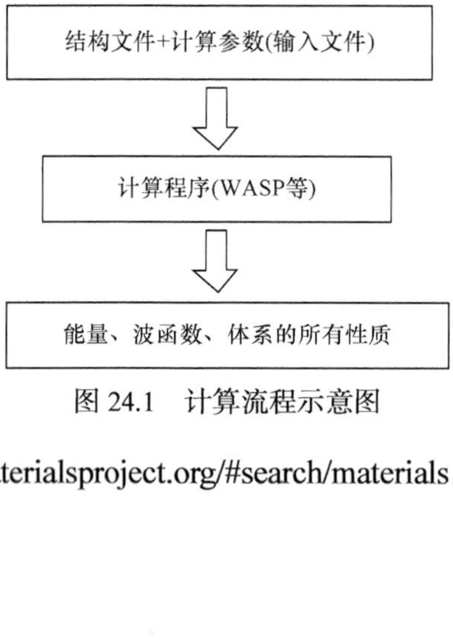

图 24.1　计算流程示意图

(1) 首先在 https://materialsproject.org/#search/materials 上下载 CrOCl 的 primitive

cell 的 cif 文件并保存至桌面，然后打开 Material Studio 点击 File→Import，在之前保存路径中选到 CrClO_mp-22946_primitive 文件(见图 24.2).

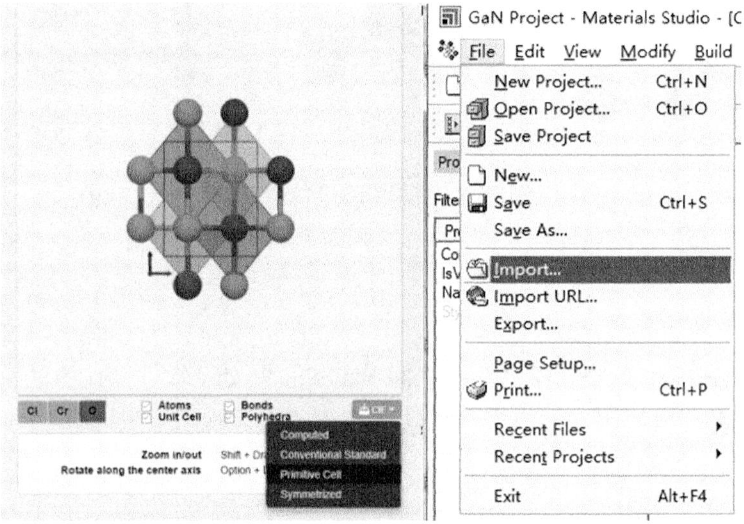

图 24.2　CrOCl 的 cif 文件下载界面及 cif 文件的导入

(2) 在 Material Studio 上获得模型后，右键单击空白处，选择 Display Style 对结构中表示的 Cr，O，Cl 原子球的大小、成键的粗细以及周期性视角图进行相关调整(见图 24.3).

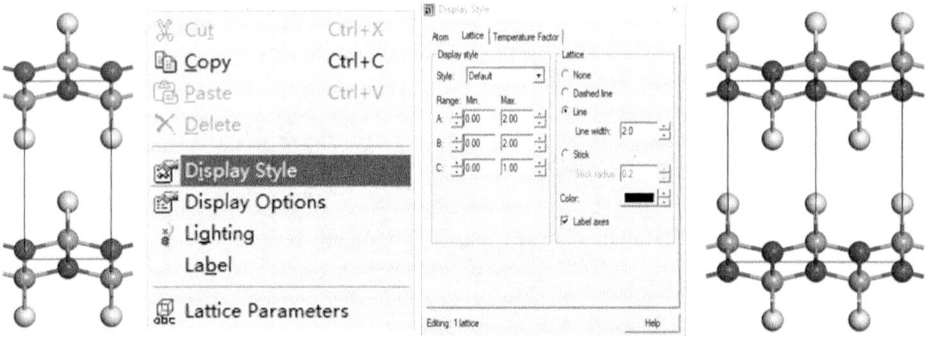

图 24.3　Display Style 的选择和原子球细节的调整

(3) 点击 Build→Surface→Cleave surface 对体结构的 CrOCl 进行二维表面的截取，Surface Mesh 调整截面框位置与模型对齐，Surface Box 调整截取方向位置与截面框大小.

(4) 点击 Build→Crystals→Rebulid Crystal 对截取的单层 CrOCl 表面添加 15.00Å 的真空层，得到单层 CrOCl 体系不同视角下的结构图(图 24.4).

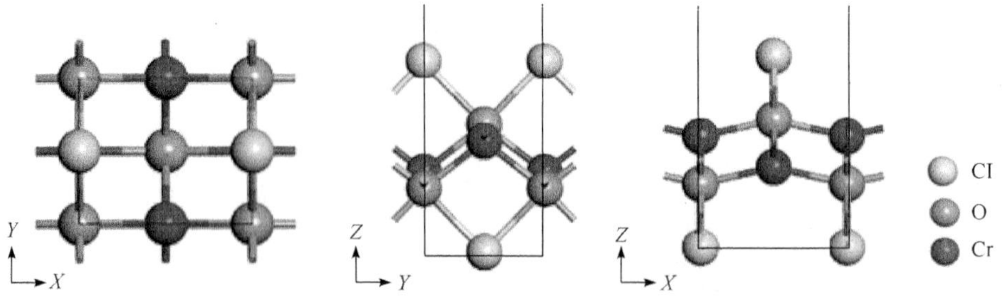

图 24.4　单层 CrOCl 的结构图

三、实验内容

1. 模型搭建

参考上述模型搭建流程，熟练掌握 Material Studio 软件操作方法，了解辅助软件 VESTA 和天津国家超算平台的使用方法.

2. 利用 VASP 软件开展理论模拟计算

(1) 了解 VASP 运行的主要原理框架图(图 24.5).

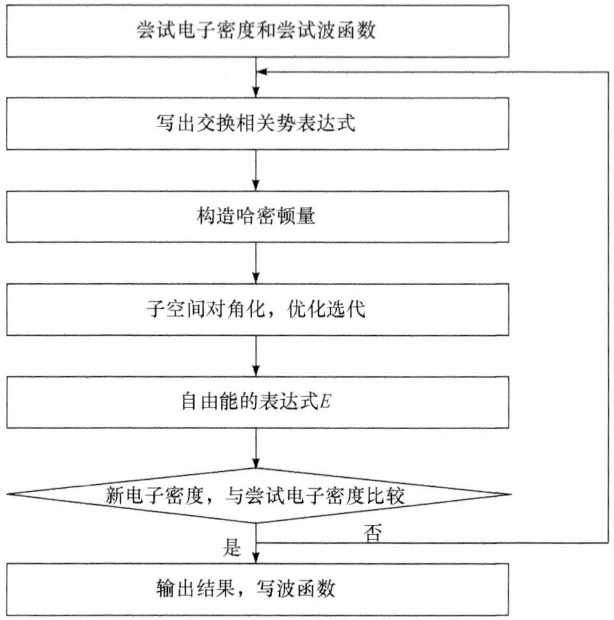

图 24.5　VASP 运行的主要原理框架图

(2) 准备利用 VASP 程序计算所需的输入文件如下.

(a) INCAR：其内容为关键词，确定了计算参数以及目的；

(b) POSCAR：构型描述文件，主要包括平移矢量、原子类型和数目，以及各原子坐标；

(c) KPOINTS：*K* 点定义文件，可手动定义和自动产生；

(d) POTCAR：各原子的赝势定义文件.

(3) 学习使用远程连接程序(secure shell，SSH)登陆国家超级计算天津中心，并掌握 Linux 系统下常用命令，学会利用超算中心提交模拟计算的任务以及计算结果的相关文件的后处理.

(a) 用浏览器登录国家超级计算天津中心(http://www.nscc-tj.cn/)，在首页右上角找到 VPN 登录，根据自己的网络选择相应的入口. 登入 SSH VPN，若是第一次登入，还需根据提示下载必要组件，点击下载安装组件 Easy Connect，下载完成后根据向导完成安装.

(b) 选择相应的节点，打开 SSH Secure Shell 选择节点 192.168.2.5，登录系统.

(4) 导出计算数据，利用 Origin 软件绘制相关物理图像，并学会分析图像的物理机制.

四、注意事项

(1) VASP 所需的四个输入文件缺一不可；

(2) POTCAR 的泛函类型必须与 INCAR 中 GGA 关键词定义一致；

(3) POTCAR 中各原子赝势定义的顺序必须与 POSCAR 中相同.

五、思考与讨论

学习与 VASP 相关搭配软件的使用，比如 qvasp、vaspkit 等.

参考文献

Han R L, Jiang Z, Yan Y, 2020. Prediction of novel 2D intrinsic ferromagnetic materials with high Curie temperature and large perpendicular magnetic anisotropy[J]. J Phys Chem C, 124: (14)7956-7964.

Miao N H, Xu B, 2018. 2D intrinsic ferromagnets from van der Waals antiferromagnets[J]. J Am Chem Soc, 140(7): 2417-2420.

实验 25　基于 Solar Cell Scan100 系统的太阳能电池量子效率测量

人类的生存与发展都和能源有密切关系，人类的一切经济活动和生存都依赖于能源的供给. 能源问题是人类日益增长的能源需求与现有能源资源紧缺之间的矛盾. 我国目前的能源结构是以化石能源，即煤、石油、天然气为主. 化石能源是不可再生能源，除储量有限外，化石能源对环境的污染问题也日益严重，因此能源问题已成为世界关注的重大问题. 为了解决能源问题，人们努力去开发新能源，特别是可再生能源，例如太阳能、水能、风能、潮汐能等. 但是水能、风能受制于地理环境条件的限制，不能在大范围内推广应用. 而太阳能作为一种取之不尽、用之不竭的清洁能源能够辐射到地球的每个角落. 太阳能是由太阳内部氢原子发生氢氦聚变释放出巨大核能而产生的. 尽管太阳辐射到地球大气层的能量仅为其总辐射能量的 22 亿分之一，但太阳每秒钟照射到地球上的能量就相当于 500 万吨煤. 我国幅员辽阔,太阳能资源丰富. 太阳能利用条件较好的地区占国土面积的三分之二以上. 相对于火力发电、核能发电来说，太阳能不会引起环境污染；而相对于水力发电、风力发电来说，它所需要的成本是较少的. 太阳能具有辐射范围广、清洁无污染、产量巨大、用之不竭等优点.

太阳能电池是根据半导体的光生伏特效应制成的，可以将太阳辐射能直接转换成电能. 它具有不消耗常规能源、寿命长、使用方便、功率大小可任意组合、无噪声、无污染等优点. 随着新材料的不断开发和相关技术的发展，太阳能电池进入了快速发展的时期. 在 1839 年，法国物理学家贝克勒尔(A. E. Becquerel)发现了液体的光生伏特效应，简称为光伏效应. 第一块太阳能电池在 1954 年诞生于美国贝尔实验室，开启了太阳能发电的新时代. 由于成本高昂，一开始太阳能电池大多应用在人造卫星、航标灯、气象台观测仪表、铁路信号灯等. 自从 20 世纪 70 年代爆发了能源危机以来，世界各国开始意识到能源开发尤其是太阳能电池的重要性. 随着太阳能电池工艺的提升、成本的降低，它的应用逐步转移到一般的民用上. 然而，太阳能电池的转换效率低是制约太阳能光伏产业的瓶颈，其量子效率的测量对研究太阳能电池转换效率并加以改进具有重要意义. 不同材料和种类的太阳能电池具有不同的转换效率及改进空间. 光伏发电最为关键的问题还是提高转换效率和降低成本，影响太阳能电池大规模应用的主要障碍仍然是制造成本较高. 通过改进现有的制造工艺、设计新的电池结构、开发新型电池材料等方式，降低制造成本，提高光电转换效率.

太阳能电池质量高低的关键指标是光电转换效率. 量子效率可以表征一个器件在不同波长的光将光能转化成电能的特性，而太阳能电池转换效率的高低受到了电池本身材料、工艺、结构等因素的影响. 利用在不同波长光的量子效率检测分析电池在不同条件下所造成转换效率的变化，可以找出提高效率的关键因素. 对太阳能电池光电转换性能的测量主要有两种手段：一是在标准太阳光照射下，对太阳能电池进行 I-V 曲线测量，可以得到开路电压、短路电流、填充因子、光电转换效率等参数；二是将入射光源经单色仪分光得到各种波长的单色光，然后测量太阳能电池在不同波长单色光下的内、外量子效率. 第一种测量方法是宏观上的，第二种方法是微观上的. 第二种方法可以从量子效率随波长的曲线中得到太阳能电池对光波长的响应范围. 通过对比电池工艺提升前后的量子效率曲线，可以找到在哪些波段对效率做出了提升，可以得到更丰富的信息，对于改善太阳能电池的光电转换效率有重要的作用.

一、实验原理

1. 太阳能电池的工作原理

光伏发电的基本原理就是“光生伏特效应”，简称“光伏效应”. 太阳能电池内有由 P 型半导体和 N 型半导体组成的 PN 结. P 区中含有较多的空穴，而 N 区中含有较多的自由电子. 当光线照射到硅材料太阳能电池晶片(PN 结面)时，会被反射、吸收. 吸收是将光子能量转换为其他形式的能量. 可被太阳能电池利用的光子将深入到半导体内部，在 PN 结两边产生电子-空穴对. 在 PN 结电场的作用下，N 型半导体空穴往 P 型区移动，而 P 型区中的电子往 N 型区移动，使 P 端电势升高、N 端电势降低，电池两端形成电势差. 如将太阳能电池与外电路接通，外接负载产生电流. 当光线照射半导体 PN 结时，若电池两极处于开路状态，在 PN 结的两边出现的电压被称为光生电压或开路电压；若电池两极处于连接状态且电路中不存在负载电阻，则此时电路中的电流被称为短路电流.

非晶硅太阳能电池是在玻璃衬底上沉积透明导电膜，然后依次用等离子体反应沉积 P 型、I 型、N 型三层非晶硅，接着再蒸镀金属电极铝. 光从玻璃面入射，电池电流从透明导电膜和铝引出，其结构可表示为玻璃/透明导电膜/电极/铝.

2. 能量转化效率与量子效率

太阳能电池并不能将光子的能量全部转换为电能. 太阳能电池的能量转化效率为

$$\eta = \frac{\text{太阳能电池的输出能量}}{\text{进入太阳能电池的辐射能}} \times 100\%$$

太阳能电池的能量损失可被分为反射损失、热力学效率、复合效应损失和电子阻抗损失. 目前商用太阳能电池能量转化效率小于 20%，实验室硅系太阳能电池能量转化效率接近 25%，非硅系据报道有达到 40%. 为了更精确地描述太阳能电池对光的响应程度和利用率，太阳能电池的量子效率被引入. 太阳能电池的量子效率也称 IPCE，也就是太阳能电池的光电转换效率，可分为外量子效率与内量子效率.

外量子效率(EQE)是指单位时间内太阳能电池输出到外电路的电荷载流子数和单位时间内入射到太阳能电池的一定能量的光子数之比. 内量子效率(IQE)是指单位时间内太阳能电池输出到外电路的电荷载流子数和单位时间内被太阳能电池吸收的一定能量的光子数之比. 根据定义，外量子效率(EQE)的计算过程如下. 经过时间 dt，太阳能电池输出到外电路的电子数 n_e 为

$$n_e = \frac{I_{ta}(\lambda) \times dt}{q} \tag{25.1}$$

式中，$I_{ta}(\lambda)$为太阳能电池的短路电流，q 为单位电荷的电量. 经过时间 dt，入射到太阳能电池的光子数 n_i 为

$$n_i = \frac{P \times dt}{hc/\lambda} \tag{25.2}$$

式中，P 为入射单色光的功率，h 为普朗克常量，c 为光速，λ为入射单色光的波长. 分子为入射单色光在 dt 时间内的总入射能量；分母为入射单色光单个光子的能量. 代入相应数据，可得

$$n_i = \frac{P \times dt / q}{1240 / \lambda(\text{nm})} \tag{25.3}$$

式中，分子为入射单色光在 dt 时间内的总入射能量；分母为入射单色光单个光子的能量. 由公式(25.1)和(25.3)，可得外量子效率

$$\text{EQE}(\lambda) = \frac{n_e}{n_i} = \frac{1240 \times I_{ta}(\lambda)}{P \times \lambda(\text{nm})} \tag{25.4}$$

由于在实际测量中入射单色光的功率 P 是用标准硅探头来测量的，因此有关系式

$$I_{sa}(\lambda) = P \times R_s(\lambda) \tag{25.5}$$

式中，P 为入射单色光的功率，$I_{sa}(\lambda)$为标准硅探头输出的光电流，$R_s(\lambda)$为标准硅探头的光谱响应且为标准数据. 外量子效率为

$$\text{EQE}(\lambda) = \frac{1240 \times I_{ta}(\lambda) \times R_s(\lambda)}{I_{sa}(\lambda) \times \lambda(\text{nm})} \tag{25.6}$$

如果对于一定的波长，太阳能电池完全吸收了所有的光子，并且收集到由此产生的少数载流子(例如，电子在 P 型材料上)，太阳能电池的量子效率为 1. 对于能量低于禁带宽度的光子，量子效率为 0. 理想中的太阳能电池的量子效率是一个正方形. 也就是说，对于测试的各个波长的量子效率是一个常数. 由式(25.6)可知，只要测量出标准硅探头输出的光电流和待测太阳能电池的短路电流，即可得到太阳能电池的外量子效率.

根据内量子效率的概念，如果测得太阳能电池的反射率，则内量子效率为

$$\eta(\lambda)=\frac{\mathrm{IQE}(\lambda)}{1-\rho_{\mathrm{t}}(\lambda)} \tag{25.7}$$

式中，$\rho_{\mathrm{t}}(\lambda)=\dfrac{I_{\mathrm{tf}}(\lambda)}{I_{\mathrm{sf}}(\lambda)}\rho_{\mathrm{s}}(\lambda)$，$I_{\mathrm{tf}}(\lambda)$为太阳能电池表面的反射光电流，$I_{\mathrm{sf}}(\lambda)$为标准反射板的反射光电流，$\rho_{\mathrm{s}}(\lambda)$为标准反射板的反射率.

二、实验系统说明

Solar Cell Scan100 太阳能电池量子效率测试系统针对小面积的太阳能电池板，用于测量太阳能电池外量子效率，也可测量太阳能电池的表面反射光的强度，并计算太阳能电池的内量子效率.

外量子效率测量原理图如图 25.1 所示. 氙灯发出用来模拟太阳光的探测光，当斩波器(斩波频率 165Hz 左右)开启时，经过斩波器形成一个明暗交替的光信号，进入单色仪得到的单色光. 通过透镜系统变成平行光，经光阑照射在样品表面，光阑可以根据需要调节照射到被测电池上的光斑大小. 被测电池产生的短路电流经锁相放大器(SR830)输出，通过 RS232 接口由计算机采集和保存，其中锁相放

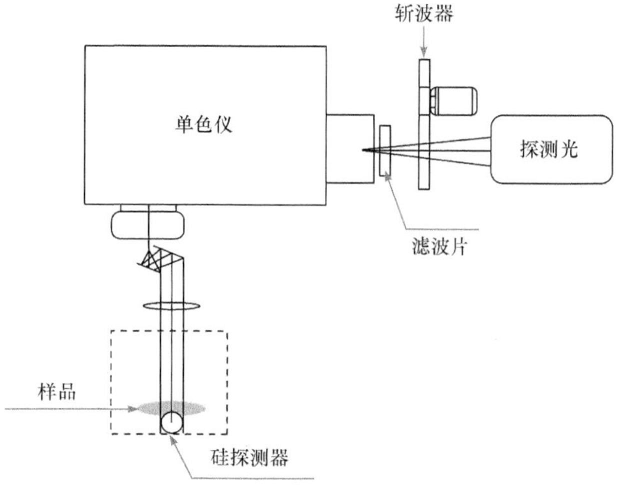

图 25.1　外量子效率测量原理图

大器的参考频率信号由斩波器提供. 斩波器未开启时，样品产生的直流信号首先被放大电路放大，经 DCS300PA 通过 USB 接口由计算机采集和保存. 分别测量标准硅探测器与待测样品的交或直流短路电流，可由式(25.6)计算得到待测样品的交或直流外量子效率.

由(25.7)式可知，在测得了外量子效率后，只要测出太阳能电池表面的反射光电流 $I_{\text{tf}}(\lambda)$和标准反射板的反射光电流 $I_{\text{sf}}(\lambda)$，就可由(25.7)式计算得到内量子效率.

三、实验内容

1. 实验前准备

参考 Solar Cell Scan100 太阳能电池量子效率测试系统说明书，掌握系统的构成，熟练掌握系统的软件操作，熟悉单色仪和锁相放大器的工作原理及使用.

2. 太阳能电池板

了解目前都有哪些种类和材质的太阳能电池，了解表征太阳能电池性能的各种参数，掌握太阳能电池的工作原理.

3. 太阳能电池量子效率的测量

选择不同种类的太阳能电池并对其量子效率进行测量，从测量结果分析影响太阳能电池量子效率的因素，从理论上进行解释，提出改善太阳能电池量子效率的办法.

四、思考与讨论

(1) 比较交流量子效率与直流量子效率的优劣.

(2) 什么是影响太阳能电池量子效率的最主要因素？

(3) 环境温度会影响太阳能电池的量子效率吗？

参考文献

翟涵，谢华清，吴子华，等，2018. 温度对单晶硅电池光电转化效率的影响[J]. 硅酸盐学报，46(5): 638-642.

张翔清，孟庆裕，陈宝玖，等，2008. 纳米 $Y_2O_3:Eu^{3+}$的内量子效率和表面钝化效应[J]. 功能材料，39(4): 677-680.

Yoshikawa K, Kawasaki H, Yoshida W, et al., 2017. Silicon heterojunction solar cell with interdigitated back contacts for a photoconversion efficiency over 26%[J]. Nature Energy, 2(5): 17032.

实验 26　核衰变与放射性计数统计规律的研究

自 1896 年贝克勒尔(H. Becguerel)发现天然放射性以来，至今人类在探索物质结构方面取得了巨大成功. 1911 年，卢瑟福提出的原子核式模型被实验证实后，人们明确了原子与原子核是两个不同层次的微观粒子. 此后，人们一直在努力探索原子核的结构、组成，以及在这一几何尺寸内各种力的相互作用等. 1919 年，卢瑟福用 α 粒子轰击氮核，打出质子，进行了第一次人工核反应，从此用射线和高能粒子轰击原子核进行核反应的方法成为研究原子核的主要手段，这就促进了各类型加速器的诞生. 1934 年，居里夫人发现了人工放射性，从此人工生产的放射性同位素开始问世. 1938 年，哈恩和斯特拉斯曼发现重核裂变现象，开启了人类利用原子能的大门. 1942 年，费米建立起了第一个链式反应堆，开始利用原子能. 1952 年，第一颗氢弹爆炸成功，开始研究可控的热核反应. 1954 年，苏联建立起第一个原子能核电站，开辟了人类和平利用核能的新时代. 核物理实验技术是在研究核衰变核、核反应过程中发展起来的新技术. 它在核能工业的工艺流程分析、环境保护、医疗、农业、天体物理、材料科学、固体物理、考古等学科领域和生产实践中有着广泛的应用.

理论和实验研究表明，原子核同原子一样，它可处于各种能态之中. 当原子核从高能态跃迁至低能态时就会辐射 α、β、γ、X 等射线. 目前发现的两千余种核素中，绝大多数核素是不稳定的. 它们自发地放出射线，由一种核素变成另一种核素. 原子核的这种自发的衰变过程称为原子核的放射性衰变，也可称为核蜕变. 通过相关实验，可以了解核技术的原理、核衰变的规律、探测核衰变的方法以及对核辐射防护等相关知识. 由于原子核的放射性，衰变存在统计涨落. 因此，多次测量相同时间间隔内的放射性计数时，即使保持相同的实验条件，每次测量的结果并不相同，而是围绕某一平均值上下涨落，有时甚至有很大差别. 通过不同统计方法分析核衰变的放射性计数，我们可以了解核衰变的性质，学习检验测量数据的分布类型的方法，加深对核衰变过程的理解.

一、实验原理

随着原子核的衰变，放射性物质中所包含的该种原子核的数目会逐渐减少. 例如，把具有 α 放射性的氡$\left({}^{222}_{86}\mathrm{Rn}\right)$单独存放，实验测定：四天后氡核的数目大约减少一半，八天后减少到原来的四分之一，经十二天后减少到原来的八分之一，一个月后还不到原来的 1%. 图 26.1 中，以时间为横坐标，以 t_0 时刻和 t 时刻的核数目 N_0 和 N 的比值 $\left(\dfrac{N}{N_0}\right)$ 为纵坐标作图，可得如图所示的曲线. 由图 26.1 可见，放射性原子核数目是按指数规律减少的.

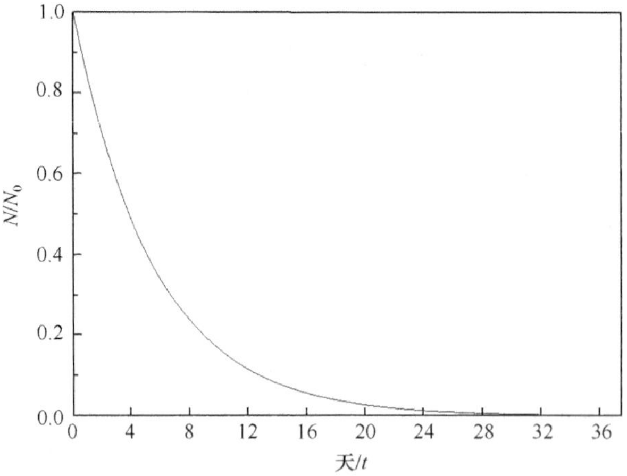

图 26.1　$^{222}_{86}Rn$ 数变化曲线

在放射性物质的样品中，每一个原子核都有一定的衰变概率. 在某一时刻，具体哪一个原子核发生衰变，事先无法知道，但只要放射性核的数目足够多，作为一个整体，它的衰变规律是完全确定的.

1. 衰变常数及半衰期

若用 N 表示 t 时刻放射性样品中原子核的数目，由上述实验推断，在 $t+\mathrm{d}t$ 时间内发生衰变的原子核的数目为 $\mathrm{d}N$，则 $\mathrm{d}N$ 正比于 N 和 $\mathrm{d}t$，即

$$-\mathrm{d}N=\lambda N\mathrm{d}t \tag{26.1}$$

式中 λ 为比例常数. 其中，$\mathrm{d}N$ 代表 N 的减少量，所以是负值，而实际衰变是正的. 由上式积分得

$$N=N_0\mathrm{e}^{-\lambda t} \tag{26.2}$$

N_0 是 $t=0$ 时刻放射性核的数目. $N=N_0\mathrm{e}^{-\lambda t}$ 就是放射性物质衰变规律的数学表达式，表明放射性原子核的数目是按指数规律衰减的. 由式(26.1)可得

$$\lambda=\frac{-\mathrm{d}N/\mathrm{d}t}{N} \tag{26.3}$$

由此可见，λ 的物理意义是单位时间内衰变的核数目与该时刻核数目之比. 参数 λ 反映的是放射性核数衰变快慢的特征常数，称衰变常数. 实验表明，每一种放射性

核素都有确定的λ值，与环境温度、压力、磁场，化合物成分等外界因素无关.

放射性核素衰减到原来数目的一半所需的时间称放射性核素的半衰期. 精确测定$^{222}_{86}\mathrm{Rn}$(氡)的半衰期为 3.823d. 若用T表示半衰期，按定义$t=T$时，$N=\frac{N_0}{2}$，利用前面介绍的$N=N_0\mathrm{e}^{-\lambda t}$公式，可以得

$$T=\frac{\ln 2}{\lambda}=\frac{0.693}{\lambda} \tag{26.4}$$

这就是衰变常数λ和T的关系式. 不同核素的半衰期差别很大，短的不到 1μs，长的达 10^{15}a.

对大量同一种放射性原子核，在一定时间内，有的核先衰变，有的核后衰变. 各个核的寿命长短是不相同的，从$t=0$到$t=\infty$都有可能，所有放射性核平均生存的时间叫平均寿命. 显然，平均寿命τ也可作为表征放射性衰变快慢的一个物理量，平均寿命和衰变常数λ的关系为

$$\tau=\frac{1}{\lambda}=1.44T \tag{26.5}$$

2. 核衰变的统计性质

核衰变的过程是相互独立、彼此无关的，每个原子核发生衰变的时间是偶然的因而无法确定. 但是，对于大量原子核N，经过时间t后，平均来说其数目将按指数规律$\mathrm{e}^{-\lambda t}$衰减. 在t时间内平均衰变的原子核的数目m为

$$m=N\left(1-\mathrm{e}^{-\lambda t}\right) \tag{26.6}$$

由此可见，统计平均看，每个核在t时间内发生衰变的概率为$1-\mathrm{e}^{-\lambda t}$，不发生衰变的概率为$\mathrm{e}^{-\lambda t}$. 因此，在$t$时间内，统计平均看，在$N$个原子核中有$n$个核发生衰变的概率为

$$p(n)=\frac{N!}{(N-n)!n!}\left(1-\mathrm{e}^{-\lambda t}\right)^n\left(\mathrm{e}^{-\lambda t}\right)^{N-n} \tag{26.7}$$

式中，系数$N!/\left((N-n)!n!\right)$是考虑了N个原子核中发生衰变的n个核的各种可能的组合数. 假设原子核总数$N\gg 1$，测量时间t远小于放射源的半衰期T，即$\lambda t\ll 1$，也即衰变数 n 远小于粒子总数N. 式(26.7)分子中的$(N-1),(N-2),\cdots,(N-n-1)$均可用$N$代替，于是有

$$p(n)\approx\frac{N^n}{n!}(\lambda t)^n\left(\mathrm{e}^{-\lambda t}\right)^{N-n}\approx\frac{(N\lambda t)^n}{n!}\mathrm{e}^{-N\lambda t} \tag{26.8}$$

由式(26.6)可知，这时$m=N\lambda t$，则有

$$p(n) \approx \frac{m^n}{n!}\mathrm{e}^{-m} \tag{26.9}$$

这就是泊松分布. 这表明: 如果在时间间隔 t 内平均衰变次数为 m，则在时间间隔 t 内衰变数为 n 出现的概率为 $p(n)$.

由于放射性衰变存在统计涨落，当作重复的放射性测量时，即使保持完全相同的实验条件(例如放射源的半衰期足够长时，则在实验时间内可以认为其强度基本上没有变化；源与计数管的相对位置始终保持不变；每次测量时间不变；测量仪器足够精确，不会产生其他的附加误差等)，每次测量的结果也不完全相同，而是围绕其平均值 m 上下涨落，有时甚至有很大的差别. 这种现象就叫做放射性计数的统计性. 放射性计数的这种统计性是放射性原子核衰变本身固有的特性，与使用的测量仪器及技术无关. 通常把 m 看作是测量结果的最概然值，把起伏带来的误差称为统计误差，大小用标准偏差 σ 来描述.

因为 $\bar{n}$ 是无限多次测量的结果，实际上无法得到，也没有必要求得，实验时将一次测量值当作平均值，对它的误差也作类似处理. 设一次测量得到的总计数为 N，它的标准偏差用 $\sqrt{N}$ 来表示，相对标准偏差为

$$\frac{\Delta N}{N} = \frac{\sqrt{N}}{N} = \frac{1}{\sqrt{N}} \tag{26.10}$$

由此可得：核衰变测量的统计误差决定于测量的总计数 N 的大小. N 越大，绝对误差越大而相对误差却越小. 假设对某个计数率 m_1 作了 t 时间的测量，则总计数 $N = m_1 t$，计数率 m_1 的统计误差为

$$\Delta m_1 = \frac{\Delta N}{t} = \frac{\sqrt{N}}{t} = \sqrt{\frac{m_1}{t}}$$

$$\frac{\Delta m_1}{m_1} = \frac{\sqrt{N}}{m_1 t} = \frac{\sqrt{N}}{N} = \frac{1}{\sqrt{m_1 t}} \tag{26.11}$$

测量时间 t 越长，误差越小. 利用上式可以计算 m_1 的误差，反过来也可以由误差要求，计算测量需用的时间，测量时就按照算出的时间进行测量，以免不必要地耽误很多时间或者误差过大.

在时间间隔 t 内核蜕变产生的放射性平均计数为 $\bar{n}$，在此时间内核蜕变产生的放射性计数为 n 的出现概率 $p(n)$ 服从统计分布. 当 $\bar{n}$ 较小时(如 10 以下)，服从泊松分布，如果 $\bar{n}$ 比较大(如 20 以上)，服从高斯分布. 放射性测量数据检验的基本做法是比较测量数据应有的一种理论分布和实测数据之间的差异，然后从概率的意义上说明这种差异是否显著. 差异显著，则否定原来的理论分布，说明测得的数据存在问题；反之，则接受理论分布，认为测量数据是正常的.

3. 核辐射的计量与单位

自放射性现象被发现后，在放射学领域先后建立了一些专用单位，其中一些量的概念和定义日趋完善，另一些量或单位趋于淘汰. 从 1984 年开始，在我国包括辐射量在内的所有计量单位都采用国际单位制(SI)，部分计量单位暂时与 SI 单位并用.

放射性核素在单位时间内发生核衰变的次数，称为放射源的活度(也称放射性强度)，用符号 A 表示，$A=\frac{\mathrm{d}N}{\mathrm{d}t}$. 放射性强度的国际单位是贝克勒尔，简称贝可(Bg). 1Bg 表示 1 秒钟内发生一次核衰变，即 1Bg=1 次/s. 暂时允许与国际单位并用的另一单位称居里(Ci)，1 居里相当于 1 克镭$\left({}^{226}_{88}\mathrm{Ra}\right)$在一秒钟内核衰变次数，即 $1\mathrm{Ci}=3\times10^{10}$ 次/s. 由此可得 $1\mathrm{Ci}=3.7\times10^{10}\mathrm{Bg}$. 放射性活度只描述放射源在每秒钟内发生衰变的次数，并不表示放射出的粒子数的多少，因为有的核衰变一次只放出一个粒子，而有些核放出可能不止一个粒子.

照射量是辐射场的一种量度. 表征了 X 和 γ 射线在空气介质中的电离能力，它仅适用于 X，γ 射线及空气介质，而不能用于其他类型的辐射和介质. 照射量的定义是：在标准状态下，1 立方厘米的空气中产生 1 静电单位电荷(正离子或电子)的辐射量，单位为伦琴，用符号 R 表示. 在国际单位制中，照射量的单位是 C/kg，C 为电量的单位——库仑，kg 为质量单位——千克. 由 1 静电单位电量为 0.333×10^{-9}C，在标准状态下，1 立方厘米空气的质量为 0.001293 克. 所以，得 $1\mathrm{R}=2.58\times10^{-4}$C/kg(国际单位). 照射量是辐射场强弱的标志，一般测量辐射场强弱的辐射仪常以 mR 或 mR/h 为单位来刻度.

照射率是指单位时间内的照射量，用 P_{L} 表示，单位常采用 R/h、μR/s 等. 若放射源为点式源，它的活度为 A(单位：Ci)，与它距离为 L(单位：m)处的照射率 $P_{\mathrm{L}}=\frac{A\Gamma}{L^{Z}}$. 式中 Γ 为常数，它表示 lCi 的源在距源 1m 处时给出的以 R/h(伦琴/小时)为单位的射线照射率. 各种放射性同位素 γ 射线的 Γ 常数有表可查.

在实验中，^{60}Co 放射源的活度为 2μCi，测量时人与源的距离约 0.6m，已知 ^{60}Co 的 Γ 常数为 $1.32\mathrm{R}\cdot\mathrm{m}^2/(\mathrm{h}\cdot\mathrm{Ci})$. 可依据上式估算实验 4h 所接受的照射量. 若将距离移至 1.2m，那么一次实验接受照射量减少了多少？

各种射线对物质的作用与单位物质从射线吸收的能量有关. 所谓剂量是指单位质量的被照射物质所吸收的能量值，记作：$D=E/M$. 式中 D 为吸收剂量，M 是被照射物质的质量，E 是它所吸收的全部射线能量. 在国际单位制中，D 的单位是 J/kg，称为戈瑞(Gray)，用符号 Gy 表示. 吸收剂量的专用单位是“拉德”，符号为 rad. 它的定义是：任何 1 千克物质当吸收射线能量为 J/100 时的辐射剂量. 转换公式如下：

$$1\text{rad}=0.01\text{J}/\text{kg}=0.01\text{Gy}$$
$$1\text{Gy}=100\text{rad}$$

一般来说，即使受相同的剂量照射，导致的生物效应的严重程度及发生概率大小会因射线种类不同、照射条件差异而不同. 按照上述照射量和吸收剂量的概念并不能确切反映出各种射线对人机体的危害程度. 因此，在辐射防护中又引入了剂量当量的概念，它与吸收剂量的关系是 $H=QD$，Q 是相对生物效应因数. 对于β和γ射线，Q 为 1；对于慢中子，Q 为 4～5；对于快中子，Q 约为 10；对于能量从 5MeV～10MeV 的α粒子，Q 为 10～20. H 的国际单位是希沃特(Sievert)，用符号 Sv 表示. 暂与国际单位并用的单位是雷姆，用符号 rem 表示，转换公式如下：

$$1\text{ 雷姆}=Q\times 1\text{ 拉德}$$

剂量当量与吸收剂量有相同的量纲，所以剂量当量的 SI 单位也是 J/kg，

$$1\text{Sv}=1\text{J/kg}$$
$$1\text{rem}=0.01\text{Sv},\ 1\text{Sv}=100\text{rem}$$

以上介绍了放射学中常用的五个概念. 在使用中，有时用国际单位，也有人习惯使用专用单位，现列出五个辐射量的单位对照表，以方便查阅(见表 26.1).

表 26.1　常用辐射计量国际单位与专用单位对照表

辐射计量名称	SI 名称	SI 单位	历史上专用单位名称	国际单位与历史专用单位换算关系
放射性活度(强度)A	贝可(Bg)	秒$^{-1}$ (s^{-1})	居里(Ci)	$1\text{Bq}=2.7\times10^{-11}\text{Ci}$ $1\text{Ci}=3.7\times10^{10}\text{Bq}$
照射量 Z	—	库仑/千克 (C/kg)	伦琴(R)	$1\text{R}=2.58\times10^{-4}\text{C/kg}$
照射率 P_L	—	—	伦琴/小时 (R/h)	—
吸收剂量 D	戈瑞(Gy)	焦耳/千克 (J/kg)	拉德(rad)	1Gy=100rad 1rad=0.01Gy
剂量当量 H	希沃特(Sv)	焦耳/千克 (J/kg)	雷姆(rem)	1Sv=100rem 1rem=0.01Sv

二、实验装置

原子核发生衰变时会发出α、β、γ、X 等各种射线和粒子，因为它们的尺度非常小，即使用最先进的电子显微镜也无法观察到. 人们根据射线与物质相互作用的规律，设计研制了各种类型的射线探测器. 探测器大致可分为两大类型：径

迹型和信号型. 径迹型探测器能给出粒子运动的径迹，有的还能测出粒子的速度、性质，如核乳胶、固体径迹探测器、威尔逊云室、气泡室等，这些探测器大多用于中高能物理实验. 信号型探测器是当一个辐射粒子到达探测器时，探测器能够给出一个信号. 根据工作原理不同，又可分为：气体探测器、半导体探测器、闪烁探测器等.

实验中用到的是闪烁探测器，工作物质是有机或无机的晶体. 射线与闪烁体相互作用，会使其电离激发而产生荧光. 从闪烁体出来的光子与光电倍增管的光阴极发生光电效应而击出光电子，光电子在光电倍增管中倍增，形成电子流并在阳极负载上产生电信号. 实验中的闪烁探测器为 NaI(Tl)单晶 γ 射线探测器.

1. NaI(Tl)单晶 γ 闪烁谱仪

图 26.2 为 NaI(Tl)闪烁探测器的结构示意图. 整个谱仪由探头(包括闪烁晶体、光电倍增管、射极跟随器等)、高压电源、线性放大器、多道脉冲幅度分析器等组成.

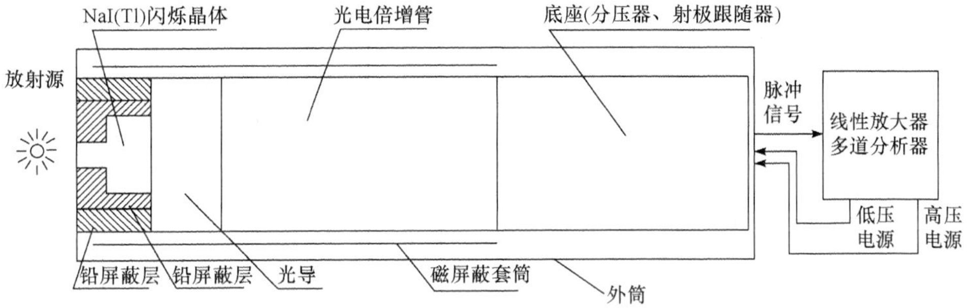

图 26.2 NaI(Tl)闪烁探测器的结构示意图

闪烁体是用来把射线的能量转变成光能的. 闪烁体分无机闪烁体和有机闪烁体两大类. 实际运用中依据不同的探测对象和要求选择不同的闪烁体. 本实验中采用含 Tl(铊)的 NaI 晶体作 γ 射线的探测器. 碘化钠闪烁晶体能吸收外来射线能量使原子、分子电离和激发，退激时发射出荧光光子. 因 NaI(Tl)晶体的密度较大，而且高原子序数的碘占质量的 85%，所以，对 γ 射线的探测效率特别高. 发射光谱最强波长为 415nm 左右，能与光电倍增管的光谱响应较好匹配.

射线通过闪烁体时，闪烁体的发光强度与射线在闪烁体内损失的能量成正比. 即入射线的能量越大，在闪烁体内损失的能量越多，闪烁体的发光强度也越大. 当射线(如 γ，β)进入闪烁体时，在某一地点产生次级电子，它使闪烁体分子电离和激发，退激时发出大量光子(一般光谱范围从可见光到紫外光，并且光子向四面八方发射出去). 在闪烁体周围包以反射物质，使光子集中向光电倍增管方向射出去. 光电倍增管是一个电真空器件，由光阴极、若干个打拿极和阳极组成. 通过高压电源和分压电阻使阳极、各打拿极和阴极间建立从高到低的电位分布. 当闪烁光子入射到光阴极上时，由于光电效应就会产生光电子. 这些光电子受极间电场加速和聚集，在各级打拿极上发生倍增(一个光电子最终可产生 10^4～10^9 个电子)，最后被阳级收集. 大量电子会在阳极负载上建立起电信号，通常为电流脉冲或电压脉冲，然后通过起阻抗匹配作用的射极跟随器将信号输出.

闪烁探测器的工作可分为五个相互联系的过程：①射线进入闪烁体，与之发生相互作用，闪烁体吸收带电粒子能量而使原子、分子电离和激发；②受激原子、分子退激时发射荧光光子；③利用反射物和光导将闪烁光子尽可能多地收集到光电倍增管的光阴极上，由于光电效应，光子在光阴极上击出光电子；④光电子在光电倍增管中倍增，数量由一个增加到 10^4～10^9 个，电子流在阳极负载上产生电信号；⑤信号输出和记录.

2. γ 射线与物质的相互作用

γ 射线与物质的相互作用主要是光电效应、康普顿散射和正负电子对产生这三种过程，如图 26.3 所示.

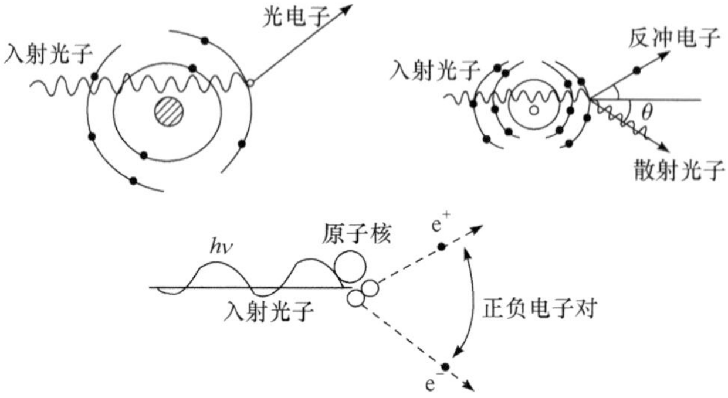

图 26.3　γ 射线与物质的相互作用示意图

(1) 光电效应. 入射 γ 粒子把能量全部转移给原子中的束缚电子，光子本身消失而把束缚电子打出来形成光电子这个过程称为光电效应. 由于束缚电子的电离能 E_i 一般远小于入射 γ 射线的能量 E_γ，所以光电子的动能近似等于入射 γ 射线的能量

$$E_{光电} = E_\gamma - E_\mathrm{i} \approx E_\gamma \tag{26.12}$$

我们知道自由电子不可能发生光电效应，因为这样的过程不能同时满足动量守恒定律和能量守恒定律，而原子中束缚越牢固的电子发生光电效应的可能性也越大. 当入射光子能量大于 K 层电子的电离能时，80%以上的光电效应将发生在 K 层电子上. 物质的原子序数 Z 越大，对于核外电子的束缚也越强，发生光电效应的概

率也越大. 理论与实验证明：光电效应的截面$\sigma_{光电}$正比于Z^5. 入射γ射线能量E_r越大，相对来说电子受原子的束缚就越不牢固，光电效应的截面$\sigma_{光电}$随入射γ射线能量的增加而减小.

(2) 康普顿散射. 核外自由电子与入射γ射线发生康普顿散射，根据动量守恒定律，散射与入射只能发生在一个平面内. 设入射γ光子能量为 $h\nu$，散射光子能量为$h\nu'$，根据能量守恒定律，反冲康普顿电子的动能E_e为

$$E_e = h\nu - h\nu' \tag{26.13}$$

康普顿散射后，散射光子能量与散射角的关系为

$$h\nu' = \frac{h\nu}{1+a(1-\cos\theta)} \tag{26.14}$$

式中，$a = \frac{h\nu}{m_e c^2}$，即为入射γ射线能量与电子静止质量m_e所对应的能量之比. 由式(26.14)可知，当$\theta = 0$时，$h\nu' = h\nu$，这时$E_e = 0$，即不发生散射；当$\theta = 180°$时，散射光子能量最小，即等于$\frac{h\nu}{(1+2a)}$，这时康普顿电子的能量最大

$$E_{e\max} = h\nu \frac{2a}{1+2a} \tag{26.15}$$

所以，康普顿电子的能量在 0 至$h\nu\frac{2a}{1+2a}$之间变化.

(3) 正负电子对的产生. 当γ射线能量超过$2m_e c^2$(1.022MeV)以后，γ光子受原子核或电子的库仑场的作用可能转化成正负电子对，称为电子对效应. 此时光子能量可表示为两个电子的动能，如$E_\gamma = E_{e^+} + E_{e^-} + 2m_0c^2$，其中，$2m_0c^2 = 1.02\text{MeV}$.

三、实验内容与要求

1. 不同距离时在无源及有源情况下的计数测量

学习核衰变测量原理及分析方法，熟悉实验仪器的操作方法和数据采集、数据处理软件的使用方法. 根据要求，设计出初步的实验方案，对不同距离下空气中无源和有放射源情况下进行计数测量. 对实验数据进行作图分析，结合分布特征，用多种统计方法进行比较研究，找到其中的统计规律并讨论其中的物理意义.

2. 不同阻止介质对核辐射计数的影响

以 ^{137}Cs 衰变产生的γ射线为例，通过探测到的粒子数，得到核辐射强度.

利用控制变量法，改变不同的阻止介质及其参数，分别测量不同条件下的γ能谱. 采用多种统计方法分析实验数据，并给出核辐射规律曲线. 通过对比分析，讨论阻止介质的核辐射阻止本领、对统计规律的影响及其物理量变化趋势. 通过研究，给出辐射屏蔽材料的定量分析，为将来的核辐射屏蔽材料的研制提供参考.

3. 基于蒙特卡罗方法的实验数据分析

核衰变的实验数据量大且具有随机性，传统的数据分析方法是 χ^2 和直方图检验法. 在分析物理过程的基础上，结合麦克斯韦速度、速率分布等统计方法，通过相关软件(MATLAB、Mathematics、Origin 等)，采用正态拟合、蒙特卡罗拟合、蒙特卡罗模拟等方法进行实验数据分析和模拟，从不同角度去理解核衰变随机性的统计规律以及随机数的产生.

4. 数据在线采集分析系统

在分析实验仪器输入和输出信号特点的基础上，设计、制作数据在线采集分析系统. 通过真实源的分布特征，模拟其数据产生过程，形成与真实源一致的模拟源，进行相关的仿真测量和过程模拟.

四、实验的安全操作与防护

随着核技术的广泛应用，人们与各种射线打交道的机会也越来越多. 过量的辐射照射会造成人体的损伤. 但辐射是可以防护的，只要以科学的态度、严肃认真地对待它，就是安全的. 对核辐射，不能麻痹大意，也不要过分紧张，谈“核”色变.

在核物理实验中，所用放射源基本分两类：一类是将放射性物质放在密封的容器中，在正常使用情况下无放射性物质的泄漏称为封闭源；另一类是将放射性物质黏附在托盘上(有时在源的活性面上覆盖一层极薄的有机膜)，这类放射源称为开放式源. 一般γ源属封闭式，而α源和β源多为后者. 开放源在使用的过程中，放射性物质有可能向周围环境扩散. 在实验教学中，放射源的活度一般在微居里至毫居里级.

1. 外照射防护的基本原则和措施

外照射就是射线从外部照射人体组织，其防护的原则和措施如下.

(1) 控制时间.

接触射线的时间越短，人体接受的照射量就越少，因而要求操作前做好准备工作，操作尽可能简单快捷，避免在辐射场中过多的停留.

(2) 控制距离.

人体受到的照射量是与距离成反比的. 因此增大放射源与人体的距离，可以显著减少人体对放射射线的接收剂量.

(3) 实施屏蔽.

根据射线通过物质后能量和强度会损失的特点，在人体与放射源之间设置屏蔽可以有效地减少辐射对人体的伤害. 常用的屏蔽材料有砖、水泥、有机玻璃、铅、铁、铝等金属.

2. 内照射防护的原则和措施

所谓内照射就是放射性物质侵入体内(吞入、吸入或通过伤口侵入)，射线从内部照射. 一般来说内照射的危害比外照射更大，除医疗目的外，应严格禁止放射物进入体内. 其防护原则是：

(1) 在操作放射源时需在通风橱中进行，并要戴上手套和口罩；

(2) 在放射性工作场所内，严禁进食，吸烟、饮水和存放食物，要正确使用防护用品，操作结束后必须洗手；

(3) 对于面部、手部有伤口的，应暂时停止从事可能受到放射性污染的工作.

3. 放射源的安全操作

(1) 放射源应有固定的并加了铅屏蔽的地方存放. 实验结束后，把源立即归还原处.

(2) 任何形式封装的放射源，均不得用手接触其活性区.

(3) 操作 α、β、γ、X 射线源时，应佩带防护眼镜，切忌用眼睛直视活性区，以免损伤角膜.

对于外照射，只要不超过一定限量是允许的. 目前，现行职业放射性工作人员的外照射最大允许剂量标准为每年 5rem，一般居民相当于每周 0.1rem. 对 α 粒子，即使最高能量的 α 粒子，在空气中射程不过几厘米，所以在任何放射性活度水平下均无显著的辐射危害，但却要重视它的污染危险.

五、思考与讨论

(1) 什么是放射性核衰变的统计性？它服从的统计规律有哪些？

(2) 不同距离和不同阻止介质对核辐射强度、测量数据的分布有什么影响？其中的原因是什么？如何区分距离和介质的作用？

(3) 蒙特卡罗方法分析数据时，可以得到哪些特征量？它们的物理意义是什么？与传统分析方法相比，有什么不同？

(4) 在仿真实验中，真实源与模拟源所测量数据分布如何保持一致性？

参 考 文 献

程敏熙, 刘海涛, 廖金峰, 2001. 核物理实验数据微机采集与处理系统[J]. 实验室研究与探索, 20(4): 49-52.

卢希庭, 2001. 原子核物理[M]. 北京: 原子能出版社.

吴思诚, 王祖铨, 1995. 近代物理实验[M]. 北京: 北京大学出版社.

肖志刚, 姚楠, 王宏伟, 2002. 核物理实验数据的离线分析程序[J]. 原子能科学技术, 36(1): 43-46.

Wilk G, Wlodarczyk Z, 2002. Application of nonextensive statistics to particle and nuclear physics[J]. Physica A, 305(2): 227-333.

实验 27　高能核碰撞中末态粒子实验数据的研究

物理学重要的任务之一是研究物质的结构. 经过科学家们不断的探索与研究，现在我们知道物质是由分子(或原子)组成的，分子是由原子组成的，原子是由原子核和核外电子组成的. 原子核又是由质子和中子(统称核子)组成的. 除此之外，科学家们在宇宙线研究中又发现了一系列介子和超子. 核子和超子统称为重子. 重子和介子统称为强子. 在 20 世纪相当长的一段时间里，强子被认为是“基本粒子”，即其不具有内部结构. 但在后来的几十年里，大量的实验和理论研究表明，强子并不是“基本粒子”. 1964 年，强子结构的夸克模型被提出，解释了当时已知的强子的构成. 人们对构成物质世界的基本粒子的认识是一个不断深入和修正的过程. 目前，实验上和理论上均认为夸克和轻子是基本粒子. 强子则是夸克、反夸克和胶子的束缚态. 随着物理学的发展，人们认识到支配着物质世界的相互作用力有四种：引力、电磁力、强相互作用力和弱相互作用力. 按照粒子的相互作用性质来分类，目前已发现的粒子大致可以分为三类：参与强相互作用的强子、不参与强相互作用的轻子和传递相互作用的传播子.

宇宙起源于大爆炸，在其生命的头几微秒，其能量密度和温度非常高以至于不能形成强子，例如原子核内的核子. 相反地，夸克、反夸克和胶子退禁闭并且弥漫在整个宇宙当中，处于一种被称作夸克胶子等离子体(QGP)的热化状态. 只有当宇宙的能量密度减小并低于临界值 $e_{\mathrm{cr}} \simeq 1\mathrm{GeV}/\mathrm{fm}^3$ 且温度下降至低于 $T_{\mathrm{cr}} \approx$ 170MeV 时，色自由度才能禁闭成直径大约为 1fm 的色单态物质，形成第一批强子. 宇宙发生强子化之后，需要花大约 200s，直到它的温度下降至低于 100keV 时，小原子核才能形成并生存，这就是所谓的太初核合成. 这时候，即第一个 3min 后，早期宇宙的化学成分是固定的，即化学冻结. 宇宙的化学组成只有在几亿年后第一批恒星的核心点燃和核聚变过程发生时才会又开始改变. 在最初核合成之后，宇宙仍然是电离的，因此对电磁辐射是完全不透明的. 在大爆炸后约 300000a，当温度达到约 3000K 时，电子和原子核才最终能结合成电中性的原子，宇宙也才成为透明的. 这时候，电磁辐射解耦，出现一个完美的 $T \approx 3000\mathrm{K}$ 的黑体谱(即热冻结). 由于宇宙继续膨胀，这个热光谱红移至温度约为 2.7K，变成了宇宙微波背景. 由于早期宇宙是不透明的，人们将无法直接看到在大爆炸之后的 300000a 之内发生了什么事情，尤其是最初的几微秒弥漫在整个宇宙的 QGP 将永远隐藏在宇宙微波背景之下. 在相对论重离子碰撞实验中，可以通过核碰撞来重建这种热化的 QGP 物质.

一、高能核碰撞实验

高能重离子碰撞(核-核碰撞)为研究极端条件下的强子物质提供了特有的可能性，尤其是退禁闭的 QGP. 研究的相应结果可以与更小的碰撞系统进行比较，如：质子-质子碰撞、质子-核碰撞等. 质子-核碰撞无论在系统的尺寸大小方面还是在产生的粒子数量方面都是介于质子-质子碰撞和核-核碰撞之间的. 在高能核碰撞中，被探测到的粒子的角分布和横动量谱可以用来探究高能强子反应系统的相关性质. 在实验方面，近些年来，人们建造了大型的重离子加速器，使得核子碰撞能量越来越高，例如：美国建造的相对论重离子对撞机(RHIC)在质心系能量 22.5AGeV 到 200AGeV 范围内工作、欧洲核研究中心建造的大型强子对撞机(LHC)在质心系能量 5.5ATeV 到十几个 ATeV 范围内工作. RHIC 自 2000 年开始运行，包括四个实验组：STAR、PHENIX、PHOBOS 和 BRAHMS. 它是世界上第一台能够驱动两束金核束流对撞的实验装置. 通过实验测量来研究物质演化，寻找 QGP 形成的信号，可以带我们“时光倒流”，看看宇宙形成的初期到底发生了什么. LHC 自 2008 年开始运行，是目前为止世界上能量最强大的粒子对撞机，其目的是研究 QGP 的性质以及初期宇宙中物质的演化. 这个对撞机上主要包括四个实验组：ATLAS、ALICE、CMS 和 LHCb，其中 ALICE 实验集中于重离子碰撞的研究，用来研究处于高温高密下的 QGP 和强相互作用物质.

高能核碰撞会产生大量的可被观测到的粒子或碎片，这些现象分别叫做多重粒子产生或多重碎片发射. 在高能质子-核碰撞和质子-质子碰撞中也会产生许多末态粒子. 在可被观测到的产物当中，π 介子是主要粒子，在碰撞中也会产生大量的 K 介子和核子. 测得的 π 介子、K 介子和核子的分布保留着产生过程的物理信息，可以用来确定核激发度. 研究质子-核碰撞和质子-质子碰撞中的粲素产生对于理解核-核碰撞中 J/ψ 的产额压低和产生机制有着非常重要的作用. 由于高能核碰撞的复杂性，不可能测量到所有的物理量. 因此，一些物理量是由实验测量到的，而另一些则是根据实验结果由理论预测得到的. 多年来，大量的高能重离子碰撞实验被实施，得到了丰富的实验数据. 与此同时，理论工作者提出了许多模型来分析、解释这些实验结果. 为了描述高能碰撞中产生的末态粒子分布，多源热模型被提出，并被广泛应用. 该模型已经成功地解释了末态粒子的方位角和极角分布、椭圆流、(赝)快度分布以及多重数分布. 在该模型框架和统计方法中，可以研究不同的光子束流能量下在 $\gamma p \to p\phi(K_S K_L)$ 反应中产生的 ϕ 介子的极角分布，并讨论入射质子动量为 3GeV、8GeV 和 15GeV 下 $p + Cu$ 和 $p + Pb$ 碰撞所产生的质子和带电 π 介子的横动量谱.

二、多源热模型及统计方法的数据分析

多源热模型以多源产生为基础描述粒子的分布. 该模型假设可被探测到的粒子和核碎片来自多个发射源，发射源在碰撞过程中形成. 每个发射源都可以被看作是经典理想气体的热平衡系统，因而经典的麦克斯韦理想气体模型及其相应的分布就可以被应用在多源热模型中. 因为经典的麦克斯韦理想气体模型没有考虑相对论和量子效应，因此在用于高能碰撞研究时，模型需要进行相应的修正.

1. 粒子的分布函数

在高能核碰撞中，发射出的粒子的分布提供了碰撞系统中物质演化的信息. 这些分布包括多重数分布、快度和赝快度分布、方位角和极角分布以及动量和横动量分布.

如图 27.1 所示，模型规定束流的方向沿 Oz 轴正方向，反应平面为 xOz 平面. 根据多源热模型，被探测到的粒子的发射源是在碰撞过程中形成的. 在发射源静止系下，每个发射源可以看作是一个麦克斯韦理想气体出射源. 每个发射源各向同性地出射粒子，且粒子动量的三个分量 P'_x、P'_y 和 P'_z 服从正态分布，并且具有相同的标准差 σ

$$f_{P'_{x,y,z}}\left(P'_{x,y,z}\right)=\frac{1}{\sqrt{2\pi}\sigma}\exp\left(-\frac{P'^2_{x,y,z}}{2\sigma^2}\right) \quad (27.1)$$

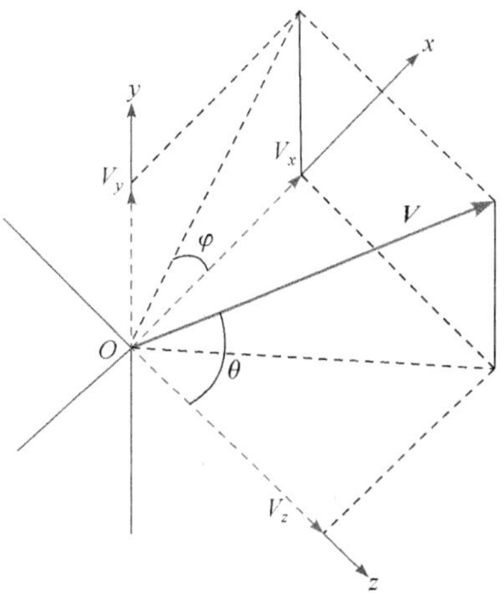

图 27.1 空间直角坐标系

由于不同发射源之间会发生相互作用，相关源将会在动量空间发生膨胀和移动. 而源在动量空间的膨胀和移动将会导致在实验室系(或者质心参考系)中测得的粒子的动量与在源静止系中测得的结果有所不同. 这两种参考系中的动量之间可以通过洛伦兹变换进行转化. 在此模型中，洛伦兹变换的平均效果通过两种参考系中动量之间的线性关联来体现. 其中，$P_{x,y,z}$ 表示实验室系中测得的粒子动量分量，如下式所示：

$$P_{x,y,z}=a_{x,y,z}P'_{x,y,z}+B_{x,y,z}=a_{x,y,z}P'_{x,y,z}+b_{x,y,z}\sigma. \quad (27.2)$$

其中，$B_{x,y,z}$ 表示平移参数，可以写作 $b_{x,y,z}\sigma$；$\sigma=\sqrt{mT}$ 是表征源参考系中动量分布宽度的参数，m 表示粒子的静止质量，T 表示该系统的温度；参数 $a_{x,y,z}$ 和 $b_{x,y,z}$ 分别代表源的膨胀系数和移动系数.

下面将用解析和蒙特卡罗(Monte Carlo)两种方法计算粒子的角分布. 首先，介绍解析法. 根据概率论的知识和方程(27.2)，$P_{x,y,z}$ 可以写作

$$f_{P_{x,y,z}}\left(P_{x,y,z}\right)=\frac{1}{\sqrt{2\pi}\sigma a_{x,y,z}}\exp\left[-\frac{1}{2\sigma^2}\left(\frac{P_{x,y,z}-b_{x,y,z}\sigma}{a_{x,y,z}}\right)^2\right] \tag{27.3}$$

P_x 和 P_y 的分布函数即为

$$\begin{aligned}f_{P_x,P_y}\left(P_x,P_y\right)&=f_{P_x}\left(P_x\right)f_{P_y}\left(P_y\right)\\&=\frac{1}{2\pi\sigma^2 a_x a_y}\exp\left[-\frac{1}{2\sigma^2}\left(\frac{P_x-b_x\sigma}{a_x}\right)^2-\frac{1}{2\sigma^2}\left(\frac{P_y-b_y\sigma}{a_y}\right)^2\right]\end{aligned} \tag{27.4}$$

考虑到横动量

$$P_{\mathrm{T}}=\sqrt{P_x^2+P_y^2} \tag{27.5}$$

和方位角

$$\phi=\arctan\frac{P_y}{P_x} \tag{27.6}$$

由此可得 P_{T} 和 ϕ 的分布密度函数

$$\begin{aligned}f_{P_{\mathrm{T}},\phi}\left(P_{\mathrm{T}},\phi\right)&=P_{\mathrm{T}}f_{P_x,P_y}\left(P_{\mathrm{T}}\cos\phi,P_{\mathrm{T}}\sin\phi\right)\\&=\frac{P_{\mathrm{T}}}{2\pi\sigma^2 a_x a_y}\exp\left[-\frac{1}{2\sigma^2}\left(\frac{P_{\mathrm{T}}\cos\phi-b_x\sigma}{a_x}\right)^2-\frac{1}{2\sigma^2}\left(\frac{P_{\mathrm{T}}\sin\phi-b_y\sigma}{a_y}\right)^2\right]\end{aligned} \tag{27.7}$$

因此，横动量 P_{T} 分布为

$$f_{P_{\mathrm{T}}}\left(P_{\mathrm{T}}\right)=\int_0^{2\pi}f_{P_{\mathrm{T}},\phi}\left(P_{\mathrm{T}},\phi\right)\mathrm{d}\phi \tag{27.8}$$

方位角 ϕ 的分布为

$$f_{\phi}\left(\phi\right)=\int_0^{\infty}f_{P_{\mathrm{T}},\phi}\left(P_{\mathrm{T}},\phi\right)\mathrm{d}P_{\mathrm{T}} \tag{27.9}$$

由同样的方法，P_z 和 P_{T} 的分布函数可以写作

$$\begin{aligned}f_{P_z,P_{\mathrm{T}}}\left(P_z,P_{\mathrm{T}}\right)&=f_{P_z}\left(P_z\right)f_{P_{\mathrm{T}}}\left(P_{\mathrm{T}}\right)\\&=\frac{P_{\mathrm{T}}}{(2\pi)^{3/2}\sigma^3 a_x a_y a_z}\exp\left[-\frac{1}{2\sigma^2}\left(\frac{P_z-b_z\sigma}{a_z}\right)^2\right]\\&\quad\times\int_0^{2\pi}\exp\left[-\frac{1}{2\sigma^2}\left(\frac{P_{\mathrm{T}}\cos\phi-b_x\sigma}{a_x}\right)^2-\frac{1}{2\sigma^2}\left(\frac{P_{\mathrm{T}}\sin\phi-b_y\sigma}{a_y}\right)^2\right]\mathrm{d}\phi\end{aligned} \tag{27.10}$$

根据动量

$$P=\sqrt{P_z^2+P_{\mathrm{T}}^2} \tag{27.11}$$

和极角

$$\theta=\arctan\frac{P_{\mathrm{T}}}{P_z} \tag{27.12}$$

动量 P 和极角 θ 的分布函数为

$$\begin{aligned}f_{P,\theta}(P,\theta)&=Pf_{P_z,P_{\mathrm{T}}}(P\cos\theta,P\sin\theta)\\&=\frac{P^2\sin\theta}{(2\pi)^{3/2}\sigma^3a_xa_ya_z}\exp\left[-\frac{1}{2\sigma^2}\left(\frac{P\cos\theta-b_z\sigma}{a_z}\right)^2\right]\\&\quad\times\int_0^{2\pi}\exp\left[-\frac{1}{2\sigma^2}\left(\frac{P\sin\theta\cos\phi-b_x\sigma}{a_x}\right)^2\right.\\&\quad\left.-\frac{1}{2\sigma^2}\left(\frac{P\sin\theta\sin\phi-b_y\sigma}{a_y}\right)^2\right]\mathrm{d}\phi\end{aligned} \tag{27.13}$$

动量分布为

$$f_P(P)=\int_0^{\pi}f_{P,\theta}(P,\theta)\mathrm{d}\theta \tag{27.14}$$

极角分布是

$$f_\theta(\theta)=\int_0^{\infty}f_{P,\theta}(P,\theta)\mathrm{d}P \tag{27.15}$$

用解析法计算粒子的角分布，需要进行烦琐的积分运算. 为了简化运算，可以采用蒙特卡罗方法进行计算.

在发射源静止系下，粒子动量的三个分量 P_x'、P_y' 和 P_z' 服从高斯分布，在蒙特卡罗方法中，它们可以写作

$$P_x'=\sqrt{-2\ln R_1}\cos(2\pi R_2)\sigma \tag{27.16}$$

$$P_y'=\sqrt{-2\ln R_3}\cos(2\pi R_4)\sigma \tag{27.17}$$

$$P_z'=\sqrt{-2\ln R_5}\cos(2\pi R_6)\sigma \tag{27.18}$$

其中，R_1、R_2、R_3、R_4、R_5 和 R_6 是在[0,1]的随机数. 由方程(27.2)，可以得出在实验室系中测得的第 i 个源发射出的粒子的动量分量为

$$P_x=\left[a_x\sqrt{-2\ln R_1}\cos(2\pi R_2)+b_x\right]\sigma_i \tag{27.19}$$

$$P_y = \left[a_y \sqrt{-2\ln R_3} \cos(2\pi R_4) + b_y \right] \sigma_i \tag{27.20}$$

$$P_z = \left[a_z \sqrt{-2\ln R_5} \cos(2\pi R_6) + b_z \right] \sigma_i \tag{27.21}$$

由方程(27.5)和(27.11)，可以得到在实验室系中测得的粒子的横动量为

$$P_{\mathrm{T}} = \sigma_i \sqrt{\left[a_x \sqrt{-2\ln R_1} \cos(2\pi R_2) + b_x \right]^2 + \left[a_y \sqrt{-2\ln R_3} \cos(2\pi R_4) + b_y \right]^2} \tag{27.22}$$

动量为

$$P = \sqrt{P_{\mathrm{T}}^2 + \sigma^2 \left[a_z \sqrt{-2\ln R_5} \cos(2\pi R_6) + b_z \right]^2} \tag{27.23}$$

由方程(27.6)和(27.12)，可以得到在实验室系中粒子的方位角为

$$\phi = \arctan \frac{P_y}{P_x} = \arctan \frac{a_y \sqrt{-2\ln R_3} \cos(2\pi R_4) + b_y}{a_x \sqrt{-2\ln R_1} \cos(2\pi R_2) + b_x} \tag{27.24}$$

极角为

$$\begin{aligned} \theta &= \arctan \frac{P_{\mathrm{T}}}{P_z} \\ &= \arctan \frac{\sqrt{\left[a_x \sqrt{-2\ln R_1} \cos(2\pi R_2) + b_x \right]^2 + \left[a_y \sqrt{-2\ln R_3} \cos(2\pi R_4) + b_y \right]^2}}{a_z \sqrt{-2\ln R_5} \cos(2\pi R_6) + b_z} \end{aligned} \tag{27.25}$$

至此，通过蒙特卡罗方法计算出了式(27.24)和(27.25)，便可以得到粒子的方位角和极角分布.

2. 粒子的多源出射及其特点

从上面的讨论中，可以看到两种方法都可以用来计算末态粒子的方位角和极角分布. 与解析法相比,蒙特卡罗方法计算起来更为直观. 为了描述发射源在动量空间的膨胀和移动现象，两类参数 $a_{x,y,z}$ 和 $b_{x,y,z}$ 分别来表示膨胀程度和移动程度，如图 27.2 所示. 在发射源静止系中，发射源是各向同性的，这时 $a_{x,y,z}=1$ 且 $b_{x,y,z}=0$. 在实验室系中，参数 $a_{x,y,z}$ 代表发射源的膨胀系数，所以要求：$a_{x,y,z} \geqslant 1$. 而参数 $b_{x,y,z}$ 的值则没有限制，可取正值，也可取负值，也可取 0. 参数 $a_x>1$ 表示发射源沿 x 轴方向有膨胀现象， $a_x=1$ 表示沿 x 轴方向无膨胀现象. 参数 $b_x>0$ 表示发射源沿 x 轴正方向发生了移动，而 $b_x<0$ 则表示沿 x 轴负方向发生了移动，$b_x=0$ 表示沿 x 轴没有发生移动. 参数 a_x 和 b_x (或 a_y 和 b_y)描述的是发射源的横向

结构，a_z 和 b_z 描述的是发射源的径向结构. 以前的研究表明：参数 $a_{x,y,z}$ 和 $b_{x,y,z}$ 与集体流效应具有一定的关系，流效应如：椭圆流、直接流等. 椭圆流描述动量空间中发射源的膨胀，直接流描述源在一个特定方向上的平移. 在模型中，参数 $a_{x,y,z}$ 与 $b_{x,y,z}$ 分别可以近似地描述椭圆流和直接流. 值得一提的是，发射源的数量和激发程度并不影响方位角和极角分布. 在式(27.24)和(27.25)中，ϕ 和 θ 的函数表达式里不包含宽度 σ，即粒子的角分布不依赖于发射源的温度.

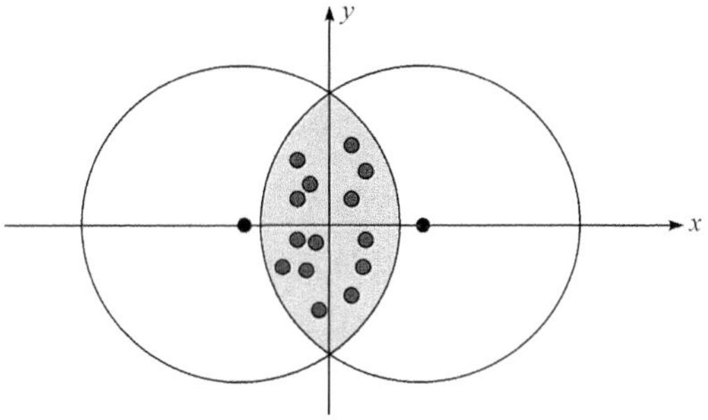

图 27.2　多源热模型示意图

截至目前，多源热模型已经研究和解释了大量的有关角分布的实验数据. 为了进一步验证模型以及相应统计方法的适用性、理解高能碰撞物理过程，可以改进该模型，讨论不同的光子束流能量下在 $\gamma p \to p\phi(K_S\ K_L)$ 反应中产生的 ϕ 介子的极角分布. 为了计算方便和直观理解，本工作可采用蒙特卡罗方法.

三、高能核碰撞中粒子的横动量谱实验数据

高能碰撞中发射出的粒子的横动量谱蕴含丰富的物质演化信息. 图 27.3 为高

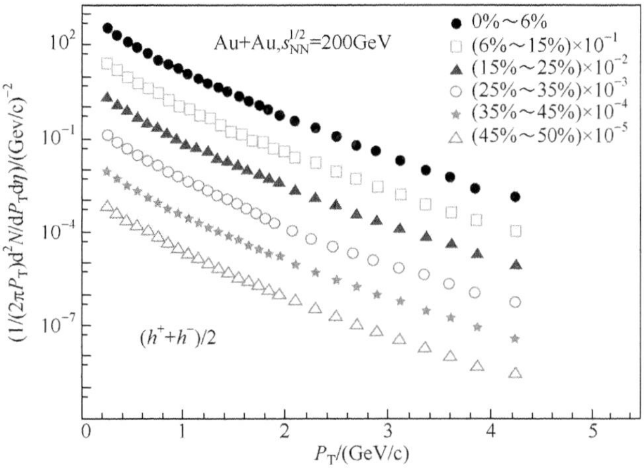

图 27.3　$\sqrt{s_{NN}}$ = 200GeV 的 Au+Au 碰撞中多个碰撞中心度的末态带电粒子横动量谱

能 Au+Au 碰撞中的末态带电粒子的横动量谱. 理论上，不同的分布函数(或方程)被用来描述末态粒子的横动量谱，并提取核碰撞系统的物理信息. 在多源热模型的框架内，瑞利分布、费米-狄拉克分布、玻尔兹曼分布、厄兰(Erlang)分布、萨利斯(Tsallis)分布等都可以用来分析横动量谱. 在经典的多源热模型里，瑞利分布常被用来分析横动量谱. 而在相对论性多源热模型里，则采用玻尔兹曼分布、费米-狄拉克分布等分布函数. 本节主要介绍玻尔兹曼分布、萨利斯分布和厄兰分布的相关知识和应用.

1. 玻尔兹曼分布

根据多源热模型，在高能碰撞中形成了很多发射源. 由于源于不同的相互作用机制，这些源分属于不同的组. 每个组均处于局部平衡状态且都有一个特定的温度，可以用相对论性理想气体模型来分析这个平衡状态. 对于一个特定的组，横动量的密度函数服从玻尔兹曼分布. 这种分布在实际应用中有很多不同的形式，其中常用的一种形式为

$$f_{P_{\mathrm{T}}}(P_{\mathrm{T}})=\frac{1}{N}\frac{\mathrm{d}N}{\mathrm{d}P_{\mathrm{T}}}=C_{\mathrm{B}}P_{\mathrm{T}}\exp\left\{-\frac{\sqrt{P_{\mathrm{T}}^2+m_0^2}}{T_{\mathrm{B}}}\right\} \tag{27.26}$$

它依赖于快度，其中 N 表示粒子数，C_{B} 表示归一化常数，m_0 表示所考虑粒子的静止质量，T_{B} 为温度参数.

在多组发射的情况下，可以采用多组分玻尔兹曼分布. 一般来说，在大多数情况下，两组分的玻尔兹曼分布就足以描述横动量谱布，表达式如下式所示：

$$f_{P_{\mathrm{T}}}\left(P_{\mathrm{T}}\right)=\frac{1}{N}\frac{\mathrm{d}N}{\mathrm{d}P_{\mathrm{T}}}=k_1C_1P_{\mathrm{T}}\exp\left(-\frac{\sqrt{P_{\mathrm{T}}^2+m_0^2}}{T_1}\right)+\left(1-k_1\right)C_2P_{\mathrm{T}}\exp\left(-\frac{\sqrt{P_{\mathrm{T}}^2+m_0^2}}{T_2}\right) \tag{27.27}$$

其中，k_1 表示第一个组分的贡献率，C_1 和 C_2 分别表示第一个和第二个玻尔兹曼分布的归一化常数，T_1 和 T_2 分别表示第一个和第二个组的温度参数. 由于两个组分具有不同的贡献率，相互作用系统的温度可以表示成 $k_1T_1+\left(1-k_1\right)T_2$. 在某些情况下，$k_1=1$ 且系统温度为 T_1 时，两组分的玻尔兹曼分布就成了(单组分的)玻尔兹曼分布. 考虑到整个相互作用系统,从第一组到第二组温度会有所涨落. 由于不同组中的发射源大小有所不同，分布会有所涨落，也可以采用萨利斯统计.

2. 萨利斯统计

在高能核-核碰撞的初始阶段,大量初级的核子-核子碰撞发生. 每个初级的核子-核子碰撞，在中能碰撞中都可以被看作是一个发射源，在高能碰撞中则可以看

作是几个发射源. 参与了初级碰撞的核子也有机会与其他核子或粒子进行碰撞. 每一次碰撞都能看作是一个或几个发射源. 被探测到的粒子的发射源被认为是在核碰撞过程中产生的. 首先，萨利斯统计方法自洽地与多源热模型的碰撞几何图像相结合. 在萨利斯统计的框架中，许多版本的分布函数被用于研究高能碰撞中产生的粒子的横动量谱. 而且，萨利斯分布函数的量子形式曾成功地描述了实验中测得的粒子的横动量谱. 近年来，一种改进了的萨利斯分布函数被用于分析高能碰撞中粒子的横动量谱，且满足热力学自洽性. 根据该理论，总粒子数为

$$N = gV\int \frac{\mathrm{d}^3 P}{(2\pi)^3}\left[1+(q-1)\frac{E-\mu}{T}\right]^{-q/(q-1)} \tag{27.28}$$

其中，g，V，P，E 和 μ 分别表示系统的简并度、体积、动量、能量和化学势，T 表示温度，q 表示系统非平衡度的参数. 相应的动量分布可以写成

$$E\frac{\mathrm{d}^3 N}{\mathrm{d}^3 P} = \frac{gVE}{(2\pi)^3}\left[1+(q-1)\frac{E-\mu}{T}\right]^{-q/(q-1)} \tag{27.29}$$

当上式中的参数 q 趋近于 1 时，就是一个标准的玻尔兹曼分布. 当化学势为 0 时，以横动量 P_{T} 和快度 y 表示上式，得到横动量的分布为

$$\frac{\mathrm{d}^2 N}{\mathrm{d}P_{\mathrm{T}}\mathrm{d}y} = gV\frac{P_{\mathrm{T}} m_{\mathrm{T}} \cosh y}{(2\pi)^2}\left[1+(q-1)\frac{m_{\mathrm{T}}\cosh y}{T}\right]^{-q/(q-1)} \tag{27.30}$$

考虑到末态粒子快度分布的宽度，得到横动量分布函数如下

$$\frac{\mathrm{d}N}{P_{\mathrm{T}}\mathrm{d}P_{\mathrm{T}}} = \frac{gV}{(2\pi)^2}\int_{-Y}^{Y}\cosh y \mathrm{d}y\, m_{\mathrm{T}}\left[1+(q-1)\frac{m_{\mathrm{T}}\cosh y}{T}\right]^{-q/(q-1)} \tag{27.31}$$

其中，Y 和 $-Y$ 分别表示快度的最大值和最小值. 需要指出的是，在 q 趋近于 1 的极限条件下，方程(27.30)和(27.31)不能退回到方程(27.26)，这是因为方程(27.30)和(27.31)中有一个额外的因数 $m_{\mathrm{T}}\left(m_{\mathrm{T}}=\sqrt{p_{\mathrm{T}}^2+m_0^2}\right)$. 与萨利斯分布函数相比，玻尔兹曼分布函数低估了具有高横动量的粒子的产生概率，在高横动量区域减小的更为迅速. 萨利斯分布在高横动量区域变化则较为平缓.

总之，在多源热模型中，玻尔兹曼分布和萨利斯分布函数都是一个发射源的描述. 而且，萨利斯统计方法在描述非扩展系统方面有着广泛的应用，对横动量谱的描述仅仅只是其中的一个方面. 除了上面所介绍的玻尔兹曼分布和萨利斯分布函数，厄兰分布函数也被用来分析横动量谱.

3. 厄兰分布

根据多源热模型，末态粒子是从碰撞中形成的不同发射源中发射出来的. 为

了讨论发射源与粒子之间的关系，根据碰撞过程中的动力学影响、几何结构图像等因素，这些源可以分成k个组. 对于第n个组里的第m个发射源，它对末态粒子横动量的贡献服从下式所示的指数函数

$$f_{mn}\left(P_{\mathrm{T}mn}\right)=\frac{1}{\left\langle P_{\mathrm{T}mn}\right\rangle}\exp\left(-\frac{P_{\mathrm{T}mn}}{\left\langle P_{\mathrm{T}mn}\right\rangle}\right) \tag{27.32}$$

其中，

$$\left\langle P_{\mathrm{T}mn}\right\rangle=\int P_{\mathrm{T}mn}f_{mn}\left(P_{\mathrm{T}mn}\right)\mathrm{d}P_{\mathrm{T}mn} \tag{27.33}$$

是来自于第n个组里的第m个发射源贡献的横动量的平均值. 根据多源热模型的统计性质，可得

$$\left\langle P_{\mathrm{T}1n}\right\rangle=\left\langle P_{\mathrm{T}2n}\right\rangle=\cdots=\left\langle P_{\mathrm{T}l_n n}\right\rangle \tag{27.34}$$

其中，l_n表示第n个组里的发射源的数量. 计算l_n个指数函数(方程(27.32))的卷积，可以得到第n个组里所有的发射源对横动量分布的总贡献为

$$f_n\left(P_{\mathrm{T}}\right)=\frac{P_{\mathrm{T}}{}^{l_n-1}}{\left(l_n-1\right)!\left\langle P_{\mathrm{T}mn}\right\rangle^{l_n}}\exp\left(-\frac{P_{\mathrm{T}}}{\left\langle P_{\mathrm{T}mn}\right\rangle}\right) \tag{27.35}$$

它就是厄兰分布函数. 由此，可得k个组的横动量分布为

$$f\left(P_{\mathrm{T}}\right)=\sum_{n=1}^{k}c_n f_n\left(P_{\mathrm{T}}\right) \tag{27.36}$$

其中，c_n表示第n个组里的发射源贡献大小的程度. 方程(27.36)被称为多组分厄兰分布. 按照蒙特卡罗计算方法，对应于方程(27.32)和(27.35)，横动量分布函数可写为

$$P_{\mathrm{T}mn}=-\left\langle P_{\mathrm{T}mn}\right\rangle\ln R_{mn} \tag{27.37}$$

和

$$P_{\mathrm{T}}=-\sum_{m=1}^{l_n}\left\langle P_{\mathrm{T}mn}\right\rangle\ln R_{mn} \tag{27.38}$$

其中，R_{mn}是在[0,1]之间的随机数.

厄兰分布已应用于一些实验结果的解释. 为了进一步验证它的适用性以及实验数据所反映的物理性质，可用来研究入射质子动量为 3GeV/c、8GeV/c 和 15GeV/c 下 p+Cu 和 p+Pb 碰撞中产生的质子和带电 π 介子的横动量谱.

四、实验内容与要求

(1) 了解高能核碰撞实验，学习实验数据的处理方法以及相关软件的使用方

法，掌握运用热力学统计物理、概率论等方法来分析实验数据，在此基础上研究其中的物理意义.

(2) 运用统计方法分析不同光子束流能量下 γp 反应中产生的 ϕ 介子的角分布. 在动量空间，量化反应系统的形变，研究发射源的膨胀和移动. 在描述角分布的基础上，讨论光子束流能量升高对发射源各参数的影响，得到发射源形变的空间分布图，并讨论其中的物理意义.

(3) 研究高能核碰撞所产生的末态粒子的横动量谱，讨论碰撞系统中物质演化的信息. 根据碰撞过程中的演化情况、碰撞几何图像等，建立基于粒子多源产生的描述横动量的方法，研究不同类型碰撞、不同碰撞能量、不同碰撞中心度、不同粒子等的横动量谱，讨论其中的分布标度性及其物理量变化. 通过模型分析，研究高能核碰撞系统的热力学性质以及在物质演化过程中的行为.

五、思考与讨论

(1) 高能核碰撞的实验数据量大而且复杂，对于核碰撞的物理分析，其中运用统计方法的优点是什么？如何与物理分析结合起来？

(2) 核碰撞过程中反应系统的物理性质如何获得？研究核碰撞末态粒子横动量分布的物理意义是什么？研究其他物理量分布的意义是什么？

(3) 基于不同的分布函数，多源热模型的主要研究方法是什么？核碰撞过程如何与末态出射衔接？末态的性质反映的物理意义主要有哪些？

参考文献

Adcox K, Adler S S, Afanasiev S, et al., 2005. Formation of dense partonic matter in relativistic nucleus-nucleus collisions at RHIC: experimental evaluation by the PHENIX collaboration[J]. Nucl Phys A, 757(2): 184-283.

Braun-Munzinger P, Magestro D, RedlichK, et al., 2001. Hadron production in Au-Au collisions at RHIC[J]. Phys Lett B, 518(1-2): 41-46.

Kang J H, Wang Y Z, Li B C, 2014. Angular dependence of phi meson production for different photon beam energies[J]. Advances in High Energy Physics, (7): 837121.

Liu F H, 2008. Anisotropic emission of charged mesons and structure characteristic of emission source in heavy ion collisions at 1-2A GeV[J]. Chin Phys B, 17(3): 883-895.

Wilk G, Wlodarczyk Z, 2002. Application of nonextensive statistics to particle and nuclear physics[J]. Physica A, 305(1-2): 227-333.

第 4 章　生物物理与信息检测处理

实验 28　诱发脑电信号测量与分析

19 世纪早期，英国生理学家 Richard Caton 首先使用检流计从动物的大脑皮质表层记录到了微弱的电流，研究发现在安静状态下电流波形呈现出节律性的振荡，但当时没有引起足够的重视. 十五年后，波兰科学家 Beck 发现了感觉刺激会引起背景脑电波的变化，他发现当光线刺激眼睛时，除了脑电波电位的增减发生变化外，脑电活动在安静状态下呈现出的节律性的振荡都消失了. 这不仅仅是光刺激的特异性作用，而是在任何一种感觉刺激下，脑电波均会有此反应. 1924 年，德国精神病学家 Hans Berger 首次成功地从人的大脑皮质处检测到了活动电流，从此诞生了人的脑电图，对神经生理学的发展起到了重要作用. 这一开创性的工作掀起了研究脑电活动的热潮. 英国 Adrian 和 Matthews 发明了增幅器及其同步的记录装置，并首次清晰地从纸上描绘出了 α 波的波形. 美国科学家 Gibbs、Davis 和 Lennox 记录了 3Hz 的棘波，Gibbs 还发现了在昏睡状态下脑电波呈现出显著的慢波化现象. Lommis、Harvery 和 Hobart 发现并记录了正常人的睡眠脑电波，并且提出了按照睡眠深度对睡眠脑电波进行分类. 早期的脑电图记录工作有助于癫痫病和脑肿瘤的诊断. 今天，临床的常规脑电图检查已经十分普及，国内外许多学者致力于通过脑电探索来研究人脑的感知、认知、情绪和意识活动.

情绪是一种综合了人类感觉、思想和行为的状态，它蕴涵了人对外界或自身刺激的心理反应，也包含了伴随这种心理反应的生理反应. 生理信号的情绪识别近年来在国外引起了众多情感计算研究者的兴趣. 情绪是在自主神经、下丘脑和边缘系统的调节下，通过主客观因素作用而产生的一系列复杂的交互行为. 一般认为大脑皮层、边缘系统、自主神经系统对情绪的产生和调节起着关键的作用，而脑电信号能够反应大脑皮层电位变化的信息，更直接地反应情绪感知的过程. 研究和挖掘音乐诱发的脑电信号特征信息，能够为情绪识别提供新的借鉴，也可以进一步探索大脑的情绪认知机制. 因此，通过研究音乐情绪认知时的脑电信号特征，可以为机器情感识别提供丰富的信息和有效方法.

一、实验原理

1. 脑电信号产生机理

大脑支配着人类的一切高级行为，是人思维和行动的基础. 大脑由大量的神经元组成，神经元包括：胞体、树突和轴突三部分，结构十分复杂. 轴突的外壁受到髓鞘的包裹，它的末端和其他神经元的树突或胞体接触，共同形成了突触结构. 当神经元处于静息状态时，细胞膜上的钠、钾、钙等相关离子通道处于关闭状态，受到刺激后，离子通道打开，电势平衡被打破，从而形成了动作电位，之后动作电位沿着轴突进行定向传导，将神经冲动传递给与之相连接的神经元. 头皮表面的脑电信号是大量神经元电位活动的整合体现，若探测这些电信号需要如下两个条件：①大量神经元同时放电，单一神经元的电活动极其微弱，当大量神经元同时放电时，突触结构后电位产生叠加效应，待叠加超过一定值后，即可产生动作电位，改变头皮表层的电势，使电极得以探测到电信号；②大脑皮层神经元的有序排列. 若神经元轴突的排列可使得冲动传导的方向一致，则每个神经元产生的电场就不会彼此抵消，反而会相互叠加，当叠加到足够大电位值时，可以测量到相应的电活动. 通过电极将脑神经细胞群自发性、节律性的电活动记录下来即形成脑电信号. 脑电信号具有以下特点.

(1) 脑电信号非常微弱，通常淹没在强背景噪声中.

脑电信号是一种微弱信号，非常容易受到噪声、干扰、伪迹等影响，正常人的脑电信号幅度范围一般为 10～100μV，其频率介于 0.5～100Hz. 而癫痫患者在发病期间脑电波会产生异常放电现象，幅值会比正常的脑电信号幅值高出很多. 在脑电信号研究中，其他的生理活动产生的信号即视为伪迹，例如眨眼产生的眼电或面部肌肉活动所造成的肌电伪迹，通常这类噪声的强度都较大.

(2) 脑电信号具有非平稳和随机性.

脑电信号是非平稳的随机信号，一般不能用确定的数学函数来描述，它的规律主要从大量统计结果中呈现出来，必须借助统计处理技术来检测、辨识和估计它的特征. 而且它往往是非平稳的，即信号的统计特征随时间的变化而改变，这给脑电信号处理带来了困难. 通常，当信号非平稳，变化不太快时，可以把它视作分段平稳的准平稳信号来处理；如果信号具有周期重复的节律性，只是周期和各周期的波形有一定程度的随机变异，则可以作为周期平稳的重复性信号来处理.

2. 自发脑电信号与诱发脑电信号

脑电信号一般可分为自发脑电信号和诱发脑电信号两种. 自发脑电信号的产生与外界刺激无关，是神经系统的自主电位变化. 传统上依据脑电活动的不同频率，可将其分为以下几种.

(1) δ波：频率为 0.5～3Hz，波幅为 20～200μV. 一般当成人在进入深度睡眠状态时，可以出现 δ 波，或者在深度麻醉、缺氧和大脑有器质性病变时也可记录得到 δ 波.

(2) θ波：频率为 4～7Hz，波幅介于 10～50μV. θ 波通常出现在困倦或者精神受到挫折的时候，精神愉快时就会消失，它的出现表明中枢神经系统受到抑制.

(3) α波：α波形状通常为类正弦波、半弧状和锯齿状，频率为 8～12Hz，波振幅为 20～100μV. 脑电波中，其节律性最强，在清醒、安静、闭目时均可出现，有明显的调幅现象，而当受试者睁眼视物或进行有关的认知活动时，α 波会被其他快波所取代，出现 α 波阻断现象.

(4) β波：频率为 13～36Hz，振幅为 5～20μV，它反映了脑区间去同步化的过程，是睁眼状态下大脑中的主要节律成分，也在大脑兴奋时出现，是一种快波. β 波的出现一般代表着大脑皮层比较兴奋.

(5) γ波：频率一般在 37～100Hz，主要由抑制性中间神经元组成的神经网络产生，γ神经振荡具有易化突触可塑性和调节神经网络的作用，主要参与感觉特征绑定、选择性注意以及记忆等高级功能，是一种反映不同脑区之间同步加工过程的节律.

除了自发脑电波以外，若给出特定的刺激，也能在大脑皮层局部区域诱发出电活动，就是脑的诱发电位. 在 1947 年，Dawson 最早提出了诱发电位(evoked potential，EP)的说法. 20 世纪 80 年代，随着脑认知科学的发展，诱发脑电的研究也拓展到了更广泛的领域. 通常按刺激的类型进行分类，诱发脑电主要可以划分成视觉诱发电位(VEP)、听觉诱发电位(AEP)和体感诱发电位(SEP)等. 给定不同类型的刺激，则诱发电位波形特征也会不同. 视觉诱发电位是利用视觉刺激诱发大脑产生相应的脑电信号，主要作用于枕叶皮层，属于长潜伏期的近场皮层电位. 1965 年,Sutton 提出的 Oddball 范式是最早用于视觉诱发电位提取的实验范式. 在此基础上，研究者还设计了众多的视觉刺激模式，有图片频闪模式、字符选择模式等. 听觉诱发电位是给定声音的刺激使大脑产生相应的诱发脑电信号. 诱发听觉电位的刺激材料一般为短纯音或一段语音材料，在 McGurk 效应的研究范式中就是利用纯音来诱发 AEP. 体感诱发电位通常是由专门的刺激器诱发而使大脑产生相应的脑电信号，该电位一般开始于刺激后 15ms，持续到 300ms. SEP 在临床上有广泛应用，其主要反映髓鞘纤维传入系统的结构完整性和功能状态，因此在鉴别功能性或器质性感觉障碍方面有重要意义.

除了常见的外部刺激方式，科学家们也利用多种心理因素诱发大脑电位. 诱发出的电位称为事件相关电位(event-related potential，ERP). 经典 ERP 成分主要包括外源性成分 P1、N1、P2 和内源性成分 N2、P3. 这些成分的主要特点是：它们不仅反映了大脑单纯的生理活动，还反映了心理活动的某些方面，而且这些成分产生的条件是需要有两个以上的刺激或者刺激发生变化.

二、实验装置

1. 实验环境与被试

适宜的实验环境和被试对脑电测量的可靠性具有重要的影响. 一般，被试者选择要考虑到性别、年龄、有无病史、受教育情况等因素，还要注意被试者左右利手问题.

(1) 实验应在安静和光线适度的环境中进行，避免受试者因为外界干扰导致脑电信号测量结果不准确.

(2) 实验应在具有适宜温度的环境中进行，避免受试者由于出汗、打战等情况产生一些测量伪迹和干扰，影响脑电信号.

(3) 低血糖会导致某些受试者出现头昏、目眩的状况，影响脑电信号测量，因而实验尽量在受试者进餐后 3h 内进行.

(4) 受试者良好的精神状态对于实验测量非常关键，实验开始前应让受试者熟悉实验执行的任务和具体要求，确保受试者能够正确完成实验任务.

2. 实验仪器

使用美国 Neuroscan 公司生产的 40 导联脑电仪(32 导脑电，其余导联可以记录其他生理电信号)，在 Scan4.5 软件平台上进行脑电信号采集. Neuroscan 公司研发的 EEG/ERP 采集分析系统为脑电研究提供了完善、先进、操作简单的研究平台，目前该系统已被国内外 3000 多个研究所或实验室所采用. Neuroscan 具有完善的硬件设备，其放大器能提供原始、高保真数据，不需进行另外的屏蔽和滤波，也能保证信号不失真. Scan4.5 软件包括了脑电采集和数据的基本分析功能. 硬件与软件之间具有良好的协调一致性，能与其他的生理系统测量设备和软件相互连接、兼容. 脑电仪内部电路构成框图如图 28.1 所示.

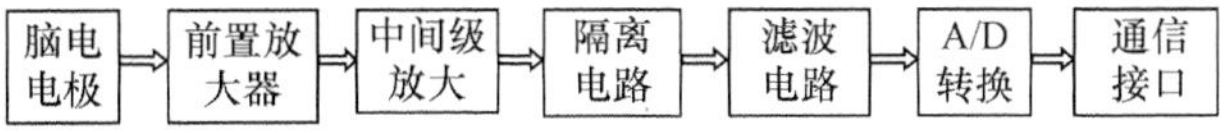

图 28.1　脑电测量系统组成框图

3. 实验辅材

实验辅材：导电膏、酒精棉球、生理盐水、磨砂膏、注射器等.

Quik-Cap 电极帽上的电极是由 Ag-AgCl 构成(采用金属-金属盐的方式构成电极能减少波形失真). 金属电极通过导电膏与头皮接触，将头皮表面微弱的电信号送入 NuAmps 脑电放大器进行放大. 脑电帽上的电极位置并不是随意放置的，采用 10-20 系统电极放置法即国际脑电图学会规定的标准电极放置法，来固定每个导联电极的位置. 如图 28.2 所示为 10-20 系统电极放置示意图.

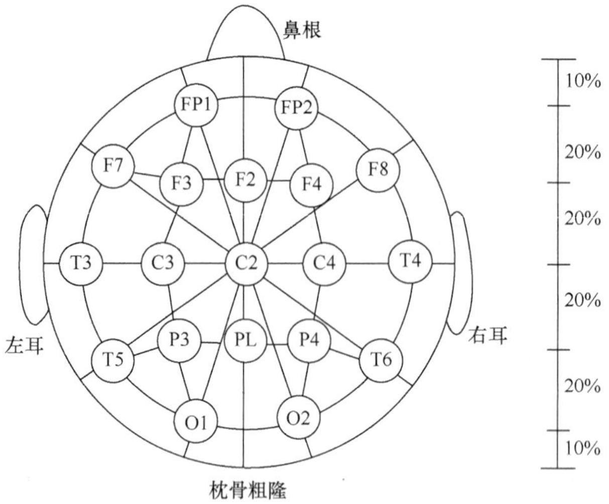

图 28.2　10-20 系统电极放置法

10-20 系统电极放置法，首先规定四个点，鼻子上方的两眼之间的凹陷点 Nz，枕骨隆突即头后部的隆起点 Lz，左右乳突即头部两侧颞骨上的锥形突起点 A1 和 A2；其次在 Lz 和 Nz、A1 和 A2 之间分别画一条线，将经线 Lz-Nz 按照 10%的比例等分，在这些点上画出与 A1-A2 同轴的纬线；然后在这些纬线上按照 10%或 20%放置电极；最后对这些电极位置点进行命名，每个电极名称的开头用一或两个字母来表示脑区[FP=额极(frontal pole)，F=额(frontal)，C=中央(central)；P=顶(parietal)，O=枕(occipital)，T=颞(temporal)]，一个数字或者字母来表示与中心的距离，位于左半球的电极使用奇数，右半球的使用偶数，数字的大小表示离中线距离的远近，中线位置用字母“z”来代表数字 0 以便和字母 O 区别. 该电极帽的电极完全按照 10-20 系统电极法安放，接地电极放置在前额叶的中央，有助于减小 50Hz 工频干扰.

4. 实验硬件连接

(1) 将脑电帽接口与放大器相连.

(2) 将放大器的 USB 数据线与采集脑电信号的计算机 1 相连.

(3) 将放大器的数据传输线与播放音乐诱发情绪的计算机 2 相连.

实验开始先连接好硬件系统，然后打开脑电采集 Scan 软件，采集开始时先要点击保存数据按钮，采集完成后点击菜单中的结束按钮，完成数据保存. 实验开始后，脑电仪以 1kHz 的采样频率同步采集各导联脑电信号，使用 Scan4.5 软件进行记录，并按照 E-prime 软件提供的诱发范式，在测量脑电信号时对应做诱发刺激标记.

脑电测量 Scan4.5 软件包含采集、分析两大部分. 分析功能包括滤波、数据重组、伪迹去除、地形图等. 研究人员对 Scan4.5 软件的使用集中在采集数据上，虽然 Scan 分析软件中包含一些数据分析方法，但是这些分析较简单，如果需要对脑电进行更深入的信息挖掘和处理，需要将脑电数据以其他格式存储，以便进一步处理.

三、实验内容及步骤

1. 实验内容

(1) 采集自然状态下的自发脑电信号，并实现去除测量中的基线漂移、高频噪声、工频干扰和眼电伪迹.

(2) 采集在不同音乐诱发下的脑电图(EEG)信号，采用相干平均方法去除自发脑电，获得纯净的诱发脑电信号.

(3) 利用 EEGLAB 软件实现脑电信号处理和分析，画出动态脑电地形图.

(4) 利用 MATLAB 仿真软件，编程实现诱发脑电 ERP 特征提取、诱发脑电功率谱特征提取以及小波熵特征提取.

(5) 采用统计检验方法，分析不同类型音乐诱发脑电的时域特征、频域特征、时频特征的差异性，实现对音乐情绪的分类.

2. 实验操作步骤

(1) 通过 E-prime 软件进行情绪诱发.

实验已经预先设计好实验范式，如果需要设计特定范式，可参考文献(黄璐和王宏，2014).

(a) 打开视听情绪诱发范式文件夹，可分别进行视听诱发、视频诱发和音乐诱发实验.

(b) 选中文件夹中的 E-Run 文件(范式名称未具体命名，显示为 Untitled)，鼠标左键双击打开文件，一直点击 OK，直到出现实验指导语，开始实验.

(2) Scan4.5 软件数据采集及预处理.

详见软件操作说明.

3. 实验方法

实验选择身体状况良好、无精神病史的大学生作为脑电测量的受试者，受试者需对实验范式具体内容和要求明确，在进行实验过程中情绪状态良好. 每位受试者进行三次测试，每次测试 6 组(每组 120s)脑电数据，最后进行统计平均. 实验具体步骤如下.

(1) 受试者准备：受试者在每次进行实验前需洗头并吹干头发及头皮. 打开 E-prime 软件，让受试者熟悉实验范式以及明确实验任务.

(2) 脑电实验准备：将 NeuroScan 32 导联脑电仪、给受试者呈现视听刺激的显示器、主试采集脑电信号的计算机以及脑电帽连接好；为受试者戴好脑电帽，用磨砂膏去掉耳后乳突处、左眉骨上方 1cm、左边下眼睑正中下方 1cm 以及两只眼睛眼角向外延伸 1cm 处的角质；打开 Scan4.5 软件的阻抗显示界面，给脑电电极注入导电膏，同时查看电极与头皮接触阻抗是否满足要求(要求阻抗小于 15000Ω，即在软件界面里对应电极颜色变为黑色)，不符合要求需进行调节. 脑电实验对 32 导联的脑电数据均进行了记录，用于后续的诱发脑电信号处理.

(3) 脑电数据采集：首先设置脑电数据的存储路径；然后观察主试显示屏上记录的脑电信号，当脑电信号趋于平稳后，在受试者显示屏上呈现视听刺激实验范式；最后按照设计的实验范式流程，在不同音乐诱发下，对受试者进行脑电信号采集.

(4) 除基线漂移和眼电伪迹.

利用 Scan4.5 软件，对眼电伪迹、基线漂移、高频噪声以及工频干扰进行抑制和去除. 从显示器上的图可以看出，原始脑电信号经过去除基线漂移和噪声干扰后，波形更加平滑；去除眼电伪迹后，在出现眨眼的时刻，对应导联脑电信号波形变得平缓，波动变小.

(5) 采用增强现实(AR)模型结合少次相干平均的方法，提取诱发电位 P300 特征.

直接采用相干平均的方法简单易行，但需要叠加大量的数据才能提取到较为明显的 ERP 信号特征. 本实验采用两种分析方法，一种是利用 Scan4.5 软件，在去除眼电伪迹、基线漂移并对脑电分段的基础上，进行 300 次脑电信号相干平均，得到诱发电位波形. 另一种是基于 MATLAB 软件平台，先去除眼电等伪迹，然后利用 AR 模型对 EEG 信号中自发脑电对应的数据段进行建模，确定合适的 AR 模型阶数，估计参数，并在此基础上构建白化滤波器，使自发脑电信号变成白噪声，再通过数字滤波器，滤除自发脑电. 最后采用相干平均方法对 15 次实验数据进行叠加平均，得到相应的诱发电位波形.

四、注意事项

由于脑电信号微弱，实验测量过程非常容易受到干扰，因此实验中要排除一些影响脑电信号测量的各种干扰因素.

(1) 实验前，受试者一定要洗头并吹干，洗去头皮上的油脂、皮屑等物质，以降低头皮与导联间的阻抗.

(2) 佩戴电极帽时要注意 Cz 导联位于头部顶点，电极帽的中垂线要与头部的中垂线重合，各个电极的安放位置要准确，否则会造成电极位置偏移而导致信号采集不准确.

(3) 佩戴电极帽时动作要轻，脑电信号要在被试舒适的状态下采集，身体的不舒适都会影响脑电信号的成分；被试在测试过程中不要随意活动，否则会使电极移位，使得电极与头皮之间的阻抗增大，影响脑电信号的测量.

(4) 注入导电膏时，参考电极以及接地电极的导电膏要适量，否则会使所有导联电极与头皮之间的接触阻抗达不到要求.

(5) 实验室内要保持安静，尽量避免外界对受试者造成影响，受试者要处于身体最舒适、放松、自然以及注意力集中的状态.

(6) 实验过程中，实验环境必须远离一切电子、电器设备，如手机接收短信或接打电话都会发射或接受电磁波，在采集脑电信号时这些电磁波会对脑电信号造成不必要的干扰.

(7) 实验结束后，仔细清洗脑电帽，若清洗不到位，残留的导电膏风干后会影响下一次实验测量.

五、思考与讨论

(1) 什么是工频干扰？如何采用软件和硬件方法消除脑电测量中的 50Hz 工频干扰？

(2) 电极的作用是什么？脑电实验测量中如何减小极化电压？

(3) 脑电信号可以采用傅里叶变换进行频域分析吗？为什么？

(4) 为什么相干平均方法可以提取诱发脑电特征信号？该方法在实际应用中有何缺陷？

(5) 采用 AR 模型的脑电功率谱分析，模型的阶数选取如何影响功率谱的性能？

参 考 文 献

黄璐, 王宏, 2014. 单导联脑电信号 P300 分类研究[J]. 仪器仪表学报, 35(4): 814-819.

谢康, 2013. 情绪音乐的脑电识别方法[D]. 成都: 电子科技大学.

曾祥炎, 陈军, 2009. E-Prime 实验设计技术[M]. 广州: 暨南大学出版社.

张琪, 乔晓艳, 2016. 视听情绪诱发的脑电信号同步性分析[J]. 测试技术学报, 30(1): 86-97.

Hussain A, Jesper H, Bryan P, et al., 2017. Emotional response to music: shifts in frontal brain asymmetry mark periods of musical change[J]. Frontiers in Psychology, 8(3): 2044-2057.

Petrantonakis P C, Hadjileontiadis L J, 2010. Emotion recognition from brain signals using hybrid adaptive filtering and higher order crossings analysis[J]. IEEE Transactions on Affective Computing, 11(2): 81-97.

实验 29　基于健康物联网的心电信号检测

心脏是人体重要的器官之一，是人体血液循环的动力泵. 心脏由左心室、左心房、右心室和右心房四部分构成. 各个部位协调进行着有节律性的收缩和舒张，从而推动全身血液循环往复运动. 心脏搏动,是生命存活的重要标志. 搏动的节律也是人体生理状态的重要标志. 心血管疾病已成为危害人类的主要疾病之一. 心电信号是心脏电活动的一种客观表示方式，是一种典型的人体生理电信号，具有频率、振幅、相位、时间差等特征要素. 由于心电信号可以从不同方面和层次上反映心脏的工作状态，人类最早检测的生物信号之一就是心电信号. 因此，心电信号检测在人体健康、心脏疾病的临床诊断和治疗过程中具有非常重要的参考价值.

心肌细胞产生的电活动经过放大器放大并记录出的连续曲线为心电图(electrocardiogram，ECG). 心电图的发展与电子信息技术的发展密切相关. 1887年，Waller 用毛细管静电计首次描绘出人体心电图波群，开创了人类心电图记录的先河. 1901 年，荷兰莱顿大学的生理学家爱因多芬(Einthoven)发明了弦线型心电图机，从体表记录到了清晰的心电图. 1903 年，心电图开始了临床应用. 1949年，美国物理学家 Holter 发明了动态心电图，又称为 Holter 心电图. 在 1957 年，他又发明了一种可以利用磁带来长时间连续记录心电图的方法，并成功研发了世界上第一套心电监护系统. 该系统能连续记录患者 24 小时内的心电数据信息，包括患者处于多种不同状态下的心电信息，然后将记录的心电数据送到医院，由专业的仪器来分析并做出诊断. 直到 1961 年，美国将动态心电图应用到临床医学，之后在欧洲国家迅速普及. 20 世纪 70 年代，美国成功研制了借助于电话线传送心电信号的监护系统(TTM). 之后，心电 BP 机系统问世，心电信号可实现记录和传输同步进行.

20 世纪 80 年代，随着计算机技术的发展，以及微处理器的使用，开始慢慢出现具备实时分析功能的记录器. 加上打印技术的日趋成熟，使得结果分析报告等日趋完善. 并且，计算机在回放系统中开始使用，这使得计算和分析变得更加的精确，也提高了处理的速度. 发展到 20 世纪 90 年代，大量的新技术被引进，包括数码记录器的大量应用以及大规模电路的引入等，使得心电信号在采集质量方面有了极大的改进，从而也使得分析质量得到了极大的提高. 我国在心电监护的领域起步较晚，在 20 世纪 80 年代末才开始，心电监测设备在稳定性和抗干扰能力方面与国外先进水平还有一定的差距. 但是经过了 40 多年的发展，也在该领域取得了巨大的进步. 近年来，与中国人民解放军军事医学科学院、中国人民解放军总医院、中国标准化研究院等单位合作研究开发了“医疗级可穿戴心电信号远程检测系统”，实现了心电检测和分析系统的小型化、网络化、智能化和家庭化. 将物联网技术用于医疗健康体系中，研究设计开发了动态心电记录仪、医疗级可穿戴心电信号监测系统、多导睡眠监测系统和健康物联网人体生理信号检测处理实验教学平台等系列仪器，广泛应用于医疗健康系统的临床急诊监护、社区健康监护、智能健康养老和实验教学中.

本实验通过物联网人体生理信号检测平台的心电信号检测模块，对人体的心电信号进行检测、存储、显示观察，使学生了解心脏搏动时所伴随的心电信号活动现象和周期规律，学习相关的心电图常识、了解心电信号、分析心电信号；通过导联、心电检测模块、主板、计算机、手机等检测存储器材的连接，掌握心电信号检测存储的使用方法；了解人体心电信号的检测、放大、滤波的原理，提高电子电路的设计能力，充分认识心电信号检测在医疗检测、临床医疗诊断和人体健康监测中的重要意义，提高个人健康意识.

一、实验原理

心脏是血液循环的动力装置，通过昼夜不停有节奏地收缩和舒张，推动血液在全身血管系统中不停地流动，从而维持着人体的生命活力. 心脏主要由心肌组成，研究发现：心肌细胞具有自律性、兴奋性和传导性，通过这些电生理变化产生的电流可引起心脏收缩. 心脏内部存在着全身其他器官所不具备的一种自律性细胞. 自律性细胞像个小发电站，不需要任何外来刺激或神经刺激，就能够自动地有节律地发出一股股微小电流，刺激心脏收缩而产生跳动.

1. 心电信号的产生与导联

心脏的自律性细胞集中在右心房的上腔静脉入口处，形成特殊小结称为窦房结. 窦房结像个脉冲发生器，不断发出信号，通过一套精细的传导系统，指挥和控制着心脏有节律地夜以继日地跳动. 自律性细胞也叫起搏细胞，在正常情况下，由窦房结的起搏细胞每分钟自发地产生 60～100 次电激动，并经结间束、房室结、希氏束、束支、分支及浦肯野(Purkinje)纤维这一传导系统，传至心脏各部分. 这使心脏各细胞依次发生兴奋，由极化状态转化为去极化状态，兴奋过后，又从去极化状态转化为极化状态，如图 29.1 所示.

具有一定体积的整块导电体被称为容积导体. 心脏位于胸腔内并与其他器官相邻. 由于人体内的器官含有大量的水及离子，因此它们都是容积导体. 器官与器官之间是紧密相贴的，因此，人体又被认为是一个均匀的容积导体. 电流通过容积

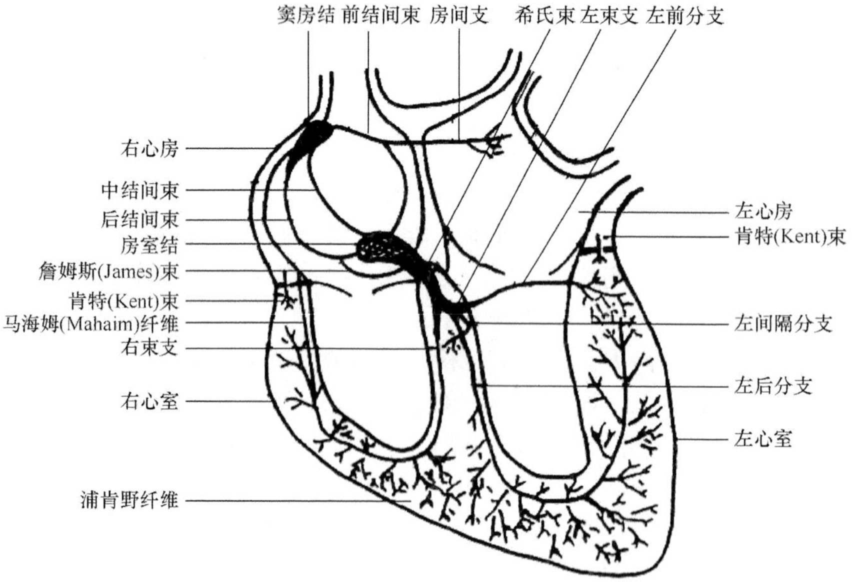

图 29.1　心脏起搏传导系统示意图

导体的传导过程称为容积导电. 心脏位于容积导体的中央，其产生的电流就是通过这样的容积传播到全身各处. 若将检测电极安置在体表或内部特定的部位，便可以记录到各种反映心脏电活动的图形. 临床上最为常用的是体表心电图. 在体表任意两点间的心电电位差的周期曲线，称为心电图.

心电图是反映心脏兴奋的产生、传导和恢复过程中的生物电变化. 正常的人体心脏在生命活动中呈现的是有规律性、特征性的心电图曲线. 如果心脏器官发生病变，就会在心电信号上有所改变，显现出病态的心电图. 典型的心电图如图 29.2 所示. 正常的典型体表心电图波形具有以下生理意义.

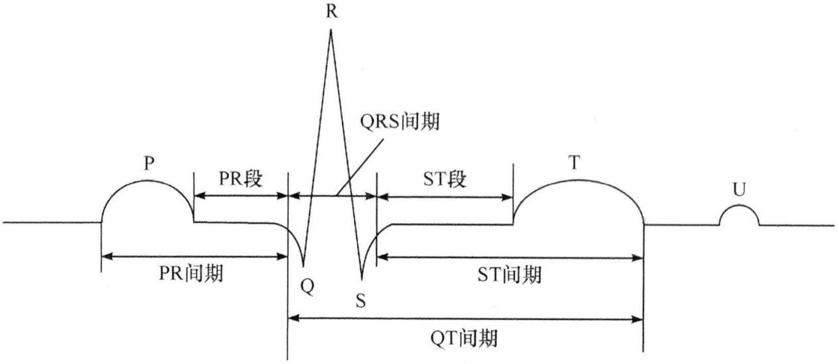

图 29.2　典型心电图图示

(1) P 波是由左右心房的去极化过程所产生的，其波形较小、圆钝，波幅一般不超过 0.25mV，其时程为 0.08～0.01s.

(2) QRS 波群代表左右两心室去极化过程的电位变化，其时程为 0.06～0.10s. 典型的 QRS 波群是由三个紧密连接的电位变化所组成的. 规定第一个向下波动的波称为 Q 波，第一个向上波动的波称为 R 波，在 R 波之后向下波动的波称为 S 波. 在不同导联所记录到的心电图中，不一定都出现这三个波，而且各波的波形和幅度也有差异.

(3) T 波是心室复极化过程中所发生的电位变化. T 波图形的改变可反映心室复极化过程中的问题，这一点在临床上具有重要的诊断价值. T 波的波幅一般为 0.1～0.8mV，在 R 波较高的导联中，波幅应不低于 R 波的十分之一. 时程为 0.05～0.25s，其方向应与 QRS 波群的主波方向相一致.

(4) PR 间期是 P 波的起点到 QRS 波群起点的时间，代表心房开始兴奋到心室开始兴奋所需要的时间. 也就是窦房结所发出的窦性起搏兴奋通过心房、房室交界和房室束传播到达心室，并引起心室开始应激兴奋所需的时间. 通常 PR 间期为 0.12～0.20s，在房室传导阻滞时，PR 间期将明显延长.

(5) 正常心电图中的 ST 段应与基线平齐，代表心室各部均已进入去极化状态，彼此之间已无电位差存在，因而曲线又恢复到基线水平. ST 段的改变在临床上具有重要的诊断意义，若有偏移现象，往往提示心肌供血不足.

(6) QT 间期代表心室肌开始兴奋，直到完全复极，而又转入静息状态的时程. QT 间期的时程与心率快慢有关.

心电图记录时所采用的连线方式称为心电图导联. 导联分为直接导联(电极直接与心脏接触)、半直接导联(电极靠近心脏，如胸导联)及间接导联(电极远离心脏，如肢体导联). 导联的极性规定为：与心电图的输入放大器正极相接者为正，与心电图输入放大器负极相接者为负. 若将导联线放置在体表能形成电位差的任意两点，均能记录出心电图. 因此这些连线均称为导联，故心电图可有无数个导联. 由于众多的导联不规范，也无其正常值可参照，不便于交流，所以绝大多数导联均未被采用. 临床上应用较多的是心电图标准十二导联系统，分别记为Ⅰ、Ⅱ、Ⅲ，aVR、aVL、aVF，V_1～V_6 导联. 其中Ⅰ、Ⅱ、Ⅲ导联为标准肢体导联，aVR、aVL、aVF 导联为肢体加压导联，V_1～V_6 为胸前导联.

双极肢体导联(标准导联)反映两个肢体之间电位差的体表心电图，Ⅰ、Ⅱ、Ⅲ这三种导联方式首先由爱因多芬在临床上采用，也称为标准肢体导联，如图 29.3 所示.

Ⅰ导联：左上肢的电极板与心电图机输入放大器的正极相连，右上肢的电极板与心电图机的输入放大器的负极相连，测量的信号为左上肢与右上肢之间的电位差. 当左上肢的电位高于右上肢时，记录出正向波，反之，记录为负向波.

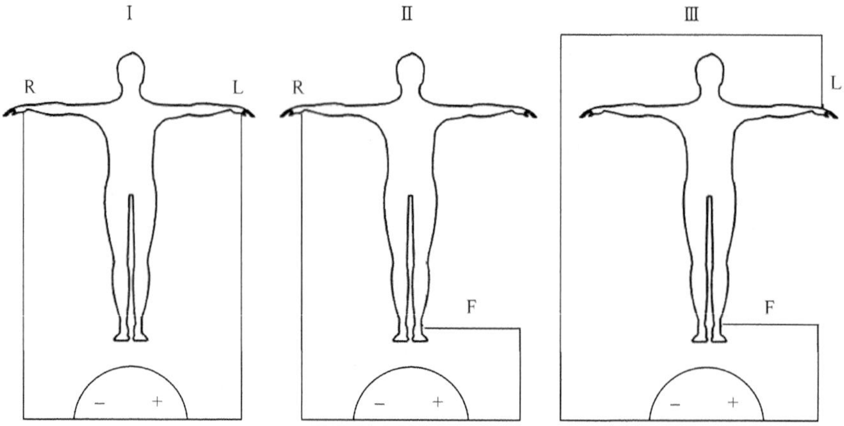

图 29.3　双极肢体导联连接方式

Ⅱ导联：左下肢的电极板与心电图机输入放大器的正极相连，右上肢的电极板与心电图机的输入放大器的负极相连，测量的信号为左下肢与右上肢之间的电位差. 当左下肢的电位高于右上肢记录时，记录出正向波，反之，记录为负向波.

Ⅲ导联：左下肢的电极板与心电图机输入放大器的正极相连，左上肢的电极板与心电图机的输入放大器的负极相连，测量的信号为左下肢与左上肢之间的电位差. 当左下肢的电位高于左上肢时，记录出正向波，反之，记录为负向波.

标准导联反映体表两点间电位差的变化，不能测量某一点的变化. 威尔逊(Wilson)把右上肢、左上肢、左下肢的三个电极分别通过一个 5000Ω电阻用导线将它们连接于一点，称为中心电端，其电位在整个心脏激动过程中的每一瞬间始终接近于零，因此称为参比电极或无关电极. 将心电图机的输入放大器的负极与中心电端相接，探查电极(正极)放在肢体上的导联，称为单极肢体导联(unipolar limb lead)，如图 29.4 所示，也称 VR、VL、VF 导联.

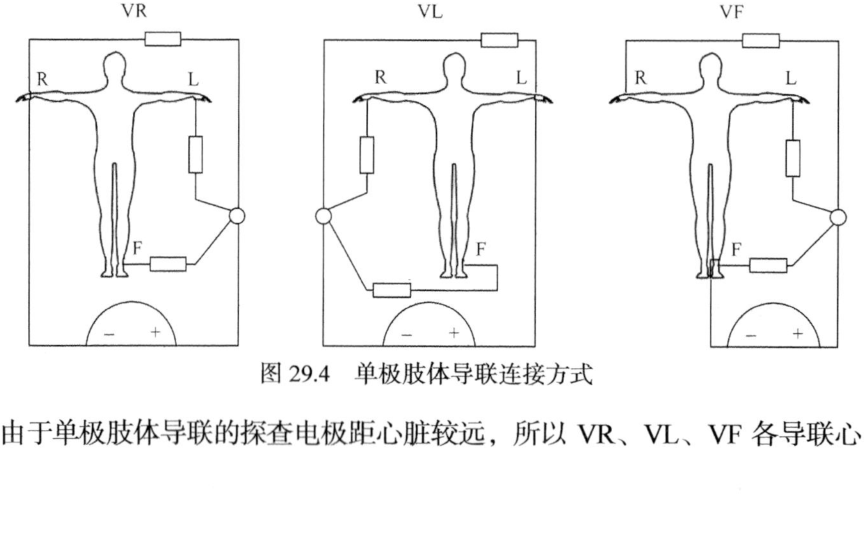

图 29.4　单极肢体导联连接方式

由于单极肢体导联的探查电极距心脏较远，所以 VR、VL、VF 各导联心电图的波形的幅度较小，不便于观测. 为使幅度增大，在记录某一肢体单极导联心电图时，便将该肢体与中心电端的高电阻的连线断开，这样可使心电图波幅增大 50%，这种导联称为加压单极肢体导联(augmented unipolar limb lead)，用 aVR、aVL、aVF 表示，连接方式如图 29.5 所示. 目前的心电图机均常采用这种连接方式.

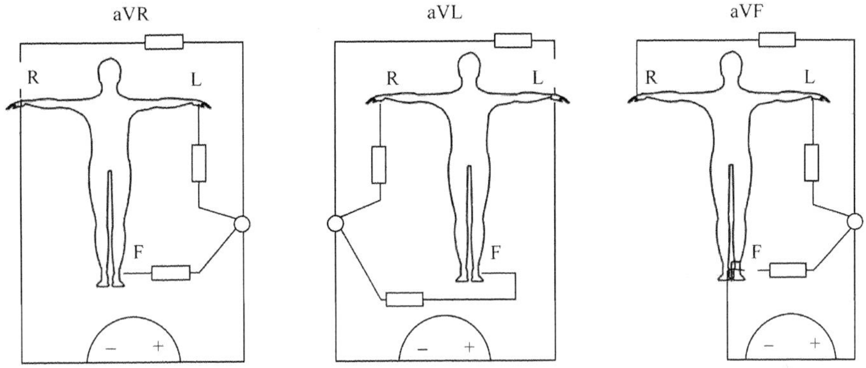

图 29.5　加压单极肢体导联连接方式

单极胸导联的连接方法是负极与中心电端连接，探查电极安放在前胸壁上的六个固定位置 V_1～V_6 处，如图 29.6 所示. V_1 在胸骨右缘第四肋间，V_2 在胸骨左缘第四肋间，V_3 在 V_2 和 V_4 中间，V_4 在左锁骨中线与第五肋间的交点，V_5 在左腋前线与 V_4 同水平，V_6 在左腋前线与 V_4、V_5 同水平. 将 V_1～V_6 心电信号送入心电图机输入放大器的正端，参考电极(中心电端)连接到心电图机输入放大器的负端. 临床诊断时，胸前导联获得的心电波形有较大的振幅，反映了心脏的不同部位的工作情况，这有利于观测和诊断.

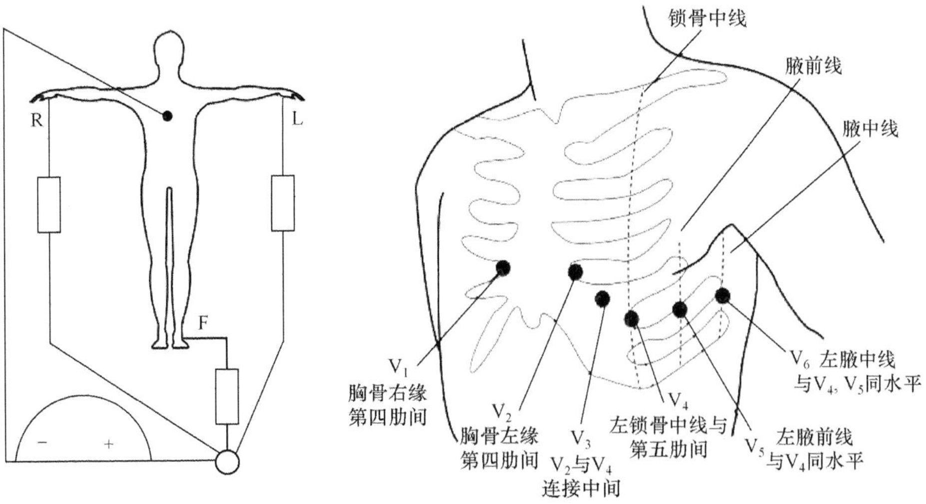

图 29.6　单极胸导联的连接方式与电极安放部位

心电图除了十二导联系统外，还有其他导联. 为了探查心脏某些部位的特殊需要，可以采用其他导联方式，如胸骨旁导联、食管导联、头胸导联等. 各种导联之间并无本质差别，只是从不同的角度反映心脏的去极化和复极化过程. 不同的导联方式相辅相成，更加准确识别心脏病的类型和发病部位.

2. 心电信号检测的工作原理

图 29.7 为心电信号测量检测的示意图. 表面电极提取的是人体心电信号，首先将人体心电信号送入 ADS1191 做适当地调理和放大后进行模/数转换，转换为数字信号. 然后通过SPI接口送入MCU核心板进行平滑滤波后输出到平板计算机或个人计算机，从而将心电图显示出来.

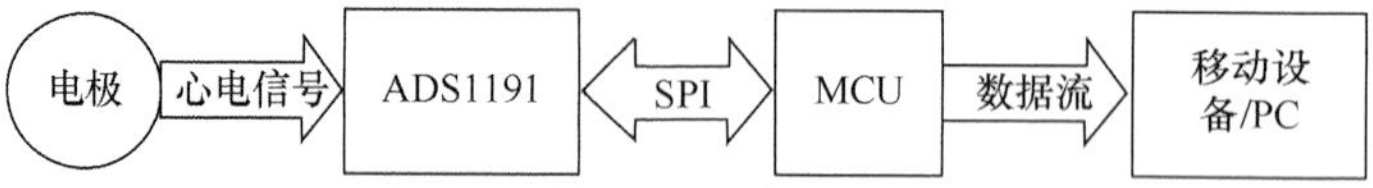

图 29.7　心电信号测量检测示意图

正常的心电信号的频率范围在 0.1～100Hz，最大幅度约为 1mV. 此外，为了避免电源漏电造成人体伤害，必须采取隔离. 表面电极(或电极夹)从人体上采集的心电信号与人体噪声混在一起，极为微弱. 传统的心电信号采集方案一般是先通过放大电路，将微弱的心电信号放大，再通过相应的滤波电路滤除心电信号中的杂波. 然后通过电压抬升电路，将心电信号设置在芯片可识别的一个电压范围内，一般情况是 0～3V 之后，用模数转换(AD)采样电路实现心电信号的数字化. 在这个过程中，一般采用分立元件分别实现每一模块的功能，电路复杂，易受电磁环境影响，同时太多的元件大大增加了模块的功耗. 随着集成电路的发展，出现了越来越多的芯片系统解决方案，通过一款芯片便可以实现心电信号采集. 本实验教学平台采用 ADS1191 实现心电信号的采集，其内部结构如图 29.8 所示.

ADS1191 是 TI 公司针对 ECG 心电信号研发的一款集成芯片，内部设置两个高分辨率、低功耗采样通道. 每通道精度为 16bit，速率可达 8ksps，同时集成电磁干扰滤波器，实现高频噪声的消除和可编程增益放大器. 同时集成驱动放大器和电极脱落检测，实现共模干扰的对消和电极片检测，开放的寄存器实现功能，同时可通过 SPI 总线实现数据传输. ADS1191 外部引脚如图 29.9 所示，引脚功能见图 29.10.

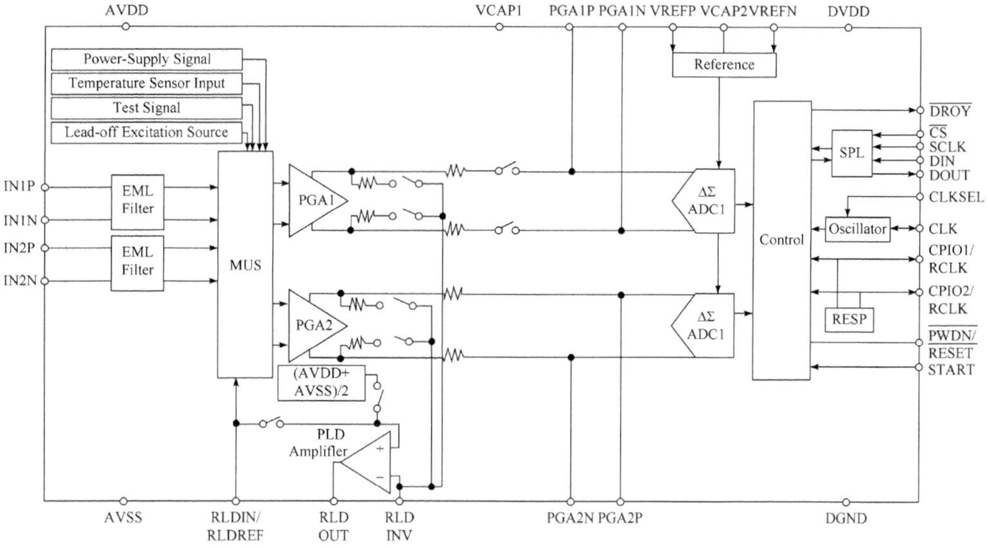

图 29.8　ADS1191 心电采集芯片内部结构图

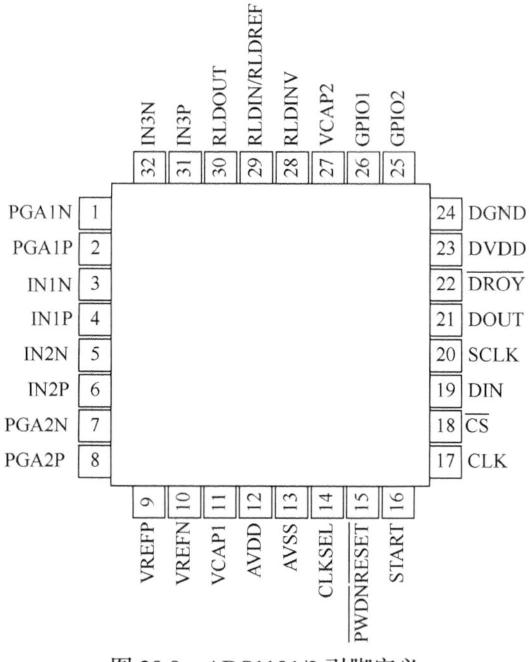

图 29.9　ADS1191/2 引脚定义

MUC 是健康物联网教学平台的核心板，由 STM32F103ZET6 单片机组成. 它采用 cortexM3 内核，最高频率达 72M，具有 112 个 I/O 引脚. 通过心电模块采集的信号，经过 MUC 核心板处理后的心电信号由 USB 数据线上传到平板计算机上，

名称	引脚	功能	说明
AVDD	12	Supply	Analog supply
AVSS	13	Supply	Analog ground
$\overline{\text{CS}}$	18	Digital input	Chip select
CLK	17	Digital input	Master clock input
CLKSEL	14	Digital input	Master clock select
DGND	24	Supply	Digital ground
DIN	19	Digital input	SPI data in
DOUT	21	Digital output	SPI data out
$\overline{\text{DROY}}$	22	Digital output	Data ready；active low
DVDD	23	Supply	Digital power supply
GPIO1	26	Digital input/output	GPIO1
GPIO2	25	Digital input/output	GPIO2
IN1N	3	Analog input	Differential analog negative input 1
IN1P	4	Analog input	Differential analog positive input 1
IN2N	5	Analog input	Differential analog negative input 2
IN2P	6	Analog input	Differential analog positive input 2
PGA1N	1	Analog output	Differential analog negative output 1
PGA1P	2	Analag output	Differential analog positive output 1
PGA2N	7	Analog output	Differential analog negative output 2
PGA2P	8	Analog output	Differential analog positive output 2
$\overline{\text{PWDN}}$ $\overline{\text{RESET}}$	15	Digital input	Power-down/System reset;active low
RLDIN/RLDREF	29	Analog input	Right leg drive input to MUX/RLD reference
RLDINV	28	Analog input	Right leg drive inverting input
RLDOUT	30	Analog input	Right leg drive output
IN3N	32	Analog input/output	Differential analog negative input 3
IN3P	31	Analog input/output	Differential analog positive input 3
SCLK	20	Digital input	SPI cock
START	16	Digital input	Start conversion
VCAP1	11	—	Analog bypass capacitor
VCAP2	27	—	Analog bypass capacitor
VREFN	10	Analog input	Negative reference voltage
VREFP	9	Analag input/output	Positive reference voltage

图 29.10　ADS1191/2 引脚功能

平板端的 APP 进行数据处理和图形绘制存储．MCU 程序包含：设备初始化、数据接收和处理、数据发送等三个部分. MCU 外设初始化主要包括：MCU 片内的时钟、定时器、中断、I/O 功能、SPI、串口等外设的寄存器配置工作. ADS1191 初始化的任务主要是配置 ADS1191 的寄存器并开启信号的连续转换. ADS1191 以 250 点/s 的速度进行信号采集和转换，当它准备好一个数据时，MCU 可以收到一个外部中断. 然后，MCU 要通过 SPI 读取这条数据，对其进行滤波，并将其放置于缓存中. 缓存中累计存放 25 个数据时，发送程序将这些数据打包并发送. 缓存中累计存放 2500 个数据时，心率计算程序对缓存中的所有数据进行一次分析，得出这一时间段的心率. 定时器中断是一个 100ms 的中断，根据心率计算程序得出的心率，计算出每两次心跳的间隔(100ms 的倍数)，从而控制随动灯点亮. 并在每次点亮后延迟 200ms 熄灭(所用的脉率暂时用定值 60 次/min).

二、实验装置

实验装置为健康物联网实验平台，包含：MCU 核心板、心电采集模块、心电导联线、肢体导联夹、J-link 仿真器、软件驱动程序包、平板计算机、计算机等.

1. MCU 核心板

MCU 核心板为心电采集模块和应用平台提供接口，内置 ARM Cortex-M3 处理器,实现与其他单元模块的数据交互. 核心板外观和接口示意图如图 29.11 所示. 独立自锁开关控制，通过拨码开关控制 MCU 的启动方式(BOOT0，BOOT1)，4 个插槽(A、B、C、D)带独立电源管理和电源指示，每个金手指均可提供 SPI、I2C、USART 和 14 个 I/O.

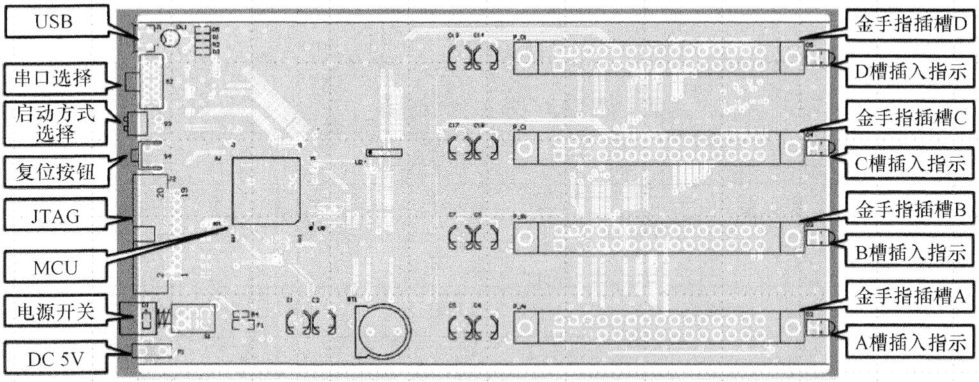

图 29.11　MCU 核心板示意图

2. 心电采集模块

心电采集模块的示意图如图 29.12 所示，核心器件采用 ADS1191 集成心电采集芯片，低功耗，多通道，16 位Δ-Σ模数转换器(ADC)，具有可编程增益放大器(PGA).

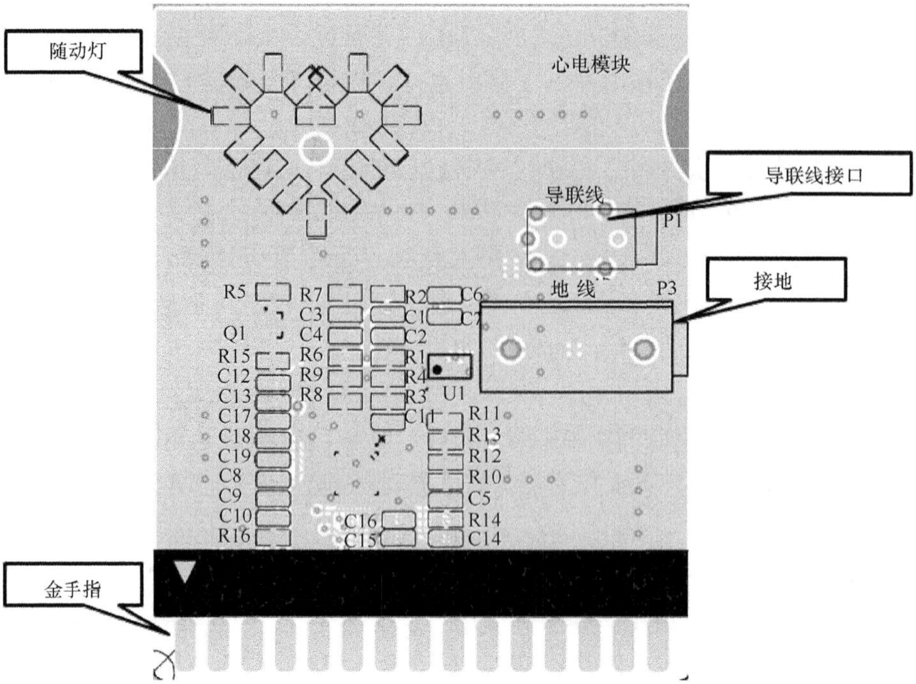

图 29.12　心电采集模块示意图

接肢体导联线时，导联分为 LL、LR 和 RR，分别对应右腿、左臂和右臂，接口定义如表 29.1 所示. 接地线通过导线与金属机壳相连，内部连接到心电导联线的屏蔽脚. 采集到心电信号后，指示灯随被测对象的心跳而闪烁. 心电采集模块通过 SPI 与 MCU 相连. 心电模块引脚与主控 MCU 引脚连接对应关系如表 29.2.

表 29.1　导联接口定义

引脚号	功能描述	备注
1	NC	未连接
2	LA(黑)	左臂
3	LL(红)	右腿
4	RA(白)	右臂
5	屏蔽	

表 29.2　心电采集模块接口定义

模块引脚		MCU 引脚				备注
引脚号	定义	插槽 A	插槽 B	插槽 C	插槽 D	
12	AD_SCLK	PA5	PA5	PB13	PB13	ADS1191 的 SPI 时钟
13	AD_DOUT	PA6	PA6	PB14	PB14	ADS1191 的 SPI 输出
14	AD_DIN	PA7	PA7	PB15	PB15	ADS1191 的 SPI 输入
17	PWM_LED	PD0	PE0	PF0	PG0	指示灯控制脚
18	AD_START	PD1	PE1	PF1	PG1	开始转换
19	AD_DRDY	PD2	PE2	PF2	PG2	数据准备好，低有效
20	AD_RESET	PD3	PE3	PF3	PG3	复位，低有效
22	AD_CS	PD5	PE5	PF5	PG5	ADS1191 的 SPI 片选
24	AD_CLK	PD7	PE7	PF7	PG7	ADS1191 的时钟输出
26	AD_CLKSEL	PG10	PE9	PF12	PC6	ADS1191 的时钟选择

三、实验内容

(1) 学习了解心电信号的产生和采集的工作原理及流程.

(2) 学习了解十二导联连接方法、体表心电图的特征和典型的心电图.

(3) 组装和调试 MCU 主控板与仿真器、计算机连接的软件调试应用系统，掌握 MCU 核心板中 STM32F103ZET6 单片机使用方法.

(4) 理解心电信号检测实验 MCU 代码流程，搭建人体心电信号采集系统，采集、测量、显示、存储心电图，并与典型心电图比较分析.

四、实验步骤及注意事项

1. 安装驱动程序、系统搭建

(1) 将电源线接入 MCU 核心板(以下简称为底板)上的电源接口.

(2) J-link 仿真器 USB 线连接到个人计算机，20 针 JTAG 数据线连接到核心板底板“JTAG”接口.

(3) 将核心板底板“串口切换开关”拨到左边 MCU 端.

(4) 将核心板底板“启动模式选择开关”拨到上方“内置 FLASH”功能处.

(5) 打开电源，用 MDK 打开“代码\STM32F10x_StdPeriph_Lib\FWLib\Project”路径下 stm32_ads1191 工程，并将代码下载到底板 MCU 核心板单片机上(具体程序调试可参照健康物联网教学实验平台 STM32 调试软件安装). 正确安装程序后，关闭电源开关，可以拔掉 JTAG 下载线.

2. 采集心电图

(1) 将心电采集模块插入 MCU 核心板金手指插槽 A；将 MCU 核心板底板、USB 数据线、OTG 数据线、平板计算机依次连接；导联线连接心电模块和人体左臂、右臂、右腿三处肢体；接好 MCU 核心板地线.

(2) 打开计算机端 APP，选择“串口连接”选项，点击“下一步”；打开 MCU 核心板底板电源开关，稍等几秒钟后，串口被“APP”正确识别，点击识别到的串口名称，被测者心电图被绘制在弹出的窗口中.

3. 注意事项

(1) 测量时要先接好电极，然后再打开电源.

(2) 被检测者需双脚离地或采用平躺的姿势测量；在休息好、心情平静的状态下测量，不要在剧烈运动后测量.

(3) 测量时，导电膏涂抹均匀，电极夹要夹紧，使电极与皮肤之间不要有空隙.

(4) 测量时，闲置的电极针要悬空不要放在地上，且不能相互之间发生短路. 测量过程中电缆线要拉直不要盘成环，防止引入强烈的外界干扰.

五、思考与讨论

(1) 心脏起搏系统的产生和传导过程有哪些环节？

(2) 什么是体表心电图？正常的典型体表心电图包含几部分？其意义是什么？

(3) 十二导联系统中，分析每种导联作用和连接方式的特点？

(4) 心电信号测量系统包含哪些部分？每部分的测量原理是什么？

参 考 文 献

马场清太郎, 2007. 运算放大器应用电路设计[M]. 何希才，译. 北京：科学出版社.

潘大明, 2008. 心电图学教程[M]. 杭州：浙江大学出版社.

吴宏雷, 2011. 基于 Windows XP 嵌入式系统的心电检测分析仪[D]. 太原：山西大学.

杨玉星, 2005. 生物医学传感器与检测技术[M]. 北京：化学工业出版社.

实验 30　基于健康物联网的呼吸波检测

人体与外界环境进行气体交换的总过程，称为呼吸. 通过呼吸，人体不断地从外界环境吸入氧，以氧化体内营养物质，供应能量和维持体温. 同时，将氧化过程中产生的 CO_2 排出体外，以免 CO_2 过多扰乱人体机能，从而保证新陈代谢的正常进行. 所以，呼吸是人体重要的生理过程，对人体呼吸的监护检测也是现代医学监护技术的一个重要组成部分. 呼吸信号并不局限于呼吸频率、呼吸节律、动脉血气以及普通胸片等常规项目，更受到重视的是，它能确切反映患者的气氧合状况，并能指导机械通气治疗参数调节和临床用药的指标. 但在现有的技术条件下，要实现用便携式呼吸监护设备实时动态连续监护这一系列的生理参数，是非常困难的.

呼吸频率是呼吸行为一项重要的参数，通过对呼吸率的研究分析，可以获得许多隐藏在其背后的内在的生理信息，并且对它的检测也较易实现，现有的呼吸监护设备主要监测的就是呼吸频率. 因此，本实验中所提到的呼吸信号，就狭义地理解为呼吸频率信号.

本实验通过物联网人体生理信号检测平台的呼吸信号检测模块，对人体呼吸信号进行检测、存储、显示观察，了解肺通气的原理、过程等常识；通过呼吸排线、接口转接模块、呼吸检测模块、主板、计算机、手机等检测存储器材的连接，掌握呼吸信号检测存储的使用方法；了解生物信号检测、放大、滤波的原理.

一、实验原理

目前，国内外对呼吸信号检测的方法有许多种，根据传感器是否与人体直接接触，分为接触式检测与非接触式检测两类.

1. 接触式检测方法

接触式检测方法使用传感器与人体直接接触，测量呼吸运动引起的人体的物理参数变化，例如：呼吸声音变化、呼吸气流变化、温度变化、胸部或腹部压力变化、胸部阻抗变化等. 根据传感器测量的人体的物理参数不同，接触式检测方法可分为温度式传感器检测、声音式传感器检测、应变式传感器检测、流量式传感器检测、阻抗式传感器检测等.

呼吸的实质是人体内部与外部环境进行气体交换的过程，当呼吸气流流过人体的鼻腔或口腔时，会引起其内部温度变化. 温度式传感检测的原理是利用温度传感器感知温度的变化来表征呼吸信号. 它用二极管作为传感器放置在人体鼻腔内，鼻腔内温度变化会引起二极管的导通电压改变，通过比较器，将比较器输入端的二极管的导通电压变化转换为与呼吸运动周期同步的输出端的交变电压信号，然后经过放大并输出，其频率就是呼吸频率. 基于温度式传感器的呼吸信号检测方法实施起来比较方便. 但容易受到外界环境温度的干扰，且二极管的响应时间较长，导致检测有一定的滞后，从而限制了它的应用. 声音式传感器检测是在呼吸道或喉咙上使用微型扩音器装置，采集呼吸过程中的声音变化信号，然后对声音信号进行频谱分析，提取呼吸信号.

在人体呼吸过程中，呼吸运动会使得胸部和腹部产生周期性的形变运动，使用应变式传感器可以检测上述变化. 将圆柱形弹性气囊作为压力传感器绑在人体腹部，吸气和呼气引起的腹部扩张和收缩会使得气囊内的气压发生变化，通过测量气压变化来表征人体呼吸信号. 将两条附着可拉伸感应线圈的弹性绑带分别绑在肋骨周围的胸部和脐带附近的腹部. 胸腹部运动会使感应线圈发生拉伸，从而引起线圈电感量变化，通过调幅检波电路或者调频检频电路检测该变化，实现呼吸运动检测. 将附着线性位置传感器的腹带绑在人体腹部，腹部运动引起的腹带拉长和收缩会使得传感器位置发生变化，通过测量该变化可得到呼吸信号. 流量式传感检测通过测量呼气和吸气过程中的气体流量或流速变化来表征呼吸信号. 使用数字肺活量计测量出进入肺部的气体流量变化来表征人体的呼吸运动. 其中，基于流量式传感器检测的典型的装置是 Elekta 公司研制的主动呼吸控制系统 (active breathing coordinator，ABC). 该系统使用夹子夹住人体的鼻子，使得人体只能使用嘴巴与检测系统相连的呼吸管道进行呼吸，保障呼出和吸入的气体流量全部被叶轮检测，通过检测气体流量的变化，获取呼吸信号.

人体的胸部类似一段导体，胸壁肌肉的张弛以及胸廓的形变将使得机体组织的阻抗发生变化. 呼吸运动引起的胸部收缩与扩张会使得胸部阻抗发生变化. 阻抗式传感器检测是通过检测阻抗的变化来获取呼吸信号. 常用的阻抗检测法有电桥法、恒流法和恒压法. 电桥法对皮肤处理要求较高，且电桥平衡调节比较困难. 恒压法与恒流法本质上是一样的. 使用恒流法检测呼吸信号，首先通过高频电路产生的恒定电流，然后将电极放置在人体胸部，采集胸部阻抗变化引起的电压变化信号，最后经过放大器和滤波器处理，得到呼吸信号. 阻抗法检测具有无创，安全且不会给人带来任何不适，但该方法的抗干扰能力差，特别是血流、心动、身体运动的干扰会使得检测结果不准确.

在早期的呼吸监测领域，接触式呼吸检测方法应用的比较广泛，且技术相对较成熟. 它们为疾病的预测及诊断发挥了显著的作用. 但是，接触式检测需要将传感器与人体直接接触，人体某些不经意的活动可能会导致传感器脱落和移动，导致检测不准确，甚至检测失败. 同时，对与一些特殊的患者，例如严重的烧伤患者，接触式检测会加重患者的痛苦. 非接触式检测方法能够避免接触检测的缺点，适合对患者进行长时间呼吸状况监测.

2. 非接触式检测方法

非接触式呼吸检测是检测装置不与人体直接接触，且与人体间隔一定的距离和介质，同时在对人体无约束的情况下，检测人体的呼吸信号. 非接触式检测方法可分为电磁波检测法、谐振电路调频法、涡流检测法、红外热成像检测法和机器视觉检测法等.

电磁波检测法使用生物雷达发射器向人体投射能穿过非金属介质(衣服、被褥等)的电磁波信号. 根据多普勒效应，反射回来的电磁波信号与人体的呼吸运动具有一定的相关性，通过在接收端实时采集反射回来的电磁波信号，然后使用信号滤波算法提取出呼吸信号. 谐振电路调频检测法使用一个平面谐振器放置在靠近人体胸腔的位置. 平面谐振器与人体胸腔之间构成一个耦合电容，胸腔的相关组织和衣服构成耦合电容的电介质. 呼吸运动引起的胸腔运动会使得谐振器与人体胸腔的相对位置发生改变，从而引起耦合电容的电容量变化，通过测量电路检测耦合电容的电容量变化来获取呼吸信号.

涡流检测法将电磁线圈放置在受试对象的床垫下面，并将该线圈与电阻、反向器组合成振荡器. 当交变电流流过电磁线圈时，根据电磁感应原理，电磁线圈周围会产生一个交变磁场. 由于人体的胸部相当于一段导体，电磁线圈产生的交变磁场会在胸腔内产生涡流. 呼吸运动引起的胸腔扩张和收缩会使得胸腔的电导率和磁导率发生变化. 该变化会引起胸腔内涡流值的改变，通过检测涡流值的变化来获取呼吸信号. 红外热成像检测法是根据人体呼吸引起的颈区、颈动脉血管复杂区以及鼻腔区域的温度变化,使用热成像摄像机捕捉它们的温度场信号变化,然后使用小波分析的信号处理手段，提取出呼吸信号. 人体呼吸运动引起腹部或胸部运动与呼吸运动具有一定的相关性. 视觉检测法通过摄像头跟踪腹部或胸部运动的轨迹信号间接检测呼吸信号. 光信号发射器向胸腹表面投射一组红外光点，然后用摄像机连续采集光点图像. 通过图像处理手段提取出光点的运动轨迹来表征呼吸节律信号. 通过在人体胸腹部贴黑色标记物，使用双摄像机跟踪该标记物随呼吸运动的实际运动轨迹来获取呼吸曲线.

3. 呼吸波性质

呼吸是指机体与外界环境之间气体交换的过程. 人的呼吸过程包括三个互相联系的环节：外呼吸(包括肺通气和肺换气)、气体在血液中的运输、内呼吸(组织细胞与血液间的气体交换)等.

正常成人安静时，呼吸一次约为 6.4s，每次吸入和呼出的气体量大约为

500mL. 当人用力吸气，一直到不能再吸的时候为止；然后再用力呼气，一直呼到不能再呼的时候为止，这时呼出的气体量称为肺活量. 正常成人男子肺活量为3500～4000mL，女子为 2500～3500mL. 一个呼吸分为三个部分：呼气、屏息、吸气. 每单位时间内通过某一点的气体体积，称为流量(流速).

呼吸气流的流速随时间的变化曲线反映了吸气和呼气时各自的流速变化，如图 30.1 所示，这条曲线就是呼吸波的一种表达形式.

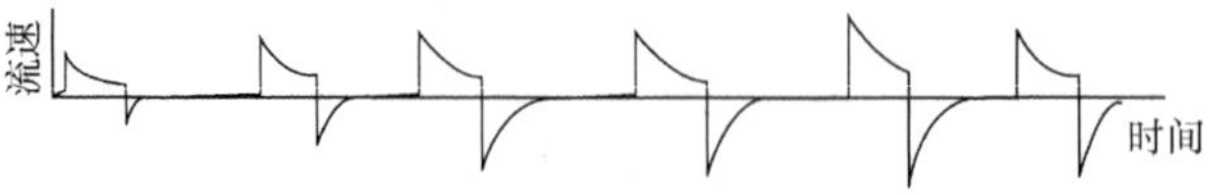

图 30.1　呼吸波的时间曲线

人在静息状态下每次呼吸过程中吸入的气体体积，称为潮气量. 潮气量可以通过在吸气时间内对呼吸流量积分获得. 实验中，通过流量式传感器检测方法，用呼吸面罩连接的胶管被制作成了孔板流量计的结构，安装在上面的 SM5852 压力传感器可以实时地测量出孔板两端的压差. 呼吸面罩构成一个近似封闭的空间，呼吸的所有气流可以看作都通过了孔板流量计. 根据孔板流量计的原理，可以由孔板两端的压差，结合孔板的尺寸等参数，计算出流量.

1) 流量计算

在流体力学的研究中，把流体看作是连续介质，即使是在运动流体内部，流体质点也是连续充满所占据空间的，彼此间不会出现空隙. 流体的这种性质称为连续性,数学形式表达是连续性方程. 连续性方程实质上是质量守恒方程. 只要理想流体在有势重力作用下做恒定流动，无论流体运动有旋还是有势，沿同一流线上任意各点单位质量流体的势能、压力能和动能之和为一常数，这就是伯努利方程，即流体力学的能量守恒定律. 重力作用下，不可压缩理想流体恒定流动的伯努利方程为

$$z+\frac{p}{\rho g}+\frac{v^2}{2g}=C \tag{30.1}$$

式中，z 表示相对于某一基准面的几何高度，称为位置水头；$\frac{p}{\rho g}$ 表示与该处压强大小相当的液柱高度，称为测压管高度或测压管水头；$\frac{v^2}{2g}$ 表示该处速度大小的高度，称测速管高度或速度水头.

孔板流量计是一种压差式流量计，即在流道上安装一个节流元件，利用流体流过节流元件时产生的压强来测定流量，其基本原理都是利用了总流能量守恒方程. 孔板流量计模型如图 30.2 所示.

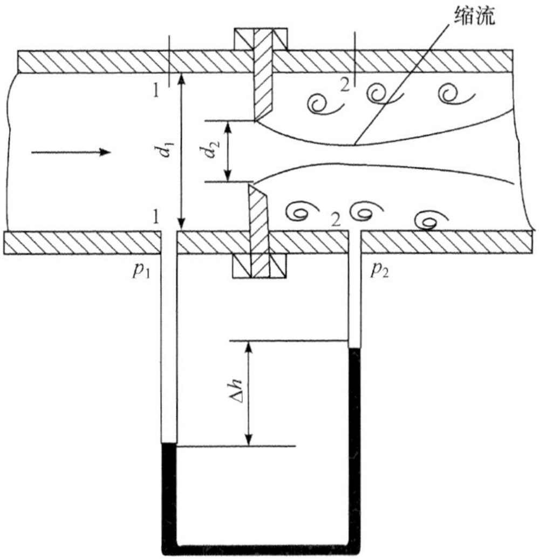

图 30.2　孔板流量计示意图

对于孔板流量计，流体流经孔口时将发生收缩流动，但在收缩的最小断面处，液流为平行流动，故可以在最小断面 2-2 和孔板前 1-1 断面处设立测压管孔. 对 1-1 和 2-2 断面，且Δh 采用 1-1 和 2-2 断面间的测压管高差，则有

$$z_1+\frac{p_1}{\rho g}+\frac{v_1^2}{2g}=z_2+\frac{p_2}{\rho g}+\frac{v_2^2}{2g}$$
$$\left(z_1+\frac{p_1}{\rho g}\right)-\left(z_2+\frac{p_2}{\rho g}\right)=\Delta h \tag{30.2}$$

由总流的连续性方程得

$$v_2=v_1\left(\frac{d_1}{d_2}\right)^2 \tag{30.3}$$

上式联立得

$$v_2=\frac{1}{\sqrt{1-\left(\frac{d_2}{d_1}\right)^4}}\sqrt{2g\Delta h} \tag{30.4}$$

于是，孔板流量计的理论体积流量(不计能量损失)为

$$q=\frac{\pi d_2^2}{4}\sqrt{\frac{2g}{1-\left(\frac{d_2}{d_1}\right)^4}}\cdot\sqrt{\Delta h}\pi$$

或

$$q=\frac{\pi d_2^2}{4}\sqrt{\frac{2}{\left(1-\left(\frac{d_2}{d_1}\right)^4\right)\cdot\rho}}\cdot\sqrt{\Delta p} \tag{30.5}$$

其中，ρ 是流体的密度，Δh 是两截面的水头差，Δp 是两截面的压差. 而在考虑了能量损失后，通过流量计的流量为

$$q=\mu C\sqrt{\Delta h}$$
$$C=\frac{\pi d_2^2}{4}\sqrt{\frac{2g}{1-\left(\frac{d_2}{d_1}\right)^4}} \tag{30.6}$$

式中，系数 μ 由实验确定. 由上式可见，当孔板流量计结构不变时，通过它的流体流量与孔板前后两截面压差的平方根成正比.

2) 呼吸信号检测的工作原理

呼吸信号检测的工作原理如图 30.3 所示，通过呼吸面罩及特制孔板结构件采集呼吸信号，通过 SM5852 差压传感器再做信号模数转换(AD)采样. 然后通过接口传输给 MCU 核心板进行处理后，输出到平板电脑或个人计算机(PC)，从而将呼吸图显示出来.

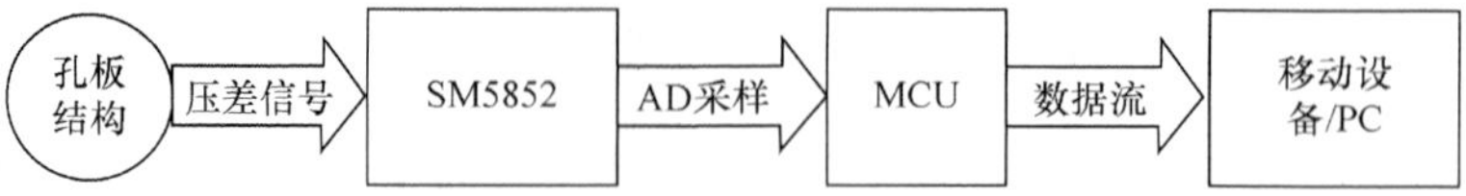

图 30.3　呼吸信号检测的工作原理

呼吸模块采用孔板流量计的原理测量呼吸气流的流量. 该模块只能用于测量气体流量. 传感器选用 SM5852 压阻式压力传感器，它有两个接气端口(带“+”的一端为正压端)，量程为±346Pa. SM5852 使用先进的硅微结构压力传感器，并集成信号调节 ASIC 技术，大大简化了高性能压力传感器的使用. 其内部自带信号放大和校准，无须再进行补偿和校准. SM5852 的性能参数见表 30.1.

表 30.1　SM5852 的性能参数

参数	差压			
	最小值	典型值	最大值	单位
零点输出	2.42	2.5	2.58	V
满量程输出	1.96	2.0	2.04	VFS
0.15psi	1.9	2.0	2.1	VFS
线性度	–0.5		+0.5	%FS
0.15psi	–2.5		+2.5	%FS
压力迟滞性	–0.3		+0.3	%FS

续表

参数	差压			
	最小值	典型值	最大值	单位
零点温度系数 0.14psi	–1.0		+1.0	%FS
	–2.5		+2.5	%FS
满量程温度系数 0.15psi	–1.0		+1.0	%FS
	–2.0		+2.0	%FS
热迟滞性	–0.1		+0.1	%FS
响应时间	2			ms
供电电压	4.75	5	5.25	V
耗电电流			10	mA
过压	15X			%FS
工作温度	–40	25	+125	℃
补偿温度	0	25	+70	℃

MUC 是健康物联网教学平台的核心板，由 STM32F103ZET6 单片机组成，它采用 cortexM3 内核，最高频率达 72MHz，具有 112 个 I/O 引脚. 通过呼吸模块采集的信号，经过 MUC 核心板处理后的呼吸信号由 USB 数据线上传到平板计算机上，由平板端 APP 进行数据处理和图形绘制存储. MCU 程序包含：设备初始化、数据接收和处理、数据发送等三个部分，流程图如 30.4 所示.

MCU 外设初始化主要包括 MCU 片内的时钟、定时器、中断、I/O 功能、ADC、串口等外设的寄存器配置工作. SM5852 初始化的任务主要是配置 SM5852 的寄存器并开启信号的连续转换. SM5852 将压差信号实时变化成模拟信号，采样率是 250，需要每 4ms 进行一次采样. 然后，MCU 对 ADC 采样数据进行滤波，并放置于缓存中. 缓存中累计存放 25 个数据时，发送程序将这些数据打包并发送.

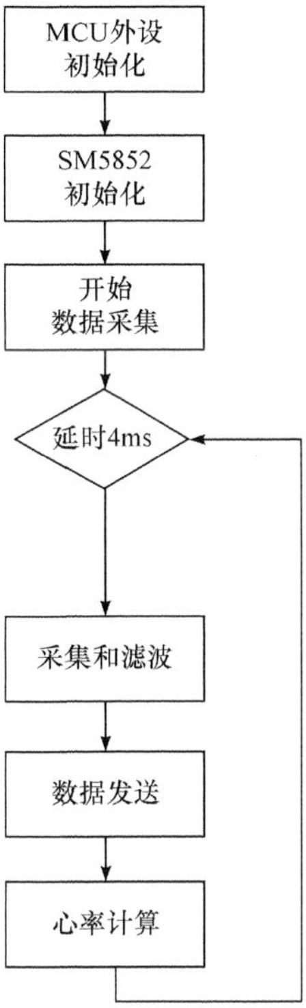

图 30.4　呼吸实验 MCU 代码流程图

二、实验装置及模块

实验装置：MCU 核心板、呼吸采集模块、呼吸软管、呼吸排线、接口转接模块、呼吸面罩、J-link 仿真器、驱动程序包、OTG 数据线、平板计算机、个人计算机等.

MCU 核心板为心电采集模块和应用平台提供接口，内置 ARM Cortex-M3 处理器，实现与其他单元模块的数据交互，核心板外观和接口示意图如图 30.5 所示. 由 DC 5V 供电，独立自锁开关控制；通过拨码开关控制 MCU 的启动方式(BOOT0、BOOT1)；4 个金手指插槽(A、B、C、D)带独立电源管理和电源指示，每个金手指均可提供 SPI、I2C、USART 和 14 个 I/O.

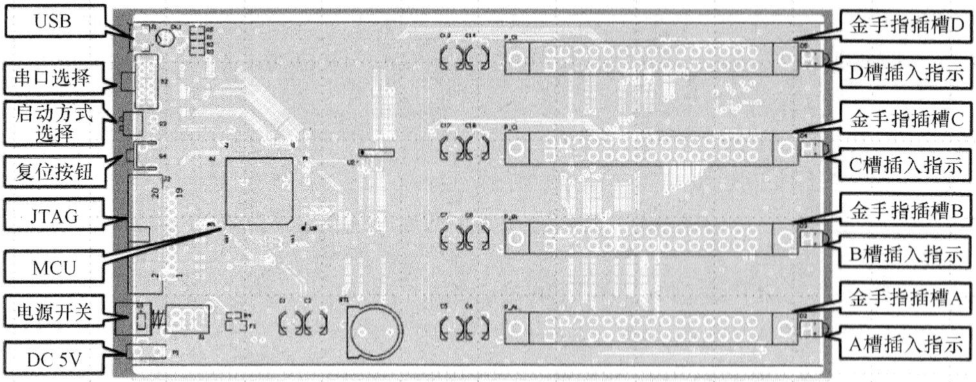

图 30.5　MCU 核心板示意图

接口转接板(也称“扩展转接模块”)主要为需移动位置的模块提供一个与 MCU 核心板连接的接口，并且可以通过扩展转接模块实现用户设备与 MCU 核心板的连接. 扩展转接模块共有 4 个专用接口和 1 个用户自定义接口. 4 个专用接口分别是 SPI 接口、IIC 接口、模数接口和 TTL 串口. 扩展转接模块示意图如图 30.6 所示. 模数接口定义见表 30.2.

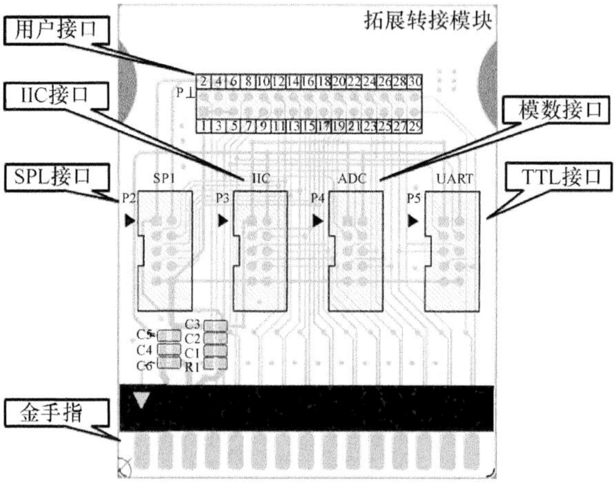

图 30.6　扩展转接模块示意图

表 30.2　模数接口引脚定义

接口引脚号	模块引脚		MCU 引脚				备注
	引脚号	定义	插槽 1	插槽 2	插槽 3	插槽 4	
1	6	3.3V	—	—	—	—	3.3V 电源
2	4	5V	—	—	—	—	5V 电源
3	7	AD1	PF9	PC1	PA0	PC5	AD 采样接口 1
4	8	AD2	PF10	PC2	PA1	PB0	AD 采样接口 2
5	23	IO_A7	PD6	PE6	PF6	PG6	
6	24	IO_A8	PD7	PE7	PF7	PG7	
7	25	IO_A9	PG9	PE8	PF11	PG8	
8	26	IO_A10	PG10	PE9	PF12	PC6	
9	1/3/5	GND	—	—	—	—	地
10	1/3/5	GND	—	—	—	—	地

呼吸模块采用孔板流量计的原理测量呼吸气流的流量. 该模块只能用于测量气体流量，如图 30.7 所示. 通过专用数据线与扩展转接模块的插座“DAC”相连，连接时需要注意专用连接线上的标贴与呼吸模块上的接口定义相对应，接口定义见表 30.3. 呼吸模块通过扩展转接模块与 MCU 相连. 扩展转接模块插入不同插槽时模块连接关系如表 30.4.

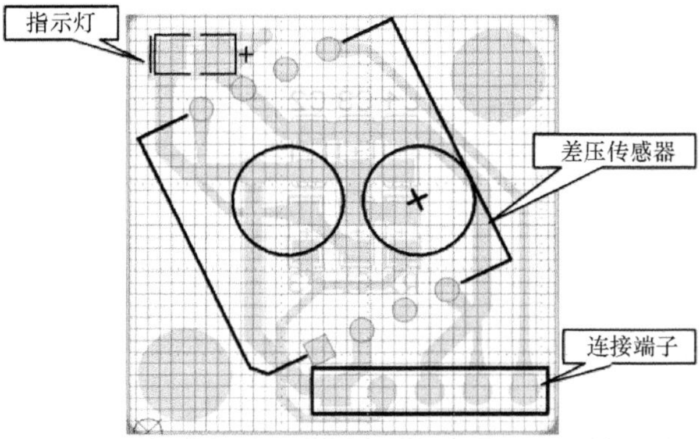

图 30.7　呼吸模块示意图

表 30.3　探头接口定义

引脚号	功能描述	备注
1	GND	地
2	AO	模拟输出
3	5V	
4	SDA	IIC 通信数据线
5	SCL	IIC 通信地址线

表 30.4　接口定义

模块引脚		扩展转接模块		MCU 引脚				备注
引脚号	定义	引脚号	定义	插槽 1	插槽 2	插槽 3	插槽 4	
2	AO	7	AD1	PF9	PC1	PA0	PC5	模拟输出

三、实验内容

(1) 根据呼吸信号的测量原理和方法，学习呼吸机的结构、工作原理及数据测量方法.

(2) 采集记录不同人群的呼吸信号，分析信号之间的差异及信号反映出的生理意义.

(3) 采集一段呼吸信号，具体分析波形所代表的含义，计算呼吸率、潮气量等.

(4) 搭建 MCU 主控板与仿真器、计算机连接的软件调试应用系统，掌握为 MCU 核心板安装 STM32F103ZET6 单片机驱动程序的方法，保证其正常工作.

四、实验步骤及注意事项

1. 安装驱动程序和系统搭建

(1) 将电源线接入 MCU 核心板(以下简称为底板)上的“DC 5V”接口.

(2) 将 J-link 仿真器 USB 线连接到个人计算机，20 针 JTAG 数据线连接到核心板底板“JTAG”接口.

(3) 将核心板底板“串口切换开关”拨到左边 MCU 端.

(4) 将核心板底板“启动模式选择开关”拨到上方“内置 FLASH”功能处.

(5) 打开电源，用 MDK 打开“代码\STM32F10x_StdPeriph_Lib\FWLib\Project”路径下 stm32_SM5852 工程，并将代码下载到底板 MCU 上，然后关闭底板电源开关；正确下载程序后，可以拔掉 JTAG 下载线.

2. 采集呼吸波

(1) 将扩展转接板插入底板金手指插槽 A，用呼吸模块专用数据线连接模块与扩展转接板. 连接 OTG 线和 USB 数据线, 并将 OTG 线另一端连接平板计算机 USB 接口, USB 数据线另一端连接底板“USB”接口; 将呼吸模块组合好.

(2) 打开平板计算机端 APP, 选择“串口连接”选项, 点击“下一步”; 打开底板电源开关, 稍等几秒后, 串口可以被 APP 正确识别. 点击识别到的串口名称. 然后用面罩包住口鼻,被测者的呼吸波形会被绘制在弹出的窗口中. 呼吸波以 250 点/s 的速度在屏幕中连续展示. 这里的呼吸波是压差变化曲线.

3. 注意事项

(1) 测量时要先接好排线然后再打开测量仪器, 测量时模块上传的是压差信号采样值.

(2) 被测量者要在休息好、心情平静的状态下测量, 不要在剧烈运动后测量, 采用平躺的姿势测量, 注意呼吸面罩的方向; 测量过程中要平稳自主呼吸, 不要刻意急促呼吸.

(3) 测量过程中电缆线要拉直不要盘成环, 防止引入强烈的外界干扰.

五、思考与讨论

(1) 人体呼吸系统的组成与功能是什么?

(2) 什么是呼吸运动? 呼吸运动包含哪些生理运动? 其意义是什么?

(3) 危重患者往往需要吸氧和点滴葡萄糖, 两者对患者的意义是什么?

(4) 呼吸信号测量系统包含哪些部分? 每部分有什么作用?

参 考 文 献

郭华, 2007. 自适应滤波算法及应用研究[D]. 兰州: 西北师范大学.

郭木河, 孙健, 何克忠, 1998. 室外智能移动机器人导航中路标识别算法的研究[J]. 清华大学学报(自然科学版), 38(s1): 107-110.

李毅, 2003. 自适应滤波及滤波算法研究[D]. 西安: 西北工业大学.

张福学, 2002. 现代压电学(下册)[M]. 北京: 科学出版社.

实验 31　弱磁场对大鼠海马神经元钾通道电流的影响

随着现代工业技术和通信事业的日益发展，磁场的生物效应逐渐受到人们的重视，现代生物磁学研究应用于农业、工业、医疗、环境保护等各个方面. 我国的磁场生物效应的研究是伴随着磁场治疗法的兴起而开始的. 随着人们生活水平的不断提高，越来越多的电器设备进入家庭. 电器及日常生活中经常接触到的工频电磁场都是电磁场的主要来源. 人们对磁场生物效应的重视程度日益加大，电磁辐射影响生命活动导致疾病的报道日益增加. 临床上已将磁场辐射以多种方式应用到治疗中，并且向规模化发展.

细胞膜上离子通道是生物电活动的基础，广泛存在于动物、植物、单细胞生物和多细胞生物中. 由于离子通道具有产生和传导电信号的重要生理功能，其构象的变化将对细胞的兴奋性，控制递质的释放，以及学习和记忆等产生很大的影响. 其中钾离子通道是在离子通道中数量最大，家族最为多样的一类，它的变化会直接影响动作电位的形状和动作电位的时程. 目前在生物和化学方面对离子通道的研究比较多，尤其是离子通道电流的变化和结构功能的变化. 但离子通道不仅受到生物化学方面的影响，也会受到周围环境的影响，其中电磁场方面的影响已日益引起人们的关注. 场的生物刺激作用和机理目前还不是完全清楚. 大多结论是建立在实验数据的分析上. 我们不可能完全正确地预言或证明磁场和生物体的物理化学作用过程，通过大量的实验数据来提出假设并建模进行理论分析.

利用膜片钳技术测量离子通道的电流，并比较有磁场刺激和没有磁场刺激时电流的变化，通过电流的变化分析细胞的电学特性的改变. 膜片钳技术是近二十年发展起来的，以记录离子通道电流来反映离子通道蛋白分子活动的技术，广泛地应用于细胞特性的研究. 这一技术的发展可以让更多的研究者从细胞分子水平来进行实验研究，而不仅仅停留在组织器官水平上. 针对低频弱磁场对细胞离子通道影响的研究现状和实用价值，可以选用膜片钳技术，从细胞和分子水平探讨低频弱磁的生物刺激效应，进行离子通道电流的连续动态测量，并进行时间效应、剂量效应和频率效应的测量和数据分析，为生物医学仪器的制作和磁治疗中参数的设定提供依据.

一、实验原理

生物体本身是一个带电体，其中充满了大量的电荷，绝大部分电荷又以离子、离子基团和电偶极子的形式存在. 由于电荷的运动和相互作用，生物分子具有了一定的空间构想，并且行使各自特定的生命功能. 细胞膜是一种多相的各相异性的介电材料，它有高的电阻率、电容性，在特定条件下还有高的电导性. 图 31.1 为全细胞记录模式的示意图和等效电路图.

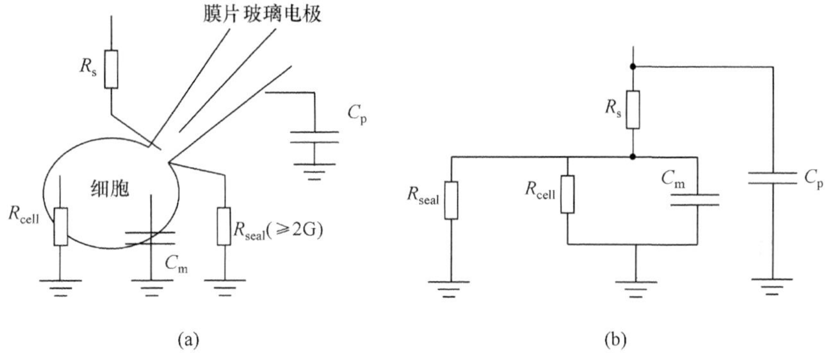

图 31.1　(a)全细胞记录示意图；(b)全细胞记录等效电路图

由电路的等效图和基尔霍夫电流定律(KCL)，可得

$$I_m = i_c + I_i = C_m \frac{dV_m}{dt} + \frac{V_m - E_r}{R_m} = C_m \frac{dV_m}{dt} + G_m(V_m - E_r) \tag{31.1}$$

其中，R_m 为膜电阻，C_m 为膜电容，E_r 为反向电位. 从式中可以看出膜电位 V_m 和细胞静息电位 E_r 的差值，膜电导 G_m 和膜电容的变化都会影响到细胞膜的总电流 I_m 的大小. 通常情况下，细胞膜的总电流是各个离子通道电流之和. 每个离子通道的电流又与该离子的电导和膜电位与平衡电位的差值有关，如 $I_K = G_K(V_m - E_K)$. 某时刻实际的膜电位与静息电位之差表示驱动力，若是单一离子所形成的电流，E_r 为某一离子的平衡电位，若电流是由几种离子形成的，则 E_r 为几种离子综合电流的平衡电位. 对于单一离子，驱动力越大，则膜电位和平衡电位的差值越大，此离子会在驱动力的作用下通过膜，形成膜电流. 如果我们把细胞膜电位钳制在某一固定电位(通过硬件的跟踪补偿使细胞膜电位恒定)，式中的 $C_m \dfrac{dV_m}{dt}$ 为零，I_m 即为离子通道的总电流 I_i.

在测量离子通道电流信号时，要求所用仪器必须满足的条件有：①可以排除仪器自身形成的噪声对测量的干扰；②能准确测量离子通道上的电流信号. 由于电流信号非常微弱，仪器本身和外界噪声的干扰都有可能会影响到测量的精度. 在测量时普遍存在精度低、耗时长和量程小等问题.

膜片钳技术(patch-clamp technique)是在电压钳基础上发展而来的. 它是一种以记录通过离子通道的离子电流来反映细胞膜上单一(或多个)离子通道的分子活动. 它的测量模式多样，性能优良且无损伤，可以从分子水平去了解生物膜离子通道的通透性和选择性以及单通道的开关动力学特性，可以检测到 1pA 的电流灵敏度、1μm 的空间分辨率和 10μs 的时间分辨率，为从细胞分子水平研究生物膜信息提供了直接手段. 膜片钳放大器是细胞膜离子通道记录的膜片钳系统的核心部分. 由于离子通道电流信号非常微弱，在 pA～nA 数量级范围之内，所以对噪声的抑制要求很高. 膜片钳技术是通过玻璃微电极与细胞膜形成高阻封接(封接电阻在千兆欧姆到数十吉欧姆之间)，使封接的膜片在电学上和细胞膜其他部分完全隔离. 固定命令电压所测到的电流根据记录模式的不同可以是全细胞电流，也可以是单通道电流(被钳制的膜片上只含一个或少数几个通道蛋白).

实验中采用 Axon 200B 膜片钳放大器. 膜片钳放大器的原理图如图 31.2 所示. 其中场效应管运算放大器 A_1 构成 I-V 转换器，即膜片钳放大器的前置探头. 场效应管运算放大器的正负输入端为等电位，从它的正输入端加一个命令电压. 根据负反馈放大电路的“虚断”和“虚短”现象可以使加在膜片上的电压恒定，达到电位钳制的目的. 当封接电阻 R_{seal} 高达吉欧姆时，可以得到 $I_p / I = R_{seal} / (R_s + R_{seal}) - 1$. 在命令电压 V_c 的作用下，电极的电流 I_p 经过负反馈电阻 R_f 时产生的压降满足 $V_{o1} - V_c = -I_p R_f$，再经过单位差分放大电路 A_2 得 $V_o = I_p R_f$. 由于电极和膜片的高阻封接，使封接电阻的分流达到最小，电流 I_p 可近似地认为就是横跨膜片的电流 I.

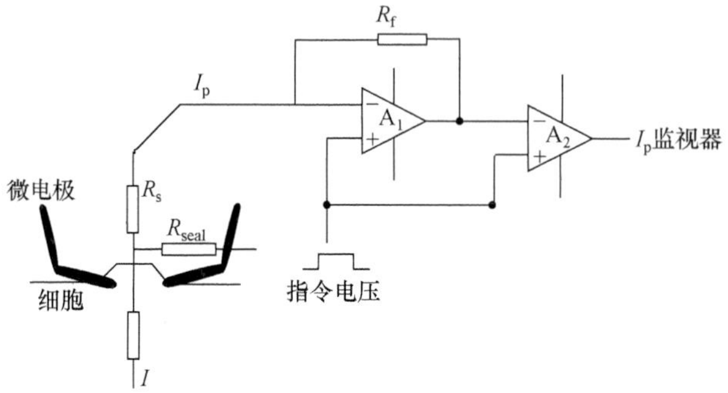

图 31.2　膜片钳放大器的原理图

二、实验装置及材料

实验装置为：膜片钳放大器、程控玻璃微电极拉制仪、微机型台式 pH 计、磁力加热搅拌器、型电热恒温水浴锅、电子天平、便携式医用供氧器、防震台、倒置显微镜等.

1. 溶液的配制

溶液的配制主要考虑渗透压、酸碱度和洁净度. 所配的溶液要满足渗透压和酸碱度平衡，溶液要经过 0.22μm 的滤膜过滤.

(1) 孵育液(人工脑脊液 ACSF)：NaCl(126mmol/L)，$NaHCO_3$(25mmol/L)，KCl (5mmol/L)，N-2-羟乙基哌嗪-N-2-乙磺酸(10mmol/L)，葡萄糖(10mmol/L)，$MgSO_4$ (2mmol/L)，NaH_2PO_4(1.5mmol/L)，$CaCl_2$(2mmol/L)，用 KOH 调节使溶液 pH 为 7.3.

(2) 全细胞电流记录液用到标准细胞外液：NaCl(130mmol/L)，$MgCl_2$(1mmol/L)，$CaCl_2$(2mmol/L)，KCl(5.4mmol/L)，HEPES(10mmol/L)，Glucose(10mmol/L)，NaOH 调节 pH 7.3.

(3) 电极内液：KCl(120mmol/L)，$MgCl_2$(1mmol/L)，$CaCl_2$(1mmol/L)，HEPES (10mmol/L)，EGTA(10mmol/L)，KOH 调节 pH 7.3.

(4) 钾通道电流记录液用到标准细胞外液：NaCl(130mmol/L)，$MgCl_2$(1mmol/L)，$CaCl_2$(2mmol/L)，KCl(5.4mmol/L)，Glucose(10mmol/L)，HEPES(10mmol/L)，NaOH 调节 pH 7.3.

(5) 电极内液：KCl(130mmol/L)，$MgCl_2$(2mmol/L)，$CaCl_2$(1mmol/L)，HEPES (10mmol/L)，EGTA(10mmol/L)，Na_2ATP(2mmol/L)，KOH 调节 pH 7.2.

2. 微电极的拉制

考虑到噪声指标和拉制的难易程度，实验中采用硬质有芯的玻璃毛坯，内外径分别是 1.1mm 和 1.5mm，长度 75mm. 使用前先用甲醇浸泡一天，然后用去离子水反复冲洗，冲洗干净后放到干燥箱中干燥，最后放到玻璃器皿中保存，以备使用.

电极的尖端形状和入水电阻对实验非常重要，经过反复的调试，本实验采用两步拉制法，第一步的拉制参数是 58，第二步拉制参数是 54.2. 第一步拉制参数主要是影响电极的对称性，第二步拉制参数主要是影响电极尖端的口径. 拉制好的电极尖端口径是 1～2 μm，电极入水电阻是 3～5 MΩ.

电极在使用时，先要浸入电极内液 2～3s，利用毛细作用充灌尖端，然后用自己拉制的微量进样器灌尾，内液在电极中的高度以淹没银丝而低于 1cm 为宜. 充灌完成后，要轻轻地弹一下管壁，使内部不要有残留的气泡.

3. 实验标本的制备

用于膜片钳实验的标本一般有培养的细胞和急性分离的细胞. 实验中采用急性分离的细胞.

1) 取材和切片

取出生 10d 左右的小鼠迅速断头取脑，取出整个脑组织置于 0～4℃人工脑脊液中，1min 后放在冰盘上沿矢状缝纵向切开左右侧大脑半球，快速剥离出双侧海马，厚度为 400～500μm，置于孵育液中，整个过程不超过 3min.

2) 孵育

将脑片室温下平衡孵育 50min，连续通 95%O_2 和 5%CO_2 混合气，注意气泡大小，避免脑片翻滚，防止神经元损伤.

3) 酶解

将孵育后的脑片移入含有链霉蛋白酶消化液中，其最终浓度为 0.36g/L，32℃下消化 14min. 其间通入 95%O_2 和 5%CO_2 混合气，同时要防止气泡吹到脑片.

4) 洗酶

消化结束用人工脑脊液洗脑片 3 次，洗净脑片表面的酶液.

5) 吹打和贴壁

将清洗后的脑片放到盛有人工脑脊液的离心管中，用 3 根口径渐小的巴氏吸管轻轻吹打组织块，制成细胞悬液，静置 5min 后取上部细胞悬液，放入带有盖玻片的培养皿内，15～20min 后细胞贴壁.

6) 脑片保存

暂时不用的脑片置于孵育液中，并持续通 95%O_2+5%CO_2 混合气，脑片可存活 4～6h.

4. 实验框架

膜片钳实验系统基本组成是相同的，包括膜片钳放大器和接口、显微镜、防震台和屏蔽罩等.

三、实验内容

1. 全细胞电流的记录

在 20～25℃室温下，打开计算机进入 Pclamp 程序，新建一个文件. 将膜片钳放大器前面板的 MODE 旋钮转到电压钳模式 VC，STIMULUS SCALING 开关拨到×0.02，SCALED OUTPUT 旋钮旋转到 0.5mV/pA，LOW-PASS BESSEL FILTER 旋钮旋转到 5kHz，刺激衰减设为 0.02. 细胞入液时，SLOW-RANGE 在 OFF 挡上. 在电极入液之前，给电极内液施加一合适的正压，以防堵塞电极，电极入水电阻 3～5 MΩ. 当细胞和电极之间形成高阻封接后，SLOW-RANGE 放在 100PF 挡上，SCALED OUTPUT 旋钮旋转到 1mV/pA. 对电极施加短促有力的负压吸破电极内的细胞膜，形成全细胞模式记录模式. 这时用微操将电极微微上提可以减少对细胞的伤害. 这样记录到的电流为膜电位固定在某一定值下的全细胞膜电流(本实验中钳制电位均为–80mV).

2. 钾通道电流的记录

重复全细胞电流记录的参数设置方法，把细胞的内外液换成钾通道的标准内外液，可以测到钾通道的电流. 测量细胞在未受磁场刺激和被磁场刺激后的电流图形，分析电流的变化、激活曲线和失活曲线的变化，进一步分析磁场对生物体的影响.

刺激程序和数据采集均采用 Pclamp 软件完成. 电流经过膜片钳放大器放大，UAD1 数据采集与控制器采集并保存在计算机中. 数据处理均采用 Origin 软件进行统计分析，结果用 Mean±SD 表示.

四、思考与讨论

(1) 生物电信号的测量原理是什么？

(2) 什么是膜片钳技术？使用膜片钳做实验的注意事项有哪些？

(3) 全细胞电流分析每种导联作用和连接方式的特点是什么？

(4) 磁场对细胞刺激前后，细胞通道电流是否有变化？如果用不同频率的磁场作用于细胞，是否会出现“频率窗”效应？如果用同频率不同强度的磁场作用于细胞又会怎样？

参 考 文 献

康华光, 2003. 膜片钳技术及其应用[M]. 北京: 科学出版社.

Maria J, Azanza A, Moral D, 2007. Frequency resonance effect of neurons under low-frequency weak magnetic field[J]. Journal of Magnetism and Magnetic Materials, 310(2): 2865-2867.

实验 32　基于膜片钳技术的小鼠海马神经元钠离子通道的电特性

1976 年德国马普生物物理化学研究所 E. Neher 和 B. Sakmann 博士创建了膜片钳技术，它给电生理学和细胞生物学的发展乃至整个生物学研究带来了一场革命. 膜片钳技术为从分子水平了解生物膜离子通道的门控动力学特征以及通透性、选择性等膜信息提供了最直接的手段，使人们对细胞膜通道功能的认识进入了崭新的阶段. 随着研究的深入，科学家发现细胞膜上的离子通道是神经、肌肉、腺体等许多组织细胞膜上的基本兴奋单元，能产生和传导电信号，具有重要生理功能. 离子通道不仅直接与兴奋性相关，还可进一步影响和控制递质释放、腺体分泌、肌肉运动、细胞分裂、生殖等，甚至对学习记忆和维持细胞体积恒定及内环境稳定起重要作用. 海马结构位于侧脑室下角底内，是种系发生上比较古老而简单的皮质部分，具有一致的组织结构，细胞分层排列，是研究中枢神经系统解剖和生理的可塑性模型. 应用全细胞膜片钳技术研究海马神经元电压门控钠离子通道的特性，对于深入了解其神经元电生理学特性，探讨其在某些中枢神经系统疾病的生理病理机制中的作用具有十分重要的意义.

一、实验原理

膜片钳技术是一种通过微电极与细胞膜之间形成紧密接触的方法，采用电压钳或电流钳技术对生物膜上离子通道的电活动进行记录的微电极技术. 电压钳技术通过向细胞内注射一定的电流，从而将细胞膜电位固定在某一数值上. 由于注射电流的大小与离子电流的大小相等方向相反，因此它可以反映离子电流的大小和方向.

1. 细胞膜片等效电路

细胞膜具有与电路元件(如电阻器、电容器等)类似的特性，如图 32.1(a)所示. 因而可用图 32.1(b)所示的等效电路来表征. 其中，R_m 为膜电阻，表示离子通道的电阻；C_m 为膜电容，表示膜的脂质双分子层的介电特性；E_r 为颈静息电位. 由等效电路并根据节点电流定律，可得出

$$I_m = i_c + I_i = C_m \times \frac{dV_m}{dt} + \frac{(V_m - E_r)}{R_m} = C_m \times \frac{dV_m}{dt} + G_m \times (V_m - E_r) \tag{32.1}$$

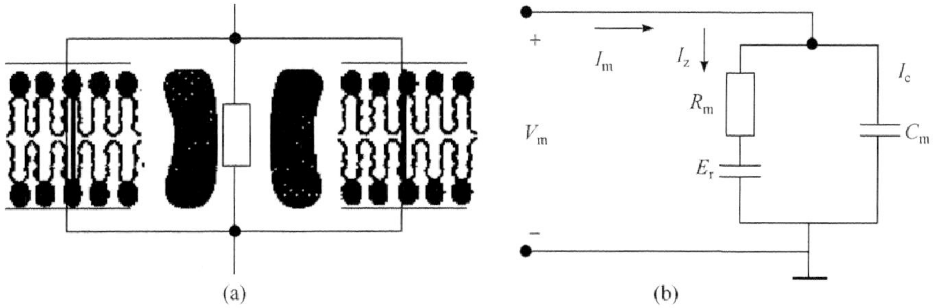

图 32.1　细胞膜的等效电路：(a)细胞膜；(b)等效电路

式中，V_m 为膜电位；I_m 为膜电流，是电容电流 i_c 与离子通道电流 I_i 之和；R_m 为膜电阻；G_m 为膜电导；C_m 为膜电容；E_r 为细胞的静息电位；但当某一离子形成 I_i 时，E_r 将被平衡电位 E_i 所代替. 若 V_m 保持不变，使膜电容电流为零，则 I_m 膜电流就为 I_i 离子通道电流.

2. 膜片钳的基本原理

膜片钳技术是一种以记录通过离子通道的离子电流来反映细胞膜单一的(或多个)离子通道分子活动的技术. 其原理是用一尖端直径在 1.5～3.0μm 的玻璃微电极接触细胞膜表面，通过负压吸引使电极尖端和细胞膜之间形成吉欧姆以上的阻抗封接，电极尖端开口处相接的细胞膜片与周围环境在电学上隔离，并通过外加命令电压钳制膜电位，对此膜片上的离子通道电流进行监测及记录.

膜片钳技术的原理如图 32.2 所示. 其中场效应管运算放大器 A_1 构成 I-V 转换器，即膜片钳放大器的前置探头. 场效应管运算放大器的正负输入端为等电位，从它的正输入端加一个命令电压，根据负反馈放大电路的“虚断”和“虚短”现象可以使加在膜片上的电压恒定，达到电位钳制的目的. 当封接电阻 R_{seal} 达吉欧姆时，可以得到 $I_p/I=R_{seal}/(R_s+R_{seal})-1$. 在命令电压 V_c 的作用下，电极的电流 I_p 经过负反馈电阻 R_f 时产生的压降满足 $V_{o1}-V_c=-I_pR_f$，再经过单位差分放大电路 A_2 得 $V_o=I_pR_f$. 由于电极和膜片的高阻封接，使封接电阻的分流达到最小，电流 I_p 可近似地认为是横跨膜片的电流 I.

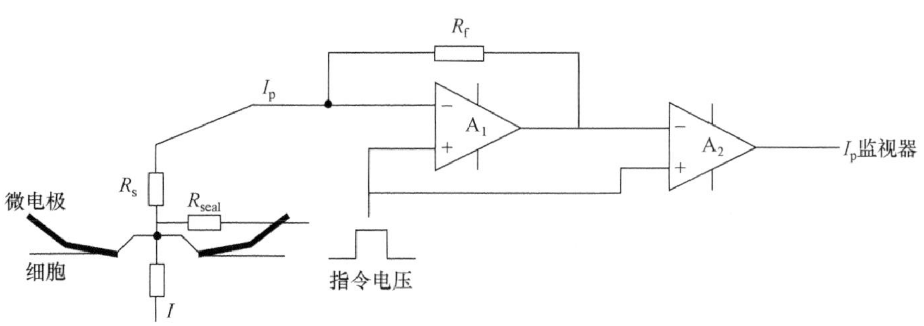

图 32.2　膜片钳技术原理图

3. 膜片钳技术的记录模式

膜片钳技术共有四种基本记录模式，分别为细胞贴附记录模式、内面向外记录模式、外面向外记录模式、全细胞记录模式. 将电极接触细胞膜，轻轻地给予负压吸引，就形成了细胞贴附记录模式. 形成细胞贴附记录模式后，采用继续施加负压或电击的方法打破细胞膜，即形成了全细胞记录模式. 如图 32.3 所示为全细胞记录模式的示意图(a)和等效电路图(b). R_s 为串联电阻，R_{seal} 为封结电阻，R_m 为细胞膜的电阻，C_m 为细胞膜电容.

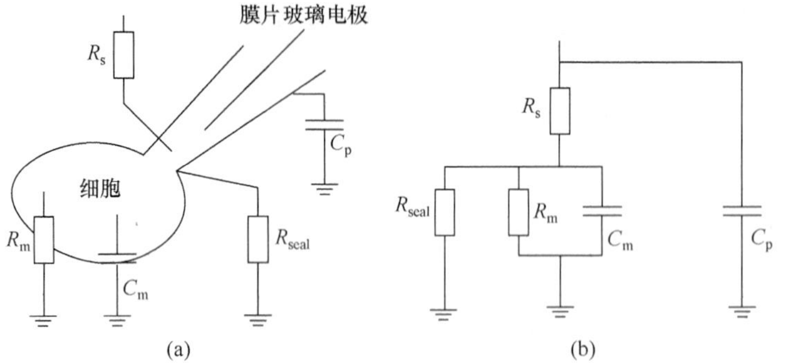

图 32.3　全细胞记录示意图(a)和全细胞记录等效电路图(b)

二、实验装置

膜片钳实验系统如图 32.4 所示，包含膜片钳放大器、放大器探头、数模/模数转换器、倒置显微镜、微操纵器等.

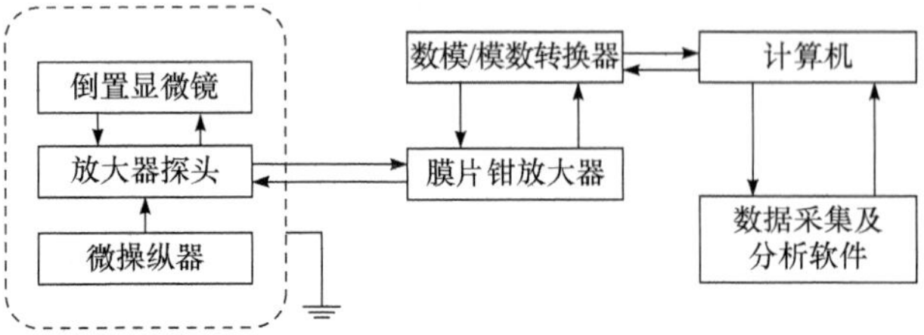

图 32.4　膜片钳实验系统示意图

三、膜片钳技术的一些基本概念

1. 离子通道简介

离子通道(ion channel)是镶嵌在动物、植物细胞膜上的一类特殊蛋白质，当激活因素存在时，离子通道会在中央形成一个孔道，允许某一类或某些类离子进出细胞. 离子通道负责转运细胞膜内外的各种离子，参与各种细胞功能，这些功能主要包括：维持细胞静息膜电位，产生动作电位，从而调节细胞的兴奋性、不应性和传导性；调节细胞内 Ca^{2+}、cAMP、cGMP 等第二信使的浓度，触发肌肉收缩、腺体分泌、基因表达等一系列细胞生理反应；参与神经元的突触传递，神经元产生兴奋和传导兴奋都依赖于离子通道的功能活动；维持细胞的正常体积.

多数离子通道只允许某一种离子进出，这是离子通道多以所运输离子的名称来命名的原因，如 Na^+通道. 开启与关闭受不同的门控机制控制，如电压门控性离子通道、配体门控性离子通道、机械敏感性离子通道等. 大多数离子通道至少具有开放、关闭、失活等几种状态. 当离子通道开放时，能被通透的离子可经通道流动，流动的方向取决于跨膜的电化学差，流动的速度不仅受跨膜电化学差的影响，还受通道对该离子通透性大小的影响.

这是一类得到广泛研究的离子通道，大量存在于可兴奋细胞膜上. 通道的开放和关闭受控于细胞膜电位的变化. 常用其选择性通透的离子来命名，如电压门控性 Na^+通道、K^+通道、Ca^{2+}通道等. 电压门控性 Na^+通道分布在可兴奋细胞膜上，主要在神经元、肌细胞、内分泌细胞上，起收缩、兴奋、传导兴奋等作用.

2. Ag/AgCl 电极

在银丝上镀上一层 AgCl 即成为 Ag/AgCl 电极，它在导电时发生的化学反应：

$$Ag + Cl^- \rightleftharpoons AgCl + e^- \tag{32.2}$$

当电子从浴液中流向 Ag/AgCl 电极时，AgCl 中的 Ag^+吸收电子成为 Ag 原子，Cl^-进入浴液；反过来，当电子从 Ag/AgCl 电极流向浴液时，Ag 原子将变为 Ag^+并与浴液中的 Cl^-结合成 AgCl，附着在银丝表面. 根据电极导电时的化学反应可知，Ag/AgCl 可双向导通电流. 长时间导通电流(尤其是大电流)时，AgCl 会消耗掉，因此要定期镀 AgCl. Ag/AgCl 电极必须在含 Cl^-(至少 10mmol/L)的浴液中才能良好地发挥导电性能.

首先要用细砂纸打磨或用刀片刮一下 Ag 丝，使金属 Ag 裸露，然后浸入含 Cl^-的溶液(如 100mmol/L KCl)中，接上电池进行电镀，待 Ag 丝表面均匀变灰黑为止. 更简单的方法是直接将 Ag 丝放入次氯酸钠(NaClO)溶液中浸泡. 由于 Ag/AgCl 电极为消耗性电极，因此应定期电镀 AgCl. 另外，对玻璃微电极锋利的尾端进行烧灼，可防止在插入 Ag/AgCl 丝时 AgCl 被刮掉，从而减少电镀的次数.

3. 电位

细胞膜内外两侧存在的电位差称为膜电位(membrane potential). 细胞在未受刺激时的非兴奋状态下的膜电位，称为静息膜电位(resting membrane potential). 一般将细胞膜外的电位设为 0mV，静息膜电位为负值. 如果静息膜电位变得更负，则称膜发生了超极化，反之，为去极化. 对于可兴奋细胞(神经元、肌细胞和分泌细胞)，去极化可使细胞产生兴奋，超极化可使细胞抑制，但也有例外. 通过膜片钳放大器或信号采集软件，人为地将跨膜电位固定在某一值，从而记录电流的变化，即为钳制电位(holding potential). 实验中将细胞膜钳制在静息膜电位附近. 通过将膜电位钳制或短暂钳制在不同的水平，可进行通道激活、衰减及失活特性等的研究,对不同离子通道电流进行分离. 钳制电位可通过信号采集软件输出. 液接电位(liquid junction potential，LJP)是接触电位(junction potential，JP)的一种. 在膜片钳记录系统中，当电极丝(银丝)与玻璃微电极内液接触时会产生接触电位，即电极电位(electrode potential，EP). 微电极内液与浴液之间、电极内液与细胞内液之间产生的接触电位为 LJP. 广义上讲 LJP 是指两种不同的盐溶液在相接触的界面处产生的电位差. 电极电位是指固体电极与其接触的溶液之间产生的电位差，又叫半电池电位(half-cell potential). 常用 Ag/AgCl 记录电极与电极内液接触，而 Ag/AgCl 参比电极与浴液接触，如果两溶液的 Cl^-浓度不同，则两电极之间将有很大的电位差，最大可到 200mV 左右.

4. 电流

离子通道开启时，离子进出通道会产生电流. 流动方向取决于细胞膜内外离子的浓度差和电学梯度. 如果内外某离子的浓度相同，且膜两侧电压差为 0mV，即使该离子通道开放，也将记录不到任何电流. 全细胞记录时，跨膜电流称为全细胞电流. 由于细胞直径大小的不同，总的离子通道数目也不相同，全细胞电流的大小也就不一致，因此常使用电流密度来比较不同细胞. 由于细胞膜大小与膜电容的大小成正比，所有跨膜电流除以膜电容计算可得电流密度. 封接电流 I_{seal} (seal current)指微电极与细胞的封接处产生的电流，封接电流常称为漏电流(leak current)，表示从封接处漏掉的电流.

5. 电阻

膜电阻(membrane resistance，R_m)是指电流通过细胞膜时所遇到的阻力. 在细胞静息状态下，R_m 主要来自脂质双分子层的电阻. 在膜上离子通道开放后，R_m 大大降低，此时 R_m 的大小决定于离子通道的电导与开放的通道数目. 通过给予细胞膜在静息电位附近的超极化或去极化，可以对膜电阻进行测量. 电极电阻(R_p)是玻璃微电极本身的电阻，为串联电阻的主要成分. 其大小与玻璃电极形状、开口大小以及电极内液有关. 可以利用 R_p 的大小来判断拉制出的玻璃微电极合适与否. 不同类型与大小的细胞以及不同的膜片钳记录模式对玻璃微电极尖端的要求不同，对 R_p 大小的要求也不同. R_p 的测定可直接用膜片钳放大器测量. 串联电阻(R_s)是指从微电极到信号地之间电流流过时所遇到的除了膜电阻以外的任何电阻. 当将微电极放入浴液中时，R_s 主要是电极电阻；全细胞记录模式形成后，R_s 包括电极电阻、破裂细胞膜的残余膜片电阻、细胞内部电阻. 后两者统称为接入电阻(R_a)，破裂细胞膜的残余膜片电阻占 R_a 的主要成分. 由于这些电阻在电学上与细胞膜电阻是串联在一起的，故称串联电阻. 全细胞记录时，R_s 引起的问题通过对其补偿来消除，使所记录的通道电流更为准确. 补偿是膜片钳放大器的一个功能，可将串联电阻、电极电容、膜电容带来的负面影响去除，更好地记录到离子通道电流. 串联电阻的补偿是采用膜片钳放大器的串联电阻补偿功能来完成的.

6. 电容

细胞膜的脂质双分子层是电的不良导体，因而由细胞外液-脂质双分子层-细胞内液就构成了细胞膜电容(C_m). C_m 的大小与细胞膜表面积成正比，与脂质双分子层的厚度成反比，脂质双分子层的厚度一般是较为固定的. 因此，对于一个球形细胞，膜电容的计算公式为 $C_m=\pi d^2/100$，d 为细胞直径. 例如，半径为 10μm 的球形细胞，C_m 约为 12pF. 由于有细胞膜内折的存在，C_m 为 12pF 的 1.5～3 倍，一般生物膜的电容大体都是 1μF/cm^2. 细胞膜具有电缆特性，膜电容和膜电阻是并联的，在打破细胞膜形成全细胞记录后，给予细胞膜阈下去极化刺激脉冲时，出现充放电反应. 膜电容的充放电反应可以作为全细胞记录时打破细胞膜的标志，可通过膜片钳采样软件来测量. 当给予细胞电压命令时，膜电容充放电可能会影响离子通道电流的观察；充放电可能会使放大器电路饱和. 若不对膜电容进行补偿，则会影响串联电阻的补偿，可采用膜片钳放大器的补偿功能来进行. 电极电容(C_p)包括电极浸液部分电极内液与浴液之间所形成的跨壁电容、电极非浸液部分与邻近地表形成的漂浮电容. 实验中，电极电容产生的问题可采用膜片钳放大器电容补偿功能对其进行补偿来消除，以求使 C_p 的影响减小. 快电容(C_{fast})直接与放大器输入相连，几乎是瞬间被充电的(τ=0.5～5μs)，电容最大也仅有几皮法，高阻封接形成后，快电容主要为电极电容. 慢电容(C_{slow})与串联电阻相连，需经电极电阻来充电，充电较慢，电容可达几十皮法. 打破细胞膜形成全细胞记录模式后，慢电容即细胞膜电容.

四、实验内容

膜片钳技术测量过程主要包括：溶液配制、标本制备、微电极制备、吉欧姆封接、全细胞电流记录、数据采集和分析.

1. 溶液配制

溶液配制主要依据研究的通道和所用细胞的不同，配置相应的液体. 基本原则是保持两个平衡和一个洁净，即渗透压平衡和酸碱度平衡，所用液体在使用前必须经微孔滤膜过滤，以保持洁净.

2. 标本制备——小鼠海马神经元急性分离

标本主要包括：取材和切片、孵育、酶解、洗酶、吹打和贴壁、脑片保存等.

3. 微电极制备

玻璃微电极在选材时应考虑拉制难易程度、噪声指标. 本实验中选用了硬质无芯玻璃毛坯. 其损耗系数小，电导率和介电常量高，噪声低. 拉制微电极一般都选用两部拉制法：一般第一步的温度较高，第二步的温度较低. 第一步拉制参数主要是影响电极的对称性，第二步拉制参数主要是影响电极尖端的口径. 将拉制好的电极移近抛光仪的加热丝并保持适当距离进行抛光，再利用毛细作用灌尖，然后用微量进样器灌尾. 灌注标准电极内液后，电极入水电阻以 2～4MG 为宜.

4. 全细胞钠电流的记录

将帖壁后培养皿中的孵育液吸出，用标准钠细胞外液冲洗，再加入约 2mL 的标准细胞外液(加阻断剂将 K^+和 Ca^+通道阻断). 将培养皿置于倒置显微镜的载物台上，寻找目标细胞，并将其移至视野中央. 将充灌好钠标准内液的微电极装入膜片钳放大器的探头上，将电极移至液面上方，调节微操使玻璃微电极进入视场，进行全细胞记录模式的操作.

5. 钠通道电流的采集与分析

全细胞记录模式形成后，用实验前编辑好的刺激波形通过软件施加给细胞，从而来获得不同刺激方式下的钠电流，对钠通道的特性进行如下分析.

(1) 钠电流本身的特性：通道的激活条件，翻转电位，电流的流向，有无整流特性等.

(2) 动力学特性：对于全细胞记录，分析通道的激活动力学、失活动力学等.

(3) 物理因子和药物作用：分析时间依赖性、频率依赖性、剂量依赖性等.

五、思考与讨论

(1) 细胞制备过程中有哪些关键点?

(2) 如何判断拉制的电极符合实验要求? 做好哪些可以有利于形成吉欧姆封接? 如何判断破膜成功?

参 考 文 献

陈军, 2001. 膜片钳技术实验技术[M]. 北京: 科学出版社.

李泱, 程芮, 2007. 离子通道学[M]. 武汉: 湖北科学技术出版社.

刘振伟, 2006. 实用膜片钳技术[M]. 北京: 军事医学科学出版社.

Hamill O P, Marty A, Neher E, et al., 1981. Improved patch-clamp techniques for high-resolution current recording from cells and cell-free membrane patches[J]. Pflugers Arch, 391(2): 85-100.

Olapinski M, Manus S, Fertig N, et al., 2008. Probing whole cell currents in high-frequency electrical fields: identification of thermal effects[J]. Science Direct Biosensors and Bioelectronics, 23(3): 872-878.

实验 33　基于 Retinex 算法的夜视图像增强

在图像形成、传输或变换过程中，由于受到一些客观因素的影响，图像会产生失真，如图像对比度降低、图像模糊等，因此需要利用图像增强技术来改善这种情况. 图像增强的目的为：采用一系列技术改善图像的视觉效果，提高图像清晰度；将图像转换成一种适于人或机器进行分析处理的形式. 它不是以图像质量保真度为原则，而是通过处理有选择的利于人或机器分析某些感兴趣的信息，抑制一些无用的信息. 在采集图像过程中，夜间光照条件不足时，低照度条件下的图像达不到应用要求的指标(如夜晚的视频监控)，常给工作带来许多不便. 夜间采集到的图像由于受光线条件和照度不均的影响，图像的细节常存在模糊不清和对比度较低的情况，使人难以分辨，严重影响了图像的使用价值. 为了提高图像的存储价值和满足一些特定条件下的图像需求，就需对这样的图像进行增强处理，将不可见辐射进行转变或将微弱的夜光增强，成为人眼可以感受的可见光，以提高图像质量.

如何能够将夜间图像的细节尽可能地显现出来，已成为一个较为热门的研究课题. 为了增强夜视图像，人们先后提出了许多算法. Retinex 算法是其中较重要的一类算法，由美国物理学家 Edwin. H. Land 于 1963 年提出，得到了广泛研究；并由 Daniel J. Jobson、Zia-ur Rahman 等进一步完善，提出了单尺度、多尺度 Retinex 算法以及两者的改进算法——带色彩恢复的 Retinex 算法. Retinex 算法通过分析图像经过视网膜在大脑皮层中形成主观视觉的过程，对包含的背景光源信号进行估计，并通过数学处理消除背景光源信号，从而获得更为清晰纯正的图像. 该算法能够有效去除源图像之中的光照信息，处理后的图像更接近于图像的真实颜色，更利于图像中关键信息的提取. Retinex 算法尤其对于低照度图像有良好的增强效果，在监控图像增强领域、医学影像处理领域、遥感图像处理领域都有着广泛的应用. 本实验主要以 Retinex 算法为基础对夜视图像进行增强，重点研究经典单尺度、多尺度 Retinex 算法及带色彩恢复的 Retinex 算法，应用于对低照度图像的增强.

一、实验原理

Retinex 是一个由 retina 和 cortex(视网膜和大脑皮层组成)合成的合成词，它是基于人类视觉系统的色彩恒常性，即人眼得到的景象在一定程度内只与物体本身的反射特性有关联，而与环境中照射光强度无相关性. 由此，作为人类视觉的亮度和颜色感知的模型，一种颜色恒常知觉的计算理论——Retinex 理论被 Edwin. H. Land 提出. 1971 年，Land 提出了第一个基于该理论的图像增强算法——随机路径算法. 不久，他对随机路径算法的不足提出了二维路径方法，即中心环绕 Retinex 算法. 很快，Frankel 和 McCann 发现了这个算法的局限，提出 Frankel-McCann Retinex 算法，即基于迭代的 Retinex 算法，但运算量较大，实时性不足. 1997 年，Land 又提出一种运算快、参数少的简便方法，即 SSR. 美国国家航空航天局将这种算法应用于航拍图像领域并取得了很好的成效，引发了 Retinex 理论的研究热潮，MSR 和 MSRCR 便应运而生. 2005 年，E. Y. Lam 将 Gray-World 与 Retinex 算法结合，提出了应用于电子产品的 Retinex 算法. 实验证明：算法可以较好地控制平衡，保留了两种算法各自的处理结果，具有极其广泛的应用性. 2006 年，Doron Shaked 把非线性滤波用于采样的 Retinex 算法，减少了运算时间. 他们首先采样低分辨率区域，利用非线性滤波处理的采样结果，获得光照图像和采样图像的高分辨部分，最后得到增强后的图像. 2010 年，In-Su Jang 等提出自适应彩色增强的 Retinex 算法，改进了色彩校正的方法，色彩保真度好、灵活性高. 2011 年，冯瑞利等提出了新的基于框架可变模型的 Retinex 算法，保证了颜色通道间较好的正交性，有效避免了极端天气造成的图像退化. 2013 年，王科俊等提出基于窗口无关的均值滤波的 Retinex 算法，改进了经常调用高斯核进行卷积从而影响运算速率的不足. 2015 年李慧芳等结合最优化变分技术和归一化投影最速下降法来进行照度的估计，并对遥感图像进行校正，有效消除了灰度不均匀性，保持局部细节并提升运算速度.

Retinex 理论自提出后一直不断发展，不断改进，使得基于该理论的图像增强算法越来越完善. 从最开始的解决光照补偿问题，到之后实现色彩保真以及亮度提升等，应用广泛. 但仍有着不少问题，如失真、运算时间过长、容易出现光晕现象等，还需继续探索研究.

1. Retinex 算法的建立基础

(1) 三个基本假设为：真实世界是无颜色的，人类所感知的颜色是光与物质相互作用的结果；每一颜色区域是由给定波长的红、绿、蓝三原色构成的；三原色决定了每个单位区域的颜色.

(2) 色彩恒常性.

人类都有不因光源或者外界环境因素而改变对某一个特定物体色彩判断的心理倾向，即色彩恒常性. 某一特定物体由于环境(尤其特指光照环境)发生变化，使该物体表面的反射谱不同. 人类的视觉识别系统能够识别出这种变化，并能够判断出该变化是由光照环境的变化而产生的，当光照强度在一定范围内变动时，人类识别机制会在这一变化范围内认为该物体表面颜色是恒定不变的. Retinex 理论的基础理论是物体的颜色是由物体对长波(红色)、中波(绿色)、短波(蓝色)光线的反射能力来决定的，而不是由反射光强度的绝对值来决定的. 物体的色彩不受光照非均匀性的影响，具有一致性. 不同于传统的线性、非线性，只能增强图像某一类特征的方法，Retinex 算法可以在动态范围压缩、边缘增强和颜色恒常三个方面达到平衡，因此可以对各种不同类型的图像进行自适应的增强.

2. 单尺度 Retinex(SSR)算法的数学模型

根据 Edwin. H. Land 提出的图像的增强理论可知，我们所看到的画面是由于太阳光照射到物体表面上，部分光线并未被物体所吸收，而是被反射出来，在这个过程中又被人眼所吸收，然后就形成了我们所看见的景象. 一幅给定的图像 $S(x,y)$ 可以看成是由入射图像分量 $L(x,y)$ 与反射图像分量 $R(x,y)$ 所构成

$$S(x,y)=R(x,y)\cdot L(x,y) \tag{33.1}$$

其中，入射图像分量 $L(x,y)$ 表示照射在物体上的光，直接决定了图像中的像素能够达到的动态范围，而反射图像分量 $R(x,y)$ 指物体本身对光线的一种反射能力，反映了图像的内在性质，$S(x,y)$ 表示观察者接收到的图像. 模型图如图 33.1 所示.

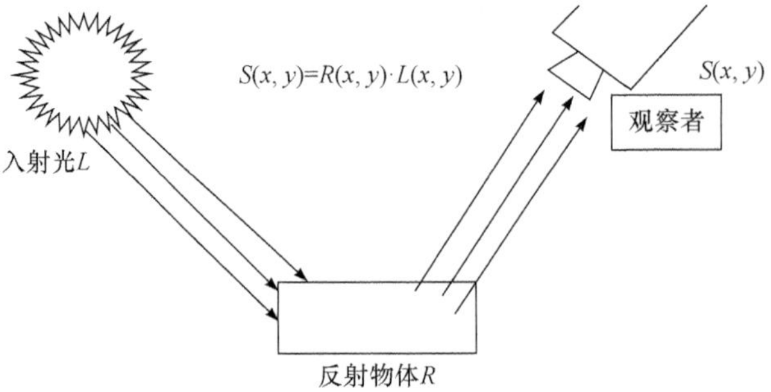

图 33.1　Retinex 理论原理图

Retinex 理论的基本思想就是去除入射图像分量 $L(x,y)$ 的影响，提取具有内在属性的反射图像分量 $R(x,y)$. Retinex 理论的目的就是降低或消除入射光的影响，通过对公式(33.1)取对数可以将 $L(x,y)$ 和 $R(x,y)$ 分隔开来，从而在观察到的图像 $S(x,y)$ 中得到所需物体的反射性质 $R(x,y)$，恢复物体最原始的形状. 为了提取反射图像分量，必须求解出入射图像分量. 但是，在数学上求解入射图像分量是一个奇异问题，因此仅能通过估计的方法来获得入射图像分量. 其中，较为经典的方法是采用高斯模糊函数与给定图像的卷积来估计入射图像分量

$$L_i(x,y)=\text{Gauss}(x,y,c)*S_i(x,y) \tag{33.2}$$

其中，$i\in(\text{R,G,B})$，即 RGB 三通道中的一个通道. 因此，一幅彩色图像需要分别计算三个通道的值. $\text{Gauss}(x,y,c)$为高斯模糊函数

$$\text{Gauss}(x,y,c)=K\text{e}^{-(x^2+y^2)/(2c^2)},\quad K=\frac{1}{\sqrt{2\pi c}} \tag{33.3}$$

常数 c 为高斯模糊函数中唯一的可变参数，称为高斯环绕尺度，简称高斯尺度. 它代表了高斯模版的大小，可以控制图像的细节与色彩状况. c 值取值较小时，能够较好地实现动态范围压缩，显著增强图像暗处的细节. c 值取值越小，所对应的高斯低通滤波器的频带就越宽，SSR 的动态压缩范围就越大，增强后的夜间图像的细节就越被人眼所识别. c 值取值较大时，能够较好地保持图像原本的色彩. c 值取值越大，压缩的范围越小，图像在颜色保真度方面就会越好. 因此综合考虑，c 值在 SSR 中一般取典型值 80 左右，以达到动态范围压缩与色彩保持的平衡.

根据上述原理，可以确定反射图像分量 $R_i(x,y)$：考虑到算法的计算速度，需要将自然数域转换为对数域，以将复杂的乘除法转化为简单的加减法

$$\log(R_i(x,y))=\log(S_i(x,y))-\log(\text{Gauss}(x,y,c)*S_i(x,y)) \tag{33.4}$$

由于把提取出的反射图像分量转换到了对数域，需要将其再次转换到自然数域. 能够直接想到的方法是取指数运算. 但是取指数运算不仅耗时，而且效果不佳. 因此，需要对得到的反射图像分量做线性拉伸处理，处理公式由下式给出：

$$R_i(x,y)=255\frac{\log(R_i(x,y))-\min\left(\min_{(x,y)}\log(R_i(x,y))\right)}{\max\left(\max_{(x,y)}\log(R_i(x,y))-\min\left(\min_{(x,y)}\log(R_i(x,y))\right)\right)} \tag{33.5}$$

最后，输出处理后的图像，就得到了反射图像分量，即增强后的图像.

3. 加权平均多尺度 Retinex(MSR)算法的数学模型

SSR 算法使用单一的尺度参数对图像进行增强，虽然其对夜视图像有一定的增强效果，但是其效果并不是很理想，且处理后图像的对比度和信息熵并没有很大的提升. 因此在研究过程中人们又提出了多个尺度参数的 Retinex 算法(MSR)，主要利用高、中、低等多种不同的尺度参数的高斯函数对夜视图像进行滤波增强，然后利用带权重求和的方式将处理后的图像进行融合，得到增强后的夜视图像. 多尺度算法的基本公式是

$$R_i(x,y)=\sum_{n=1}^{N}W_n\left\{\log[S_i(x,y)]-\log[F_n(x,y)*S_i(x,y)]\right\} \tag{33.6}$$

其中，$R_i(x,y)$ 是 Retinex 在第 i 个通道上的图像的输出结果，$i \in (\mathrm{R,G,B})$ 表示 3 种色彩的谱带，$F(x,y)$ 是选取的高斯低通函数，对夜视图像(彩色图像的一种)进行处理，W_n 表示高、中、低三个尺度所占的权重因子，一般取值为 $1/n$(其中 $n=3$，表示算法中对尺度参数选用的个数). 运用滤波的方法对原图像进行处理，去掉原图像低频部分，留下变换较快的图像区域再进行处理，从而对图像的细节信息进行了增强. 多尺度 Retinex 算法流程如下，流程图见图 33.2.

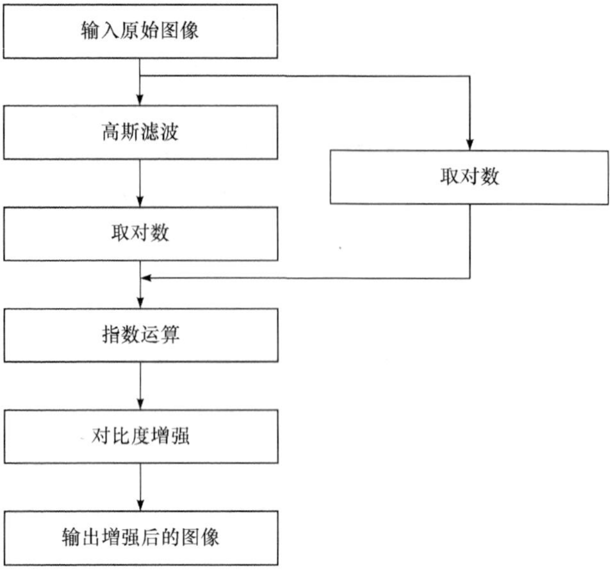

图 33.2　多尺度 Retinex 算法流程图

(1) 将输入的夜间图像进行分解，变成只含有三原色中某一个颜色分量的灰度图像. 对每一幅图像中的像素点灰度值进行数据类型的转化(变为双精度型)，对 R 图像进行如下处理.

(2) 确定高斯函数，在此取 3 个不同的标准差 σ 值分别为 128、255、512.

(3) 在上述 3 种不同的尺度参数下，将高斯函数和 R 图像像素值做二维傅里叶变换，相乘之后做傅里叶反变换.

(4) 在对数域用 R 图像减去步骤(3)所获得的图像结果，得到高频增强图像.

(5) 将 3 个不同的 σ 参数下得到的高频增强结果乘以各自所占的权重(如都取 1/3)，之后再进行求和，得到融合后的 R 图像.

(6) 融合后的 R 图像再进行一个对比度的拉伸增强，得到 R 增强后的图像.

(7) 同理可对 G、B 图像进行步骤(2)到步骤(6)的处理，得到 G、B 增强后图像.

(8) 将 R、G、B 各自增强后的图像进行再一步处理即可得到一个最终的增强后的夜视图像.

4. 改进的多尺度 Retinex 算法(MSRCR)

由于夜视图像增强的 MSR 算法对 R、G、B 三个通道加权处理后直接按相同比例进行了图像融合. 而对于不同的夜视图像，每个通道在整幅图像中的取值会直接影响图像最后的处理效果. 因此，MSR 算法用于夜视图像增强时，某些区域可能因为 R、G、B 在整体图像中的占比会有所改变，导致图像亮度和细节无法显现，还可能造成局部区域的失真. 为此，引入一个带颜色恢复参数 C 的多尺度 Retinex 算法(MSRCR)，提高夜视图像的整体效果. MSRCR 算法是在多个固定的尺度上来考虑图像颜色的恢复，用参数 C 来改善图像因部分区域对比度的提升而造成的图像失真，参数公式为

$$R_{\mathrm{MSRCR}_i}(x,y)=C_i(x,y)R_{\mathrm{MSR}_i}(x,y) \tag{33.7}$$

$$C_i(x,y)=f\left[\frac{S_i(x,y)}{\sum_{j=1}^{N}S_i(x,y)}\right]=\log\left[\frac{aS_i(x,y)}{\sum_{j=1}^{N}S_i(x,y)}\right] \tag{33.8}$$

其中，C_i 为第 i 个通道的颜色系数，主要用于调节 R、G、B 通道颜色在整体图像中的比例关系，将图像中相对较暗的区域的信息凸显出来；f 表示颜色空间的对应变换函数；a 用于增大 R、G、B 通道的各自系数，对于夜视图像改变 a 值可调整图像的整体亮度.

带颜色恢复因子的 MSR 算法与上面简单的 MSR 算法的前 5 个步骤都相同，之后的步骤为：定义色彩恢复因子 C；用 R、G、B 通道乘比例系数 $a(=1)$，然后除以三个通道的和；用加权后的系数乘以色彩恢复因子后，对融合后的 R 图像再进行对比度扩展，得到增强后的 R 图像；同理可对 G、B 图像进行步骤(2)～(7)的处理，得到增强后 G、B 图像；将 R、G、B 增强后的图像进行融合即可得到增强后的夜视图像.

5. 图像增强评价指标

图像增强的评价主要分为主观评价和客观评价两种方法. 主观评价的一般方法是通过给一组观察者提供原图像和增强后的图像，由每个观察者对增强图像的质量给出一个主观的评价，并将他们的评价结果进行综合平均，从而得出一个统计平均意义下的评价结果. 客观评价主要包括以下方面.

(1) 图像的信息熵是对一幅图像所含的平均信息量的表示，其值越大表示图片中每个像素所含的信息越多，其值为

$$H=-\sum_{i=0}^{255}p_i\log p_i \tag{33.9}$$

其中，p_i 表示夜视图像中像素灰度值为 i 的比例，即灰度 i 在夜视图像中出现的

概率值.

(2) 图像对比度是指一幅图像中能用人眼分辨图像细节的程度，是图像中各部分颜色最亮之处与最暗的之处的差异情况，如果亮、暗之间的差异越大，则图像的对比度就越高，人眼所能感受到的色彩变化就越明显，对比度为

$$C=\sum_{\delta}\delta(i,j)^2 P_{\delta}(i,j) \tag{33.10}$$

其中，$\delta(i,j)=|i-j|$ 表示一幅图像中所划定的界限之间的像素差值；$P_{\delta}(i,j)$ 表示图像中所划定的界限之间的像素差值为 δ 的像素分布概率的大小.

(3) 亮度均值为图像的亮度均值即图像矩阵的平均值，0 为黑，255 为白，显然亮度均值太大或太小都影响图像的观感和模糊细节，其计算公式为

$$\text{mean}=\frac{\sum_{i=1}^{M}\sum_{j=1}^{N}I(i,j)}{M\times N} \tag{33.11}$$

其中，M 和 N 分别为图像的长和宽，$I(i,j)$ 是该坐标的像素值.

(4) 图像的标准差是指图像中灰度层次的多少，值不宜过小，过小说明灰度层次少，图像细节易丢失. 标准差越大则局部细节越突出，图像质量好. 其计算公式为

$$\text{std}=\sqrt{\frac{\sum_{i=1}^{M}\sum_{j=1}^{N}\left(I(i,j)-\text{mean}\right)^2}{M\times N}} \tag{33.12}$$

二、实验内容

1. 实验前的准备

查阅资料，熟悉了解基本的图像增强理论和方法，了解基本空间域增强和频率域增强方法，进一步研究和掌握 Retinex 基本理论，掌握经典单尺度 Retinex 算法和多尺度 Retinex 算法对低照度图像的增强原理；熟悉 MATLAB 软件实验环境，熟练掌握 MATLAB 软件编程方法.

2. 经典单尺度 Retinex 算法实现

在掌握实验原理和做好实验前准备的基础上，开始进行 MATLAB 编程实现经典单尺度 Retinex 图像增强算法实验，计算评价指标，分析在夜视图像及增强后图像在动态范围压缩、色彩处理和亮度调节方面的特性.

3. 多尺度 Retinex 算法实现

在基于高斯函数中心环绕的算法中，引入线性拉伸来改进细节模糊的不足，

调整色彩恢复因子的大小以增强对比度，选取不同灰度、彩色图像进行 MATLAB 的多尺度 Retinex 算法图像增强仿真实验，计算评价指标，分析在夜视图像动态范围压缩、色彩处理和亮度调节方面的特性.

4. 带色彩恢复的多尺度 Retinex 算法(MSRCR)

MATLAB 编程实现带色彩恢复的多尺度 Retinex 算法实验. 计算评价指标，分析在夜视图像动态范围压缩、色彩处理和亮度调节方面的特性.

5. GUI 界面设计

利用MATLAB进行GUI界面设计，对经典单尺度Retinex算法、多尺度Retinex算法和带色彩恢复的多尺度 Retinex 算法进行设计，以方便选用不同方法及观察各种方法增强效果.

三、思考与讨论

(1) MSRCR 算法为什么可以修复由 SSR 算法和 MSR 算法产生的偏色现象？

(2) 试分析量化的方法与步骤对 Retinex 算法中的作用. Retinex 各算法适用于哪些图像?各方法的优点和缺点是什么？

(3) 使用高斯模版与图像分量卷积可以近似得到入射分量，如何理解高斯模板？

(4) 对 Retinex 算法可以进行哪些改进？如何与其他方法结合以获得更好的增强效果？

参 考 文 献

葛微, 李桂菊, 程宇奇, 等, 2010. 利用改进的 Retinex 进行人脸图像光照处理[J]. 光学精密工程, 18(4): 1011-1020.

胡学龙, 许开宇, 2008. 数字图像处理[M]. 北京: 电子工业出版社.

刘高平, 赵萌, 2011. 基于亮度的自适应单尺度 Retinex 图像增强算法[J]. 光电工程, 38(2): 71-77.

文侨, 王凯歌, 邵永红, 等, 2012. 用于荧光显微镜的正交偏振滤波图像增强技术[J]. 中国激光, 39(10): 75-78.

Stark J A, Fitzgerald W J, 1996. An alternative algorithm for adaptive histogram equalization[J]. Graphical Models and Image Processing, 58(2): 180-185.

实验 34 偶极子天线定向性辐射

随着通信和信息技术的快速发展，无线通信已成为现代社会至关重要的一部分. 天线是用于在无线电通信系统中发送或接收电磁波的设备. 具体来说,天线是在金属导体中移动的电流和在空间传播的无线电波之间的接口结构，其与发射机和接收机一起使用. 在发射电磁波的过程中，天线把由发射机提供的高频电流能量转化为电磁波的能量辐射出去. 在接收电磁波的过程中，天线会截获一部分电磁波的能量转换为高频电流的形式，最终电流在接收机上放大. 天线作为无线通信系统中非常重要的环节，被广泛地应用于雷达系统、通信接收机、卫星通信、无线电广播通信、电视信号传输、双向无线电和手机通信等领域，系统的工作性能与天线的性能密切相关.

偶极子天线是在无线通信系统中使用范围最广泛的一种基本天线形式，在通信、广播、电视、雷达、导航、遥感测试等领域内，偶极子天线都有着其他天线不能代替的作用. 尽管当前出现了各种天线设计的新思想，以及一些新型的材料应用到天线的设计当中，偶极子天线仍然以其简单的天线结构、低廉的造价成本、稳定的性能等优势在天线领域内有着举足轻重的地位.

一、实验原理

1. 天线原理

天线的作用是为了收发电磁波. 评价一副天线技术性能的优劣，需要一些能够代表天线电磁特性的参数. 描述天线性能的参数主要有：方向图、输入阻抗、增益和效率等.

天线所辐射的无线电波能量的空间分布通常是不均匀的，这就是天线的方向性，方向性反映了天线的辐射特性，主要通过辐射方向图反映. 辐射方向图描述了天线的辐射参量在空间球坐标系当中随着角度θ, φ的变化规律，其数学函数的表达式叫做天线的方向性函数. 方向性函数的图形表示即为天线的辐射方向图. 一般情况下，绘制方向图时需要归一化. 如图 34.1 所示，定义场强的归一化方向性函数为

$$F(\theta,\varphi)=\frac{\left|E(\theta,\varphi)\right|^2}{E_{\max}} \tag{34.1}$$

其中，$\left|E_{\max}\right|$是$\left|E(\theta,\varphi)\right|$的最大值.

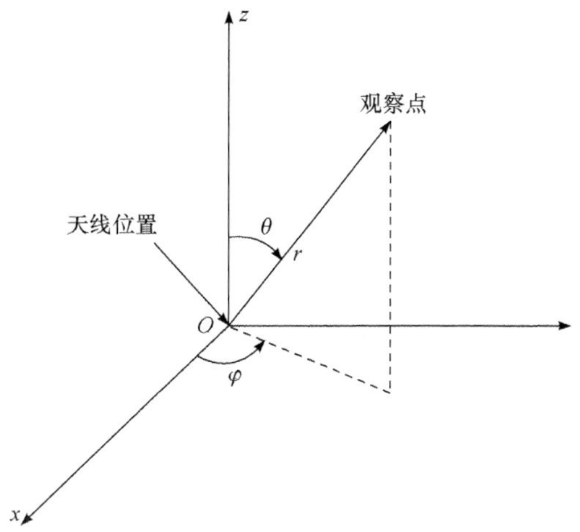

图 34.1　天线球面坐标图

辐射方向图一般是一个三维图形，为了方便常采用通过最大辐射方向的两个正交平面上的剖面图来描述天线的方向图，这两个平面通常称为 E 面和 H 面. E 面是指通过天线最大辐射方向并平行于电场矢量的平面. H 面是指通过天线最大辐射方向并平行于磁场矢量的平面. 空间中电场矢量和磁场矢量是相互正交的，所以 E 面和 H 面也是相互正交的. 工程上也可以通过绘制 E 面和 H 面的二维方向图来观察天线的方向特性.

天线在最大辐射方向上产生的辐射功率密度与无方向性理想点源天线在该方向产生的辐射功率密度的比值定义为天线的增益 G，单位为 dBi.

$$G = \frac{4\pi U}{P_{\text{in}}} \tag{34.2}$$

其中，U 为天线的辐射强度，P_{in} 为输入功率.

方向性系数 D 定义为被研究天线在最大辐射方向上产生的辐射功率密度与无方向性理想点源天线在该方向上产生的辐射功率密度的比值，即

$$D = \frac{U}{U_{\text{in}}} = \frac{4\pi U}{P_{\text{r}}} \tag{34.3}$$

其中，U_{in} 为无方向性天线的辐射强度，P_{r} 为辐射功率.

天线的效率 η 定义为辐射功率与输入功率的比值，即

$$\eta = \frac{P_{\text{r}}}{P_{\text{in}}} \tag{34.4}$$

因此，增益也可表示为天线方向性系数 D 和天线效率 η 的乘积，增益比方向性更能完整反映天线转换和辐射电磁功率的性能.

天线与馈线相互连接，需要从馈线获取最大的功率，就必须实现馈线与天线的良好匹配. 天线的输入阻抗 Z_{in} 反映了天线与馈线之间的匹配程度，馈电点处的电压和电流之比为

$$Z_{in} = \frac{U_{in}}{I_{in}} = R_{in} + jX_{in} \tag{34.5}$$

其中，U_{in}、I_{in} 分别为天线输入端电压与电流，R_{in}、X_{in} 分别为输入阻抗的实部与虚部. 可用输入阻抗定义天线的反射系数、驻波比. 反射系数定义为

$$\Gamma = \frac{Z_{in} - Z_0}{Z_{in} + Z_0} \tag{34.6}$$

其中，Z_0 为输入端的特性阻抗. 由此，驻波比可以定义为

$$\mathrm{VSWR} = \frac{1+|\Gamma|}{1-|\Gamma|} \tag{34.7}$$

天线的频带宽度是指天线的一些性能参数如输入阻抗、增益、方向图等满足设计要求的频率范围. 天线的带宽一般有两种表示方法：绝对带宽Δf 和相对带宽 R，即

$$\Delta f = f_h - f_l \tag{34.8}$$

$$R = 2 \times \frac{f_h - f_l}{f_h + f_l} \tag{34.9}$$

其中，f_h 和 f_l 分别表示工作频带内的最大频率以及最小频率.

对于天线来说，不同的电参数对带宽具有不同的定义，同时影响带宽的因素也不同. 天线的主要电参数都有各自定义的带宽. 方向图带宽：当方向图不能满足要求时的频率即为方向图带宽的最大频率和最小频率. 一般来说，在高频段内，其他电参数发生变化会引起方向图剧烈变化，一般情况下会限制最大工作频率. 增益带宽：天线的增益带宽是指增益达到要求的最低值的频带宽度. 一般情况下定义天线增益下降到最大增益一半时，相应的频带宽度为 3dB 增益带宽. 阻抗带宽：天线的阻抗带宽经常用端口的电压驻波比来表示. 一般以驻波比低于 2 时的频带宽度为天线的阻抗带宽. 在实际项目中，这是最常用的一种确定带宽的方法.

2. 偶极子原理

将终端开路的传输线结构在其末端向与传输线垂直的方向张开(平行双导线张开 180°)最终形成了偶极子天线，其臂长 L 为天线工作波长 λ 的二分之一，在中间的两个端点进行馈电. 天线的远区辐射场由两臂上的电流分布所决定，因此，

偶极子天线上的电流分布对于辐射场的研究十分重要. 如图 34.2 所示，电偶极子矢量磁位的计算可以通过对电偶极子进行体积分，又因为电流变化为简谐的，根据电磁场的基本理论可以得到矢量磁位为

$$\boldsymbol{A}(x,y,z)=\int_V \frac{\mu J\left(x',y',z',-t\frac{R}{v}\right)}{4\pi R}\mathrm{d}V \tag{34.10}$$

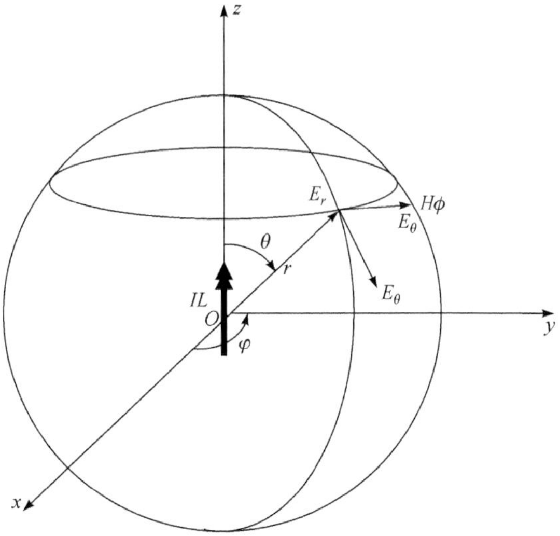

图 34.2　电偶极子天线三维坐标图

式(34.10)中，(x',y',z') 为源点坐标，观察点的坐标位置表示为 (x,y,z) ，r 为从源点到观察点的距离，l 为电偶极子的长度. 转化为球坐标系可以表示为

$$A_r=A_z\cos\theta=\frac{\mu I_0 l\mathrm{e}^{-\mathrm{j}kr}}{4\pi r}\cos\theta \tag{34.11a}$$

$$A_\theta=-A_z\sin\theta=-\frac{\mu I_0 l\mathrm{e}^{-\mathrm{j}kr}}{4\pi r}\sin\theta \tag{34.11b}$$

$$A_\varphi=0 \tag{34.11c}$$

根据磁场强度与矢量磁位的关系

$$\boldsymbol{H}=-\frac{\nabla\times\boldsymbol{A}}{\mu_0} \tag{34.12}$$

可以求得电偶极子的磁场表达式为

$$H_\varphi=\frac{I_0 l\sin\theta}{4\pi}\left(\mathrm{j}\frac{k}{r}+\frac{1}{r^2}\right)\mathrm{e}^{-\mathrm{j}kr} \tag{34.13a}$$

$$H_r = 0 \tag{34.13b}$$

$$H_\theta = 0 \tag{34.13c}$$

由式(34.13)可以看出磁场只是在φ方向上有分量，在r、θ方向上是没有分量的.

利用麦克斯韦方程中电场与磁场的关系

$$\boldsymbol{E} = \frac{1}{\mathrm{j}\omega\varepsilon}\nabla \times \boldsymbol{H} \tag{34.14}$$

得到电场表达式

$$E_r = \frac{I_0 l \cos\theta}{2\pi\omega\varepsilon}\left(\frac{k}{r^2} + \frac{1}{\mathrm{j}r^3}\right)\mathrm{e}^{-\mathrm{j}kr} \tag{34.15a}$$

$$E_\theta = \frac{I_0 l \sin\theta}{4\pi\omega\varepsilon}\left(\mathrm{j}\frac{k^2}{r} + \frac{1}{\mathrm{j}r^2} - \mathrm{j}\frac{1}{r^3}\right)\mathrm{e}^{-\mathrm{j}kr} \tag{34.15b}$$

$$E_\varphi = 0 \tag{34.15c}$$

同样，电场在r、θ两个方向是有分量的，在φ方向上没有分量. 通常情况下，为便于研究偶极子的辐射情况，将其场分为近场和远场，求得其远场电磁场表达式为

$$E_\theta = \mathrm{j}\frac{\eta k I_0 l}{4\pi r}\sin\theta \mathrm{e}^{-\mathrm{j}kr} \tag{34.16a}$$

$$H_\varphi = \mathrm{j}\frac{k I_0 l}{4\pi r}\sin\theta \mathrm{e}^{-\mathrm{j}kr} \tag{34.16b}$$

$$E_\varphi = E_r = H_r = H_\theta = 0 \tag{34.16c}$$

图 34.3 给出了电偶极子的远场三维辐射方向图. 图 34.3(b)是电偶极子的远场在水平面(xOz 面)呈现的 8 字形辐射方向图，也称之为 E 面方向图；图 34.3(c)则是在垂直面呈现的全向形辐射方向图，也称之为 H 面方向图.

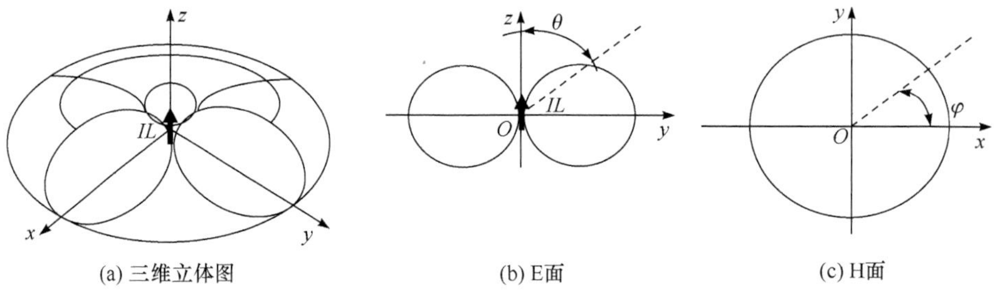

图 34.3　电偶极子天线辐射方向图

单个偶极子的远场辐射呈现全向性，增益较低. 若想提高天线增益，可以采

用天线阵的方式实现目标. 图 34.4 为一个偶极子和四个偶极子单排放置时的三维辐射方向图，可以看出，天线在垂直方向的辐射场趋于扁平，但辐射范围内各点增益确有明显的提高.

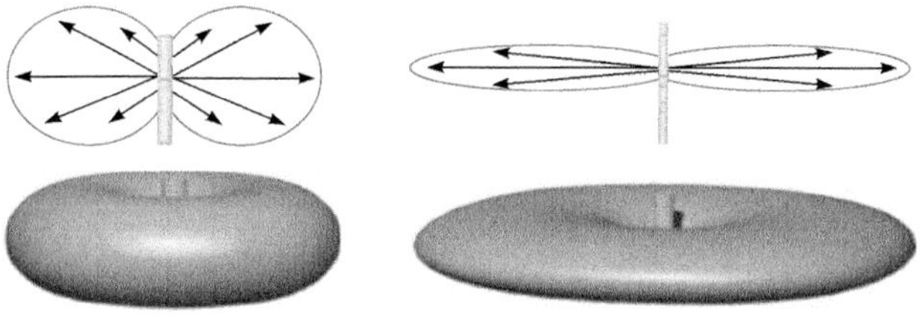

(a) 一个偶极子　(b) 四个偶极子

图 34.4　偶极子阵辐射方向图

四个单排布置的偶极子仍然呈现轴对称的辐射特点，对于需要实现单一方向上的定向辐射场合，这种天线阵的增益和效率依然较低. 实现的方法之一是利用金属板把辐射至一个方向的能量反射聚焦到另一个方向，从而进一步提高这个方向上的天线增益. 图 34.5 为在天线阵的一侧增加金属反射板后的辐射方向图，可以看出天线实现了单一方向的辐射，但是方向图出现了分瓣现象. 我们把场中辐射强度最大的瓣称为主瓣，其余的瓣称为副瓣或旁瓣，与主瓣相反方向上的旁瓣叫后瓣. 对于天线辐射的这种分瓣现象，通常用天线的半功率波瓣宽度(HPBW)、副瓣电平、前后抑制比等参数来描述. ①半功率波瓣宽度(HPBW)，即在主瓣最大辐射方向两侧，辐射强度降低 3dB(功率密度降低一半)的两点间的夹角，又称为半功率角. 波瓣宽度越窄，方向性越好，作用距离越远，抗干扰能力越强. ②副瓣电平，能够将所有辐射能量都朝向某一特定方向的天线是不存在的，一些能量将不可避免地辐射到其他方向上去. 在方向图上主瓣旁边的波峰称为副瓣，公式为

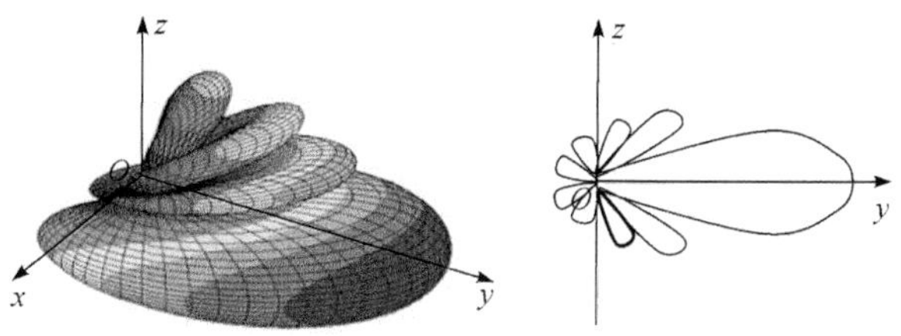

(a) 三维立体图　(b) yOz面

图 34.5　添加反射板的偶极子天线的辐射方向图

$$\mathrm{SSL}_i = 20\log\frac{E_{i\max}}{E_{\max}} \tag{34.17}$$

其中，$|E_{i\max}|$为第 i 个副瓣最大场强值，$|E_{\max}|$为主瓣最大场强值. 当然，在实际设

计中，尽量拥有较低的副瓣有利于天线的电磁能量的集中辐射. ③前后抑制比，天线的前后比定义为天线前瓣与后瓣的最大值之比.

二、仿真软件及技术说明

HFSS(High Frequency Structure Simulator)是 Ansoft 公司推出的三维电磁仿真软件，是业界公认的三维电磁场设计和分析的工业标准. HFSS 提供了简洁直观的用户设计界面、精确自适应的场解器，能计算任意形状三维无源结构的 S 参数和全波电磁场.

HFSS 软件主要可提供以下领域的计算和分析：①微波器件，HFSS 能够快速精确地计算各种射频/微波部件的电磁特性，得到 S 参数、传播特性、高功率击穿特性，优化部件的性能指标，并进行容差分析，帮助工程师们快速完成设计并把握各类器件的电磁特性，包括：波导器件、滤波器、转换器、耦合器、功率分配/合成器、铁氧体环行器和隔离器、腔体等. ②电真空器，如行波管、速调管、回旋管设计中，HFSS 本征模式求解器结合周期性边界条件，能够准确地仿真器件的色散特性，得到归一化相速与频率关系，以及结构中的电磁场分布，包括 H 场和 E 场，为这类器件的设计提供了强有力的设计手段. ③天线、天线罩及天线阵设计仿真，HFSS 可为天线及其系统设计提供全面的仿真功能，精确仿真计算天线的各种性能，包括二维、三维远场/近场辐射方向图、天线增益、轴比、半功率波瓣宽度、内部电磁场分布、天线阻抗、电压驻波比、S 参数等. ④高速互连结构设计，随着频率的不断提高和信息传输速度的不断提高，互连结构的寄生效应对整个系统的性能影响已经成为制约设计成功的关键因素. MMIC、RFIC 或高速数字系统需要精确的互联结构特性分析、参数抽取，HFSS 能够自动和精确地提取高速互联结构及版图寄生效应等. ⑤光电器件仿真设计，HFSS 的应用频率能够达到光波波段，可精确仿真光电器件的特性.

本实验主要利用 HFSS 软件仿真偶极子天线、天线阵，得到天线各个性能参数，特别是天线的辐射方向图和增益，实现天线的高增益和定向辐射.

三、实验内容

1. 实验前的准备

参考软件使用手册，学习使用仿真软件，熟练掌握使用软件为天线建模、仿真、优化、查看仿真结果等操作.

2. 偶极子定向辐射的实验仿真

(1) 使用仿真软件为单个偶极子天线建模，天线工作于 5G 移动通信波段(比如 3.5GHz)，调试仿真，查看结果，包括工作带宽、辐射方向图和天线增益.

(2) 将四个偶极子天线单排布置，调试仿真，查看结果，主要考察天线三维辐射方向图、E 面和 H 面方向图、天线增益和半功率波瓣宽度.

(3) 在平行于天线阵的一侧增加金属反射板，观察金属反射板尺寸(比如长宽各为天线半波长整数倍时)以及板与天线阵之间的距离对天线阵定向辐射性能(包括天线增益和半功率波瓣宽带等)的影响.

(4) 将金属反射板四周折起形成一个盖子形状，观察天线阵定向辐射性能.

四、思考与讨论

(1) 随着金属反射板尺寸的增加，天线阵的定向辐射是否持续明显改善?

(2) 随着金属板与天线阵之间距离的增加，天线阵的定向辐射如何变化?

(3) 比较金属反射板折起前后，天线阵的定向辐射性能.

(4) 若想进一步提高天线增益，实现更小的半功率波瓣宽带，还有哪些改进措施?

参考文献

路宏敏, 赵永久, 朱满座, 2006. 电磁场与电磁波基础[M]. 北京: 科学出版社.
宋铮, 张建华, 黄治, 2003. 天线与电波传播理论[M]. 西安: 西安电子科技大学出版社.
魏文元, 宫德明, 陈必森, 1985. 天线原理[M]. 北京: 国防工业出版社.
姚远, 2012. 宽带天线与天线阵列[M]. 北京: 北京邮电大学出版社.

附　录

Ⅰ. 常用计量单位

表 1　国际单位制的基本单位

量的名称	单位名称	单位符号
长度	米	m
质量	千克(公斤)	kg
时间	秒	s
电流	安[培]	A
热力学温度	开[尔文]	K
物质的量	摩[尔]	mol
发光强度	坎[德拉]	cd

表 2　国际单位制的辅助单位

量的名称	单位名称	单位符号
[平面]角	弧度	rad
立体角	球面度	sr

表 3　国际单位制中具有专门名称的导出单位

量的名称	单位名称	单位符号	其他表示式例
频率	[兹]	Hz	s^{-1}
力	牛[顿]	N	$kg \cdot m/s^2$
压力、压强、应力	帕[斯卡]	Pa	N/m^2
能[量]、功、热	焦[耳]	J	$N \cdot m$
功率、辐[射]能量	瓦[特]	W	J/s
电荷[量]	库[仑]	C	$A \cdot s$
电压、电动势(电势)	伏[特]	V	W/A
电容	法[拉]	F	C/V
电阻	欧[姆]	Ω	V/A

续表

量的名称	单位名称	单位符号	其他表示式例
电导	西[门子]	S	A/V
磁通[量]	韦[伯]	Wb	V · s
磁通[量]密度、磁感应强度	特[斯拉]	T	Wb/m^2
电感	亨[利]	H	Wb/A
摄氏温度	摄氏度	℃	
光通量	流[明]	lm	cd · sr
[光]照度	勒[克斯]	lx	lm/m^2
[放射性]活度	贝可[勒尔]	Bq	s^{-1}
吸收剂量	戈[瑞]	Gy	J/kg
剂量当量	希[沃特]	Sv	J/kg

表 4　国家选定的非国际单位制单位

量的名称	单位名称	单位符号	换算关系和说明
时间	分 [小]时 天(日)	min h d	1min=60s 1h=60min=3600s 1d=24h=86400s
平面角	[角]秒 [角]分 度	(″) (′) (°)	1″=(π/64800)rad (π为圆周率) 1′=60″=(π/10800)rad 1°=(π/180)rad
旋转速度	转每分	r/min	$1r/min=(1/60)s^{-1}$
长度	海里	nmile	1nmile=1852m(只用于航程)
速度	节	kn	1kn=1nmile/h =(1852/3600)m/s (只用于航程)
质量	吨 原子质量单位	t u	$1t=10^3kg$ $1u\approx1.6605655\times10^{-27}kg$
体积	升	L(l)	$1L=1dm^3=10^{-3}m^3$
能	电子伏[特]	eV	$1eV\approx1.6021892\times10^{-19}J$
级 差	分贝	dB	
线密度	特[克斯]	tex	$1tex=10^{-6}kg/m$

表 5　用于构成十进倍数和分数单位的词头

所表示的因数	词头名称	词头符号	所表示的因数	词头名称	词头符号
10^{18}	艾[可萨]	E	10^{-1}	分	d
10^{15}	拍[它]	P	10^{-2}	厘	c
10^{12}	太[拉]	T	10^{-3}	毫	m
10^{9}	吉[咖]	G	10^{-6}	微	μ
10^{6}	兆	M	10^{-9}	纳[诺]	n
10^{3}	千	k	10^{-12}	皮[可]	p
10^{2}	百	h	10^{-15}	飞[母托]	f
10^{1}	十	da	10^{-18}	阿[托]	a

Ⅱ. 物理学常量表

物理学常量	符号，公式	数值	不确定度
光速	c	299792458m/s	精确
普朗克常量	h	$6.6260755(40)\times10^{-34}$J · s	0.60
约化普朗克常量	$\hbar \equiv h/(2\pi)$	1.05457266×10^{-34}J · s $=6.5821220\times10^{-22}$MeV · s	0.60,0.30
电子电荷	e	1.60217733×10^{-19}C $=4.8032068\times10^{-10}$esu	0.30,0.03
电子质量	m_e	0.51099906MeV/c^2 $=9.1093897\times10^{-31}$kg	0.30,0.59
质子质量	m_p	938.27231MeV/c^2 $=1.6726231\times10^{-27}$kg	0.30,0.59
氘质量	m_d	1875.61339(57)MeV/c^2	0.30
精细结构常数	$a=e^2/(4\pi\varepsilon_0 hc)$	1/137.0359895	0.045
经典电子半径	$r_e=e^2/(4\pi\varepsilon_0 m_e c^2)$	$2.81794092(38)\times10^{-15}$m	0.13
电子康普顿波长	$\lambda_e=\hbar/(m_e c)$	$3.86159323(35)\times10^{-13}$m	0.089
玻尔半径 (无穷大质量)	$a_\infty=4\pi\varepsilon_0\hbar^2 m_e c^2$	$0.529177249(24)\times10^{-10}$m	0.045
里德伯常量	$hcR_\infty=m_e c^2 a^2/2$	13.6056981(40)eV	0.30
汤姆孙截面	$\sigma_r=8\pi r_e^2/3$	0.66524616(18)barn	0.27
玻尔磁子	$\mu_B=e\hbar/(2m_e)$	$5.78838263(52)\times10^{-11}$MeV/T	0.089
核磁子	$\mu=e\hbar/(2m_p)$	$3.15245166(28)\times10^{-14}$MeV/T	0.089
引力常量	G_N	$6.67259(85)\times10^{-11}$m^3/(kg · s^2)	128

续表

物理学常量	符号，公式	数值	不确定度
纬度 45°海平面的重力加速度	g	$9.80665 m/s^2$	精确
阿伏伽德罗常量	N_A	$6.0221367(36)\times10^{23} mol^{-1}$	0.59
玻尔兹曼常量	k	$1.380658(12)\times10^{-23} J/K$	8.5
标准状况下理想气体的摩尔数	$N_A k$	$22.41410(19)\times10^{-3} m^3/mol$	8.4
斯特藩常量	$\sigma=\pi^2k^4/(60h^3c^2)$	$5.67051(19)\times10^{-8} W/(m^2\cdot K^4)$	34

Ⅲ. 里德伯常量表

a \ m	1	12	2	23	3	34	4	45	5
0.00	109737.31	82302.98	27434.33	15241.30	12193.03	5334.45	6858.58	2469.09	4389.49
0.02	105476.08	78582.32	26893.76	14861.69	12032.07	5241.56	6790.51	2435.92	4354.59
0.04	101458.31	75089.29	26369.02	14494.74	11874.28	5150.48	6723.44	2403.35	4320.09
0.06	97665.82	71806.34	25859.48	14139.92	11719.56	5062.20	6657.36	2371.35	4286.01
0.08	94082.06	68717.48	25364.58	13796.72	11567.86	4975.61	6592.25	2339.92	4252.33
0.10	90691.99	65808.25	24883.74	13464.67	11419.07	4890.97	6528.10	2309.06	4219.04
0.12	87481.91	63065.46	24416.45	13143.30	11273.15	4808.28	6464.87	2278.72	4186.15
0.14	84439.30	60477.10	23962.20	12832.20	11130.00	4727.44	6402.56	2248.93	4153.63
0.16	81552.70	58032.19	23520.51	12530.95	10989.56	4648.42	6341.14	2219.64	4121.50
0.18	78811.63	55720.71	23090.92	12239.16	10851.76	4571.15	6280.61	2190.88	4089.73
0.20	76206.47	53533.47	22673.00	11956.47	10716.53	4495.59	6220.94	2162.61	4058.33
0.22	73728.37	51462.05	22266.32	11682.50	10583.28	4421.74	6162.11	2134.82	4027.29
0.24	71369.22	49498.74	21870.48	11416.92	10453.56	4349.45	6104.11	2107.50	3996.61
0.26	69121.51	47636.41	21485.10	11159.41	10325.69	4278.76	6046.93	2080.66	3966.27
0.28	66978.34	45868.52	21109.82	10909.67	10200.15	4209.60	5990.55	2054.27	3936.28
0.30	64933.32	44189.03	20744.29	10667.40	10076.89	4141.94	5934.59	2028.32	3906.63
0.32	62980.55	42592.38	20388.17	10432.32	9955.85	4075.72	5880.13	200.82	3877.31
0.34	61114.56	41073.41	20041.15	10204.18	9836.97	4010.91	5826.06	1977.73	3848.33
0.36	59330.29	39627.38	19702.91	9982.70	9720.21	3947.48	5772.73	1953.07	3819.66
0.38	57623.04	38249.88	19373.16	9767.64	9605.52	3885.39	5720.13	1928.82	3791.31
0.40	55988.42	36936.80	19051.62	9558.77	9492.58	3824.60	5668.25	1904.97	3763.28

续表

a \ m	1	12	2	23	3	34	4	45	5
0.42	54422.39	3568.48	18738.01	9355.87	9382.14	3765.07	5617.07	1881.51	3735.56
0.44	52921.16	34489.07	18432.09	9158.72	9273.37	3706.79	5566.58	1858.44	3708.14
0.46	51481.19	33347.59	18133.60	8967.13	9166.47	3649.70	5516.77	1835.74	3681.03
0.48	50099.21	32256.91	17842.30	8780.89	9061.41	3593.79	5467.62	1813.41	3654.21
0.50	48772.14	31214.17	17557.97	8599.82	8958.15	3539.02	5419.13	1791.45	3627.68
0.52	47492.10	30216.72	17280.38	8423.74	8856.64	3485.36	5371.28	1769.84	3601.44
0.54	46271.42	29262.10	17009.32	8252.47	8756.85	3432.97	5324.06	1748.58	3575.48
0.56	45092.58	28348.00	16744.58	8085.85	8658.73	3381.27	5277.46	1727.65	3549.81
0.58	43958.22	27472.24	16485.98	7923.72	8562.26	3330.79	5231.47	1707.06	3524.41
0.60	42866.14	26632.81	16233.33	7765.94	8467.39	3281.32	5186.07	1686.79	3499.28
0.62	41814.25	25827.81	15986.44	7612.36	8374.08	3232.81	5141.27	1666.86	3474.41
0.64	40800.61	25055.47	15745.14	7462.83	8282.31	3185.27	5097.04	1647.22	3449.82
0.66	39823.38	24314.12	15509.26	7317.21	8192.04	3138.65	5053.39	1627.91	3425.48
0.68	38880.85	23602.21	15278.64	7175.40	8103.24	3092.95	5010.29	1608.89	3401.40
0.70	37971.39	22918.26	15053.13	7037.26	8015.87	3048.13	4967.74	1590.17	3377.57
0.72	37093.47	22260.90	14832.57	6902.66	7929.91	3004.18	4925.73	1571.74	3353.99
0.74	36245.64	21628.81	14616.83	6771.50	7845.33	2961.08	4884.25	1553.59	3330.66
0.76	35426.56	20020.80	14405.76	6643.67	7762.09	2918.80	4843.29	1535.72	3307.57
0.78	34634.93	20435.70	14199.23	6519.06	7680.17	2877.33	4802.84	1518.12	3284.72
0.80	33869.54	19872.43	13997.11	6397.57	7599.54	2836.64	4762.90	1500.79	3262.11
0.82	33129.24	19329.79	13799.27	6279.10	7520.17	2796.71	4723.46	1483.73	3239.73
0.84	32412.96	18807.36	13605.60	6163.56	7442.04	2757.54	4684.50	1466.93	3217.57
0.86	31719.65	18303.67	13415.98	6050.86	7365.12	2719.09	4646.03	1450.38	3195.65
0.88	31048.36	17818.07	13230.29	5940.91	7289.38	2681.36	4608.02	1434.07	3173.59
0.90	30398.15	17349.72	13048.43	5833.62	7214.81	2644.33	4570.48	1418.01	3152.47
0.92	29768.15	16897.85	12870.30	5728.92	7141.38	2607.98	4533.40	1402.20	3131.20
0.94	29157.54	16461.75	12695.79	5626.73	7069.06	2572.29	4496.77	1386.62	3110.15
0.96	28565.52	16040.72	12524.80	5526.96	6997.84	2537.26	4460.58	1371.27	3089.31
0.98	27991.36	15634.11	12357.25	5429.56	6927.69	2502.87	4424.82	1356.14	3068.68

续表

a \ m	56	6	67	7	78	8	89	9	910	10
0.00	1341.23	3048.26	808.72	2239.45	524.89	1714.65	359.87	1354.78	257.41	1097.37
0.02	1326.55	3028.04	801.25	2226.79	520.69	1706.10	357.32	1348.78	255.78	1093.00
0.04	1312.07	3008.02	793.86	2214.16	516.53	1697.63	354.81	1342.82	245.17	1088.65
0.06	1297.81	2988.20	786.57	2201.63	512.42	1689.21	352.31	1336.90	252.58	1084.32
0.08	1283.76	2968.57	779.36	2189.21	508.35	1680.86	349.85	1331.01	250.99	1080.02
0.10	1299.91	2949.13	772.23	2176.90	504.33	1672.57	347.40	1325.17	249.42	1075.75
0.12	1256.26	2929.89	765.21	2164.68	500.34	1664.34	344.98	1319.36	247.86	1071.50
0.14	1242.80	2910.83	758.26	2152.57	496.40	1656.17	342.57	1313.60	246.32	1067.28
0.16	1229.54	2891.96	751.40	2140.56	492.50	1648.06	340.19	1307.87	244.79	1063.08
0.18	1216.45	2873.28	744.62	2128.66	488.65	1640.01	337.84	1302.17	243.26	1058.91
0.20	1203.56	2854.77	737.92	2116.58	484.83	1632.02	335.50	1296.52	241.76	1054.76
0.22	1190.85	2836.44	731.31	2105.13	481.04	1624.09	333.19	1290.90	240.26	1050.64
0.24	1178.32	2818.29	724.77	2093.52	477.30	1616.22	330.90	1258.32	238.78	1046.54
0.26	1165.96	2800.31	718.31	2082.00	473.60	1608.40	328.63	1279.77	237.31	1042.46
0.28	1153.78	2782.50	711.92	2070.58	469.94	1600.64	326.38	1274.26	325.85	1038.41
0.30	1141.77	2764.86	705.61	2059.25	466.31	1592.94	324.15	1268.79	234.41	1034.38
0.32	1129.92	2747.39	699.38	2048.01	462.72	1585.29	321.94	1263.35	232.98	1030.37
0.34	1118.25	2730.08	693.22	2036.86	459.17	1577.69	319.75	1257.94	231.55	1026.39
0.36	1106.72	2712.94	687.13	2025.81	455.66	1570.15	317.58	1252.57	230.14	1022.43
0.38	1095.35	2695.96	681.12	2014.86	452.17	1562.67	315.43	1247.24	228.74	1018.05
0.40	1084.15	2679.13	675.16	2003.97	448.74	1555.23	131.30	1241.93	227.35	1014.58
0.42	1073.09	2662.47	669.29	1993.18	445.33	1547.85	311.18	1236.67	225.98	1010.69
0.44	1062.18	2645.96	663.48	1982.48	441.95	1540.53	309.10	1231.43	224.61	1006.82
0.46	1051.43	2629.60	657.74	1971.86	438.61	1533.25	307.02	1226.23	223.25	1002.98
0.48	1040.82	2613.39	652.06	1961.33	435.30	1526.03	304.97	1221.06	221.91	999.15
0.50	1030.35	2597.33	646.44	1950.89	432.03	1518.86	302.93	1215.93	220.58	995.35
0.52	1020.02	2581.42	640.90	1940.52	428.79	1511.73	300.91	1210.82	219.25	991.57
0.54	1009.82	2565.66	635.42	1930.24	425.58	1504.66	298.91	1205.75	217.94	987.81
0.56	999.77	2550.04	630.00	1920.04	422.40	1497.64	296.93	1200.71	216.64	984.07
0.58	989.85	2534.56	624.64	1909.92	419.26	1490.66	294.96	1195.70	215.35	980.35
0.60	980.06	2519.22	619.34	1899.88	416.14	1483.74	293.01	1190.73	214.07	976.66
0.62	970.39	2504.02	614.10	1889.92	413.06	1476.86	291.08	1185.78	212.80	972.98
0.64	960.86	2488.96	608.92	1880.04	410.01	1470.03	289.17	1180.86	211.53	969.33
0.66	951.44	2474.04	603.80	1870.24	406.99	1463.25	287.27	1175.98	210.29	965.69

续表

a \ m	56	6	67	7	78	8	89	9	910	10
0.68	942.16	2459.24	598.73	1860.51	404.00	1456.51	285.38	1171.13	209.05	962.08
0.70	932.99	2444.58	593.72	1850.86	401.03	1449.83	283.53	1166.30	207.81	958.49
0.72	923.94	2430.05	588.77	1841.28	398.10	1443.18	281.67	1161.51	206.59	954.92
0.74	915.01	2415.65	583.87	1831.78	395.19	1436.59	279.85	1156.74	205.38	951.36
0.76	906.19	2401.38	579.03	1822.35	392.32	1430.03	278.02	1152.01	204.18	947.83
0.78	897.49	2387.23	574.24	1812.99	389.46	1432.53	279.23	1147.30	202.99	944.31
0.80	888.90	2371.21	569.51	1803.70	386.64	1417.06	274.44	1142.62	201.08	940.82
0.82	880.42	2359.31	564.82	1794.49	383.85	1410.64	272.67	1137.97	200.62	937.35
0.84	872.03	2345.54	560.19	1785.35	381.08	1404.27	270.92	1133.35	199.46	933.89
0.86	863.77	2331.88	555.61	1776.27	378.34	1397.93	269.17	1128.76	198.31	930.45
0.88	855.61	2318.34	551.07	1767.27	375.63	1391.64	267.45	1124.19	197.15	927.04
0.90	847.55	2304.92	546.59	1758.33	372.93	1385.40	265.75	1119.65	196.01	923.64
0.92	839.58	2291.62	542.16	1749.46	370.27	1379.19	264.05	1115.14	194.88	920.26
0.94	831.72	2278.43	537.77	1740.66	367.63	1373.03	262.73	1110.66	193.76	916.90
0.96	823.96	2265.35	533.43	1731.92	365.02	1366.90	260.69	1106.21	192.66	913.55
0.98	816.29	2252.39	529.14	1723.25	362.43	1360.82	259.04	1101.78	191.55	910.23